LEÇONS DE FLORE.

IMPRIMERIE DE C. L. F. PANCKOUCKE.

LEÇONS DE FLORE.

COURS DE BOTANIQUE,

EXPLICATION DES PRINCIPAUX SYSTÈMES,

INTRODUCTION A L'ÉTUDE DES PLANTES.

Par J. L. M. POIRET,

EX-PROFESSEUR D'HISTOIRE NATURELLE, MEMBRE DE PLUSIEURS ACADÉMIES
ET SOCIÉTÉS SAVANTES ET LITTÉRAIRES.

ÉDITION CLASSIQUE.

PARIS,

C. L. F. PANCKOUCKE, ÉDITEUR,

RUE DES POITEVINS, N°. 14.

1823.

AVIS DE L'ÉDITEUR

Sur cette nouvelle Edition.

———

Le débit rapide de la première édition des Leçons de Flore, dont il ne reste qu'un très-petit nombre d'exemplaires, est la preuve de l'intérêt qu'a inspiré un ouvrage, dans lequel les principes de la science sont présentés sous ces dehors aimables attachés à l'étude des plantes. Les figures, tracées par un habile pinceau, facilitent l'intelligence du texte, et sont l'ornement de ce bel ouvrage; mais comme elles le portent à un prix, qui, quoique modique, n'est pas toujours relatif à la fortune de beaucoup de personnes, nous avons cru devoir en donner une édition d'une acquisition bien moins dispendieuse, en retranchant les figures. En leur place, l'auteur a eu soin de citer, pour exemple, les plantes les mieux connues et les plus faciles à trouver. Le texte a été revu avec une grande attention, et cet ouvrage est devenu un manuel classique pour toutes les personnes qui étudient la botanique, soit qu'elles en charment leurs loisirs, soit que cette étude fasse partie de l'instruction nécessaire à la carrière qu'elles ont embrassée; les étudians en médecine, en pharmacie, y trouveront toutes les notions qu'ils peuvent désirer et qu'ils ne pourraient se procurer que par des recherches dans un très-grand nombre d'ouvrages sur le même sujet.

INTRODUCTION.

Définition de la botanique. Utilité et agrément de cette science. Plan de cet ouvrage.

L a *botanique* est cette partie de l'histoire naturelle qui traite de la connaissance des plantes : elle nous apprend à les distinguer par les caractères qui leur sont propres; à rapprocher celles d'entre elles qui ont le plus de rapports communs; à trouver la place de chacune d'elles dans les méthodes établies pour leur classification; à découvrir les différens noms qu'elles ont reçus, et déterminer celui qu'elles doivent conserver.

Cette science comprend dans ses recherches tous les phénomènes relatifs à la végétation; la connaissance de toutes les parties des plantes, celle de leurs organes tant internes qu'externes, leur naissance, leur développement, leur mode de reproduction, leurs fonctions vitales : elle les suit dans les diverses époques de leur existence, dans leur état de santé et de maladie, de vigueur et de dépérissement.

La botanique se rattache : 1°. à l'*agriculture,* qu'elle enrichit par la découverte de nouvelles espèces, qu'elle éclaire par l'exposé de la température et du sol propres à chaque plante ; 2°. à l'*économie,* par une suite d'observations et d'expériences sur les produits naturels ou artificiels que fournissent les végétaux; 3°. à la *médecine,* par l'action des plantes sur l'économie animale.

La botanique appelle à son secours : 1°. la *physique,* pour l'explication des phénomènes que présentent l'organisation des végétaux et leurs fonctions vitales; 2°. la *chimie,* pour l'analyse des principes que renferment les différentes espèces de plantes, leur composition, leur décomposition ; 3°. la *minéralogie*, pour déterminer la nature des divers terrains où naissent les différentes espèces de plantes, la qualité des terres qui leur conviennent.

De tout temps, la botanique a été considérée comme une étude agréable et curieuse, surtout lorsqu'on ne s'en occupe que sous le rapport des beaux phénomènes de la végétation, et qu'on en écarte tout ce qui n'est point elle, je veux dire ces qualités occultes imaginées par la superstition, l'empirisme et la plus grossière ignorance. Cette étude a, plus que toute autre, des attraits particuliers pour les ames aimantes et sensibles. Il semble que la douceur des mœurs soit en harmonie avec la recherche paisible des plantes : c'est sans doute par suite de ces rapports que les fleurs ont toujours été employées comme l'emblème des sentimens les plus délicats, qu'elles ont couronné les vertus douces et sociales, et qu'elles sont encore l'ornement des fêtes établies pour la célébration des époques les plus heureuses de notre existence.

L'étude des plantes est donc, de toutes les sciences, la plus propre à orner l'imagination d'idées toujours riantes; à nous transporter, par l'examen analytique des fleurs, dans une atmosphère parfumée ; à placer sous nos yeux les plus riches couleurs de la nature : elle a l'avantage encore de se modifier selon l'âge et le sexe, de se prêter à tous les goûts, de se restreindre, ou de s'étendre selon les momens qu'on peut y consacrer. Dès notre enfance, nous avons aimé les fleurs; elles ont fait le charme de nos promenades champêtres; elles se sont, en quelque sorte, identifiées avec nos premières sensations, avec les plus douces jouissances du jeune âge, avec ces jouissances que rappelle la vue des objets qui les ont excitées. Lorsque ces plantes se rencontrent sous nos pas, nous les saluons par la pensée, comme d'anciennes amies, et notre cœur nous dit qu'elles ne nous sont

pas devenues indifférentes. Si nos occupations nous assu-
jétissent à une vie sédentaire, les fleurs viennent nous y
trouver : nous en ornons notre solitude. Est-il, pour de
jeunes personnes , d'occupations plus agréables que celle
d'entremêler au tissu d'une gaze légère ou de fixer sur le
papier les brillantes couleurs, les contours élégans de ces
fleurs dont l'éclat est si peu durable? Combien elles ajoute-
raient aux charmes de ces jouissances, si elles voulaient y
joindre ceux d'une étude aimable et facile? Il y aurait plus
de vérité dans leurs dessins; un intérêt plus vif conduirait
leur crayon : tout en traçant la forme des organes, l'imagination leur en rappellerait la secrète destination ; elles sau-
raient rendre leur première beauté à des individus altérés
et desséchés, saisir les traits qui les caractérisent; elles re-
donneraient la vie à la nature morte. N'est-ce pas cette étude
qui a embelli, en le dirigeant , le pinceau des Redouté, des
Bessa, des Turpin, des Poiteau, etc.?

Mais des craintes mal conçues les en éloignent : elles re-
doutent une étude, dont la plupart des livres élémentaires
leur masquent les agrémens par l'exposition trop sévère des
principes, par les changemens interminables d'une nomenclature livrée à l'arbitraire et au mauvais goût des réformateurs. En débarrassant la science de ce cortége pédantesque,
en la présentant avec ces notions simples et claires qui doivent la guider et non la surcharger, elle pourra dès-lors
trouver accès auprès d'un sexe qu'on a si souvent comparé
aux plus belles fleurs : que leur étude vienne donc également embellir le printemps de la vie : surtout point d'appareil scientifique, l'étude des plantes n'en a pas besoin. Un
simple bouquet peut fournir la première leçon ; une plante
bien analysée dans toutes ses parties va seule nous offrir les
principaux élémens de la science. Qu'une seconde plante lui
succède ; avec elle nous allons comparer, rechercher ce que

ces deux plantes ont de commun, ce qu'elles ont de différent. Bientôt naîtra le désir d'en étudier une troisième, une quatrième, etc. : ainsi ce goût de recherches, stimulé par la curiosité, nous conduira, par une route jonchée de fleurs, à la connaissance de ces principes, qui avaient tant effrayé notre imagination. Que de jouissances faciles, indépendantes, nous nous serons procurées dans les premières années de notre jeunesse; combien d'autres nous nous ménageons pour un âge plus avancé.

L'âge mûr arrive; mais avec lui ne s'évanouissent pas, comme de simples jeux puérils, ces amusemens de notre première jeunesse; ils prennent insensiblement une marche plus conforme à nos idées. Le spectacle de la nature, que nous n'avons considéré qu'isolément dans quelques-unes de ses productions, s'offre alors avec un caractère de grandeur qui élève l'ame, lui donne une vie nouvelle, et répand, sur tous les objets qui nous environnent, un intérêt que nous n'y aurions jamais soupçonné. Il est même, dans quelques imaginations plus ardentes, porté à un tel point d'exaltation, que l'étude de la nature, convertie en une noble passion, devient l'unique objet de leurs contemplations. C'est alors que la science nous ouvre les portes de son sanctuaire, qu'elle nous apprend à généraliser nos idées, à considérer, dans l'ensemble des êtres de la végétation, leurs rapports entre eux, leur harmonie avec les autres êtres de la création; elle nous fait connaître ces ressorts secrets qui leur donnent le mouvement et la vie, ces organes intérieurs qui en développent toutes les parties, ces liqueurs vivifiantes qui les abreuvent, enfin tout ce qui appartient aux grandes fonctions de la végétation.

Ainsi, comme je l'ai dit plus haut, la botanique est, en quelque sorte, la science de tous les âges : elle n'est qu'un jeu dans l'enfance, une distraction agréable dans l'âge qui lui succède, une source de souvenirs délicieux pour le reste de la vie. Ajoutons que, nous obligeant sans cesse à comparer les objets entre eux, à les considérer sous tous leurs rapports, à les rapprocher, à les grouper, elle nous donne un esprit d'observation, qui se reporte sur tous les autres objets, perfectionne notre jugement, développe nos facultés intellectuelles en multipliant nos idées.

Est-il, en effet, de moyens plus puissans pour agrandir notre être, que l'acquisition de nouvelles connaissances? Est-il de jouissances plus réelles, plus indépendantes? Les qualités physiques, telles brillantes qu'elles puissent être, ont un terme; elles s'altèrent avec l'âge : il n'est en notre pouvoir ni de les augmenter, ni même de les conserver. Il n'en est pas de même de nos facultés intellectuelles; elles sont susceptibles d'augmentation, de développement, presque jusqu'au dernier moment de notre existence [1]. Tous les jours de nouvelles idées peuvent se joindre à celles de la veille, et, dans l'homme qui a exercé sa pensée, le temps, qui affaiblit les forces physiques, ajoute aux facultés morales.

Placés au milieu des œuvres de la création, pouvons-nous fermer les yeux sur tant de merveilles, ou nous borner à une simple admiration, quand tout nous invite à les étudier? S'il en est que nous ne puissions atteindre qu'avec difficulté, les plantes resteront toujours à notre disposition; elles sont à nos pieds, elles sont entre nos mains; elles nous attirent par la variété de leurs formes, par les nuances de leurs couleurs, par la douce émanation de leurs parfums, et surtout par ce sentiment de plaisir qu'excite en nous leur contemplation.

La botanique n'est pas seulement une étude de spéculation et d'agrément, elle conduit encore, surtout depuis qu'elle

[1] Quanto più invecchia l'uomo
Diventa più perfetto,
E se perde bellezza, acquista senno.
     (GUARINI, *Past. Fido*, atto III, scena 5.)

a étendu son domaine sur toutes les parties du globe, à des découvertes précieuses pour la société, mais qu'on ne peut obtenir que par de longues et pénibles recherches, et surtout par des voyages dans des contrées jusqu'alors peu observées. C'est ainsi que, depuis un très-petit nombre d'années, nos bosquets se sont embellis d'arbrisseaux élégans et variés, qu'une foule d'arbres exotiques ont trouvé place dans nos forêts, que des chênes, des pins, des érables, des bouleaux, et beaucoup d'autres nés sur un sol étranger, rivalisent aujourd'hui avec ceux de notre climat. L'homme qui a vécu pendant la première partie du siècle dernier pourrait à peine se reconnaître aujourd'hui au milieu de nos parterres décorés de tout le luxe des plus belles fleurs. De quel éclat il y verrait briller les *ipomea* à fleurs écarlates, les *hortensia*, les *metrosideros*, ces *geranium*, ces bruyères nombreuses, et toutes ces belles plantes grasses originaires du Cap de Bonne-Espérance? Que de parfums, que de riches et précieuses couleurs ont été fournies aux arts! que de végétaux abondans en substance alimentaire dans nos potagers et nos vergers! que de résines nouvellement découvertes, employées avantageusement en médecine, ou pour la décoration de nos demeures! Combien d'autres plantes ont augmenté nos ressources en tout genre! Ces bienfaits, nous les devons à des voyageurs actifs, intrépides, dont les travaux et les services n'ont été que trop souvent méconnus.

L'étude des plantes, qui n'est qu'un amusement pour les gens du monde, est de nécessité pour le médecin qui les emploie dans le traitement des maladies, pour le pharmacien chargé de leur préparation, pour l'herboriste qui les recueille, pour l'agriculteur que cette étude doit éclairer sur le choix des plantes à cultiver selon la nature et l'exposition des différentes sortes de terre, pour le teinturier qui trouverait souvent, dans l'analogie des espèces, le moyen d'étendre les ressources de son art : on peut en dire autant du parfumeur, du distillateur, et de beaucoup d'autres professions fondées sur l'emploi des plantes. A la vérité, la connaissance générale des plantes n'est pas nécessaire dans ces différens états; il suffit que ceux qui les exercent connaissent assez les principes de la science, pour n'être pas dans le cas de confondre une plante avec une autre ; que chacun d'eux s'attache ensuite à la connaissance des espèces relatives à la partie qu'il cultive; mais il sera toujours autant agréable que facile de connaître du moins les plantes du pays que l'on habite. Cette recherche, qu'on pourrait croire très-difficile, n'exige d'autres peines que de diriger vers ce but des promenades, qui auront dès-lors un intérêt particulier, et nous apprendront que l'homme n'est jamais seul dans la nature, quand il sait en étudier les productions.

Avant d'entrer dans les détails qui appartiennent aux plantes individuellement, j'ai cru devoir fixer les regards sur ce vaste tableau, que présente à la surface du globe l'ensemble de la végétation, considérer ces grandes familles distribuées dans les différentes contrées de la terre, relativement au climat, à la température, à l'élévation du terrain, à la nature du sol ; rechercher ensuite comment s'établit insensiblement la végétation dans les terres jusque-là stériles ou de nouvelle formation, puis, découvrant dans les plantes un grand nombre de rapports avec les autres êtres de la nature, essayer de saisir ces rapports, et faire sentir, d'une manière plus évidente, le rang et les fonctions que remplissent les végétaux parmi les êtres de la création; comment ils contribuent à l'harmonie de cet univers, dont toutes les parties sont d'une concordance si admirable.

Ces vues générales, qui nous peignent la nature dans toute la majesté de ses œuvres, en forment la véritable science, lorsque ensuite elles se joignent à des détails qui n'auraient, sans elles, qu'un faible intérêt : alors nous verrons la vie se propager avec rapidité sur toutes les parties de notre globe, se montrer d'abord dans les végétaux, se perfectionner dans les animaux, et recevoir dans l'homme toute sa plénitude. Ces considérations nous apprendront à ne dédaigner aucune des productions naturelles, telles petites qu'elles puissent être, et nous reconnaîtrons avec étonnement que les êtres qui paraissent les moins dignes de notre attention, sont peut-être ceux qui en méritent le plus dans l'ordre de la végétation.

Descendant alors de ces hautes considérations, nous sentirons combien il devient intéressant de connaître plus particulièrement la constitution de ces êtres qui occupent, dans l'ordre des choses, un rang si distingué; nous nous occuperons donc à les étudier dans leurs organes, leurs fonctions, dans tous les phénomènes qui appartiennent à la vie végétative.

Tout ce qui concerne les plantes individuellement étant connu, et l'esprit exercé à en séparer toutes les parties, c'est alors que, pour les étudier isolément, pour apprendre à les distinguer, pour reconnaître le rang que chacune d'elles doit occuper dans la longue série des espèces, il faut avoir recours aux méthodes établies pour cet objet, partie importante sans doute, presque la seule dont on se soit occupé pendant long-temps, qui n'est point la science, mais qui en règle, qui en dirige la marche, et vient au secours de l'esprit humain, trop faible pour embrasser l'ensemble des êtres dans tous leurs détails, sans se former des points de repos, des divisions qui ne sont pas toujours celles de la nature, mais que nécessite la trop grande multiplicité des êtres naturels : tel est le plan que je me propose de suivre dans la distribution de cet ouvrage.

LEÇONS DE FLORE.

LIVRE PREMIER.

VUES GÉNÉRALES.

CHAPITRE PREMIER.

Tableau de la végétation à la surface du globe.

Le Créateur des mondes ne s'est pas borné à décorer le nôtre de tout le luxe d'une brillante végétation ; il a voulu la varier à chaque localité, en diversifier les formes à l'infini dans la disposition de leur ensemble, dans leur petitesse ou leur grandeur, dans la correspondance ou le contraste de toutes leurs parties. Elégance dans leur port, richesse dans leurs couleurs, délicatesse dans leurs parfums, tels sont les dehors séduisans sous lesquels se montrent, aux yeux de l'homme, ces fleurs variées et nombreuses, filles aimables du printemps. Quelle est donc cette toute-puissance qui couvre de végétaux la roche stérile, peuple les déserts, porte la végétation jusque dans le fond des fleuves, jusque dans les abîmes de l'Océan ? Quel sublime pinceau a dessiné à grands traits ces riches décorations de la demeure de l'homme ? Qui pourrait ne pas y reconnaître la main invisible du Créateur ? Il ne fait que l'ouvrir ; des nuages de fleurs s'en échappent et se répandent sur le sein de la nature.

Tous les hommes sont admis à la jouissance de ce spectacle ; mais il n'appartient qu'à l'homme éclairé par l'observation d'en jouir dans toute sa plénitude, d'en saisir la belle ordonnance. Au milieu d'une apparente confusion, il reconnaîtra que les plantes n'ont pas été jetées au hasard à la surface du globe; que chacune d'elles est à sa place; qu'elle ne peut être ailleurs; que la beauté des sites, la variété des paysages disparaîtraient s'ils n'étaient revêtus des ornemens qui leur sont propres; que les plantes des rivages seraient déplacées sur les hauteurs, tandis que celles des montagnes, descendant du sommet glacé de leur vaste amphithéâtre, ne produiraient plus le même effet dans nos plaines uniformes; qu'elles y perdraient leurs grâces naturelles, ainsi que la douceur de leurs parfums, ou la vivacité de leurs couleurs : telles se présentent la plupart de celles que nous sommes parvenus à pouvoir cultiver. Les fleurs, quelque brillantes qu'elles soient dans nos parterres, nous ont-elles jamais inspiré le même intérêt que lorsque nous les rencontrons dans leur lieu natal? L'ordre symétrique, cet air de parure que nous leur donnons, vaut-il l'aimable désordre qui règne dans leur distribution au milieu des campagnes, éparses dans les bois, ou répandues dans les prairies?

A la vérité, la végétation n'est pas également brillante partout : relative aux lieux qu'elle doit embellir, elle prend le caractère de convenance qui se lie le mieux avec l'aspect des localités. Gaie et riante sur le bord des ruisseaux, élégante et gracieuse dans les vallées, riche, majestueuse dans les grandes plaines, elle n'est plus la même lorsqu'elle se montre sur la roche brûlante, ou qu'elle lutte sur les Alpes avec la neige et les glaces. Ainsi, dans cette admirable répartition des végétaux à la surface du globe, aucun lieu n'a été oublié; chacune de ses parties, si l'on en excepte le sable du désert, est revêtue de la parure qui lui convient. Vingt, trente lieues de plaine et plus, dans la même contrée, à la même exposition, produiront partout à peu près les mêmes végétaux; mais si cette plaine est entrecoupée par des forêts, sillonnée par des vallons, hérissée de rochers et de montagnes, arrosée par des ruisseaux; si le sol est variable, s'il est humide ou sec, tourbeux ou crétacé, la masse des plantes variera également à chaque changement de situation et de température.

Si les localités d'un même pays nous offrent des plantes très-différentes, elles le sont encore bien davantage à mesure que nous nous avançons du Midi au Nord, du Levant au Couchant, et surtout lorsque nous passons d'un continent dans un autre, soit que nous parcourions la brûlante Afrique, les vastes contrées de l'Asie, ou les îles nombreuses de l'Amérique. Dans la plupart de ces contrées, la végétation est si abondante, si variée dans ses formes, si éloignée de celles que nous connaissons, que souvent nous aurions peine à croire les voyageurs, si leurs récits ne nous étaient confirmés par la possession des objets dont ils nous parlent; mais nous ne les connaissons qu'isolés, tronqués, altérés. C'est dans leur lieu natal qu'il faut les observer, pour se former une idée de la richesse et de la belle ordonnance que la nature a établies dans toutes ses productions. Ecoutons là-dessus un de nos plus célèbres voyageurs, M. de Humboldt, dans ses *Tableaux de la nature.*

« C'est, dit-il, sous les rayons ardens du soleil de la zone torride, que se déploient les formes les plus majestueuses des végétaux. Au lieu de ces lichens et de ces mousses épaisses qui, dans les frimas du Nord, revêtent l'écorce des arbres, sous les tropiques, au contraire, la vanille odorante, les *cymbidium* animent le tronc de l'acajou (*anacardium*) et du figuier gigantesque; la fraîche verdure des feuilles du pothos contraste avec les fleurs des orchidées, si variées en couleurs; les *bauhinia*, les grenadilles grimpantes, et les *banisteria* aux fleurs d'un jaune doré, enlacent le tronc des arbres des forêts; des fleurs délicates naissent des racines du cacaotier (*theobroma*), ainsi que de l'écorce épaisse et rude du calebassier (*crescentia*) et du *gustavia.* Au milieu de cette abondance de fleurs et de fruits, au milieu de cette végétation si riche, et de cette confusion de plantes grimpantes, le naturaliste a souvent de la peine à reconnaître à quelle tige appartiennent les feuilles et les fleurs. Un seul arbre, orné de *paullinia*, de *bignonia*, de *dendrobium*, forme un groupe de végétaux, qui, séparés les uns des autres, couvriraient un espace considérable.

« Dans la zone torride, les plantes sont plus abondantes en sucs, d'une verdure plus fraîche, et parées de feuilles plus grandes et plus brillantes que dans les climats du Nord. Les végétaux, qui vivent en société, et qui rendent si monotones les campagnes de l'Europe, manquent presque entièrement dans les régions équatoriales. Des arbres, deux fois aussi élevés que nos chênes, s'y parent de fleurs aussi grandes et aussi belles que nos lis. Sur les bords ombragés de la rivière de la Madeleine, dans l'Amérique méridionale, on voit une aristoloche grimpante (*aristolochia cordiflora,* Kunth), dont les fleurs ont quatre pieds de circonférence.

« La hauteur prodigieuse à laquelle s'élèvent, sous les tropiques, non-seulement des montagnes isolées, mais même des contrées entières, et la température froide de cette élévation, procurent aux habitans de la zone torride un coup d'œil extraordinaire. Outre les groupes de palmiers et de bananiers, ils ont aussi autour d'eux des formes de végétaux, qui semblent n'appartenir qu'aux régions du Nord. Des cyprès, des sapins et des chênes, des épines-vinettes et des aulnes, qui se rapprochent beaucoup des nôtres, couvrent les cantons montueux du sud du Mexique, ainsi que la chaîne des Andes sous l'équateur. Dans ces régions, la nature permet à l'homme de voir, sans quitter le sol natal, toutes les formes de végétaux répandus sur la surface de la terre, et la voûte du ciel, qui se déploie d'un pôle à l'autre, ne lui cache aucun des mondes resplendissans. Ces jouissances naturelles, et une infinité d'autres, manquent aux peuples du Nord. Plusieurs constellations, et plusieurs formes de végétaux, surtout les plus belles, celles des palmiers et des bananiers, les graminées et les fougères arborescentes, ainsi que les *mimosa*, dont le feuillage est si finement découpé, leur restent inconnus pour toujours. Les individus languissans, que renferment nos serres chaudes, ne peuvent offrir qu'une faible image de la majesté de la végétation dans la zone torride.

« Celui qui sait d'un regard embrasser la nature, et faire abstraction des phénomènes locaux, voit comme, depuis le pôle jusqu'à l'équateur, à mesure que la chaleur vivifiante augmente, la force organique et la vie augmentent aussi graduellement : mais, dans le cours de cet accroissement, des beautés particulières sont réservées à chaque zone; aux climats du tropique, la diversité des formes et la grandeur des végétaux; aux climats du Nord, l'aspect des prairies, et le réveil périodique de la nature aux premiers souffles de l'air printannier. Outre les avantages qui lui sont propres, chaque zone a aussi son caractère. Si l'on reconnaît, dans chaque individu organisé, une physionomie déterminée, de même on peut distinguer une certaine physionomie naturelle, qui convient exclusivement à chaque zone. Des espèces semblables de plantes, telles que les pins et les chênes, couronnent également les montagnes de la Suède, et celles de la partie la plus méridionale du Mexique; cependant, malgré cette correspondance de formes, et cette similitude de contours partiels, l'ensemble de leurs groupes présente un caractère entièrement différent.

« La grandeur et le développement des organes dans les plantes dépendent du climat qui les favorise. Dans l'impuissance de peindre complétement les plantes de l'Amérique, nous hasarderons de tracer les caractères des groupes les plus saillans, en commençant par les palmiers : ils ont, entre tous les végétaux, la forme la plus élevée et la plus noble; c'est à elle que les peuples ont adjugé le prix de la beauté. Leurs tiges, hautes, élancées, cannelées, quelquefois garnies de piquans, sont terminées par un feuillage luisant, tantôt ailé, tantôt disposé en éventail. Leur tronc lisse atteint souvent une hauteur de cent quatre-vingts pieds. La grandeur et la beauté des palmiers diminuent à mesure qu'ils s'éloignent de l'équateur pour se rapprocher des zones tempérées. Un caractère frappant, et qui en varie l'aspect très-agréablement, c'est la direction des feuilles. Les folioles très-serrées du dattier et du cocotier produisent de beaux reflets de lumière à la face supérieure des feuilles, d'un vert plus frais dans le cocotier, plus mat et comme cendré dans le dattier. Quelle différence d'aspects entre les feuilles pendantes du *palma de covija* de l'Orénoque, même entre celles du dattier, du cocotier, et entre les branches du *jagua* et du *pirijao*, qui pointent vers le ciel! La nature a prodigué toutes les beautés de formes au palmier *jagua*, qui couronne les rochers granitiques des cataractes d'*Aturès* et de *Maypures*. Leurs tiges élancées et lisses atteignent une hauteur de cent soixante à cent soixante-dix pieds; de sorte que, suivant l'expression de Bernardin de Saint-Pierre, elles s'élèvent en portique au-dessus des forêts. Cette cîme aérienne contraste d'une manière surprenante avec le feuillage épais des *ceiba*, avec les forêts de lauriers et de mélastomes qui l'entourent. Dans les palmiers à feuilles palmées, le feuillage touffu est souvent posé sur une couche de feuilles desséchées, ce qui donne à ces végétaux un caractère mélancolique.

« Dans toutes les parties du monde, la forme des palmiers se réunit à celle des bananiers. Leur tige, plus basse, mais plus succulente, est presque herbacée, et couronnée de feuilles d'une contexture mince et lâche, avec des nervures délicates et luisantes comme de la soie. Les bosquets des bananiers sont la parure des cantons humides. C'est dans leurs fruits que repose la subsistance de tous les habitans des tropiques : ils ont accompagné l'homme dès l'enfance de la civilisation. Si les champs vastes et monotones, que couvrent les céréales répandues par la culture dans les contrées septentrionales de la terre, embellissent peu l'aspect de la nature, l'habitant des tropiques, au contraire, en s'établissant, multiplie, par les plantations de bananiers, une des formes de végétaux les plus nobles et les plus magnifiques.

« Les feuilles finement ailées des *mimosa*, des *acacia*, des *gleditsia*, des tamarins, etc., ont une forme que les végétaux affectent particulièrement entre les tropiques. Cependant on en trouve ailleurs que dans la zone torride : ils ne manquent pas aux États-Unis d'Amérique, où la végétation est plus variée, plus vigoureuse qu'en Europe, quoiqu'à une latitude semblable. Le bleu foncé du ciel de la zone torride, qu'on aperçoit à travers leur feuillage délicatement ailé, est d'un effet extrêmement pittoresque.

« Les cactiers ou les cierges (*cactus*) se montrent presque exclusivement en Amérique. Leur forme est tantôt sphérique, tantôt articulée ; tantôt elle s'élève comme des tuyaux d'orgues, en longues colonnes cannelées. Ce groupe forme, par son extérieur, le contraste le plus frappant avec celui des liliacées et des bananiers ; il fait partie des plantes que Bernadin de Saint-Pierre a si heureusement nommées les sources *végétales du désert*. Dans les plaines dénuées d'eau de l'Amérique du sud, les animaux, tourmentés par la soif, cherchent le *melocactus*, végétal sphérique à moitié caché dans le sable, enveloppé de piquans redoutables, et dont l'intérieur abonde en sucs rafraîchissans. Les tiges du cactier en colonne parviennent jusqu'à trente pieds de hauteur, et forment des espèces de candelabres : leur physionomie a une forme frappante avec celle de quelques euphorbes d'Afrique.

« Tandis que les cactiers forment des *oasis* dispersées dans le désert privé de végétation, que les orchidées, sous la zone torride, animent les fentes des rochers les plus sauvages, et les troncs des arbres noircis par l'excès de la chaleur, la forme des vanilles se fait remarquer par des feuilles d'un vert clair, remplies de suc, et par des fleurs de couleurs panachées, d'une structure singulière : ces fleurs ressemblent à un insecte ailé, ou à cet oiseau si petit qu'attire le parfum des nectaires. La vie d'un peintre ne suffirait pas pour peindre toutes ces orchidées magnifiques qui ornent les vallées profondément sillonnées des andes du Pérou.

« Les casuarinées, qu'on ne trouve que dans les Indes et les îles du grand Océan, sont dénuées de feuilles, comme la plupart des cactiers : ce sont des arbres dont les branches sont articulées comme celles des prêles. Cependant on trouve dans d'autres parties du monde des traces de ce type, plus singulier qu'il n'est beau. Les pins, les thuya, les cyprès appartiennent à une forme septentrionale, qui est peu commune dans la zone torride. Leur verdure continuelle et toujours fraîche égaye les paysages attristés par l'hiver, et annonce en même temps aux peuples voisins des pôles, que lors même que la neige et les frimas couvrent la terre, la vie intérieure des plantes, semblable au feu de Prométhée, ne s'éteint jamais sur notre planète.

« Les mousses et les lichens, dans nos climats septentrionaux, les aroïdes, sous les tropiques, sont parasites aussi bien que les orchidées, et revêtent les troncs des arbres vieillissans : ils ont des tiges charnues et herbacées, des feuilles sagittées, digitées ou allongées, mais toujours avec des veines très-grosses. Les fleurs sont renfermées dans des spathes. Ces végétaux appartiennent plutôt au nouveau continent qu'à l'ancien. Le *caladium*, le *pothos* n'habitent que la zone torride.

« A cette forme des aroïdes se joint celle des lianes, d'une vigueur remarquable dans les contrées les plus chaudes de l'Amérique méridionale; tels sont les *paullinia*, les *banisteria*, les *bignonia*, etc. Notre houblon sarmenteux et nos vignes peuvent nous donner une idée de l'élégance des formes de ce groupe. Sur les bords de l'Orénoque, les branches sans feuilles des *bauhinia* ont souvent quarante pieds de long : quelquefois elles tombent perpendiculairement de la cîme élevée des acajous; quelquefois elles sont tendues en diagonales d'un arbre à l'autre, comme les cordages d'un navire. La forme roide des aloès bleuâtres contraste avec la forme souple des lianes sarmenteuses, d'un vert frais et léger. Leurs tiges, quand ils en ont, sont la plupart sans divisions, à nœuds rapprochés, torses sur elles-mêmes, comme des serpens, et couronnées à leur sommet de feuilles succulentes, charnues, terminées par une longue pointe, et disposées en rayons serrés. Les aloès à tige haute ne forment pas de groupes comme les végétaux qui aiment à vivre en société; ils croissent isolés dans des plaines arides, et donnent par-là aux régions du tropique un caractère particulier

de mélancolie. Une roideur et une immobilité triste caractérisent la forme des aloès ; une légèreté riante et une souplesse
mobile distinguent les graminées, et, en particulier, la
physionomie de celles qui sont arborescentes. Les bosquets
des bambous forment, dans les deux Indes, des allées ombragées. La tige lisse, souvent recourbée et flottante des
graminées des tropiques, surpasse en hauteur celle de nos
aulnes et de nos chênes.

« La forme des fougères ne s'ennoblit pas moins que celle
des graminées dans les contrées chaudes de la terre. Les
fougères arborescentes, souvent hautes de trente-cinq pieds,
ressemblent à des palmiers ; mais leur tronc est moins élancé,
plus raccourci, et très-raboteux. Leur feuillage, plus délicat, d'une contexture plus lâche, est transparent, légèrement
dentelé sur les bords. Ces fougères gigantesques sont presque
exclusivement indigènes de la zone torride ; mais elles pré-
fèrent à l'extrême chaleur un climat moins ardent. L'abaissement de la température étant une conséquence de l'élevation
du sol, on peut considérer comme le séjour principal de ces
fougères les montagnes élevées de deux à trois mille pieds
au-dessus du niveau de la mer. Les fougères à hautes tiges
accompagnent, dans l'Amérique méridionale, cet arbre bien-
faisant dont l'écorce guérit la fièvre. La présence de ces deux
végétaux indique l'heureuse région où règne continuellement
la douceur du printemps.»

Après avoir observé avec M. de Humboldt la riche végétation des plus belles contrées de l'Amérique, si nous
nous transportons sur les côtes sauvages et désertes de la
Nouvelle-Hollande, avec MM. de la Billardière, Brown et
Peyron, nous trouverons, dans le peu que l'on connaît de
ce vaste continent, des végétaux tout à fait différens, quoiqu'au même degré de latitude. Ceux qu'on y a recueillis,
se rapprochent davantage des plantes de l'ancien continent ;
celles destinées à la nourriture de l'homme, y sont aussi
rares qu'elles sont communes en Amérique ; aussi ces contrées
paraissent presque inhabitées, et les hommes qui y vivent
ont à peine un commencement de civilisation, tant est puissante l'influence des végétaux utiles pour la multiplication
et le perfectionnement du genre humain. En renvoyant le
lecteur aux ouvrages publiés, sur les plantes de la Nouvelle-Hollande, par MM. de la Billardière et Brown, je me
bornerai à rapporter ici ce que M. Peyron nous a présenté

de plus intéressant sur la végétation de la terre Van-Diémen.

« C'est un spectacle bien singulier, dit ce savant naturaliste, que celui de ces forêts profondes, filles antiques de la nature et du temps, où le bruit de la hache ne retentit jamais, où la végétation, plus riche tous les jours de ses propres produits, peut s'exercer sans contrainte, se développer partout sans obstacle; et, lorsqu'aux extrémités du globe, de telles forêts se présentent exclusivement formées d'arbres inconnus à l'Europe, de végétaux singuliers dans leur organisation, dans leurs produits variés, l'intérêt devient plus vif et plus pressant : là, règnent habituellement une ombre mystérieuse, une grande fraîcheur, une humidité pénétrante; là, croulent de vétusté ces arbres puissans d'où naquirent tant de rejetons vigoureux : leurs vieux troncs, décomposés maintenant par l'action réunie du temps et de l'humidité, sont couverts de mousses et de lichens parasites. Leur intérieur recèle de froids reptiles, de nombreuses légions d'insectes; ils obstruent toutes les avenues des forêts; ils se croisent en mille sens divers ; partout ils s'opposent à la marche, et multiplient autour du voyageur les obstacles et les dangers; quelquefois ils forment, par leur entassement, des digues naturelles de vingt-cinq ou trente pieds d'élévation; ailleurs, ils sont renversés sur le lit des torrens, sur la profondeur des vallées, formant alors autant de ponts naturels dont il ne faut se servir qu'avec défiance.

« A ce tableau de désordre et de ravages, à ces scènes de mort et de destruction, la nature oppose, pour ainsi dire, avec complaisance, tout ce que son pouvoir créateur peut offrir de plus imposant. De toutes parts on voit se presser, à la surface du sol, ces beaux *mimosa*, ces superbes *metrosideros*, ces *correa* inconnus naguère à notre patrie, et dont s'enorgueillissent déjà nos bosquets. Des rives de l'Océan, jusqu'au sommet des plus hautes montagnes de l'intérieur, on observe les puissans *eucalyptus*, ces arbres géans des forêts australes, dont plusieurs n'ont pas moins de cent soixante à cent quatre-vingts pieds de hauteur, sur une circonférence de vingt-cinq à trente et trente-six pieds. Les *bancksia* de diverses espèces, les *protea*, les *embothrium*, les *leptospermum*, se développent comme une charmante bordure sur la lisière des bois : ailleurs se dessinent les *casuarina*, si remarquables par leur port, si précieux par la solidité, par les riches marbrures de leurs baies; l'élégant *exocarpos* projette en cent endroits divers ses rameaux négligés, comme ceux du cyprès : plus loin paraissent les *xanthorrea*, dont la tige solitaire s'élance à douze ou quinze pieds au-dessus d'une souche écailleuse et rabougrie, d'où suinte abondamment une résine odorante ; en quelques lieux se montrent les *cycas*, dont les noix, enveloppées d'une épiderme écarlate, sont si perfides et si vénéneuses : partout se reproduisent de charmans bosquets de *melaleuca*, de *thesium*, de *conchium*, d'*evodia*, tous également intéressans par leur port gracieux, ou par la belle verdure de leur feuillage, ou par la singularité de leur corolle et de leur fruit. Au milieu de tant d'objets inconnus, l'esprit s'étonne, et ne peut qu'admirer cette inconcevable fécondité de la nature, qui fournit à tant de climats divers des productions si particulières, et toujours si riches et si belles. »

L'heureux climat de l'Inde est peut-être le lieu de la terre où la nature étale avec plus de profusion le luxe de la végétation : habité par des peuples parvenus depuis long-temps à un haut degré de civilisation, les végétaux semblent être sortis également de leur état sauvage : tous offrent les formes les plus élégantes, et paraissent réfléchir, par la vivacité de leurs couleurs, ces flots de lumière que l'astre du jour verse continuellement dans leurs corolles. Ces belles contrées sont parfumées au loin par les plus précieux aromates, embellies par la famille superbe des liliacées : à peine peut-on y reconnaître quelques-unes des plantes observées en Europe. Là croissent ces végétaux qui fournissent au commerce ces gommes, ces résines odorantes portées à un si haut prix ; ces plantes médicinales, qui, pendant long-temps, n'ont été connues que par leurs produits et par des dénominations insignifiantes. C'est là que l'on apprend à quels arbrisseaux, à quelles plantes il faut rapporter le bois de campèche, le bois de couleuvre, la noix vomique, les casses, les mirobolans, le tamarin, le curcuma, le galanga, le gingembre, le cardamome, le zédoaire, le sang de dragon, etc. Dans les prés, dans les campagnes, végètent une immense quantité de jolies plantes, dont quelques-unes font la richesse de nos jardins, les beaux *clerodendrum*, les *justicia*, les *achyranthes*, les *cerbera*, les *pontederia*, les *eranthemum*, les *gloriosa*, les *croton*, les *acalypha*, etc.

Dans ce tableau général de la végétation, n'oublions pas un autre coin du globe où la nature semble s'être plue à montrer sa munificence dans le nombre infini d'espèces appartenant aux mêmes genres, à des genres dont le type de la plupart existait déjà dans notre Europe; à les mélanger avec d'autres genres particuliers à ce climat, et dont quelques-uns ont été remarqués parmi les plantes de l'Amérique ! Tel se présente le cap de Bonne-Espérance aux yeux du naturaliste qui le visite pour la première fois : il est frappé d'étonnement à la vue de ces roches montueuses couvertes de plantes grasses, d'aloès, de *mesembrianthemum*, de stapélies, de *crassula*, de tétragones, etc. S'il pénètre dans les forêts, ce n'est plus celles de l'Europe ou de l'Amérique : il les voit toutes brillantes de cet éclat d'or et d'argent répandu sur les feuilles des nombreux *protea*. Traverse-t-il de vastes plaines; il peut à peine y compter les espèces infinies de bruyères, les *borbonia*, les *blœria*, les *penœa*, etc. Les buissons et les bois sont composés d'une foule d'arbrisseaux peu connus, de jolis *phylica*, de passerines, de myrsinites, de *tarconanthes*, d'*anthospermum*, de *royena*, d'*halleria*, etc., tandis que dans les prés naissent à l'envi les nombreux *geranium*, les *ixia*, les glayeuls, les lobélies, les *hémanthes*, les sélagines, les stébées, les immortelles, etc., dont plusieurs brillent aujourd'hui dans nos parterres, ou font l'ornement de nos serres. Les seules espèces que nous possédons sont en si grand nombre, que nous avons peine à croire qu'elles puissent appartenir à une seule localité. Nous comptons plusieurs centaines de bruyères, de geranium, etc.

Pour connaître l'œuvre de la nature, il nous a fallu l'observer dans ces contrées où la terre, abandonnée à ses productions naturelles, n'a point encore été bouleversée par la main de l'homme. Partout où celui-ci a établi sa puissance, il a soumis à son empire tout ce qui pouvait contribuer à son bien-être, embellir sa demeure : les animaux sont devenus ses esclaves; de riches moissons, de vastes prairies ont remplacé les végétaux agrestes et sauvages; d'antiques forêts sont tombées sous la hache, et la terre, dépouillée de ses premières productions, n'offre plus au loin, aux yeux de l'observateur, qu'un vaste jardin créé par l'industrie humaine. L'arbre des montagnes est descendu dans les plaines, et la plante exotique, plus utile ou plus agréable, a chassé de son sol natal la plante nuisible ou sans utilité pour l'homme. Ce n'est donc que loin des grandes sociétés, dans des terres étrangères, dans des terres encore vierges, qu'on peut étudier la végétation dans son état naturel, la saisir dans ses modifications, dans son développement et ses progrès.

Cependant il existe encore des terrains en Europe que le pouvoir de l'homme n'a pu soumettre en totalité ; mais ce n'est que parmi les roches sourcilleuses, et jusque sur le sommet des Alpes, qu'il les faut chercher. Là, des monts élevés sur des monts, s'élançant jusqu'au-delà des nues, forment autant de gradins garnis chacun d'une végétation particulière, et dont le caractère change à chaque degré d'élévation ; là, se succède, à mesure que l'on s'élève, la température des divers climats, depuis celle des tropiques jusqu'à celle des pôles, ainsi que plusieurs des végétaux particuliers à chacun de ces climats.

Au pied de ces montagnes et dans les vallées inférieures végètent les plantes des plaines, et une partie de celles des contrées méridionales de l'Europe. Des forêts de chênes occupent le premier plan ; elles s'élèvent, mais en perdant à mesure de leur force et de leur beauté, jusqu'à une hauteur d'environ huit cents toises, dernier terme de leur habitation. Le hêtre s'y montre également ; mais le chêne a déjà disparu, qu'on retrouve encore des hêtres plus de cent toises au-dessus. Dans la zone qui leur succède, ces arbres, plus exposés à l'impétuosité des vents, offriraient trop de prise à leur action par leur cîme épaisse et leurs larges feuilles. Le pin, l'if, le sapin, garnis d'une feuillage finement découpé, élèvent impunément, jusque vers les nues, leur tronc robuste, peu ramifié. L'action des vents ne trouvant plus la même résistance, se divise et perd de sa force entre leurs feuilles courtes et menues. Cependant ces arbres ne peuvent guère parvenir au-delà de mille toises : c'est alors que des bois d'aliziers et de bouleaux, des touffes de coudriers et de saules, des berceaux de rhododendrum osent braver le froid et les tempêtes jusqu'à la hauteur de douze cents toises. Au dessus paraissent, mais avec une stature bien plus basse, une foule de jolis et d'élégans arbustes, les daphnés, les passerines, les globulaires, des saules rampans, quelques cistes ligneux.

Au-delà, jusqu'à la région des glaces, on ne trouve presque plus de végétaux ligneux, si l'on en excepte quelques bouleaux nains, quelques saules rabougris, longs à peine de quelques pouces. Un gazon court, gracieux et touffu, sort tous les étés de dessous des monts de neige, et se couvre d'une foule de jolies petites fleurs à feuilles en rosettes, à hampe nue, à racines vivaces : c'est la patrie des nombreuses saxifrages, des élégantes primevères, des gentianes, des renoncules, et d'une foule d'autres plantes en miniature. L'affreuse nudité des pôles règne sur le sommet de ces montagnes surchargées de glaces perpétuelles : s'il y reste encore quelques traces de végétation, elle n'existe que dans quelques lichens, qui cherchent, comme ils le font ailleurs, à y jeter, mais en vain, les bases de la végétation.

Ainsi le voyageur, parvenu sur ces montagnes à la région des glaces, a éprouvé en peu d'heures les divers degrés de température qui règnent dans chaque climat depuis les tropiques jusqu'aux pôles : il a pu observer une partie des plantes qui croissent depuis environ le 45° de latitude jusqu'au 70°, c'est-à-dire dans une longueur d'environ huit cents lieues, phénomène qui existe sur toutes les hautes montagnes, tant de l'ancien que du nouveau continent, avec quelques modifications particulières aux localités. Les observations faites par M. de Humboldt dans les régions équinoxiales et sur les plus hautes montagnes de notre globe, nous en fournissent la preuve. On y retrouve, mais seulement à partir de la hauteur de cinq cents toises, le même ordre dans la gradation des espèces : à la vérité, celles-ci ne sont plus les mêmes qu'en Europe, mais elles ont le même caractère de correspondance dans leur port, leur grandeur, leur consistance. La zone brûlante, qui occupe l'espace inférieur depuis le niveau de la mer jusqu'à cette hauteur, jouissant d'une température inconnue à notre Europe, est habitée par des végétaux particuliers à ce climat : c'est, comme nous l'avons vu plus haut, la patrie des palmiers, des bananiers, des amomes, des fougères en arbre, etc. Ce n'est donc qu'à la hauteur de cinq cents toises que commence, sur les montagnes de la zone torride, le climat correspondant à la base des Alpes, à partir du niveau de la mer, et ce ne peut être que là où commence également la zone des plantes correspondantes à celles de l'Europe.

Tel se développe aux regards de l'homme le spectacle toujours varié, sans cesse renaissant, de la végétation, spectacle riche dans sa composition, admirable dans ses contrastes, sublime dans son harmonie, et qui n'a coûté à la nature que de soumettre les formes à l'influence des diverses températures, je dis des températures, et non des climats

Il est en effet très-essentiel de remarquer que la production des espèces végétales est bien plus dépendante de l'action de la chaleur ou du froid, de la sécheresse ou de l'humidité, que de la différence des climats, tellement qu'on peut rencontrer, comme en effet on rencontre assez souvent, les mêmes espèces à des latitudes très-différentes, mais où règne, par les circonstances locales, le même degré de température : c'est ainsi que nous trouvons, sur les hautes montagnes des contrées méridionales de notre Europe, des plantes de la Suède, de la Norwège, et même celles de la Laponie et du Spitzberg. Tournefort avait fait la même observation dans l'Asie mineure, sur le mont Ararat. Au pied de la montagne se présentent les plantes de l'Arménie ; à mesure qu'on s'élève, celles de l'Italie et du midi de la France, puis celles de Suède, et, approchant du sommet, les plantes de la Laponie. C'est par des moyens aussi simples, que la nature a écarté de la surface du globe cette monotone uniformité qu'y produiraient les plantes, si partout elles étaient les mêmes; mais, soumises aux influences de l'atmosphère, que de formes variées elles offrent à notre admiration ! Une température constamment humide et chaude, telle que celle des contrées équinoxiales, entretenue par les rayons d'un soleil brûlant, par les émanations d'un sol arrosé par le débordement des grands fleuves et des lacs, donne à la végétation cette vigueur qui étonne dans ces grands et superbes végétaux particuliers à ces climats. Une autre forme de plantes se montre dans ces contrées exposées à l'alternative des saisons chaudes et froides ; elle est plus égale sur les côtes maritimes, où la température est moins variable ; mais les plantes prennent un autre aspect sur les hautes montagnes, où soufflent fréquemment des vents secs et froids ; elles varient peu dans les eaux douces, dans celles de la mer, se trouvant placées dans un milieu moins sujet aux intempéries de l'atmosphère. L'intensité et la durée de la lumière, les nuits longues et humides, occasionent autant de modifications différentes dans les formes végétales : aussi la nature a tellement fixé la station des plantes, que jamais les saules nains et rampans ne descendront du sommet de leurs montagnes pour se placer avec nos saules-osiers sur le bord des ruissseaux, et les primevères, qui décorent les pelouses des Alpes, ne viendront pas se mêler à celles de nos prairies.

De ces considérations est née l'idée d'une géographie botanique, dans laquelle les plantes sont distribuées par groupes, qui ont chacun leur hauteur déterminée, leur climat, leurs limites. Plusieurs naturalistes se sont livrés à ce genre d'observations, mais aucun ne l'a porté aussi loin que M. de Humboldt, qui 'a publié, sur ce sujet, des mémoires d'un grand intérêt. D'après les observations de ce savant voyageur, et celles faites en partie avant lui, on voit les plantes crucifères et les ombellifères disparaître presque entièrement dans les plaines de la zone torride, tandis qu'elle est le séjour des palmiers, des fougères en arbre, des graminées gigantesques, des orchidées parasites. Dans les zones tempérées croissent en abondance les malvacées, les labiées, les composées, les caryophyllées, très-rares sous l'équateur. Les conifères, un grand nombre d'arbres amentacés appartiennent aux régions boréales. Il est d'autres familles qui se retrouvent presque dans toutes les contrées du globe, telles que les graminées, les cypéracées, mais sous des formes différentes, selon les températures. Les unes rivalisent presque de grandeur avec les palmiers, telles que les bambous, etc.; d'autres ne forment qu'un gazon court et touffu. Les bornes de cet ouvrage ne me permettant pas de donner plus de développement à ces intéressantes considérations, je renvoie le lecteur aux savantes dissertations de Linné, *Stationes et coloniæ plantarum*, au *Tentamen historiæ geographicæ vegetabilium* du professeur Strohmayer, et particulièrement aux mémoires de MM. de Humboldt et Ramond.

CHAPITRE II.

Etablissement de la végétation à la surface du globe.

Nous venons de voir la végétation couvrir de verdure et de fleurs toutes les parties de notre globe : nous l'avons vue se propager du fond des vallées jusque sur les lieux les plus élevés, résister dans les plaines aux rayons brûlans du soleil, lutter sur les montagnes avec les frimas, sortir chaque été de dessous les neiges, et ne s'arrêter qu'à la zone des glaces perpétuelles. Mais comment cette végétation peut-elle parvenir à couvrir la nudité des rochers, à fixer la mobilité des sables, à s'implanter dans les tufs pierreux, à convertir des lacs immenses en marais, ceux-ci en forêts ou en terre labourable? car telle était, telle est encore la surface du globe dans tous les lieux privés de végétation, soit dans les îles nouvellement sorties du sein des eaux, soit dans les sols bouleversés par des accidens particuliers, ou dépouillés, par d'autres circonstances, de leur antique verdure; telle aussi nous la retrouvons, si nous enlevons la couche plus ou moins épaisse du terreau qui la revêt. Cette terre est donc de nouvelle formation, ainsi que la végétation qu'elle entretient; elle n'a point été formée simultanément avec le rocher qui la soutient, avec le lit de sable qu'elle recouvre.

Cette importante observation échappe au commun des hommes. Accoutumé à voir, au retour de chaque printemps, les mêmes fleurs reparaître, les mêmes prairies reverdir, à peine a-t-on réfléchi sur l'origine de cette belle et abondante végétation, ou plutôt la rapportant à l'époque de la création générale des êtres, elle nous semblait se perdre dans l'obscurité mystérieuse de la formation des mondes, et nous nous trouvions dispensés dès-lors de chercher par quels moyens la nature était parvenue à répandre partout ce terreau précieux, source de richesses et de vie, et qui n'est cependant que le résidu des générations entassées sur les générations. Ici se présente une objection qui paraît détruire en partie ce que je viens d'avancer. Si la terre végétale, dira-t-on, est nécessaire à l'existence des plantes, elle a dû être créée avant elles, et n'en recevoir que ce qu'elle-même leur a fourni.

Telle a été l'erreur qui, pendant une longue suite de siècles, nous a fait méconnaître une des plus grandes opérations de la nature, et qui, quoique constamment sous nos yeux, ne nous a échappé que par le peu d'attention que nous avons donnée à un ordre de plantes dédaignées à cause de leur peu d'éclat, de leur petitesse, et de la simplicité de leur composition : mais dès que l'œil perçant du génie eut saisi leurs rapports dans l'ordre naturel des choses, dès qu'il eut reconnu les fonctions qu'elles avaient à remplir, et le rang qu'elles occupaient dans le système général de la végétation, elles ont pris alors un caractère de grandeur, qui a fixé l'attention sur leur existence. On s'est aperçu que, sans exiger de terre végétale pour exister, elles en fournissaient par leur décomposition, à la vérité en petite quantité, mais suffisante pour recevoir des plantes d'un ordre un peu plus élevé, et auxquelles, à mesure que la terre végétale augmente, succèdent des végétaux beaucoup plus vigoureux.

Pour comprendre ce que nous avons à dire sur ce sujet, il faut nous arrêter un instant sur ces plantes que j'ai dit être la base de la végétation. Quoique très-communes partout, elles sont à peine remarquées. Partout elles couvrent les murs, les rochers, les terrains humides, le tronc des arbres ; elles s'attachent à toutes les substances, pour peu qu'elles soient favorisées par les circonstances. Les rayons du soleil, les vents secs et froids, leur sont autant contraires que l'ombre et l'humidité leur sont favorables. Ces plantes portent le nom de conferves, de byssus, de lichens : il leur succède des mousses, des hépatiques, des lycopodiacées, des champignons, etc. Elles forment, dans l'ordre naturel de la végétation, une grande et importante famille. Linné les a nommées *cryptogames*, mot grec qui signifie que le mode de fécondation qui doit les reproduire n'est presque point connu.

Les *byssus* sont des plantes qui ne se montrent que sous la forme d'un tissu poudreux, ou d'un duvet filamenteux diversement coloré : elles s'attachent particulièrement aux substances humides, se dessèchent aux rayons d'un soleil ardent, et ne laissent après elles que des taches informes et noirâtres. Les *conferves* appartiennent aux eaux stagnantes, aux terrains inondés ; elles sont composées de filamens capillaires, allongés, simples ou articulés. Les *lichens* ne sont quelquefois que des points saillans et noirâtres, épars sur un fond verdâtre ou cendré ; ailleurs ce sont des lignes simples ou rameuses, qui semblent tracer ou des caractères alphabétiques ou une sorte de carte géographique sur une membrane lisse, très-mince, appliquée sur l'écorce des arbres. D'autres espèces s'attachent aux rochers, elles y forment des plaques de diverses couleurs, des croûtes lépreuses, grenues, farineuses ; ou bien, plus développées, elles s'étalent en rosettes d'un aspect foliacé, laciniées ou divisées en lobes. On en voit s'élever d'une croûte écailleuse, en tiges simples, ou se ramifier en petits arbustes élégans, s'évaser, au sommet de leurs rameaux, en petits godets simples ou prolifères, garnis sur leurs bords de tubercules fongueux, de couleur brune, noirâtre, ou d'un beau rouge écarlate ; quelques autres, sous une forme très-différente, tombent des branches des arbres en longs filamens entremêlés, semblables à des crins de cheval, à des cheveux touffus, les uns d'un vert cendré, d'autres d'un beau jaune doré, orangé ou citrin. Je ne m'étendrai pas davantage sur cette classe de plantes, avec laquelle nous ferons ailleurs une connaissance plus particulière lorsque nous traiterons des familles naturelles. Ici nous allons les suivre dans les grandes fonctions que la nature leur a confiées pour l'établissement de la végétation.

Lorsqu'on fait attention à la dureté, à la sécheresse et à la nudité des rochers, on a peine à concevoir que des forêts puissent un jour en couronner le sommet ; cependant ce grand travail s'exécute tous les jours sous nos yeux, et même au milieu de nos habitations. Considérons ces murs couverts de taches verdâtres qui s'accroissent par l'humidité, que la lumière et la chaleur réduisent en taches noires et tenaces : ce sont autant de *byssus* qui essaient d'y porter la végétation, ainsi que sur les statues et les marbres les plus polis ; ce sont eux qui impriment le cachet de la vétusté sur nos vieux châteaux, sur nos édifices gothiques. Ailleurs, particulièrement sur les pierres raboteuses, s'étalent en larges plaques ces *lichens* de diverses couleurs, semblables à ces croûtes dartreuses qui corrodent la peau des animaux ; ils creusent, rongent la surface des rochers, déposent, dans les vides qu'ils ont formés, la portion de terre produite par leur destruction. Quoiqu'en très-petite quantité, cette terre suffit pour donner lieu au développement de *lichens* d'un ordre plus élevé. Leurs débris, ajoutés à ceux des premiers, fournissent une petite couche de terreau suffisante pour l'existence des mousses d'un ordre inférieur, auxquelles succèdent également des espèces plus fortes [1].

Déjà une couche gazonneuse recouvre le sommet des murs,

---

[1] Les personnes qui ne se sont pas livrées à l'étude de la nature, seront peut-être fort étonnées d'apprendre que toutes ces taches noires ou verdâtres, qui dégradent les belles statues et les murs exposés à l'humidité, sont de véritables plantes. Ces plaques sont formées par un *byssus*, que Linné a nommé *byssus antiquitatis*. Les pierres constamment à l'ombre et à l'humidité sont recouvertes d'un autre *byssus*, d'un beau vert foncé : c'est le *byssus velutina*, Lin.

Les *lichens* qu'on trouve plus communément sur les murs et les pierres sont le *lichen calcarius*, *pertusus*, *tartareus*, *candelarius*, *parellus*, *saxatilis*, *centrifugus*, *crispus*, *omphalodes*, *parietinus*, *pustulatus*, etc.

Les mousses que l'on rencontre sur les vieux murs sont le *mnium setaceum*, *capillare*, etc., le *bryum apocarpum*, *striatum*, *rurale*, *truncatulum*, *murale*, *cœspititium*; l'*hypnum sericeum*, *serpens*, *myosuroïdes*, etc.

la surface des rochers : elle augmente d'année en année par
les débris des végétaux qu'elle nourrit; ses particules pulvérulentes sont retenues par les tiges et les racines serrées et
touffues des mousses; l'humidité s'y conserve plus long-temps;
la couche de terrain s'épaissit; des graminées et autres plantes
herbacées à tiges basses, viennent s'y établir, telles que des
joubarbes, des draba, des saxifrages, des pissenlits, quelques geranium, etc. Le sol s'exhausse à mesure que les générations se succèdent; il se convertit, avec le temps, en
une prairie visitée par un grand nombre d'animaux. Des
plantes à tige ligneuse annoncent que ce nouveau terrain ne
tardera pas à recevoir de plus grands végétaux, dont la multiplication doit par la suite établir d'immenses forêts dans
un sol qu'on aurait cru frappé pour toujours de stérilité

Tel est, sur ces roches arides, le développement de la
végétation, commencée par de simples byssus, par quelques
lichens, propagée par des tapis de mousses, augmentée par
les plantes herbacées. Leurs débris accumulés ont formé cet
humus, maintenant assez épais pour que les arbres les plus
vigoureux puissent y implanter leurs racines. En suivant
ainsi les progrès de la végétation, nous sommes parvenus à
nous convaincre que la terre végétale n'est que le résultat de
la décomposition annuelle des végétaux, qu'elle n'existerait
pas sans eux; que la nature seule et non l'industrie humaine
a pu la déposer sur cette roche, sur ce vieux mur où nous
l'avons observée, et dont la formation s'est presque exécutée
sous nos yeux.

Ne quittons pas encore ces forêts dont nous venons de
suivre l'établissement depuis l'humble graminée ou la mousse
rampante, jusqu'à la production des plus grands végétaux.
Quelle abondance de terreau fournissent tous les ans la chute
de leurs feuilles et les autres débris de la végétation ! C'est
dans cet immense magasin, sans cesse renouvelé, que la nature va puiser les substances nécessaires pour fertiliser les
plaines et les vallées : elle se sert, pour le transport de ces
matériaux, du véhicule de l'eau, de ces pluies d'orages qui
se précipitent par torrens, ou descendent en nappe du sommet des monts jusque dans les vallées les plus profondes :
ces eaux entraînent avec elles les dépouilles de la végétation,
en recouvrent des plaines souvent stériles, crétacées, sablonneuses ou pierreuses; leur fertilité sans ce moyen aurait
pu coûter à la nature des siècles de travaux.

Mais les plantes qui jettent sur les rochers les fondemens de la végétation, étant privées de racines, ne pourraient exister sur des sables arides et mouvans; il faut, pour fixer leur mobilité, un autre ordre de végétaux : il a été produit. Au lieu de byssus, de lichens, qui exigent une base fixe et solide, on trouve, pour premières plantes, plusieurs espèces de graminées, de cypéracées, dont les racines traçantes et gazonneuses s'entrelacent les unes dans les autres, s'enfoncent dans les sables, les retiennent, y mêlent leurs dépouilles, et les rendent propres à recevoir des végétaux convenables à la température des localités, pourvu qu'elles soient fréquemment arrosées par les pluies.

Les circonstances qui soumettent le sable à la puissance de la végétation n'existent point partout; il est même de vastes contrées où la terre paraît condamnée à n'offrir à ses habitans qu'une surface aride et brûlée : telles ces plaines immenses de l'Afrique, ces déserts si redoutés, contrées de silence et de mort que l'homme ne traverse qu'avec effroi, et que cependant la nature, par quelques circonstances locales, peut ramener à un état de vie, comme elle l'a fait en beaucoup d'autres lieux. Le moyen le plus efficace et même l'unique, c'est la présence de l'eau. Nous savons déjà que plusieurs grands fleuves y promènent leurs eaux, tels que le Nil en Égypte, le Niger dans une partie du Sahara. Les sources qui les alimentent, grossies par les pluies, occasionent chaque année des débordemens considérables. Ces eaux surabondantes déposent, sur les terrains qu'elles ont inondés, un limon qui, mêlé au sable, acquiert une grande fertilité : ailleurs, elles forment des mares, des lacs, des étangs qui portent les principes de la vie dans ces contrés de mort.

Un nouvel ordre de plantes nous attend sur les bords et à la surface de ces lacs. On conçoit sans peine que celles qui ont établi la végétation sur les sols sablonneux ou pierreux ne peuvent ici remplir le même but, et nous verrons avec admiration cette nature toute-puissante vaincre avec le temps les obstacles qui s'opposent à ses opérations. Dès que les eaux ont recouvert un terrain, les plantes s'y montrent presque aussitôt : elles y sont plus ou moins abondantes, selon les circonstances. Si ces eaux sont courantes comme celles des rivières, agitées comme celles des grands lacs, la végétation n'existe guère que sur leurs bords; mais sont-elles tranquilles, dormantes, peu profondes, les plantes y crois-

sent plus nombreuses et avec plus de rapidité ; elles s'emparent d'abord de la surface des eaux, et occupent, par la
simplicité de leur organisation, le même ordre que celles
qui naissent sur les rochers : ce ne sont que des filamens
très-menus, entremêlés, sans racines, sans fructification apparente ; elles précèdent la naissance de végétaux plus parfaits, et préparent le sol qui doit les recevoir, opération que
nous pouvons suivre également sans sortir de nos habitations. Examinons ces mares, ces bassins négligés ou abandonnés ; nous les verrons couverts d'une écume verdâtre,
qu'on a regardée long-temps comme des impuretés rejetées à
la surface de l'eau : observées avec plus d'attention, il sera
facile de reconnaître qu'elles appartiennent au règne végétal.
On les a désignées sous les noms de *conferves* et de *byssus*.
Des lentilles d'eau (*lemna*), des callitrics se joignent à elles
ou leur succèdent. Ceux-ci, pourvus de racines, forment,
par leur entrelacement, une sorte de gazon flottant, dont les
débris se précipitent au fond des eaux, et constituent le sol
destiné à recevoir des plantes d'un rang supérieur : dès-lors
les potamogetons, les *chara*, les *myriophyllum* tapissent
l'intérieur des bassins et des lacs, s'y étendent en prairies
constamment recouvertes par les eaux, et réservées pour la
nourriture d'un grand nombre d'animaux aquatiques.

A mesure que le fond s'exhausse, des espèces plus vigoureuses s'élèvent au-dessus des eaux, y développent ces brillantes corolles dont la beauté rivalise avec les fleurs de nos
jardins. La plaine liquide se convertit en un parterre embelli par des touffes de renoncules flottantes, de naïades,
d'*hydrocharis*, de *vallisneria*, dominés par les amples calices
d'argent, d'or ou d'azur des nélumbos, des nénuphars à feuilles
larges et vernissées, tandis que les flèches d'eau, les joncs
fleuris, les ményanthes, l'hottonia, etc., forment sur leurs
bords un encadrement élégant et varié, auquel se joignent
de jolies véroniques, des œnanthes, des phyllandres surmontés par des salicaires, des bidens, des eupatoires, etc.

Ainsi les eaux, aussi bien que la partie nue et pierreuse
du globe, se peuplent de végétaux qui convertissent en
marais ces plaines liquides sur lesquelles ont flotté jadis des
barques de pêcheurs. Ces eaux gagnent en surface ce qu'elles
perdent en profondeur, et portent la fertilité dans tous les
terrains qu'elles abordent. A mesure qu'elles baissent, on y
voit croître de ces espèces qui, en quelque sorte, tiennent

le milieu entre les plantes aquatiques et les terrestres, telles que de grandes graminées, des roseaux, des paturins, des *carex*, des scirpes, des souchets, des *typha*, etc.; mais aucune plante ne contribue davantage au changement de ces marais en pâturages, que l'abondance de certaines espèces de mousses, surtout les sphaignes, qui s'élèvent par couches annuelles au-dessus les unes des autres, augmentent tous les jours en épaisseur aussi bien qu'en étendue. Si ces eaux, absorbées par la force de la végétation, ne sont point alimentées par des sources à proportion de leurs pertes, ce sol marécageux se desséchera peu à peu, et se couvrira avec le temps de prairies fertiles, d'arbres de toute espèce, et dèslors pourra offrir sa surface au soc de la charrue.

Ce que je viens d'exposer sur les progrès successifs de la végétation n'a rien de conjectural : nous en trouvons la preuve presque à chaque pas, tant dans le sein de la terre qu'à sa surface, surtout dans les terrains qui n'ont point été bouleversés par des révolutions récentes. Dans combien d'endroits ne rencontre-t-on pas, sous la couche de terre végétale ou argilleuse, d'anciennes tourbes étendues sur des lits de sable ou sur des amas de pierres roulées; preuve évidente que ce sol a été autrefois traversé par les eaux des fleuves, ou occupé par celles des lacs ! Les vastes marais de la Somme nous en fournissent un exemple entre mille. Le sol est souvent recouvert, ainsi que l'a observé M. Girard, d'une couche de terre propre à la végétation, d'environ deux pieds dans sa plus grande épaisseur : l hauteur du banc de tourbe sur lequel elle repose est de six à dix pieds entre Amiens et Pecquigny ; elle augmente jusqu'à trente pieds vis-à-vis les villages de l'Etoile et de Long, au-delà desquels elle diminue de plus en plus. La partie basse de la ville d'Amiens, d'après les observations de M. Sellier, est bâtie sur une couche de tourbe qui a quelquefois plus de douze pieds d'épaisseur : elle est assise sur un banc de marne, qui repose lui-même sur un massif de sable et de galets mêlés de coquilles marines. Ce vaste terrain a donc été long-temps occupé par de grands lacs, ainsi que le prouve la découverte que l'on a faite de plusieurs barques et d'armes romaines conservées dans la tourbe à de plus ou moins grandes profondeurs.

Il ne nous est pas accordé de suivre dans les profondeurs de l'Océan l'établissement de la végétation ; mais si les plantes marines exigeaient, comme les terrestres ou celles des eaux douces, d'être enracinées dans un sol terreux ou limoneux, nous aurions peine à concevoir comment elles pourraient résister à l'action destructive de ces vagues mugissantes qui sans cesse renversent, arrachent tout ce qui leur fait obstacle, balayent le fond des mers, amoncellent sur les rivages les débris des rochers. Pour lutter contre des obstacles aussi puissans, il fallait aux plantes marines un mode d'existence particulière ; aussi la nature leur a-t-elle accordé une base autrement solide que celle d'un sable mobile et continuellement tourmenté par le mouvement impétueux des eaux : elle a fixé leur séjour sur les corps les plus durs, sur les pierres, sur les rochers, auxquels elles adhèrent par un empâtement d'une grande ténacité, ou bien en s'y cramponnant à l'aide d'une sorte de griffe rameuse, très-différente des racines, quoiqu'elle en ait l'apparence. Ces griffes ne sont point destinées à puiser, dans un sol qu'elles ne peuvent pénétrer, des sucs alimentaires, pour les porter dans les parties supérieures de ces végétaux : ceux-ci, plongés en entier dans le même milieu, absorbent également par toute leur surface les principes de leur nutrition, et jusqu'à présent on n'a pu y reconnaître l'ascension d'aucune liqueur, telle que la sève, etc. Les plantes marines ont en outre un feuillage plane ou divisé en filamens, d'une consistance souple, coriace, membraneuse, susceptible de se prêter à tous les mouvemens de l'eau sans en être endommagées.

Quoique leur mode de fructification soit encore peu connu, il paraît que leurs semences, ou ce qui en tient lieu, sont très-glutineuses, qu'elles s'attachent indifféremment à tous les corps solides, et couvrent les rochers d'une végétation aussi abondante et non moins agréable que celle des gazons qui tapissent nos montagnes : à la vérité, elles n'étalent point de corolles brillantes, elles ne parfument point l'air de leurs aromates, mais elles offrent souvent, dans la forme, la variété et le mélange des couleurs de leur feuillage, un aspect non moins séduisant.

Il serait difficile de dire quelles sont les circonstances favorables ou nuisibles à leur multiplication ; mais si nous examinons les rochers qu'il nous est permis d'aborder, nous les trouverons presque tous couverts d'une riche végétation. Il est à croire que ces plantes, quoique placées dans un même milieu, sont également soumises, comme les terrestres, aux influences des localités, des profondeurs et de la température, puisqu'il en est qui ne se montrent que dans certaines mers; qu'on en rencontre dans l'Océan qui ne se trouvent pas dans la Méditerranée, et que les mers des Indes en fournissent qui n'ont point été découvertes dans les mers glacées du Nord, ni dans les eaux tempérées des tropiques, etc.; d'autres naissent à de telles profondeurs, que nous ne les connaissons que par leurs fragmens.

Je ne suivrai pas plus loin, dans ses grands travaux, la nature sans cesse occupée à jeter partout les bases de la végétation : ce que j'en ai dit suffit pour faire comprendre toutes les ressources qu'elle emploie pour vaincre les obstacles et porter partout le mouvement et la vie. Nous l'avons suivie dans les plaines, sur les montagnes, dans les sables mobiles, et jusque dans le sein des eaux : si maintenant nous descendons dans ces cavités où la lumière ne pénètre jamais, nous y trouverons des plantes particulières, destinées pour ce séjour de ténèbres, telles que certaines espèces de rhizomorphes, de byssus, etc.; enfin il n'est point de substances, soit à l'air libre ou dans les lieux renfermés, exposées à la lumière, ou cachées dans les endroits les plus obscurs, à l'humidité ou à la sécheresse, qui ne soient occupées par des plantes propres pour ces diverses localités. Les moisissures attaquent toutes nos provisions alimentaires lorsque celles-ci sont abandonnées et tenues dans des lieux humides ; de nombreux champignons, d'énormes bolets naissent à l'ombre sur les plantes en putréfaction ; les lichens et les mousses pénètrent l'écorce crevassée des arbres ; une foule d'animaux d'un ordre très-inférieur, tels que des larves d'insectes, des vers, des mollusques nus ou à coquilles, des crustacés, des arachnides, viennent en foule établir leur séjour au milieu de cette végétation naissante : ils y déposent leur postérité, y vivent dans l'abondance, comme nos troupeaux dans les pâturages, y jouissent de la fraîcheur et de l'ombre comme les grands animaux dans les forêts. Ainsi se propage l'œuvre sublime de la création dans ces êtres organiques qui contribuent, pendant leur vie par leurs sécrétions, et après leur mort par leurs dépouilles, à l'augmentation de la terre végétale et de beaucoup d'autres substances inorganiques, comme nous le verrons plus en détail dans le chapitre suivant. J'exposerai ailleurs, en parlant des semences, par quels moyens la nature les disperse à la surface du globe, dans les terrains destinés à les recevoir.

CHAPITRE III.

*Les plantes considérées dans leurs rapports avec les subs-
tances qui les nourrissent, avec celles qu'elles produisent.*

Les plantes occupent parmi les êtres vivans une place
très-importante : l'existence des animaux est dépendante de
la leur ; et, dans le règne minéral, un grand nombre de
substances nécessaires à l'harmonie de notre globe ne sont
produites que par les végétaux. Les fluides les plus subtils
qu'ils absorbent et qui leur servent d'alimens seraient peut-
être trop abondans, si les plantes, en se les appropriant,
ne les enchaînaient pour en former la matière végétale,
douée d'un principe de vie, et destinée à soutenir celle des
animaux. Sans cette végétation, le globe terrestre ne serait qu'une solitude silencieuse, composée de roches stériles inondées par les eaux, avec une surabondance de fluides
délayés et suspendus dans l'atmosphère. Ces fluides, à la vérité, entrent comme principes constituans dans un grand
nombre de corps bruts ; mais plusieurs ne s'y trouvent qu'a-
près avoir été fixés, mélangés, combinés par l'action vitale
des végétaux et des animaux [1]. Ce sont ces combinaisons,
ces mélanges, ces décompositions qui établissent cette mu-
tation habituelle de formes, et cette belle variété dans les
productions de la nature. Ainsi, dans la longue série des
êtres, les plantes forment le chaînon intermédiaire qui met
en rapport les élémens les plus subtils avec les corps les
plus solides ; elles constituent ce premier chaînon qui attache

---

[1] Il est bien reconnu aujourd'hui, et nous en avons déjà vu la preuve
dans le chapitre II, que la terre végétale, les tourbes, les houilles ou
charbon de terre, et même un grand nombre de schistes, etc., ne doivent
leur existence qu'aux végétaux ; que les substances calcaires ne sont que
les débris des animaux, et que les élémens qui composent ces diverses
substances minérales, ont dû nécessairement passer par la filière des êtres
organiques. On conçoit dès-lors que la masse des fluides, tels que l'eau, etc.,
doit diminuer à mesure que les êtres organiques et les substances minérales augmentent à la surface du globe. Ces considérations sont d'un très-
grand intérêt, et méritent toute l'attention du lecteur.

à leur existence tous les êtres organiques et vivans, tandis qu'elles-mêmes n'ont besoin, pour soutenir la leur, que de fluides et d'élémens gazeux; elles ne demandent rien aux animaux, rien aux minéraux, qu'une base pour y déposer après leur mort cette terre nouvelle créée par elles, et qui devient le berceau de leurs nombreuses semences.

Ces hautes considérations sont trop étendues pour être suivies dans tous leurs détails, encore trop peu connues pour être traitées sous tous leurs rapports, cependant trop importantes pour être ici passées sous silence. Pour les présenter en totalité, il faudrait tracer en quelque sorte le tableau général de l'univers, exposer les lois qui unissent les êtres entre eux, développer ces chaînons infinis qui ne font qu'un seul tout de tant d'êtres divers. Ne pouvant entrer dans tous ces grands détails, je me bornerai à esquisser les rapports généraux des plantes avec les fluides qui les nourrissent et qu'elles convertissent en matière végétale, avec les produits divers qu'elles fournissent à l'atmosphère par leurs sécrétions pendant leur vie, enfin avec les substances salines et terreuses qui résultent après leur mort de leur décomposition; opération admirable, qui consiste à convertir en corps solides les plus subtils, les plus intraitables des élémens. Quand d'une part on considère la nature de ces élémens, la grande élasticité de l'air et de l'eau réduite en vapeurs, cette force d'expansion qui brise tous les obstacles, la rapidité étonnante de la lumière bien plus subtile encore, ce feu élémentaire qui pénètre et traverse tous les corps, sans qu'aucun d'eux puisse fixer son extrême mobilité; quand on voit d'une autre part ces mêmes élémens sans cesse errans dans le vague de l'atmosphère, mélangés mais non fixés, que nulle force humaine ne peut soumettre, destinés néanmoins à entrer dans la composition de tous les corps solides, on se demande avec étonnement quels moyens peut employer la nature pour vaincre leur élasticité, les enchaîner par la combinaison, et les faire passer à l'état de solidité : nous répondons : *Elle a créé les plantes;* elle les a douées d'une force active, propre à s'emparer de tous ces élémens, à les fixer, à les convertir en substance végétale, préparant ainsi, pendant leur vie, ces matériaux qui doivent accroître la masse de la terre, et par elle étendre au loin les richesses de la végétation : tels sont les grands phénomènes dont je vais essayer de tracer l'esquisse.

Les corps bruts, inorganiques, sont formés par l'aggréga-
tion de particules similaires, extrêmement fines, tenues
d'abord en dissolution ou en suspension dans un fluide, puis
rapprochées en masse, et fortement adhérentes entre elles
par une force particulière qui ne nous est encore que médiocrement connue. Ces masses inertes ne croissent que par
l'addition d'autres parties similaires, ou, comme l'on dit,
par *juxta-position*. Il n'en est pas de même des corps organiques : ceux-ci ont un mode d'existence très-différent ;
ils sont doués d'un mouvement intérieur sans cesse en activité, exécuté par des organes destinés à s'approprier certaines
substances, d'abord très-différentes de l'individu qui s'en
empare, et qui ensuite lui sont assimilées par cette opération
à jamais incompréhensible que l'on nomme *fonction vitale*.

Ce sont ces substances qui, en cessant d'être ce qu'elles
étaient, constituent les végétaux. Dans les animaux, cette
opération s'exécute par des alimens livrés aux forces diges-
tives de l'estomac ; les plantes, organisées bien plus simplement, privées d'estomac, ne peuvent être nourries que par
des fluides réduits à un état de ténuité presque imperceptible : tels sont les fluides élastiques. L'extrême finesse des
pores destinés à les recevoir ne permettrait à aucun autre
corps d'y pénétrer : d'un autre côté, les plantes, fixées à la
terre, dans l'impossibilité d'aller, comme les animaux, chercher leur nourriture, en sont entourées ; elles la pompent
dans l'air par leurs feuilles, dans le sein de la terre par leurs
racines. Si quelque obstacle les en éloigne, elles n'ont d'autre
moyen pour le vaincre qu'une sorte de mouvement d'attraction, par lequel elles semblent se porter d'elles-mêmes vers
les élémens de leur existence : ainsi les racines placées dans
un terrain trop maigre se dirigent vers une terre plus subs-
tantielle, qui en est voisine ; les feuilles et les tiges se courbent, s'inclinent, se plient en différens sens pour se placer
dans une position plus favorable, quand celle qu'elles
occupent leur intercepte l'action de la lumière et de l'air ;
les fleurs s'entr'ouvrent à l'aspect du soleil, et quelques-
unes en suivent la marche pour recevoir son influence plus
directement.

Ces indications et l'état de souffrance où se trouvent les
plantes lorsqu'elles sont privées d'air, de lumière et d'eau,
annoncent que ces élémens et les fluides qu'ils tiennent en
dissolution, sont nécessaires à leur existence, qu'elles se les

soumettent, les absorbent, les combinent, en faisant perdre à l'air sa grande élasticité, à la lumière sa ténuité, au feu sa volatilité : elles les enchaînent, et en forment des corps solides. Enlevés au grand réservoir de l'atmosphère, convertis en matière végétale, ces élémens ne retrouveront plus, du moins en grande partie, leur premier mode d'existence, pas même après la destruction des végétaux, ceux-ci devant augmenter par leurs dépouilles, ainsi que nous l'avons déjà dit, la masse solide du globe terrestre, ou répandre dans l'atmosphère, pendant la durée de leur vie, par leurs excrétions et leur transpiration habituelle, des fluides gazeux, que l'expérience nous a fait reconnaître pour de l'hydrogène, du gaz azote, de l'oxigène, de l'acide carbonique, etc., selon les circonstances, et la nature des végétaux. Ces émanations proviennent du superflu des fluides absorbés et combinés par les plantes : les uns se retrouvent dans leur premier état, tel qu'une portion d'air et d'eau ; d'autres ont été décomposés; un de leurs principes a été rendu à la liberté, tandis que l'autre est entré dans les combinaisons de la matière végétale. Ces effluves, versées dans l'atmosphère, contribuent à la formation d'un grand nombre de substances, dont l'énumération appartient au domaine de la chimie. Au reste, ces grandes opérations nous échappent en partie, parce qu'elles sont exécutées par des agens que nos sens ne peuvent saisir qu'imparfaitement, et que nous ne pouvons suivre dans leurs nombreuses modifications.

Il n'en est pas de même des substances que les végétaux fournissent par leurs sécrétions, telles que des gommes, des huiles essentielles ou concrètes, d'abondantes résines, des acides nombreux, des alcalis, des sels neutres, et autres produits que les plantes seules ont formés et qui la plupart n'existent que par elles : elles les fournissent pendant toute la durée de leur existence. Après leur mort ces substances se trouvent plus ou moins mélangées ou combinées avec cette masse terreuse ou saline, de nature différente, selon les milieux dans lesquels s'opère la décomposition des plantes, ou le degré plus ou moins avancé de cette décomposition. Ce passage de la vie à la mort, cette matière végétale si active, privée de son principe vital, passant à l'état terreux, va nous offrir, dans ce changement de formes, un exemple de ces lois sublimes qui font sortir la vie du milieu de la destruction.

La décomposition des corps est, aux yeux du philosophe,

une des plus belles opérations de la nature : c'est elle qui varie sans cesse la beauté du spectacle de l'univers ; c'est par elle que la matière, soumise à des métamorphoses continuelles, reparaît sous des formes toujours nouvelles ; c'est par la décomposition que les êtres animés assimilent à leur existence les substances qui les nourrissent ; c'est à elle que nous devons ces douces émanations qui parfument notre odorat, ces saveurs agréables qui flattent notre palais, ces tableaux variés de décorations qui se succèdent ; en un mot, tout être vivant n'existe que par la décomposition des autres êtres, et lui-même, soumis à la même loi, en éprouve l'action tôt ou tard.

Ces réflexions me conduisent à la décomposition des végétaux, dont je vais considérer les produits les plus immédiats, relatifs aux milieux dans lesquels ils se trouvent, tels que le feu, l'air et l'eau. Ces trois agens, si puissans pour la décomposition des corps, donnent lieu à la formation de substances très-différentes.

Dès qu'une plante est morte, si elle reste sur pied, comme il arrive assez ordinairement, surtout pour les plantes ligneuses, elle se dessèche ; c'est-à-dire qu'elle perd par l'évaporation la portion des principes alimentaires que les forces vitales ne peuvent plus retenir, ou qu'elles n'avaient pas encore convertie en matière végétale. Ces principes rentrent dans la masse commune sous forme de fluides élastiques, et modifient par leur présence l'état de l'atmosphère, en lui fournissant, outre de l'air et de l'eau, du gaz acide carbonique, de l'hydrogène, de l'azote, etc. Il est très-probable que ces émanations varient selon les sucs propres à chaque plante, et que d'elles dépend en partie l'état de pureté ou d'insalubrité de l'air que nous respirons. Cette opération s'exécute par une simple séparation de parties : elle produit, dans les plantes mortes, la dessiccation, le rapprochement des fibres, mais non pas encore la décomposition ; elle la précède, souvent même la retarde, surtout dans les végétaux isolés : c'est ainsi que les plantes, privées de leur humidité, se conservent très-long-temps dans les herbiers ; que les bois, les troncs d'arbre, n'éprouvent, lorsqu'ils sont dans une position favorable, qu'une décomposition très-lente, tandis que les plantes herbacées se détruisent rapidement.

La décomposition est bien plus compliquée que cette première opération. Ce n'est point ici une simple séparation de parties, c'est une formation de substances nouvelles, non préexistantes, une véritable création, dont les plantes ont préparé les matériaux : mais, pour opérer cette création, il ne s'agit pas seulement de désunir ; les particules séparées n'en seraient pas moins de la matière végétale, et la plante n'aurait perdu que ses formes : telle est cette poussière de bois dont on se sert pour l'écriture. Il faut donc que ces plantes soient attaquées par quelque agent extérieur ; que celui-ci, en se portant sur les substances du végétal, s'unisse avec quelques-uns de leurs principes, en forme un composé nouveau, tandis que les autres principes, dégagés et mis en liberté, se combinent avec quelque autre élément, et produisent des composés d'un nouvel ordre. La nature de ces composés dépend donc des agens qui amènent la décomposition. J'ai déjà dit que les plus connus étaient le feu, l'air et l'eau. Nous allons voir les produits qui résultent de ces trois puissans dissolvans.

L'observation de la nature a cet avantage, que tout ce qui nous entoure, tout ce qui frappe nos sens, peut devenir l'objet de nos méditations : ainsi, dans ces longues soirées d'hiver, lorsque, placés auprès de nos foyers, le feu pétille dans nos cheminées, égaye nos idées, et nous fait oublier les rigueurs de la saison, que de réflexions ce beau phénomène ne doit-il pas inspirer à tous ceux qui aiment à nourrir leurs pensées des grands objets qui fixent leur attention !

Quoique la décomposition des plantes par le fluide igné ne soit pas le moyen que la nature emploie le plus habituellement, parce que ce terrible élément, trop actif, trop puissant, s'opposerait à la formation d'autres substances qu'elle veut produire, il n'est pas moins essentiel de connaître les composés qui en résultent.

Nous avons vu les végétaux se composer en partie de lumière et de calorique : la quantité qu'ils en absorbent est incalculable ; la longue durée de leur existence y est employée dans tous les momens où ils sont échauffés par les rayons du soleil et frappés par sa lumière. Les flots abondans que cet astre verse continuellement sur eux s'y combinent avec les autres fluides, et constituent tous ensemble la substance des végétaux. On sait depuis long-temps qu'il ne peut y avoir de combustion avec flamme et lumière sans le contact de l'air. On en est resté là pendant plusieurs siècles sans pouvoir pénétrer plus avant dans ce grand mystère ; mais les

chimistes modernes étant parvenus à reconnaître que l'air se
composait de deux fluides, dès-lors ils ont cru pouvoir établir
la théorie de la combustion ; ils ont dit que l'air, ou plutôt
son oxigène, en se combinant avec les substances combus-
tibles, laissait échapper les fluides caloriques et lumineux
qui le tenaient en combustion, et que c'était à cette combinaison de l'oxigène qu'étaient dus la lumière et le feu qui
se dégageaient des substances inflammables. Je n'entrerai
point ici dans les détails de cette belle théorie ; je me bornerai
à faire connaître les principales substances fournies par les
végétaux au moyen de la combustion.

A mesure que les plantes brûlent, il s'en dégage, comme
nous l'avons dit, une grande quantité de calorique et de lumière, lesquels, rendus à leur premier état de légèreté et
d'élasticité, se dérobant momentanément à de nouvelles
combinaisons, vont se fondre dans l'atmosphère, se réunir
au réservoir commun, afin d'entretenir l'équilibre entre tous
les élémens, et pouvoir se prêter à de nouveaux composés,
lorsqu'ils y seront rappelés par l'action des forces vitales.

Mais si ces fluides, lorsqu'ils sont encore engagés dans
ces particules grasses, salines, huileuses, et en état de vapeurs qui constituent la *fumée*, sont obligés de traverser un
espace étroit et resserré, tel que les tuyaux de nos cheminées, alors ils se condensent en partie, et déposent, le long
des parois, une portion des principes huileux et salins qu'ils
enlevaient avec eux ; ils forment de la *suie*, substance com-
bustible, qui contient de l'huile empyreumatique, du carbone, du fer, et quelques particules salines et terreuses.
Plus la combustion est active, moins il existe de fumée, et
par conséquent plus il s'en dégage de calorique et de lumière ;
mais, quelque activité que puisse avoir la combustion des
végétaux, il en résultera toujours une masse solide, salino-
terreuse, connue sous le nom de *cendres*, substance sèche,
rude, pulvérulente, en partie dissoluble dans l'eau et dans
les acides, composée d'un grand nombre de substances diverses, selon la nature des végétaux soumis à l'action du
feu, qui renferme une grande quantité de potasse ou d'alcali
végétal, de la terre calcaire, alumineuse, siliceuse, de la
magnésie, du fer attirable à l'aimant, plusieurs sels neutres,
tels que du sulfate calcaire, du sulfate de potasse, du mu-
riate de soude, du sulfate de soude, et même des sulfures

alcalins, etc. Les cendres soumises à l'action d'un feu très-violent se convertissent en scories vitreuses.

De la décomposition des plantes par le feu il résulte donc, pour l'atmosphère, une restitution de calorique et de lumière, une déperdition, une absorption assez considérable d'air atmosphérique; il en résulte, pour la couche extérieure du globe, la formation de l'alcali végétal et de quelques autres sels neutres, une masse salino-terreuse, peu considérable, à la vérité, relativement à la consommation des végétaux, mais qui n'existait point auparavant, et qui est due toute entière aux plantes qui en ont préparé les matériaux.

La décomposition des plantes par la combustion est rare dans la nature; elle n'arrive que par accident, ou lorsqu'elle est excitée par l'industrie humaine : il n'en est pas de même de leur décomposition à l'air libre ou dans l'eau. Sans elle nous n'aurions ni terreau, ni terres labourables, point de tourbes, point de charbon de terre, etc. La plante, en périssant, laisserait en vain des semences destinées à perpétuer son espèce, si, en même temps, elle ne leur fournissait une matrice propre à les recevoir : ainsi la nature vivifie en détruisant, et jamais ne multiplie davantage les êtres vivans, que lorsqu'elle paraît les anéantir; et la génération qui a vécu devient le berceau d'une génération plus nombreuse.

Quittons donc ces foyers de destruction où viennent s'anéantir, dans des flammes dévorantes, ces belles forêts dont la création a coûté tant de siècles à la nature, et que l'homme, en modérant ses jouissances, devrait respecter davantage, s'il s'occupait un peu plus du sort de sa postérité. C'est par une décomposition bien moins rapide que se forme ce terreau qui doit reproduire au centuple les plantes qui l'ont déposé. Cette décomposition à l'air libre offre, dans le cours de cette opération, des résultats un peu différens, selon les circonstances qui l'accompagnent, et qui vont fixer notre attention.

Les végétaux, ou se décomposent isolément, comme il arrive aux arbres qui restent long-temps sur pied, ou bien ils sont entassés, réunis en masse. Dans le premier cas, leur décomposition est lente, surtout dans les contrées où les pluies sont rares; ils commencent par se dessécher, deviennent plus légers, et quelquefois phosphorescens pendant les ténèbres. Ce phénomène ne pourrait-il pas s'attribuer au principe lumineux, dégagé de son état de combinaison ? Le résultat de cette destruction est une poussière sèche, fine, légère, d'un brun noirâtre à mesure qu'elle vieillit et lorsqu'elle a été humectée par la pluie : c'est un terreau très-pur ou médiocrement mélangé avec quelques substances animales.

La décomposition des plantes réunies en tas, exposées à l'air libre, est bien plus rapide : l'air et l'eau qu'elles contiennent dans leur état naturel, et que nous avons vus, dans le premier cas, en retarder la décomposition par leur évaporation libre et tranquille, l'accélèrent dans cette dernière circonstance, parce qu'ils ne peuvent plus s'en dégager avec la même liberté. Les efforts que font ces élémens pour reprendre leur liberté, les obstacles qu'ils éprouvent, amènent un mouvement intérieur qui excite une chaleur assez forte, occasione une fermentation tumultueuse, quelquefois brûlante, qui attaque toute l'organisation végétale, la détruit en un temps plus ou moins court, et la réduit en une masse terreuse, un peu grasse, très-variable. L'action de l'eau, de l'air et du soleil devient la principale cause de cette décomposition. On conçoit combien de composés divers doivent en résulter : ils sont difficiles à suivre ; cependant on en a reconnu quelques-uns. Dès que la fermentation s'est établie au milieu de ces amas, les élémens les plus subtils de la végétation, dissous, fondus dans le calorique, se séparent, s'échappent et se perdent dans l'atmosphère : tels sont la plupart des fluides gazeux, l'hydrogène, l'acide carbonique, l'arome, l'huile essentielle, etc. Mais il est d'autres principes plus fixes qui n'ont pu être réduits en état de vapeurs : ce sont particulièrement la terre de végétation, les sels fixes existans dans les végétaux ou formés au moment de leur décomposition, quelques portions d'huile, de carbone, de fer, dont l'ensemble forme le *terreau*, substance non inflammable, très-composée, dont la nature varie selon le degré de décomposition, selon les sucs propres à chaque plante et aux matières animales qui s'y trouvent mélangées.

Cette progression de la décomposition des végétaux est bien essentielle à remarquer, surtout lorsqu'on veut se livrer à l'étude si intéressante de la formation des couches extérieures de notre globe. On reconnaîtrait, dans les végétaux, l'origine de plusieurs des élémens qui entrent dans la composition des minéraux ; on verrait la terre végétale s'altérer insensiblement, surtout lorsqu'elle n'est pas alimentée par les débris d'une végétation nouvelle, fournir beaucoup de silice, de substances salines, métalliques et inflammables. Je livre ces observations aux géologues, en regrettant toutefois de ne pouvoir suivre plus loin ces grandes opérations, pour faire mieux sentir dans toute son étendue l'importance de la végétation, et ses rapports intimes avec les minéraux. Il me reste à faire connaître la décomposition des plantes dans l'eau : elle nous offrira des produits différens, et de nouvelles substances pour les minéraux.

J'ai dit plus haut que les plantes décomposées à l'air libre éprouvaient l'action alternative de l'humidité, de l'air et du soleil ; qu'il en résultait, dans les plantes réunies en tas,, une fermentation plus ou moins active, qui en séparait les élémens les plus subtils ; que ceux du carbone se convertis-saient en acide carbonique, que les huiles se vaporisaient en état de gaz hydrogène, que les sels étaient dissous par les eaux pluviales, etc.

Il n'en est pas tout à fait de même lorsque ces plantes se décomposent dans l'eau. Ce fluide les garantit du contact immédiat de l'air et du soleil : l'eau est le principal agent de leur décomposition. Il en résulte des produits particuliers, très-différens de la *terre végétale*, et auxquels on a donné le nom de *tourbes*.

Le caractère essentiel de la *tourbe*, et qui la distingue du *terreau*, est d'être inflammable : cette propriété, elle la doit particulièrement au carbone dont elle abonde, et que l'action de l'air n'a pu convertir en acide carbonique. On en obtient, par suffocation, un charbon très-rapproché de celui que fournissent les bois soumis à la même opération ; mais celui des tourbes est bien moins pur. Comme les principes huileux ont été également garantis de l'action immédiate de l'air, ils se sont conservés en partie dans les tourbes, et produisent, lorsqu'on les brûle, une odeur fétide, empyreumatique, mêlée à des vapeurs sulfureuses ou ammoniacales. Néanmoins, il est bon de remarquer que, dans les premiers instans de leur décomposition, ces végétaux laissent échapper une assez grande abondance de gaz hydrogène, que l'on sait être si commun dans les marais.

Le charbon des tourbes marécageuses ne provenant que de la décomposition des plantes tendres, herbacées, la plupart particulières aux plaines liquides, est en état pulvérulent, très-divisé, plus ou moins mélangé de limon, de portions calcaires, sulfureuses, bitumineuses, ammoniacales, résultant des animaux aquatiques et des coquilles confondus avec la tourbe. Ces mélanges produisent les différentes sortes de tourbes, connues sous les noms de *tourbes boueuses, limoneuses*, etc. Celles que l'on appelle *tourbes fibreuses* ne sont composées que de mousses entassées par lits, ainsi que de la partie fibreuse et des racines de plantes d'une nature plus sèche, de graminées, de roseaux, de cypéracées, etc. non encore décomposées, et qui souvent se conservent dans cet état pendant plusieurs siècles [1]. Assez ordinairement elles dominent la tourbe limoneuse; preuve évidente que cette dernière a été formée par les plantes aquatiques dans des lacs convertis ensuite en marais, qui ont produit des plantes plus dures, réduites en tourbe fibreuse.

Les tourbes ligneuses, formées par les troncs des arbres et leurs branches, s'offrent sous un autre aspect. Leur charbon est en masse et non pulvérulent. On leur a donné le nom de *houille* ou de *charbon de terre* : elles ont en partie conservé leurs formes organiques, à la vérité masquées par le bitume; lorsqu'on les en dépouille, les couches circulaires et annuelles y deviennent très-apparentes. L'origine de ces tourbes, ainsi que de celles que l'on nomme *tourbes pyriteuses*, se perd dans les siècles les plus reculés; les amas énormes que la terre en renferme dans son sein nous donnent la preuve de la haute antiquité du globe terrestre et de l'immense quantité de végétaux qui ont couvert sa surface [2]. Que de matériaux, pendant cette longue durée, les plantes ont fournis aux substances minérales !

C'est ainsi que, par l'enchaînement admirable des êtres, la nature les rend tous dépendans les uns des autres, et entretient en même temps le plus parfait équilibre entre ces élémens continuellement en contact. Les fluides de l'atmo-

---

[1] Ces tourbes fibreuses, improprement nommées *tourbes*, sont étonnantes par leur longue durée. M. Faujas de Saint-Fons m'a communiqué un bel échantillon de tourbe fibreuse, exploitée dans la vallée de Sancey, département du Nord : elle a onze pieds d'épaisseur, et se trouve à sept ou huit pieds de profondeur; elle n'est composée que d'une seule espèce de mousse, très-voisine de l'*hypnum aduncum*, Lin.; elle est presque sans mélange et tellement intacte, qu'on y distingue les tiges, les ramifications et les feuilles; elle est disposée par petites couches comprimées, spongieuses, élastiques, très-légères. On ne peut douter de son ancienneté, évidemment attestée par son épaisseur et par les couches qui la recouvrent.

[2] Voyez les différens mémoires que j'ai publiés sur les *tourbes* dans le *Journal de physique et d'hist. nat.*, ans IX-XII.

sphère, source alimentaire des plantes, absorbés par elles, s'y convertissent en matière végétale, avec laquelle ces mêmes plantes nourrissent les animaux et s'y transforment en substance animale. De la destruction des végétaux se forme la couche extérieure de notre globe, sans cesse augmentée par les dépouilles de tous les autres êtres organiques, dont les principes ont été puisés dans ce vaste réservoir, si abondant en fluides, qu'il faut, malgré ses pertes habituelles, une très-longue suite de siècles pour s'apercevoir de ses déperditions [1].

CHAPITRE IV.

Les plantes considérées dans leurs rapports avec les animaux, avec les jouissances et les besoins de l'homme.

Il n'est aucune partie des plantes, depuis les racines jusqu'aux fleurs, qui ne soit utile à l'existence des animaux. Les uns y trouvent un asile, un logement; les autres la nourriture et le vêtement : mais c'est particulièrement par les insectes qu'est habité l'empire de Flore; ils y établissent leurs nombreuses colonies, tandis que les oiseaux, auxquels ils servent d'aliment, se rendent en foule dans ces lieux d'abondance, y fixent leur séjour, y construisent leurs nids. Ainsi se forment les premiers rapports entre les végétaux et les animaux. Ce n'est point ici l'effet du hasard, mais la suite de cette belle harmonie qui se montre dans la production de tous les êtres, dans l'apparition simultanée des feuilles et des insectes qu'elles doivent nourrir. Pour nous convaincre de cet accord admirable, il faut nous transporter aux premiers jours du printemps.

Le printemps, pour le vulgaire, n'est que le terme de la plus triste des saisons ; c'est l'époque brillante du retour des fleurs ; aux yeux de l'observateur, cette saison est, en quelque sorte, l'image de la création première des êtres. Le printemps, porté sur les ailes du zéphir, se montre dans les

---

[1] Voyez mon mémoire sur les *Causes de la diminution des eaux de la mer* (Journ. de phys. et d'hist. nat. , ventose an XIII).

campagnes ; aussitôt toute la nature se ranime ; la terre froide
et nue réchauffe son sein ; elle se pare de verdure ; les arbres
des forêts ont recouvré leur feuillage ; des milliers d'insectes
sortent de leurs œufs ; l'oiseau, de retour de son émigration,
reparaît dans nos bocages, et l'animal, frappé d'un sommeil
léthargique, se réveille, tandis que d'autres quittent leurs
quartiers d'hiver : partout règnent le mouvement et la vie.
C'est au milieu de ce mouvement général, de cette confusion
apparente, que s'opère le développement des êtres organiques, mais d'après un ordre gradué qui les enchaîne les uns
aux autres.

La nature, avant d'accorder l'existence aux animaux, prépare dans les plantes la nourriture qui leur est destinée ; elle
la prépare telle qu'elle leur convient dans le premier âge,
telle que l'exige ensuite l'âge adulte. Ainsi le sein d'une mère
se remplit d'un lait plus substantiel et plus abondant à mesure que l'enfant s'éloigne du terme de sa naissance ; mais il
n'est pas accordé à tous les animaux de trouver leur subsistance sur le sein de celle qui leur a donné la vie. Lorsque
les insectes jouissent de la plénitude de l'existence, celle de
qui ils la tiennent a déjà perdu la sienne. Enfans posthumes,
la nature les aurait-elle délaissés ? Non ; elle a inspiré à celle
qui les a engendrés l'instinct admirable de placer l'œuf d'où
ils doivent sortir sur la plante réservée pour leur nourriture.
Mais que deviendront ces œufs, si, comme il arrive pour
un grand nombre, ils sont déposés en automne, et viennent à
éclore au moment où les feuilles disparaissent ? ou bien, s'ils n'é-
closent qu'au printemps suivant, qui les garantira des rigueurs
de l'hiver ? La nature a tout prévu : elle veut la reproduction
des êtres, et ses lois se dirigent toutes vers ce but. Une glu
épaisse et tenace fixe les œufs des insectes sur les corps où
ils sont placés : les pluies, les vents, les orages, rien ne peut
les en détacher. Un duvet cotonneux enveloppe les plus
délicats, et les garantit des froids rigoureux : ils doivent
attendre dans cet état l'apparition de la plante destinée à les
nourrir. Si, avant la naissance des feuilles, nous examinons
ce chêne, ce peuplier, etc., nous verrons fixé, à côté du
bouton prêt à éclore, un paquet d'œufs. Ce bouton s'entr'ouvre, la jeune feuille s'épanouit, et presque au même instant
les jeunes insectes, sous le nom de *larves*, brisent la coque
qui les renferme. Ces feuilles tendres et succulentes leur
offrent un aliment relatif à la délicatesse du premier âge :

à mesure qu'elles deviennent plus coriaces et plus dures, l'insecte aussi acquiert plus de force pour les ronger.

Les insectes ne naissent pas tous à la même époque, parce qu'ils ne se nourrissent pas tous des mêmes plantes. La naissance de chaque espèce est dépendante du développement des feuilles particulières qui doivent les nourrir, et il est très-probable que le degré de chaleur nécessaire pour mettre la sève en activité dans telle espèce de plante, est le même qui convient pour faire éclore les œufs qui y sont déposés : ainsi s'enchaînent, par des rapports multipliés, les êtres sensibles aux êtres végétans. Nous venons de voir avec la renaissance des feuilles les insectes reparaître : ceux-ci sont également réservés pour l'entretien de la vie de plusieurs autres animaux ; c'est le premier aliment des jeunes oiseaux. Déjà, dès les premiers jours de printemps, a été préparé le nid où ils doivent naître ; les semences précoces des saules et des peupliers ont fourni le tendre duvet sur lequel ils doivent se reposer. Tous ces travaux préliminaires se trouvent si bien combinés, qu'au moment où l'oiseau sort de l'œuf les plantes ont nourri des chenilles, des vers, des larves, en si grande quantité, que, sans les oiseaux, les feuilles disparaîtraient sous leurs mâchoires dévorantes. Ainsi le jeune oiseau ne jouit de la vie qu'à l'époque où il peut la soutenir par l'aliment qui convient à son âge ; ainsi le besoin de se reproduire ne se fait sentir dans ces chantres aimables de nos forêts, que dans la saison où la nature a préparé des berceaux pour le fruit de leurs amours, et une nourriture abondante pour le premier âge de leur vie.

Si nous étendons plus loin ces considérations, si nous les appliquons aux grands animaux, nous verrons que, dans ceux qui broutent l'herbe, le temps de l'accouplement, de la fécondité, celui de la portée, de l'allaitement, est tellement combiné, que le jeune agneau, le chevreau et le faon peuvent, en quittant le lait maternel, paître l'herbe nouvelle des prairies, tandis que les animaux carnassiers, qui n'abandonnent les mamelles de leur mère que pour boire le sang ou dévorer les chairs, n'ont pour l'accouplement aucun temps déterminé.

Le renouvellement des êtres au retour de chaque printemps, l'ordre successif de leur reproduction, à commencer par les végétaux, semblent nous indiquer celui de leur création première. Tout nous porte à croire que les plantes ont couvert la surface du globe long-temps avant qu'il fût peuplé d'animaux. La nature préparait en silence leur vaste demeure; elle la fournissait de tout ce qu'elle savait devoir être nécessaire au soutien de leur vie : retraites sûres, bocages frais, nourriture copieuse, rien ne manquait à aucun être au moment où il recevait l'existence. Les vers, les insectes, les animaux aquatiques, se montrèrent sans doute les premiers; les oiseaux, auxquels ils servent de pâture, voltigèrent ensuite dans les airs, et interrompirent, par leurs chants, ce grand silence de la nature. Long-temps avant les animaux carnivores, vivaient ceux qui broutent paisiblement l'herbe des prairies; ils la broutaient, sans avoir alors à craindre la dent ensanglantée de l'animal carnassier, qui ne dut avoir été créé qu'après eux : telles sont du moins les inductions que nous fournit à chaque printemps l'apparition successive des êtres animés, inductions que semblent encore confirmer les monumens antiques de la nature. En effet, si nous examinons ces couches schisteuses déposées dans les entrailles de la terre, nous y découvrirons les empreintes d'un grand nombre de plantes, dont on reconnaît pour la plupart, sinon l'espèce, du moins le genre ou la famille; ailleurs, surtout entre des bancs de gypse, sont renfermés des squelettes de poissons, des débris d'os, de mâchoires, de vertèbres, de dents, restes d'animaux marins, fluviatiles, ou de ceux qui ne vivent que de végétaux, tels que des défenses ou des fémurs d'éléphans, de rhinocéros, des cornes de bœufs sauvages, de cerfs, etc. Parmi ces antiques dépouilles, aucune ne paraît avoir appartenu aux animaux carnassiers, aucune qu'on puisse rapporter à l'homme, ce qui fait présumer que leur existence est plus moderne, et que l'homme a été le dernier, comme le plus bel œuvre de la création..... Je m'arrête, dans la crainte d'être entraîné au-delà des bornes de mon sujet par ces grandes et intéressantes considérations.

De tous les animaux, l'homme est le seul auquel il soit accordé de jouir, dans toute sa plénitude, du beau spectacle de la nature : lui seul en est affecté par tous ses sens; lui seul peut en saisir la sublime ordonnance, la suivre dans ses détails, la contempler dans son ensemble. Les sites variés des paysages, les bords rians des ruisseaux, la verdure nuancée des prairies, ne sont que pour lui. Il est presque le seul dont l'odorat soit agréablement flatté par les douces émana-

tions des fleurs, sa vue récréée par l'élégance de leurs formes,
par le mélange de leurs couleurs; tandis que si le papillon
voltige de fleurs en fleurs, ce n'est ni pour jouir de leur
éclat, ni pour admirer cette variété si séduisante de couleurs
et de formes, mais pour s'y abreuver de nectar et y déposer
sa postérité; l'abeille ne se montre dans les plaines fleuries
que pour y recueillir la cire et le miel. Si l'oiseau s'égaye
à l'ombre des bois, c'est parce qu'il y trouve sa sûreté, un
asile, des alimens.

Mais par quelle fatalité arrive-t-il que l'homme, à qui la
nature a le plus accordé dans la distribution de ses bienfaits,
soit celui qui paraisse en jouir le moins? C'est que l'animal,
borné aux seuls besoins naturels, trouve presque toujours
à les satisfaire; que des besoins satisfaits naît un bien-être
intérieur, source de joie et de santé. Heureux dans les bocages ou dans la solitude des forêts, l'oiseau y respire un
air pur; il y chante ses amours, auxquels il ne trouve d'autre
obstacle que des rivaux et non des lois : ses besoins sont
presque aussitôt satisfaits que sentis. Si des dangers le menacent, il les ignore; s'ils se présentent, il les évite : le présent lui sourit, l'avenir ne l'effraye pas; il jouit de la liberté,
ce grand bienfait de la nature, qu'il trouve sans la chercher,
que l'homme cherche sans la trouver.

Nous ignorons jusqu'à quel point les animaux ont le sentiment de leurs jouissances; mais la vivacité de leurs mouvemens, leurs jeux folâtres, leur santé constante, indiquent
suffisamment qu'ils les sentent autant que leur être le com-
porte. Je n'oserais non plus comparer cette existence heureuse et douce à celle de l'homme, l'homme! qui s'annonce
pour le chef de tous les animaux, qui l'est en effet par ce
génie puissant avec lequel il les soumet tous à son empire,
mais qui, comme tant d'autres qui gouvernent, est souvent
plus malheureux que la plupart des êtres dont il se dit le
maître.

Pour adoucir le sort souvent bien malheureux de l'homme
social, pour le distraire de ses passions brûlantes, il faut
le ramener aux plaisirs purs et simples de la nature, lui en
montrer la source dans ces rapports secrets, charmes des
cœurs sensibles, qui convertissent en jouissances de sentiment ces premières émotions, qui semblaient d'abord n'avoir
affecté que les sens. Avec quelle douceur elles se font sentir
à la rencontre des fleurs, même les plus communes, lors-

qu'elles se rattachent à certaines époques de notre existence ! Que de souvenirs délicieux elles renouvellent toutes les fois que nous nous reportons dans ces promenades champêtres, où nous ont si souvent attirés, avec le retour des zéphirs, celui de la verdure et des fleurs ! Quel plaisir de retrouver l'aubépine fleurie, de conquérir la rose défendue par ses épines, de découvrir la violette trahie par son odeur ! Il n'est donc pas une plante qui ne nous rappelle une jouissance, et avec elle l'âge heureux de notre première jeunesse : c'est la primevère, développant dans les prairies son panache doré, c'est la ronce aux baies succulentes, la fraise parfumée, la noisette savoureuse; c'est le chèvrefeuille entremêlant ses rameaux fleuris à ceux des jeunes ormeaux ; c'est le coquelicot et le bleuet, ornement des moissons, dont la conquête nous a si souvent attiré la poursuite des surveillans champêtres; enfin il n'est point de parure sans bouquets, point de fêtes sans guirlandes, point d'époque heureuse dont le retour ne soit célébré par des fleurs : elles composent ces couronnes destinées à ceindre, dans les luttes villageoises, le front des vainqueurs. Heureux jeunes gens ! qu'elles soient long-temps l'emblème de vos victoires; portez-les sans remords, portez-les avec joie : elles peuvent vous avoir coûté des sueurs, jamais de larmes ni de sang.

Les fleurs ont orné notre berceau ; elles couvriront encore notre tombe, comme si elles devaient, par leur éclat, masquer l'horreur de notre destruction. Compagnes inséparables de notre existence, elles se prêtent en quelque sorte à toutes nos affections; elles embellissent les plus beaux jours de notre vie, elles amortissent et flattent notre douleur. Des guirlandes suspendues à l'autel de l'hymen ont signalé notre bonheur; de noirs cyprès en annoncent le terme.

Telle est la cause de ce charme secret et puissant qui nous arrache à nos foyers, à la symétrie de nos parterres, pour nous transporter dans la solitude des campagnes : tels sont les rapports qui existent entre l'homme et les plantes. Beaucoup d'autres nous les rendent encore intéresssantes. Les unes nous fournissent des alimens précieux, d'autres la matière première de nos vêtemens : elles suppléent à la chaleur que le soleil va porter dans d'autres climats. C'est par elle que nos maisons s'élèvent, s'embellissent : nous leur sommes redevables d'un grand nombre de meubles, d'instrumens agréables et commodes.

Sous ces rapports, elles nous sont chères, sans doute; mais

ce n'est plus là ce charme séduisant qui nous les fait aimer. L'homme, qui ne sait que calculer, ferme trop souvent son ame au sentiment. A la vue d'une belle forêt, il compte combien d'arbres seront frappés chaque année par la hache du bûcheron ; si ceux de son verger développent leurs branches avec trop de luxe, il en fait arrêter la végétation ; cette vigne voudrait revêtir de ses rameaux l'arbre qui l'avoisine, la serpe du vigneron les abat ; tandis que nous admirons ces campagnes couvertes de moissons, que notre œil contemple avec plaisir les ondulations de ces épis, le laboureur calcule déjà le temps où ils tomberont sous la faux.

Ces riches productions, que le génie de l'homme a su s'approprier, lui ménagent, il est vrai, de grandes jouissances ; mais sont-elles aussi pures, aussi douces que celles qui tiennent au sentiment ? Que de fois les passions humaines y jouent le principal rôle ! Pour jouir pleinement des bienfaits de la nature, il faudrait les recevoir tels qu'elle nous les donne, oublier, au moins momentanément, tous les calculs d'intérêt, pour nous pénétrer de toute la grandeur du spectacle de l'univers.

Ce sont donc ces rapports habituels, ces relations nombreuses, entre les jouissances, les besoins de l'homme et les plantes, qui l'ont porté à les étudier. Une admiration vague et trop générale devient un tourment pour l'esprit humain ; un sentiment inquiet de curiosité le porte bientôt à connaître plus en détail ce qui fait l'objet de son admiration : de là naquit l'étude de la botanique. Combien elle doit être intéressante dans ses détails cette étude qui se rattache aux grands phénomènes de l'univers, qui s'identifie avec nos plus douces habitudes, nous conduit de merveilles en merveilles, et nous transporte, en quelque sorte, dans un monde nouveau, que nous habitions sans le connaître, et que nous regretterons d'avoir connu si tard ! Si la route que nous allons parcourir est quelquefois hérissée d'épines ; si le flambeau qui doit l'éclairer ne brille pas toujours également, c'est que la nature a des mystères qu'il ne nous est pas accordé de pénétrer.

CHAPITRE V[1].

Organes des végétaux. Du tissu cellulaire et réticulaire.

Tout est jouissance pour l'observateur. A peine est-il initié dans les mystères de la nature, que mille objets auxquels il était en quelque sorte étranger, lui deviennent intéressans. Il n'est pas une plante, pas une feuille, pas un seul brin d'herbe, qu'il ne veuille examiner. Une curiosité jusqu'alors inconnue éveille son attention, l'excite par ses puissans aiguillons. Quelle ressource pour l'exercice de la pensée qu'une science qui place habituellement autour de nous des objets si dignes de nos recherches ! Ce bois couvert de lichens et de mousses, destiné à être dévoré par les flammes, ne leur sera livré qu'après que l'organisation en aura été observée. On se demande : Qu'est-ce que ces couches concentriques tracées sur sa coupe horizontale, ces rayons divergens qui partent du canal médullaire, et vont se perdre dans les couches corticales de la circonférence ? Qu'est-ce que ces mêmes couches appliquées les unes sur les autres en feuillets minces, réticulés ? Quelles sont ces liqueurs qui les abreuvent, cette mucosité qui les empâte, cette pellicule mince et diaphane qui les recouvre ? Qu'est-ce que cet élégant réseau qui se développe dans les feuilles au milieu de leur substance molle et verdâtre ? Telles sont les questions qui se présentent d'elles-mêmes dès que notre esprit est dirigé vers l'observation, questions que nous essaierons de résoudre à mesure que nous traiterons des différentes parties des végétaux, mais que nous ne pouvons considérer ici que d'une manière générale.

Il est évident que ce que nous venons d'apercevoir à la simple vue constitue les organes primaires des végétaux, mais ils ne se présentent que dans une sorte de confusion qui nous dérobe leur forme et leur action. Tout est mystère aux yeux de l'homme ; et lorsqu'il veut passer, des effets qu'il admire, aux causes qui les produisent, il ne parvient qu'avec peine à

[1] On pourrait réserver pour une seconde lecture ce chapitre et les suivans, jusqu' chapitre X.

en soupçonner quelques-unes à travers le voile qui les couvre ;
les autres, il les devine d'après le peu qu'il a pu observer ;
et c'est alors que l'esprit de système l'écarte souvent des routes
de la vérité, que les opinions s'entre-choquent, surtout quand
il s'agit de ces observations délicates fondées sur la perfection
de ces instrumens qui viennent au secours de notre vue. Dès
qu'une fois l'on a établi les bases d'une opinion sur quelques
faits particuliers, on ne voit plus rien qui ne s'y rapporte,
et comme l'usage du microscope exige une longue habitude, beaucoup d'adresse dans la préparation des objets,
une perfection dans cet instrument, qui n'existe pas également dans tous, il s'ensuit qu'il est souvent bien difficile de
vérifier ce que les autres disent avoir observé ; il faut alors,
si l'on veut sortir de l'incertitude, admettre avec confiance ce
qu'ils n'ont peut-être vu qu'avec doute, ou tracé avec un crayon
infidèle, entraînés par l'ascendant de leurs premières idées. On
conçoit combien il est difficile de se décider au milieu de ces
discussions épineuses : mais que ces difficultés ne nous re-
butent point ; en écartant tout ce qu'il n'est pas donné à l'œil
de saisir, ne nous attachant qu'à ce que nous voyons, nous
aurons encore beaucoup à voir, surtout si . nous arrêtant aux
points les moins contestés, nous laissons les hommes se dé-
battre avec leurs systèmes.

Les organes des plantes, comme ceux de tous les êtres vivans, sont composés de *solides* et de *fluides*. Les solides
forment un tissu organique, dans lequel on distingue, du
moins en apparence, deux sortes d'organes diversement modifiés. Les premiers sont formés de filamens allongés qui se
croisent en différens sens, s'entremêlent, se ramifient, s'a-
nastomosent, s'appliquent par couches les uns sur les autres,
et présentent un réseau à mailles très-inégales , plus ou moins
serrées ; on le nomme *tissu vasculaire* ou *réticulaire :* il est
facile à distinguer dans les feuillets de l'écorce des végétaux
ligneux. Ces feuillets s'enlèvent et se séparent très-aisément
dans les vieux bois ou dans ceux que l'on a fait macérer dans
l'eau : ce sont ces mêmes feuillets qui, dans le tilleul , fournissent nos cordes à puits, et dans l'arbre dentelle, ce joli réseau
que l'élégance de ses mailles a fait comparer à une belle gaze :
les filamens du chanvre et du lin, que l'industrie a su employer pour la fabrication des toiles et des cordages, appar-
tiennnent encore aux mêmes organes. Le tissu vasculaire existe
également dans la masse du bois ; mais il est beaucoup plus

serré et plus dur : il y forme ces veines que l'on aperçoit sur les coupes longitudinales, et qui donnent tant d'agrément à nos meubles. On a donné à ces filamens le nom de *fibres végétales*, nom très-impropre, sans doute, ces organes ne pouvant être assimilés aux fibres des animaux, dont ils s'éloignent également par leur caractère et leurs fonctions. Ces prétendues fibres ont été reconnues pour une réunion de vaisseaux tellement fins, qu'ils s'offrent très-souvent à l'œil nu comme un seul filament, tels que dans le chanvre et le lin, mais qui se séparent quelquefois d'eux-mêmes, surtout à leur sommet, où ils se divisent en aigrettes : ainsi séparés, ils conservent le nom de *vaisseaux* [1]. Ces mêmes fibres s'étendent et se ramifient dans le corps des feuilles en un réseau à mailles beaucoup plus larges : les plus grosses fibres portent le nom de *nervures*, les plus fines celui de *veines*. C'est toujours le même organe, dont les dernières ramifications sont beaucoup plus menues.

Les organes de la seconde sorte occupent l'intervalle des fibres et des mailles : ce sont de petites *vésicules*, également désignées sous les noms d'*utricules*, de *cellules*, et leur ensemble sous celui de *tissu cellulaire*. Vu à une forte loupe, il se présente comme une mousse savonneuse, selon l'expression ingénieuse de Grew. De petites pellicules extrêmement minces constituent les parois des cellules, et ont reçu le nom de *tissu membraneux :* les unes sont vides, les autres occupées par une substance molle, souvent verdâtre, quelquefois blanche, jaune ou rougeâtre, selon la nature des sucs propres. Dans les feuilles, ce tissu forme le *parenchyme*, la pulpe dans les fruits. On attribue encore aux parois externes de ce même tissu la formation de l'*épiderme*, membrane très-mince qui recouvre extérieurement toutes les parties des plantes. Il est aussi très-probable que la *moelle*, renfermée dans un canal central ou répandue dans les autres parties des plantes, appartient également au tissu cellulaire.

Voilà à peu près tout ce que la simple vue nous apprend sur les organes intérieurs des végétaux, désignés sous les noms de *tissu vasculaire* et de *tissu cellulaire*. On conçoit que ces connaissances sont trop imparfaites pour nous conduire à une explication satisfaisante des fonctions et des produits des végétaux. Si nous voulons acquérir des idées un peu

---

[1] J'ai cru, pour ne point m'écarter du langage reçu, devoir conserver le nom de *fibres* aux vaisseaux réunis en paquets. Il me suffit, pour être entendu, d'en avoir déterminé le sens.

plus étendues, nous serons forcés, malgré ce que j'ai dit plus haut, d'entrer pour un instant dans un monde presque invisible ; nous pourrons y vérifier ce que l'œil n'a fait que soupçonner, surtout étant guidés par les savantes leçons de **M.** le professeur Mirbel, d'autant plus dignes de confiance, qu'elles sont fondées sur des observations faites avec le plus grand soin, et souvent répétées. J'emprunterai ici les expressions de l'auteur, qui réunit à un excellent esprit d'observation le talent de rendre ses idées avec beaucoup d'élégance et de clarté. [1]

« La substance des végétaux est formée *d'un tissu membraneux, cellulaire et continu, plus ou moins transparent*, dit M. Mirbel [2]. La membrane qui constitue le tissu membraneux est d'une épaisseur variable, selon la nature particulière des espèces et l'âge des individus ; elle est pourvue de pores, les uns visibles, les autres invisibles. Ces ouvertures sont quelquefois bordées de petits bourrelets épais et calleux, qui se détachent en ombre quand on oppose le tissu membraneux à la lumière.

Pour rendre plus évidentes les diverses modifications du tissu membraneux, je le diviserai systématiquement en deux organes élémentaires : 1°. le *tissu cellulaire* ; 2°. le *tissu vasculaire*. Le premier est composé de cellules contiguës les unes aux autres, et dont les parois sont communes. Ces cellules tendent d'abord à se dilater dans tous les sens ; mais chacune d'elles étant comprimée par les cellules adjacentes, et souvent aussi par les parties du végétal, il arrive que leur forme dépend surtout des résistances qu'elles éprouvent. Lorsqu'elles n'en éprouvent d'autres que celles qu'elles supposent mutuellement, ce qui a lieu d'ordinaire au centre de la moelle, et dans les racines et les fruits charnus ou pulpeux, leurs coupes horizontales et verticales offrent fréquemment des hexagones réguliers, comme les alvéoles des abeilles.

« Les parois des cellules sont très-minces et aussi transparentes que du verre : elles sont quelquefois criblées de pores dont l'ouverture n'a peut-être pas pour diamètre la trois centième partie d'un millimètre ; plus rarement elles sont coupées de fentes transversales, si multipliées dans quelques espèces, que les cellules y sont transformées en un vrai tissu réticulaire, tel que la moelle du *nelumbo*.

« Il est à remarquer qu'en général les pores sont nombreux et rangés en séries transversales lorsque les cellules sont très-

---

[1] On peut omettre, dans une première lecture, tout ce qui est ici en caractères plus fins.

[2] *Élémens de physiologie végétale*, etc., tom. I, pag. 27.

allongées, et qu'au contraire ils sont épars et peu nombreux lorsque le diamètre des cellules est, à peu de chose près, égal dans tous les sens.

« Le tissu cellulaire ne reçoit les fluides et ne les transmet que très-lentement.

« Le tissu cellulaire régulier et peu poreux compose ordinairement toute la moelle ; il forme aussi presque toute l'écorce. On l'observe en grande abondance dans les cotylédons épais, dans les racines charnues, dans les fruits pulpeux, etc. Macéré dans l'eau, il s'altère et se détruit facilement.

« Les couches ligneuses des dicotylédons, et les filets ligneux des monocotylédons, sont formés en grande partie de tissu cellulaire ; mais les cellules y sont très-allongées, et y paraissent comme de petits tubes parallèles les uns aux autres : de là le nom de *tissu cellulaire allongé*. Leurs parois sont épaisses, à demi-opaques, quelquefois percées de pores très-fins ; leurs cavités s'obstruent dans les anciennes couches des arbres. Ce tissu, qui constitue la partie la plus solide des végétaux, ne se dissout point dans l'eau.

« Les rayons médullaires, qui marquent la coupe transversale des tiges des arbres dicotylédons de traits semblables aux lignes horaires d'un cadran, sont presque toujours des séries de cellules allongées du centre à la circonférence, et dont par conséquent la direction coupe à angles droits le fil du bois. Les cellules des rayons médullaires rencontrent, chemin faisant, les vaisseaux du bois, et s'abouchent avec eux par le moyen des pores.

« Le tissu cellulaire régulier a peu de consistance, aussi arrive-t-il quelquefois qu'il se déchire, et laisse, par sa défection, des vides plus ou moins considérables dans le corps du végétal : ce sont des *lacunes*. Elles se montrent surtout dans les plantes aquatiques, et elles y sont distribuées avec tant de symétrie, que les botanistes, étrangers aux recherches anatomiques, les ont considérées comme représentant la structure primitive du végétal. On peut reconnaître leur existence, à la simple vue, dans le *typha*, le *nymphœa*, etc. Elles se forment dans un ordre de choses si sagement combiné, qu'elles n'apportent aucun préjudice à la végétation. Le plus ordinairement elles ne contiennent que de l'air ; ce qui, peut-être, les rend très-utiles aux plantes aquatiques, dont le tissu, pénétré par une trop grande quantité d'eau, s'altérerait en peu de temps.

« Le *tissu vasculaire* est composé des tubes ou vaisseaux des plantes : ils en parcourent les différens organes, s'unissent par de fréquentes anastomoses, et forment ainsi une sorte de réseau. Leur calibre est cylindrique, ou ovale, ou anguleux : ils

distribuent, dans toutes les parties, l'air et les fluides nécessaires à la végétation. Leurs parois sont fermes, épaisses, peu
transparentes. Ces vaisseaux sont de très-longues cellules unies.
au reste du tissu, et percées d'ouvertures latérales, qui permettent aux fluides de se répandre de tous côtés.

« On distingue six modifications principales dans les vaisseaux des plantes : 1°. les vaisseaux en chapelet ou moniliformes; 2°. les vaisseaux poreux; 3°. les vaisseaux fendus, ou
fausses trachées; 4°. les trachées; 5°. les vaisseaux mixtes;
6°. les vaisseaux propres.

« 1°. Les *vaisseaux en chapelet* sont des cellules poreuses
placées bout à bout, ou, si l'on aime mieux, des tubes poreux
resserrés de distance en distance, et coupés de diaphragmes
percés à la manière d'un crible. On les trouve fréquemment
dans les racines, et à la naissance des branches et des feuilles :
ils servent d'intermédiaires entre les gros vaisseaux des tiges et
des branches, et c'est par leur moyen que la sève passe des
unes dans les autres.

« 2°. Les *vaisseaux poreux* sont criblés de pores rangés en
séries transversales; ils existent dans toutes les parties du végétal où la sève circule avec quelque liberté : ainsi on les trouve
dans le corps des racines, le bois des tiges et des branches, les
grosses nervures des feuilles, etc. Il ne faut pas se les représenter comme des tubes continus depuis la base du végétal jusqu'à
son sommet; ils se joignent, se séparent, se rejoignent encore,
disparaissent quelquefois, et se changent toujours en tissu cellulaire vers leurs extrémités. Les pores qui les couvrent sont,
en général, d'autant plus fins, que les bois sont plus durs et
d'un grain plus serré.

« 3°. Les *fausses trachées* sont des tubes coupés de fentes
transversales, ou, si l'on veut, des tubes à larges pores. Ces
vaisseaux ne diffèrent donc des tubes poreux que par une
nuance légère : on peut les observer dans le bois, et particulièrement dans celui d'un tissu mou et lâche. Ce sont, aussi
bien que les trachées, les principaux canaux de la sève : ils la
portent d'une extrémité du végétal à l'autre, et la répandent,
à la faveur des pores, dans toutes les parties latérales. Lorsque
les fentes des fausses trachées sont très-prolongées, chacun de
ces vaisseaux paraît composé d'une suite d'anneaux placés au-
dessus les uns des autres.

« Les *trachées* sont des lames étroites, argentées, ordinairement élastiques, roulées en tire-bourre, et bordées souvent de
petits bourrelets calleux : elles sont comme passées à travers le
tissu qui leur sert de gaîne; elles n'y adhèrent que par leurs.
extrémités; néanmoins, il est évident qu'elles ne sont que des
modifications des fausses trachées. On les trouve dans les tiges

dicotylédones, autour de la moelle et dans les tiges mono-
cotylédones, ordinairement au centre des filets ligneux. Elles
se développent, en général, dans les parties jeunes et tendres,
dont la croissance est rapide. L'âge ne les fait point disparaître;
mais elles s'obstruent à la longue par l'effet de la nutrition.
L'écorce et les couches annuelles du bois n'en contiennent jamais, les racines en offrent rarement. Le procédé le plus simple pour les observer est de briser une jeune branche, ou de
déchirer une feuille, ou même un pétale, sans secousses vio-
lentes; comme les trachées se déroulent en restant attachées
par leurs extrémités aux deux portions de la partie qu'on a
divisée, il est aisé d'en reconnaître la structure. Il y a des trachées à hélice double, triple, quadruple, etc. Les trachées
sont si abondantes dans le bananier, qu'on a proposé de les extraire pour en fabriquer des étoffes : elles sont encore très-
faciles à observer dans les feuilles du plantain, de la scabieuse, etc.

« 5°. Les *vaisseaux mixtes* sont alternativement, dans leur
longueur, percés de pores, fendus transversalement, et décou-
pés en tire-bourre; ce qui prouve que les quatre espèces précédentes ne sont que des modifications les unes des autres.
Telle est la simplicité de l'organisation végétale, que souvent
un même tube revêt successivement toutes les formes que je
viens de décrire en parcourant les différens organes. Ainsi, une
trachée de la tige peut se terminer dans la racine en vaisseau
en chapelet, devenir fausse trachée dans le nœud situé à la
base de la branche, parcourir celle-ci sous la forme de tube poreux, et reprendre, dans les nervures des feuilles, ou dans les
veines de pétales, ou dans les filets des étamines, la forme de
trachées. Les trachées marchent presque toujours en ligne
droite et sans déviation; les autres tubes, au contraire, se
courbent de côté et d'autre : tous se métamorphosent, vers
leurs extrémités, en tissu cellulaire; en sorte qu'aucun n'arrive
jusqu'à l'épiderme sous la forme de vaisseau.

« 6°. Les *vaisseaux propres* ont des parois sur lesquelles on
ne découvre ni fentes ni pores : ils contiennent des sucs huileux, résineux, etc., propres à chaque espèce de plantes. On
les observe dans les écorces, la moelle, les feuilles, les corolles, etc. Ils se distinguent en deux espèces : 1°. les *solitaires*,
qui, peut-être, ne devraient être considérés que comme de simples réservoirs de sucs propres; 2°. les *fasciculaires* formés par
la réunion de plusieurs petits tubes placés à côté les uns des
autres, distribués dans le tissu cellulaire de l'écorce avec plus
ou moins de symétrie. Les vaisseaux propres du chanvre et de
l'*asclepias syriaca* appartiennent à cette sorte de vaisseaux. La
filasse que l'on retire de l'écorce de ces plantes est formée par

le déchirement longitudinal des mêmes vaisseaux. Toutes les plantes ne semblent pas être pourvues de vaisseaux propres. Ces vaisseaux, très-visibles dans les jeunes pousses, disparaissent souvent dans les vieilles tiges et les branches, parce que, dans certains végétaux, ils sont constamment repoussés à la circonférence, et finissent par se dessécher, et que, dans d'autres végétaux, ils sont recouverts et oblitérés, après un laps de temps plus ou moins long, par les nouvelles couches, qui augmentent la masse du bois. »

Pour suivre avec quelque intérêt la disposition de ces organes, que la simple vue nous a fait à peine entrevoir; pour les distinguer avec plus de facilité et en concevoir les fonctions, il a fallu nécessairement nous aider des découvertes que le microscope a offertes à nos meilleurs observateurs. Ils y ont retrouvé ces deux sortes d'organes, désignés sous les noms de *tissu vasculaire* et de *tissu cellulaire*, que M. Mirbel a considéré très-judicieusement comme une simple modification d'un organe unique, le *tissu membraneux*, composé de cellules, très-petites dans le tissu cellulaire, allongées et prenant la forme de vaisseaux dans le tissu vasculaire. Ces deux sortes d'organes ne paraissent différer en effet que par leur forme : leurs parois sont de même nature, communes avec celles qui les avoisinent, la plupart percées de pores ou coupées par des fentes transversales. Les vaisseaux ne sont donc pas des organes isolés, détachés du tissu; mais ils font corps avec lui; leur parois sont communes avec celles des cellules qui les touchent; en un mot un vaisseau n'est rien autre qu'une cellule très-allongée, tubulée, et non un vaisseau proprement dit, enfin un véritable *tube*, expression que M. Mirbel préfère à celle de vaisseau. Les *fibres* ne sont également que ces mêmes tubes ou vaisseaux obstrués, durcis par le dépôt des molécules alimentaires; ajoutons enfin que les cellules communiquent aux tubes, les tubes aux cellules, par les pores dont on ne peut raisonnablement nier l'existence, prouvée par la transfusion de fluides colorés d'une cellule dans l'autre, et des tubes dans les cellules.

« Lorsque l'on plonge, dit M. Mirbel, le bout supérieur ou inférieur d'une jeune branche chargée de feuilles dans une liqueur colorée, la liqueur est aspirée, et son passage dans la branche est marqué par la coloration des vaisseaux; on voit même quelquefois le tissu voisin se teindre d'une auréole, qui s'affaiblit en s'éloignant du centre de coloration. Cette expérience concourt à prouver que la sève aspirée par les racines ou les feuilles, monte ou descend par les grands tubes, et s'épanche latéralement par les pores. »

Avant d'aller plus loin, arrêtons-nous un instant sur une grande division des végétaux, qui, à la vérité, doit trouver place ailleurs, mais dont il faut donner ici quelque connaissance : il s'agit de la division des plantes en *monocotylédonées* et *dicotylédonées*. Si, après avoir fait macérer dans l'eau, pendant quelque temps, la semence d'une fève, d'un haricot, etc., nous la dépouillons de ses enveloppes, nous trouverons deux corps charnus, farineux, appliqués l'un sur l'autre, qui se séparent d'eux-mêmes, et ne tiennent ensemble que par le point où se trouve le germe ou le rudiment de la jeune plante, la *plantule*, dont la partie inférieure, nommée la *radicule*, est saillante en dehors, tandis que la partie supérieure, la *plumule*, est renfermée dans les deux corps charnus, que l'on a nommés *lobes* ou *cotylédons*. Les plantes dont les semences sont pourvues de ces deux lobes, et c'est le plus grand nombre, se nomment *dicotylédonées* ou *bilobées*; celles, en bien plus petit nombre, qui n'en ont qu'un, portent le nom de *monocotylédonées* ou *unilobées*, telles que les semences du blé, de l'avoine, etc., en général celles de toutes les graminées, des palmiers, des liliacées. Je donnerai ailleurs des détails plus étendus sur les propriétés et les fonctions de cet organe.

Je n'en ai parlé ici qu'à cause de l'influence remarquable de ces lobes ou cotylédons sur toutes les autres parties de la plante. Cette influence est telle, qu'il est facile, au seul port d'une plante, de juger, même sans l'inspection des cotylédons, si elle appartient aux monocotylédonées ou aux dicotylédonées : je ferai connaître ces différences en traitant de l'organisation interne et des parties extérieures des plantes. Je ne parle pas ici d'une troisième division, les *acotylédonées*, dans laquelle on range les plantes que l'on regarde comme privées de cotylédons : ce sont les plus simples des végétaux. Ils ne sont-guère composés que de tissu cellulaire, sans aucune apparence de vaisseaux ; on les a nommées, par cette raison, *végétaux cellulaires* : la fructification n'est encore, dans la plupart, que très-imparfaitement connue. Linnœus les a caractérisés par le nom de *cryptogames* (plantes dont le mode de fécondation est inconnu). Les champignons, les plantes marines, les conferves, les lichens, les mousses, etc., appartiennent à cette division. J'y reviendrai lorsque je traiterai des familles naturelles.

Nous allons maintenant nous occuper de la coupe horizontale de ce bois dont nous avons suspendu la combustion. Il nous offre dans son centre un axe plus ou moins épais, plein ou occupé par une moelle desséchée; autour se dessinent des cercles concentriques, traversés par des lignes divergentes qui partent du centre et vont se perdre dans la circonférence. Ces cercles ou plutôt ces couches annulaires sont d'autant plus dures et plus serrées, qu'elles sont plus intérieures. Essayons de séparer ces couches dans leur longueur; nous y parviendrons aisément pour les couches extérieures, surtout si le bois est humide, s'il a été macéré dans l'eau. Les premières, celles qui appartiennent à l'écorce, nous fournissent des lanières minces, réticulées; celles qui suivent ont leurs mailles beaucoup plus petites; elles le sont encore davantage dans l'aubier, qui vient après et entoure le bois : celui-ci, dans sa coupe longitudinale, ne présente plus que des veines prolongées en différentes directions.

Tels se montrent les végétaux ligneux dans leur état de perfection : mais avant d'y parvenir, ils ont éprouvé plusieurs degrés d'accroissement, qu'il faut chercher à connaître, pour nous rendre compte de ce que nous venons de voir. En soumettant à notre examen de jeunes rameaux, nous nous mettrons à même d'observer par quels moyens la nature est parvenue à former ce corps ligneux, épais et très-dur qui occupe la presque totalité du tronc des arbres. Considérons une jeune branche en pleine végétation, nous retrouverons sur sa coupe horizontale tout ce que nous avons vu plus haut, mais dans un état de fraîcheur et de vie qui nous donnera l'explication de cette organisation intérieure, altérée et masquée par la vieillesse. La *moelle*, renfermée dans son *canal médullaire*, en occupe le centre; viennent ensuite le bois et l'aubier, peu distingués l'un de l'autre dans le premier âge ; enfin les *couches corticales*, recouvertes par l'épiderme. Nous allons suivre chacune de ces parties isolément.

CHAPITRE VI.

De la moelle.

La *moelle*, substance précieuse, source de vie et de déve-loppement, occupe, dans un canal intérieur, le centre des tiges et des rameaux dans les plantes dicotylédonées. Quoi-que très-différente de la moelle des animaux, elle doit ce nom à sa situation et à son énergie dans l'acte de la végétation. Elle n'est qu'une modification du tissu cellulaire, duquel néanmoins elle doit être distinguée, comme nous le verrons plus bas. La moelle ressemble d'ailleurs au tissu cellulaire par la forme de ses utricules, très-variables à la vérité, mais dont le type principal est la figure hexagone, ainsi que l'a observé Ledermuller, cité par M. Sennebier[1], et que M. Mir-bel a depuis reconnu dans le tissu de toutes les parties des plantes. Examinée à l'œil nu, la moelle est une substance plus ou moins lâche, élastique, celluleuse, de couleur verte, humide et molle dans les pousses de l'année, entourée d'un étui composé de trachées, de fausses trachées et de vais-seaux poreux qui s'étendent parallèlement dans toute la lon-gueur des tiges.

C'est seulement dans ce premier état que la moelle jouit de toute son activité, qu'elle se conserve verte par l'impression de la lumière; mais, dès la seconde année, la moelle, revêtue de couches ligneuses qui lui interceptent l'action des rayons lu-mineux, blanchit ordinairement, se dessèche, et présente de grands vides entre ses membranes minces, argentées, dia-phanes: au reste, la moelle n'est pas toujours verte dans sa jeunesse, ni toujours blanche en vieillissant; les vides qu'elle présente sont de grandeur et de formes différentes, selon les espèces. Par exemple, dans les noyers, elle est brune ou rous-sâtre, et, à mesure que les tiges montent, elle se divise en cloisons transverses assez régulières; elle tapisse en lignes pa-rallèles la surface intérieure des tiges creuses; elle offre, dans l'*asclepias syriaca*, un assemblage de filets blanchâtres, semblables à un coton très-fin qui revêt la surface interne de la tige, etc.: d'où il suit, comme l'observe très-judicieuse-

---

[1] *Encyclopédie, physiologie végétale*, pag. 192.

ment M. Desfontaines, que, si l'on étudiait attentivement l'organisation de la moelle, on pourrait y trouver des caractères distinctifs souvent préférables à ceux que l'on a découverts dans les autres parties des plantes.

Dans un certain nombre de plantes, la moelle réduite à l'état de sécheresse, se conserve même dans les vieilles tiges : dans beaucoup d'autres, elle semble disparaître, masquée par les dépôts concrets qui en remplissent les vides : le canal médullaire, entièrement obstrué, et à peine distingué des couches ligneuses qui le revêtent, est alors converti en un axe central d'une consistance osseuse.

La moelle, observée et suivie dans ses fonctions, autant qu'il est possible de le faire dans une matière aussi obscure, est, comme je l'ai dit, le principe du développement de toutes les parties des plantes. Dans les nouvelles tiges ou dans les rameaux naissans, il n'y a presque que de la moelle : elle occupe toute la capacité du canal central recouvert par une couche ligneuse et une corticale, qui peu à peu prennent plus de consistance. Du canal médullaire s'échappent latéralement des trachées et autres vaisseaux qui entraînent avec eux une portion de moelle, traversent le jeune bois et l'écorce, et se terminent par un bouton alimenté d'abord par la moelle interne. Ce bouton produit une feuille ou un rameau, souvent l'un et l'autre, surtout dans les tiges ligneuses. Ces jeunes rameaux se développent, s'allongent, fournissent, en se fortifiant, d'autres feuilles, d'autres boutons : ils sont dèslors en état de se suffire à eux-mêmes par l'abondance de leur moelle. Celle des rameaux qui les ont produits, devenue inutile, s'altère, se dessèche, reste presque sans activité, mais, avant son dessèchement, elle avait transmis sa puissance vitale aux boutons par sa communication avec ces vaisseaux échappés de son étui. Ces prolongemens médullaires ne se terminent pas tous, dans la même année, par la production d'un bouton, mais ils continuent à se prolonger dans la même direction d'année en année, se glissent à travers les interstices du plexus, dont le bois, l'aubier et les couches corticales sont composées. Comme ils partent tous de l'étui, ils s'écartent entre eux à mesure qu'ils approchent de la circonférence, et se montrent, sur la coupe transversale du bois, en rayons divergens. La portion de ces rayons qui traverse l'ancien bois, perd de son activité, et participe à la sécheresse de la moelle ; mais la portion plus récente qui traverse

les couches corticales, est entretenue dans un état de vie par
les sucs nourriciers de l'écorce, bien plus que par la moelle
centrale [1]. Ces prolongemens, toujours doués de la faculté de
se terminer par des boutons, n'en produisent que lorsqu'ils
peuvent percer l'écorce; ce qui arrive plus fréquemment dans
les jeunes rameaux, parce que la moelle interne est dans
toute sa vigueur. Dans les anciens rameaux et sur les vieux
troncs, il faut, pour le développement des boutons, des circonstances particulières, telles que les blessures à l'écorce,
ou le retranchement des nouvelles branches; opération qui
retient alors la sève en plus grande abondance dans les branches anciennes, et leur rend une vigueur que l'âge avait
altérée.

Nos bons observateurs assurent qu'on ne découvre aucun
vaisseau dans la masse interne de la moelle, que ceux qui s'y
trouvent quelquefois, comme il arrive dans le sureau, ont été
détachés du canal et lui appartiennent. Le changement de direction de ces vaisseaux, destinés à produire des boutons et des
feuilles, occasione, dans la forme de ce canal, une modification facile à observer lorsqu'on le coupe transversalement.
Cette modification est dépendante de la disposition des rameaux
et des feuilles, ainsi que l'avait observé M. Le Feburier. M. de
Beauvois a remarqué que la coupe transversale de l'étui médullaire est oblongue dans le frêne, dont les feuilles sont opposées deux à deux; qu'elle est triangulaire dans le laurier-
rose, où les feuilles naissent trois à trois, à la même hauteur,
autour de la tige; que cette coupe est pentagone dans le chêne,
où les feuilles sont alternes et en hélice, de façon qu'il faut
cinq feuilles pour faire le tour complet de la tige.

En résumant tout ce que j'ai dit sur la moelle, examinons
en quoi elle diffère de ce tissu cellulaire qui lui doit son origine, et qui occupe les autres parties des plantes. Si nous la
considérons isolément, c'est-à-dire séparée de son étui, il faut

---

[1] Dans un mémoire de M. Dutrochet, publié dans les *Mémoires du
Museum d'hist. nat. de Paris*, vol. 7 et 8, sous le titre de *Recherches sur
l'accroissement et la reproduction des végétaux*, on trouve sur cette partie
des opinions entièrement neuves, appuyées sur des expériences très-cu-
rieuses, d'après lesquelles l'auteur considère le bois et l'écorce comme formant deux systèmes différens, d'après l'ordre de la position de leurs parties, mais analogues par leur composition : l'un est le *système central*, il
réunit la moelle centrale, le bois et l'aubier; l'autre est le *système cortical*,
il réunit l'épiderme, la moelle corticale et le liber; d'où il suit que le bois
et l'écorce ont chacun leur accroissement particulier; que leurs parties
analogues sont disposées en sens inverse; qu'elles ont des rayons médullaires distincts, et que c'est leur contiguité qui les fait paraître continus.

nécessairement convenir qu'il n'y a aucune différence, et que les expressions de *tissu cellulaire* et de *moelle* sont synonymes ; mais, en réservant la dernière expression pour la moelle centrale exclusivement, nous la considérons comme une modification du tissu cellulaire, occupant, dans les dicotylédonées, l'intérieur d'un étui central composé de vaisseaux poreux, de trachées et de fausses trachées, qui ont, avec la moelle, des parois communes ; nous verrons ensuite une partie de ces vaisseaux se détourner de leur direction verticale, se prolonger latéralement jusque dans l'écorce, entraînant toujours avec eux une portion de moelle, se terminer par des rudimens de boutons, dont un très-petit nombre seulement se développent, tandis que les autres semblent être tenus en réserve par la nature, pour réparer la perte des premiers. Ces vaisseaux, non terminés en boutons développés, continuent à se prolonger d'année en année à travers le bois et l'écorce, et forment ce que l'on appelle des *prolongemens médullaires*, dont la partie active et vivante existe principalement dans l'écorce, tandis que celle qui traverse le bois est à peu près dans le même état que la moelle centrale, c'est-à-dire desséchée et sans activité. Si, au bout de quelques années ces prolongemens viennent à produire un bouton, et par suite une nouvelle branche, il sera facile de reconnaître sur le bois fendu dans sa longueur, l'époque de la naissance et l'origine de ces branches. Celles qui ont été produites sur une tige ou une branche d'un an, partent immédiatement du centre du tronc, avec lequel elles forment un angle plus ou moins ouvert : les couches ligneuses qui les recouvrent ont pris la même direction. Si les boutons se montrent sur d'anciennes branches, celles qu'ils formeront auront leur point de départ, non dans le centre, mais plus rapproché de l'écorce : tels sont ces boutons *latens* qui ne se développent sur les troncs et les grosses branches, que dans des circonstances particulières, et dont il faut toujours rapporter l'origine à la moelle centrale, malgré son peu d'activité dans la portion ligneuse du végétal.

Dès qu'il est reconnu que l'existence des boutons produits sur les vieilles branches par les prolongemens médullaires est indépendante de l'état de la moelle centrale, et qu'il suffit, pour alimenter ces boutons, de la sève des couches corticales, on concevra sans peine comment il existe de très-gros arbres dont l'intérieur est entièrement détruit, et dont il ne reste qu'une faible portion d'aubier et des couches corticales : il est évident qu'alors les prolongemens médullaires, sortis originairement du canal central, ont conservé dans l'écorce leur faculté productrice, quoique la moelle et le bois soient détruits depuis long-temps.

Outre sa position dans le centre des tiges, et son adhérence avec les vaisseaux particuliers qui l'entourent, la *moelle* proprement dite est encore caractérisée d'une manière plus particulière par cette puissance active, qui, à l'aide des prolongemens médullaires, produit et développe toutes les autres parties des plantes, dont un bouton est toujours l'origine. Parmi ces différentes parties, les unes sont susceptibles d'un développement en quelque sorte indéfini, telles sont les racines, les tiges, les rameaux, etc. ; d'autres ont un développement déterminé : en elles s'arrête toute puissance expansive de la végétation ; elles ne peuvent se développer au-delà des bornes que la nature a fixées pour leur dimension. Une feuille ne peut ni s'agrandir, ni produire une autre feuille, ni un calice un autre calice, etc. : ces organes ont une autre destination. Quoiqu'on y trouve, comme dans les tiges, un tissu cellulaire, des trachées et fausses trachées qui forment les nervures, la nature les a privées, excepté dans des cas très-rares, de la faculté de produire des boutons. Les prétendues feuilles du figuier d'Inde et de plusieurs autres espèces de *cactus* ne sont, comme l'on sait, que des tiges aplaties.

La moelle centrale est donc la source, la première origine de tous les accroissemens du végétal : sans elle point de développement, point de végétation. C'est donc bien légèrement que quelques auteurs modernes ont reproché à Linné d'avoir considéré la moelle comme le principe de la *force vitale*. On cite contre lui l'exemple de ces arbres qui végètent encore avec vigueur, quoique leur tronc soit, pour ainsi dire, réduit à l'écorce ; mais peut-on croire que Linné, en considérant la moelle comme principe de la vie dans le végétal, ait voulu parler de cette moelle ancienne des tiges et des branches, réduite à un état de sécheresse et presque sans influence sur la végétation ? Avant de perdre son activité, ne l'a-t-elle pas transmise aux nouvelles branches ? N'a-t-elle pas laissé dans les couches corticales l'extrémité de ces prolongemens entretenus par la sève, et qui n'attendent, pour fournir des boutons, que des circonstances favorables ? Enfin, peut-on citer une seule partie dans les plantes qui ne doive primitivement son origine à la moelle centrale, quel que soit l'état du végétal ?

A la vérité, Linné soupçonnait, d'après Haller, que les nouvelles couches de bois, qui se forment toujours en dehors des anciennes, comprimant celles-ci de plus en plus, resserraient en même temps le canal médullaire ; qu'alors la moelle cherchait à s'échapper par les mailles du bois, et qu'ainsi se formaient les prolongemens médullaires. Des observations plus modernes ont fait renoncer à cette opinion. Ces prolongemens sont dus, comme nous l'avons vu plus haut, aux vaisseaux qui se détournent de l'étui, prennent une direction latérale, et vont aboutir à l'écorce.

Pour connaître l'influence de la moelle dans le développement des plantes, on l'a enlevée de plusieurs arbres fruitiers : les uns ont péri dans cette opération, les autres ont résisté ; mais on ne dit pas quelles branches on a privées de moelle. Si ce sont les anciennes, elle devait y être desséchée et par conséquent inutile ; si ce sont celles de l'année, ces branches devaient nécessairement périr ; enfin, si c'est la moelle du tronc, celui-ci était alors dans la même situation que ces arbres dont nous avons vu plus haut le bois détruit presque jusqu'à l'écorce. Ces expériences offrent donc, faute de détails suffisans, peu d'éclaircissement sur la nature et les fonctions de la moelle.

Ce que j'ai dit jusqu'alors sur la moelle appartient aux plantes dicotylédonées ; nous allons maintenant la considérer dans les monocotylédonées. Celles-ci, telles que les palmiers, n'ont point de canal médullaire, point de couches concentriques, point de rayons divergens sur les coupes transversales ; la disposition des organes n'est plus la même ; elle annonce un mode de développement différent. En prenant ces plantes à leur naissance, on peut remarquer qu'elles ne produisent d'abord qu'une grosse touffe de feuilles sans tige ; l'année suivante, de nouvelles feuilles paraissent dans le centre des anciennes : ces dernières, repoussées vers la circonférence, tombent en vieillissant, mais leur partie inférieure persiste et forme un anneau ligneux, qui devient la base de la tige ; les nouvelles feuilles tombent à leur tour, et laissent un second anneau de même dimension que le premier : c'est ainsi que d'anneau en anneau, toujours d'un diamètre égal, se forme la tige des palmiers sans ramifications, sans couches corticales, mais toujours couronnée par un bouquet de feuilles disposées circulairement.

Ce mode de développement, très-différent de celui des plantes dicotylédonées, doit donc produire une disposition différente dans les organes internes. En effet, un tronc de palmier, coupé horizontalement, ne présente, au lieu de couches concentriques, que l'extrémité d'un grand nombre de vaisseaux, ou de fibres ligneuses placées irrégulièrement à côté les unes des autres, et dont les intervalles sont occupés par la moelle : ces fibres sont d'autant plus serrées et plus dures, qu'elles sont plus rapprochées de la circonférence, tandis que celles du centre sont plus lâches et plus flexibles, en sens contraire de celles des tiges dicotylédonées.

La moelle des palmiers, durcie et desséchée entre les fibres extérieures, ne jouit de toute sa force que dans les fibres du centre; elle est entremêlée avec des trachées très-nombreuses qui s'élèvent avec elle dans une direction verticale, et se terminent par des boutons au sommet des tiges. Ces boutons produisent les nouvelles feuilles et les pédoncules des fleurs. Ainsi, dans les plantes monocotylédonées, la partie la plus active de la moelle est constamment dans le centre des tiges, tandis que, dans les dicotylédonées, elle existe particulièrement dans les couches corticales : au reste, quelle que soit la position de la moelle, elle conserve toujours le caractère distinctif que nous y avons reconnu, celui de se prolonger avec les trachées, et de produire des boutons dans les circonstances favorables : elle offre encore quelques modifications particulières. Dans les tiges fistuleuses, telles que celles des graminées, sa partie active tapisse, en lignes parallèles et longitudinales, les parois internes de ces tiges entrecoupées par des nœuds de distance en distance; il s'échappe de ces nœuds des filets médullaires qui donnent naissance aux feuilles ou quelquefois à d'autres tiges. La moelle des scirpes, des joncs, des souchets, et de la plupart des liliacées, mérite encore une attention particulière. J'omets ici beaucoup d'autres détails, n'ayant voulu présenter dans cet article que ce qu'il y avait de plus intéressant à dire sur la moelle, surtout relativement à son action et à sa grande influence dans l'acte de la végétation.

CHAPITRE VII.

Des couches corticales et ligneuses.

Des observations intéressantes et curieuses ont été faites sur la formation de ces couches concentriques, qui, dans les tiges ligneuses, enveloppent l'étui médullaire, et se distinguent, d'après leur ancienneté et leur solidité, en *bois*, en *aubier*, en *couches corticales*. En remontant à leur origine, on reconnaît que ces couches ne sont que des modifications du tissu organique (réticulaire et cellulaire) amené à ces différens états par des moyens qu'il n'est pas donné à l'homme de connaître, quels que soient les efforts qu'il ait faits pour y parvenir. Il a observé des faits, mais les causes sont restées inconnues ; il a établi des théories, mais leur démonstration n'est encore qu'un problème sans solution. Je ne peux entrer ici dans la discussion des opinions qui partagent les physiologistes sur l'origine et la formation tant des couches ligneuses que des couches corticales, je dirai seulement les faits les plus importans qui ont été observés.

En nous reportant aux premiers développemens d'une tige ou d'un rameau, nous y distinguons, dès la première année, à mesure que le végétal se fortifie, deux couches autour de l'étui médullaire, une intérieure, destinée à se convertir en bois, et une extérieure, qui forme l'écorce. Au bout de deux ans on y voit deux couches de bois et deux d'écorce; d'autres couches sont produites annuellement entre le bois et l'écorce, et, à mesure que la tige grossit, les anciennes couches ligneuses, pressées par les nouvelles, se resserrent, se durcissent, et forment cette masse compacte à laquelle on a donné plus particulièrement le nom de *bois* : elle est entourée de couches plus modernes qui forment l'*aubier*, d'un tissu plus lâche, qui ne diffère en rien du bois dont il fait partie, et dont on ne peut plus le distinguer dès qu'avec l'âge il en a acquis la dureté. Le bois et l'aubier sont donc la même substance ; la distinction qu'on y a établie ne sert qu'à indiquer le bois ancien et le moderne : personne ne doute de leur identité. Il n'en est pas de même des couches corticales, qui portent encore le nom de *liber*, et dans lesquelles se réfugie la force vitale des plantes à mesure que la partie intérieure se solidifie. Lorsque le *liber* est humecté, il se divise en lames minces, réticulaires, à peu près comme les feuillets d'un livre, composées de vaisseaux allongés, superposés les uns sur les autres, formant un réseau dont les interstices sont remplis de tissu cellulaire.

La couche la plus extérieure du *liber* est revêtue d'une *enveloppe herbacée* qui forme la partie superficielle des tiges : c'est un tissu cellulaire dont les vésicules sont remplies d'une matière verte, résineuse, la même qui occupe les vides du tissu réticulaire dans les feuilles, et qui enveloppe également les tiges, les branches et les rameaux. Cette enveloppe herbacée s'use, s'exfolie à l'air et se renouvelle; elle pénètre dans les couches corticales, d'où elle tire son origine; mais à mesure qu'elle s'enfonce, ne recevant plus immédiatement l'action de la lumière, sa couleur verte s'affaiblit, et même disparaît entièrement entre les feuillets les plus rapprochés de l'aubier.

La réunion des parois les plus extérieures des utricules qui composent l'enveloppe herbacée, forment l'*épiderme*, membrane très-mince, incolore et transparente lorsqu'on l'enlève isolément, et qui ne paraît verte, ou de toute autre couleur, qu'à cause de celle des substances contenues dans le tissu cellulaire. L'épiderme se détruit sur les vieilles tiges, tombe en poussière, se détache par plaques et par lambeaux; sur les jeunes rameaux il se renouvelle assez promptement, et ne cesse de se reproduire qu'autant que l'enveloppe herbacée elle-même est détruite sur les vieux troncs : au reste, quelle que soit l'altération de cette enveloppe ou des couches corticales, l'observation nous apprend qu'elles se rétablissent, même lorsque le bois est mis à nu, surtout si ces accidens arrivent à l'époque de la grande abondance de la sève.

L'épiderme n'est pas toujours composé d'une seule membrane, on en distingue souvent plusieurs appliquées les unes sur les autres, comme dans le bouleau; on a encore considéré le *liége* comme un véritable épiderme épaissi par la réunion d'une multitude de couches cellulaires. Quoique l'on n'ait pu jusqu'alors distinguer aucuns pores dans l'épiderme, il est à croire qu'ils ont échappé à la faiblesse de nos yeux et de nos instrumens, puisque l'épiderme, tant celui des rameaux que celui des feuilles, doit ouvrir passage à des matières visqueuses, et que c'est à travers cette membrane que pénètrent, dans les feuilles, les fluides gazeux qu'elles absorbent et ceux qu'elles rendent.

J'ai parlé plus haut de la différence qui existait entre les tiges ligneuses des dicotylédonées et des monocotylédonées : ces dernières n'ont point d'écorce; leur épiderme se détruit très-rapidement et ne peut se renouveler; l'intérieur de ces tiges n'est pas divisé par couches, mais composé de fibres fasciculées, entremêlées de moelle. Comme les feuilles sortent toujours du centre de l'arbre et de son sommet, elles ne s'ouvrent un passage qu'en pressant les anciennes fibres, qui se tassent à la circonférence, et forment souvent un bois assez dur et compacte par l'oblitération de la moelle, tandis que les fibres du centre sont plus lâches, la moelle plus active.

Les tiges des plantes herbacées sont organisées de même que les ligneuses; mais, comme elles périssent au bout d'un ou de deux ans, elles ne vivent pas assez pour que leurs couches intérieures puissent se convertir en bois; toutes sont pourvues d'un canal médullaire, de couches internes qui deviendraient ligneuses si elles existaient plus long-temps, et d'une couche corticale avec un tissu cellulaire plus ou moins abondant, placé sous l'épiderme.

Quant à la production des couches ligneuses et corticales, l'observation nous a appris que les unes et les autres se formaient intérieurement entre le liber et le bois : d'où il suit qu'en se multipliant elles forcent le réseau des couches corticales extérieures et plus anciennes à élargir ses mailles, qui finissent même par se déchirer, et occasionent ces profondes crevasses qui sillonent le tronc des vieux arbres, tandis que les couches corticales plus modernes et plus intérieures ont leurs mailles beaucoup plus serrées : le contraire a lieu pour les couches ligneuses. Les nouvelles ou celles de l'aubier s'établissent à l'extérieur du corps ligneux, c'est-à-dire entre l'écorce et l'aubier. En augmentant l'épaisseur du bois, elles contribuent encore à l'élargissement du réseau des couches corticales, et si leurs efforts agissent sur le corps ligneux, ce ne peut être qu'en le resserrant de plus en plus vers le centre.

Il est à remarquer que les couches dont nous parlons sont des couches annuelles, qui ne se distinguent qu'à cause de l'interruption de la végétation pendant l'hiver : ces couches sont elles-mêmes composées de plusieurs autres couches très-minces produites dans le courant de l'été, mais tellement adhérentes, qu'on n'aperçoit entre elles aucun point de séparation, et qu'il est même difficile de les séparer par l'art. Si la végétation était interrompue et reprise plusieurs fois dans l'année, il est à croire qu'on trouverait, à la fin de chaque année, autant de couches qu'il y aurait eu d'interruptions.

La formation des nouvelles couches est une opération sur laquelle les physiologistes ne sont point d'accord. La plupart ont pensé, d'après l'expérience de Duhamel, que les couches corticales se convertissaient en bois : mais, en suivant avec attention ce qui se passe dans cette opération, il paraît résulter que le *cambium*, cette matière visqueuse dont nous parlerons plus bas, qui suinte au dehors de l'aubier, et s'épaissit à sa surface, forme une couche ligneuse, tandis qu'une autre portion de *cambium*, qui transsude de la surface des couches les plus intérieures du liber, donne naissance à une nouvelle couche corticale, étant reconnu, comme je l'ai déjà dit, que tous les ans il se formait, dans les végétaux ligneux, une couche de bois et une de liber. Quelle serait donc la couche de liber qui se convertirait en bois ? Ce ne peut être une des anciennes, puisqu'elles sont repoussées en dehors par les nouvelles ; ce ne peut être ces dernières, puisqu'on distingue celles qui se sont formées dans le courant de l'année : mais ici se présente une autre difficulté. Sur un très-grand nombre d'arbres, les couches corticales sont bien moins nombreuses que les couches ligneuses, même sur les branches où l'écorce ne paraît point avoir éprouvé d'altération. S'en suivrait-il de là qu'il ne se forme pas constamment une couche de liber tous les ans, ou bien qu'il s'en forme davantage de ligneuses, ou enfin que des couches corticales se convertissent réellement en bois? Les expériences de Duhamel portent à le croire, d'autres considérations en font douter. Je suis loin de prononcer sur ces questions délicates; je renvoie le lecteur aux expériences faites par Duhamel, Knight, du Petit-Thouars, Mirbel, etc.

Tel est donc, en général, la constitution des tiges ligneuses, formées, comme je l'ai dit, par les modifications d'un seul organe primitif, le tissu organique, dont nous avons suivi les développemens et les formes diverses, à partir de la moelle jusqu'à l'épiderme. Pour plus grand éclaircissement, je vais rappeler en sens inverse les différentes parties qui constituent le tronc et les branches des végétaux ligneux.

La couche la plus extérieure est *l'épiderme ;* il recouvre toutes les autres parties des plantes, les tiges, les feuilles, les fleurs et les fruits, se détruit, se renouvelle, et souvent disparaît presque entièrement sur les vieux troncs ; vient ensuite *l'enveloppe herbacée* ou *cellulaire*, verte, tendre, succulente, quelquefois très - mince, qu'on regarde comme une production de la moelle centrale, ou le dernier terme de ces prolongemens médullaires dont il a été question plus haut. Des auteurs lui donnent exclusivement le nom d'*écorce*, distinguant ensuite, sous le nom de *couches corticales* ou de *liber*, ces lames minces, réticulées, appliquées les unes sur les autres, qui se suivent immédiatement, qu'on sépare, avec assez de facilité dans certains arbres, principalement sur les jeunes branches, à l'époque de la plus forte végétation. Les *couches ligneuses* sont bien distinctes des corticales par leur masse, leur dureté : les plus jeunes portent le nom d'*aubier ;* les plus intérieures, serrées et compactes, celui de *bois*, dans le centre duquel se trouve *l'étui médullaire*, variable dans ses dimensions, même dans sa forme, très-remarquable par sa grandeur dans certaines espèces, comme dans le sureau, fort petit dans d'autres, et même quelquefois difficile à distinguer.

Tel est ce mécanisme, sublime dans sa simplicité, admirable dans ses résultats, que la nature a placé dans ce tissu membraneux, dans cet organe unique, dont les modifications donnent lieu au développement des diverses parties des végétaux, qui se resserre ou se dilate, s'amollit ou s'ossifie, prend toutes les nuances qu'exigent les parties du végétal qu'il doit fournir, reçoit les impressions diverses des milieux dans lesquels il se trouve. A peu près indifférent à toutes les formes, il peut devenir racine ou branche, feuille ou chevelu, selon les circonstances.

Ce tissu organique a une telle force vitale, que, si son développement n'était pas modéré par l'impression des élémens ; s'il n'était dirigé par une puissance secrète, d'après les vues incompréhensibles de la nature; si la rapidité de sa végétation n'était arrêtée et déterminée, l'on verrait une fécondité, en quelque sorte monstrueuse, occasioner, par la trop grande multiplication de certaines parties, l'avortement d'autres parties plus essentielles. Si les prolongemens médullaires produisaient tous des boutons, comme ils en ont la faculté; si les rameaux se prolongeaient autant qu'ils le pourraient, enfin si les feuilles devenaient trop nombreuses, ce ne pourrait être qu'aux dépens des fleurs et des fruits : c'est ainsi que disparaissent ou restent stériles les organes sexuels par la trop grande multiplication des pétales.

Il n'est presque pas une seule partie des plantes qui ne puisse donner naissance à d'autres individus. L'extrémité d'un rameau mise en terre va produire des racines, et par suite une nouvelle plante; les feuilles elles-mêmes, surtout celles qui sont grasses, épaisses, sont susceptibles de s'enraciner. L'art a su profiter de ces dispositions; mais les circonstances qui amènent cette surabondance de végétation sont rares dans la nature : il faut, pour les produire, la patience, l'adresse et la longue expérience des cultivateurs, qui s'emparent de cette propriété génératrice pour multiplier une partie aux dépens d'une autre, selon l'utilité qu'ils peuvent en retirer. Ils arrêtent, dans les arbres de nos vergers, la trop grande multiplication des rameaux et des feuilles, afin d'obtenir un plus grand nombre de fruits, ou bien ils suppriment ces derniers lorsque les feuilles sont l'objet principal de leur culture, comme dans la plupart de nos plantes potagères. Ces opérations sont une nouvelle preuve que le tissu organique peut produire, presque indifféremment, toutes les parties des plantes; mais la nature s'est opposée à ce désordre en établissant une juste proportion dans les divers développemens de la végétation ; elle dessèche dans ses anciens canaux cette moelle fécondante; elle ossifie, dans les arbres, les couches herbacées des années antérieures, et ne réserve, pour l'entretien essentiel du végétal, que les couches corticales, et l'extrémité des prolongemens médullaires abreuvés dans l'écorce par la présence des sucs nourriniers ; elle y tient en réserve une foule de boutons, auxquels elle ne permet de paraître qu'autant qu'il y a de grandes pertes à réparer ; elle a déterminé, dans chaque espèce, la grandeur et les autres dimensions qui pourraient être portées presque à l'infini.

Nous n'avons jusqu'ici considéré ces organes que dans un état d'inertie ; nous avons cherché à reconnaître leurs modifications, leurs attributs, leur position, il faut maintenant les voir en activité : il nous reste à rechercher les principes qui entretiennent leurs fonctions et contribuent à leur développement ; nous ne pouvons les trouver, au moins comme cause secondaire, que dans les fluides qui les abreuvent.

CHAPITRE VIII.

Fluides des végétaux. De la sève et des sucs propres.

Pour concevoir la formation des fluides et leur distribution dans les végétaux, il faut considérer ces derniers comme existans dans deux milieux différens, dans la terre par leurs racines, dans l'air par leurs branches et leurs feuilles. La partie souterraine et la partie aérienne des végétaux sont douées des mêmes organes, mais avec des modifications dépendantes de l'influence du milieu dans lequel ils se trouvent, et de la nature des fluides qu'ils doivent absorber.

On distingue deux sortes de fluides dans les plantes, la *sève* et les *sucs propres*. Ces fluides sont-ils réellement distincts, ou les sucs propres ne sont-ils pas une modification de la sève? Ces deux fluides existent-ils indifféremment dans les mêmes organes, ou les vaisseaux qui renferment la sève diffèrent-ils de ceux qui contiennent les sucs propres, ou enfin ces derniers se forment-ils dans des vaisseaux occupés d'abord par la sève? Questions délicates que je ne me flatte pas de pouvoir résoudre, mais sur lesquelles je me permettrai quelques observations.

La nature des fluides existans dans les plantes dépend de deux causes principales : 1°. de la qualité des fluides que les plantes aspirent ; 2°. des organes qui remplissent la fonction d'aspirer. Or, nous avons vu que les racines d'une part, les rameaux et les feuilles de l'autre, étaient placés dans deux milieux différens, qu'ils étaient distingués par la forme de leurs organes ; ce qui peut déjà nous faire soupçonner que les principes alimentaires qu'ils absorbent, et la manière dont ils les absorbent, doivent être un peu différens. Pour nous en assurer, réunissons les circonstances qui accompagnent cette opération tant dans la partie souterraine, que dans la partie aérienne des plantes.

Nous voyons dans les racines une disposition d'organes particulière. Leurs ramifications, susceptibles de divisions nombreuses, se terminent par des filets capillaires, munis, à leur extrémité, de très-petits pores qu'on a nommés *spongioles*. Toutes ces menues ramifications sont composées de vaisseaux et de tissu cellulaire ; elles ont des rapports avec les nervures des feuilles, mais elles ne forment point, comme elles, un réseau étalé, à surface plane ; disposition qui leur eût été très-inutile dans le sein de la terre, tandis que dans les feuilles la surface plane devient très-importante. Ainsi, au lieu de se perdre dans la lame d'une feuille, les fibrilles des racines, libres et séparées, pompent, par le moyen de leurs *spongioles*, plutôt que par leur surface, les fluides alimentaires.

Cette fonction s'exécute dans le sein de la terre, dans un milieu privé de l'influence de la lumière, où l'air ne pénètre qu'en très-petite quantité, dans un milieu qui est particulièrement le réceptacle de l'humidité, et où se concentre une portion de calorique excité par les rayons solaires. Il suit de là que, pour l'entretien des racines, l'action immédiate de l'air et celle de la lumière n'est point nécessaire, que même elle leur serait nuisible ; il ne leur faut que de l'humidité et une chaleur modérée ; d'où vient qu'en général les terrains qui leur conviennent le mieux sont ceux où ces deux principes se trouvent réunis, et dans lesquels leurs fibrilles peuvent se développer sans obstacle. Ces petits corps spongieux absorbent continuellement l'humidité, et la transmettent au corps entier de la plante : elle s'y convertit en une eau claire, limpide, presque sans saveur, à laquelle on a donné le nom de *sève* ; elle monte en grande abondance par les couches corticales ; elle se répand dans toutes les parties du végétal, d'abord presque sans mélange de sucs propres : ceux-ci, comme je le dirai plus bas, n'existent qu'à mesure que les feuilles se développent

Les organes de la partie aérienne des plantes étant placés dans un milieu très-différent de celui des racines, offrent une modification différente; ces fibrilles, divisées presque à l'infini dans les racines, sont, sous le nom de *nervures*, étalées dans les feuilles en un réseau dont les intervalles sont occupés par le tissu cellulaire; ces feuilles, nageant dans le fluide atmosphérique, ont besoin, pour remplir avec plus de facilité leurs fonctions absorbantes, d'une surface large et plane, percée d'une infinité de pores, et non de syphons capillaires. Dans le milieu qu'elles occupent, le fluide aérien les environne, les presse de toutes parts, et le soleil verse sans cesse sur elles des flots de chaleur et de lumière : plusieurs autres fluides dissous dans l'atmosphère ont également sur les plantes aériennes une très-grande influence, et contribuent puissamment à la formation des substances qu'elles renferment. Privées d'air et de l'action immédiate du soleil, ces plantes languissent et meurent. En faut-il davantage pour nous faire soupçonner une différence essentielle dans les principes élémentaires qu'absorbent ces deux grandes divisions des végétaux !

Les principes fournis par la lumière et autres fluides atmosphériques ne sont guère propres à produire cette eau limpide et presque sans saveur qui constitue la sève, mais, en se mêlant avec elle, ils forment, par leur combinaison, des sucs plus épais, plus composés, auxquels on a donné le nom de *sucs propres*, parce qu'ils diffèrent selon les espèces : ils n'existent guère que dans les feuilles et les couches corticales, descendent souvent jusque dans les racines, ne se rencontrent que très-rarement dans le corps ligneux, encore moins dans les vaisseaux de l'étui médullaire; ce dernier étant plus particulièrement réservé pour la transmission de la sève dans les autres parties des plantes.

Les circonstances qui accompagnent la formation de ces deux fluides prouvent que les sucs propres ne sont qu'une modification de la sève qui a perdu sa première simplicité par l'addition des nouveaux principes que les feuilles, par leur action absorbante, puisent dans l'atmosphère. Il est très-probable qu'elles ont également la faculté de produire de la sève, puisqu'elles aspirent fortement l'humidité; mais comme, dans cette opération, il se joint aussi d'autres fluides atmosphériques, il s'en suit que les feuilles ne peuvent fournir une sève aussi pure que les racines.

On ne peut donc obtenir la sève pure que dans le cœur des arbres, ou dans les jeunes rameaux avant l'apparition des feuilles. L'observation confirme en effet que la sève ne coule en aucune saison plus abondamment qu'au printemps, lorsque les arbres n'ont pas encore repris leur verdure; mais, dès que les boutons commencent à s'entr'ouvrir, l'écoulement de la sève diminue; il cesse presque totalement dès que les feuilles sont épanouies; ce n'est pas que les racines aient cessé de fournir ce fluide, mais c'est qu'à mesure qu'il pénètre dans les feuilles et l'écorce, il s'y convertit en suc propre. La sève proprement dite est alors concentrée dans le corps ligneux, et, pour obtenir son écoulement, il faut percer le tronc des arbres jusqu'au canal médullaire; dès qu'il est atteint, il en sort, avec la sève, une grande quantité de bulles d'air qui s'en échappent brusquement, souvent accompagnées d'une détonation assez forte.

On ne peut nier que la sève n'ait un mouvement d'ascension, puisqu'elle s'élève des racines jusqu'au sommet des arbres, prenant sa route surtout par les vaisseaux ligneux de l'étui médullaire. Il est facile de s'en convaincre en trempant l'extrémité inférieure des branches d'arbres dans une liqueur colorée en noir; aucun trait de la liqueur ne paraît, ni dans l'écorce, ni dans le cœur de la moelle, mais l'étui médullaire, ainsi qu'une portion du bois qui l'avoisine, se teignent en noir; quelquefois aussi la même liqueur se fait un peu apercevoir sur les trachées et les fausses trachées qui se rendent dans les pétioles des feuilles ou dans les boutons. Cette particularité ne pourrait-elle pas être attribuée à l'extrême petitesse de l'ouverture des vaisseaux qui se rendent dans les pétioles, et dont l'entrée est interdite aux particules de la couleur noire, qui ne pénètre dans les vaisseaux du centre que parce qu'ils ont plus de capacité, étant prouvé d'ailleurs que la sève passe du centre des rameaux dans l'écorce et les feuilles. Si l'on renverse les mêmes branches, et qu'on les fasse tremper en sens opposé, la liqueur noire pénétrera dans les mêmes canaux[1] : d'où l'on a cru pouvoir conclure que la sève est charriée des racines jusque dans les feuilles,

---

[1] Il faut cependant convenir, malgré cette expérience, que la sève pénètre des racines dans l'écorce, comme il arrive dans les arbres, tels que les vieux saules dont il ne reste presque plus que l'écorce du tronc.

et des feuilles vers les racines ; qu'elle peut aussi se répandre, du centre à la circonférence par les prolongemens médullaires, dans les jeunes rameaux. On croit assez généralement qu'elle redescend par l'écorce ; qu'elle est alors chargée des sucs propres qu'elle transmet aux racines : ainsi les sucs propres descendent plutôt qu'ils ne montent ; d'où vient que si l'on fait, sur l'écorce d'une branche d'arbre, une incision horizontale, il se forme sur les deux lèvres de la plaie un double bourrelet ; le supérieur est beaucoup plus épais, à cause de la descente des sucs propres qui s'y arrêtent ; l'inférieur est plus mince, parce que ces sucs ne sont pas envoyés des racines dans les rameaux, mais plutôt de ceux-ci dans les racines. Si donc l'on voulait séparer ces deux fluides par la pensée, on pourrait dire que les racines fournissent la sève pure ou ascendante, tandis que les feuilles sont les organes des sucs propres ou de la sève descendante.

Il ne faut pas conclure de là, comme l'ont fait quelques naturalistes, que la sève circule dans les plantes comme le sang dans les veines des animaux ; son mouvement est plutôt une sorte de balancement, qu'une véritable circulation. Lorsque la plante aérienne éprouve une forte transpiration, il en résulte une déperdition, que la sève, pompée par les racines, s'empresse de réparer ; si, au contraire, la transpiration est arrêtée par un brouillard, une nuit fraîche, une forte rosée, les feuilles, placées dans ce bain humide, absorbent de l'eau ; la sève s'arrête dans son ascension, reste presque stationnaire, ou reflue dans l'écorce, d'où elle redescend, en sucs propres, sous le nom de sève descendante. Ceux qui désireront de plus amples détails sur cette matière, pourront consulter les expériences curieuses faites par de très-habiles physiologistes. Quoique les explications que je viens de présenter ne soient pas en tout conformes aux leurs, je ne reconnais pas moins l'utilité de leurs travaux dans cette partie de la science que la nature a dérobée à nos regards.

Au reste, la sève n'est presque jamais parfaitement pure. Outre qu'elle entraîne avec elle plusieurs substances tenues en dissolution dans le sein de la terre, telles que de l'azote, de l'oxigène, un peu d'acide carbonique, des sels minéraux, etc., il est rare qu'en passant dans le corps du végétal elle ne se mêle pas avec quelques sucs propres ; d'où vient qu'on la trouve un peu différente, selon les espèces, mais l'eau en constitue toujours la base.

Les sucs propres sont bien plus variés : on les distingue par leur couleur, bien mieux encore par leur saveur ; ils remplissent les vaisseaux des couches corticales, et se glissent quelquefois dans ceux du bois. Ils sont âcres, brûlans et laiteux dans les euphorbes, les pavots, les apocinées, etc. ; amers dans les chicoracées ; jaunes dans la chélidoine ; résineux dans les pins, les mélèses, etc. ; sucrés dans plusieurs érables ; d'un rouge orangé dans l'artichaut ; d'un rouge de sang dans la patience sang de dragon (*rumex sanguineus*, Lin.), etc.

CHAPITRE IX.

Sécrétions, excrétions. Du cambium.

Le renouvellement habituel de la sève, la formation de plusieurs substances qui diffèrent des sucs propres, la création de la matière végétale, sont dus à des opérations particulières désignées sous les noms de *sécrétions* et d'*excrétions*. Mais plus nous avançons dans ces mystères obscurs, plus la nature échappe à nos recherches. Quoique nous n'ayons que peu d'espoir de pénétrer dans ses secrètes opérations, essayons de saisir quelques rayons de lumière fournis par l'observation : elle nous apprend que les plantes, ainsi que les animaux, exhalent, par une transpiration insensible, une partie du superflu de leurs principes alimentaires ; qu'elles en rejettent une autre partie par des excrétions fluides ou concrètes, et qu'elles produisent des sécrétions propres à chaque espèce de plante.

On doit entendre par *sécrétions* toutes les substances particulières qui diffèrent de la sève et des sucs propres, mais qui, la plupart, doivent être regardées comme le produit de ces deux fluides, et peut-être de quelqu'autre principe qui s'y réunit. Ainsi il faut ranger, parmi les *substances sécrétées*, ces vésicules remplies d'huile essentielle, répandues sur les feuilles, sur l'écorce des fruits et des tiges ; ces liqueurs mielleuses, concentrées dans les *nectaires* ; le *pollen* renfermé

dans les anthères ; les sucs divers que contiennent les glandes
et les poils ; des gommes, des résines particulières ; des matières sucrées de diverse nature, telles que la *manne*, etc.,
qu'on peut, à la vérité, confondre avec les sucs propres, mais
qui s'en distinguent lorsqu'elles occupent des organes particuliers. La plus remarquable et la plus essentielle de ces sécrétions est celle qui a reçu le nom de *cambium*.

Le *cambium* est une substance mucilagineuse, transparente, sans couleur ni odeur, d'une saveur assez semblable à
celle de la gomme, très-abondante entre l'écorce et le bois,
surtout en été. Le cambium paraît destiné à former de nouveaux organes, à se convertir en matière végétale : c'est à lui
qu'on attribue la production des nouvelles couches d'écorce
et d'aubier. Il est d'abord fluide, peu à peu il s'épaissit, passe
ainsi à un état plus solide, et s'organise en tissu membraneux : c'est du moins l'opinion de très-habiles physiologistes, et de Duhamel en particulier, qui a vu le cambium
se former en gouttes mucilagineuses, et régénérer l'écorce
sur le corps ligneux du tronc d'un cerisier.

La nature fournit aux végétaux des sucs nourriciers en si
grande quantité, que leur surabondance, augmentant continuellement, surchargerait les plantes, et occasionerait, dans
leurs organes, les mêmes ravages qu'exerce, dans ceux des
animaux, le superflu des humeurs, s'il n'existait, dans
l'écorce des tiges et dans les feuilles, des issues par où
s'échappe leur surabondance au moyen d'émanations, la plupart insensibles à tous les sens, d'autres sensibles à l'odorat,
à la vue, etc. : telle est la sueur et la transpiration insensible
dans les animaux. Cette opération a été nommée *excrétion :*
tantôt ce sont des déjections liquides ou concrètes, tantôt des
déperditions vaporeuses ou gazeuses.

« Les déjections, dit M. Mirbel, sont des sucs plus ou
moins épais ou fluides, rejetés à l'extérieur par la force de
la végétation : ces sucs sont de la nature des résines, des
huiles, de la manne, du sucre, de la cire, etc. Dans le *ptelea
trifoliata*, de petits grains de résine s'échappent en crevant
l'épiderme ; dans le rosier et le drosera, des sucs visqueux
s'écoulent par l'extrémité des poils ; dans les *mimosa glandulosa, julibrissin*, etc., des glandes à godet, placées sur
les pétioles, distillent diverses liqueurs ; dans le mélèze, le
tilleul, le saule, l'érable, le figuier, l'olivier, etc., des matières visqueuses et sucrées suintent par les pores invisibles

des feuilles, et ces matières paraissent peu différentes de la manne qui couvre les feuilles du frêne; dans une multitude de fleurs, des glandes ou des pores excrétoires rejettent des humeurs dont les propriétés varient autant que les espèces : une liqueur sucrée se dépose au fond du tube du jasmin ; une liqueur beaucoup plus abondante, et d'une saveur aussi agréable, remplit la corolle du *gesneria tomentosa*. Le mélianthe ne porte ce nom que parce qu'une des divisions de son calice sert de réservoir à un suc mielleux. Aiton a trouvé du suc cristalisé dans l'appendice concave de la brillante fleur du *strelitzia reginæ*. Les six pétales de l'impériale ont chacun, à leur base, une petite cavité qui fait la fonction de glande excrétoire ; mais la liqueur qu'elle distille a l'odeur de l'ail, tandis que sa saveur, d'ailleurs assez douce, a quelque chose de nauséabond. »

On doit encore rapporter aux déjections végétales cette *poussière glauque* qui couvre la surface des feuilles, des tiges, et même des fruits dans certaines plantes, tantôt en poussière fine, tantôt en couche épaisse, que l'on considère comme une matière analogue à la cire, indissoluble à l'eau, presque entièrement soluble dans l'esprit de vin. Au reste, il existe, dans la nature de cette poussière glauque, des différences assez remarquables, ainsi que l'a observé M. Decandolle : celle des prunes renaît en peu de temps lorsqu'on l'enlève ; celle des cacalies charnues ne renaît point lorsqu'elle a été une fois enlevée. Il y a des feuilles qui sont glauques, parce que leur surface est couverte de petits poils extrêmement courts, visibles seulement au microscope : telle est celle des feuilles du framboisier. Ces petits poils retiennent autour d'eux de petites bulles d'air ; de sorte que, lorsque l'on trempe la feuille dans l'eau, la surface glauque ne peut se mouiller ; en général aucune de ces surfaces glauques ne se mouille par le contact de l'eau. Il paraît que l'usage de cette poussière est de garantir de l'humidité et de la putréfaction les feuilles et les fruits charnus, sur lesquels elle existe en plus grande abondance.

La déperdition la plus habituelle consiste dans la *transpiration aqueuse* : elle est formée d'eau réduite en vapeurs, et d'une petite quantité de principes immédiats, solubles dans l'eau, ou susceptibles de se vaporiser par la chaleur. Il n'est personne qui n'ait remarqué le matin, dans la belle saison, des sucs limpides sur les feuilles de beaucoup de plantes.

Les feuilles des graminées sont terminées par une gouttelette :
cinq gouttelettes paraissent à l'extrémité des cinq nervures
des feuilles de la capucine; une quantité d'eau assez notable
s'amasse à la surface des feuilles du chou, du pavot, etc.
Musschenbroeck a prouvé le premier que ces liqueurs ne
provenaient pas de la rosée, comme on l'avait cru jusqu'à
lui, mais de la transpiration condensée par la fraîcheur de
la nuit.

La transpiration s'opère par les pores corticaux; elle est
plus abondante dans les herbes que dans les arbres; dans
les herbes à feuilles membraneuses, que dans celles à feuilles
charnues; dans les arbres à feuilles caduques, que dans ceux
à feuilles toujours vertes; en général, les plantes transpirent
davantage dans un lieu chaud et sec, que dans un lieu frais
et humide; elles transpirent beaucoup plus lorsqu'elles sont
exposées à la lumière, que lorsqu'elles sont à l'obscurité.
M. Sénebier a observé que, lorsqu'on expose une plante à
l'obscurité, elle cesse subitement de transpirer, et continue
encore quelque temps son absorption; de sorte que son poids
augmente un peu dans les premiers momens : c'est aussi ce
qui arrive dans les premières heures de la nuit. L'influence
de la lumière sur ce phénomène est tellement marquée, que
la simple interposition d'un papier entre le soleil et la plante
diminue la transpiration.

Si l'on met, ainsi que l'a fait le docteur Halle, dans un
ballon de verre, une branche coupée, on reconnaît que la
branche perd de son poids, et que le ballon se couvre de
gouttes d'eau; lesquelles, étant recueillies, égalent à peu
près le poids que la branche a perdu. Halle a mesuré cette
transpiration avec beaucoup d'exactitude : il a placé un *he-
lianthus*, d'environ trois pieds de hauteur, dans un vase dont
l'orifice était fermé par une plaque percée de deux trous; l'un
d'eux donnait passage à la tige, l'autre servait à l'arrose-
ment. Il a pesé exactement, pendant quinze jours, l'appareil
soir et matin, et il a trouvé que la transpiration moyenne
de la plante avait été de vingt onces par jour. La même
expérience a été répétée, il y a quelques années, par MM. Desfontaines et Mirbel, qui ont obtenu à peu près les mêmes résultats. M. Sénebier a reconnu qu'assez généralement l'eau
absorbée était, à l'eau rendue, comme trois est à deux; il a
encore comparé la nature de l'eau pompée avec celle de l'eau
expirée; il a fait tremper des branches dans une infusion de

cochenille, et il a vu que l'eau expirée était parfaitement transparente ; il a cependant retrouvé quelque portion d'acide dans l'eau expirée par des plantes qui avaient trempé dans de l'eau mêlée d'acide muriatique et sulfurique.

La *transpiration insensible* produit tantôt du gaz acide carbonique, tantôt de l'oxigène, selon les circonstances qui accompagnent cette opération. Des expériences nombreuses ont été faites sur l'origine de ces substances aériformes et sur les causes qui déterminent leur dégagement ; je regrette que les bornes de cet ouvrage ne me permettent point de les rapporter ici : on en trouvera l'exposition dans les mémoires de MM. Ingen' House, Saussure, Sénebier, etc. Je me bornerai aux observations les plus importantes. Parmi les *excrétions gazeuses*, outre les fluides aériformes cités plus haut, on remarque encore ces vapeurs qui s'échappent des fleurs de la fraxinelle à la fin des beaux jours de l'été, et s'enflamment rapidement lorsqu'on en approche une lumière ; mais les plus sensibles de ces excrétions sont celles qui produisent ces odeurs végétales très-variées, et qui n'ont souvent de commun entre elles que d'affecter l'odorat.

Toutes ces émanations ne sont pas indifférentes pour l'état de l'atmosphère, et principalement pour la santé de l'homme. Tandis que les feuilles et les plantes vertes, frappées par le soleil, versent dans l'atmosphère des flots bienfaisans de gaz oxigène, les fleurs, qui flattent si agréablement notre odorat, vicient l'air par leurs parfums. Cependant Nicholson a remarqué qu'en général les odeurs qui ne viennent pas des corolles n'agissent point sur les nerfs, même lorsqu'elles sont fortes, tandis que les odeurs produites par les corolles ont, surtout lorsqu'elles sont pénétrantes, un effet spasmodique très-marqué, et souvent dangereux. Des vésicules glanduleuses, pleines d'huile essentielle, fournissent les odeurs des tiges, des écorces et des feuilles ; elles se conservent dans les plantes, souvent même après la mort du végétal. Les odeurs des fleurs cessent très-ordinairement après la fécondation, et c'est un des avantages des fleurs doubles, que la fécondation ne s'y opérant pas, leurs parfums sont plus durables (*voyez* Mirbel, *Élémens de physiologie végétale ;* Decandolle, *Flore française ;* les divers ouvrages de Duhamel, Saussure, Ingen' House, Sénebier, etc.).

CHAPITRE X

Les racines.

Tout végétal, un petit nombre excepté, se divise en deux parties bien distinctes, comme nous l'avons déjà fait observer; l'une s'élève dans l'atmosphère, et forme la *tige* ou la plante aérienne; l'autre s'enfonce dans la terre, et forme la *racine* ou la plante souterraine. On doit considérer, comme *racines*, toute portion du végétal qui se trouve au-dessous du point de séparation de ces deux parties : ce point de départ a été nommé *collet de la racine*, ou mieux *nœud vital*. Quoique son existence ne puisse être révoquée en doute, il n'est pas toujours facile de l'observer, ce qui a donné lieu à quelques erreurs, et a fait souvent regarder, comme partie des racines, toute portion du végétal enfoncée en terre, telle que certaines tiges rampantes et souterraines, les oignons dans les liliacées, etc. Il y a aussi des racines aériennes qui, dans quelques plantes; ne se montrent que pour chercher à pénétrer dans l'écorce des arbres, dans les fentes des rochers ou des murs; quelquefois même elles paraissent à nu au milieu des airs, surtout lorsqu'elles sont favorisées par l'ombre et l'humidité; mais elles se sèchent et périssent quand elles éprouvent trop long-temps le contact immédiat de l'air et de la lumière, et qu'elles ne peuvent être reçues dans aucun corps. Le *clusia rosea*, arbre parasite de l'Amérique méridionale, laisse pendre, de ses rameaux, de longues racines qui vont s'implanter dans la terre.

Dans l'embryon, lorsqu'il commence à se développer, la racine porte le nom de *radicule :* elle se présente sous la forme d'un petit pivot sans aucune division. Ce pivot persiste dans un très-grand nombre de plantes, surtout dans les arbres dicotylédons; il grossit, forme une tige descendante, très-souvent se ramifie, et se charge, dans tous les cas, de fibrilles auxquelles, à cause de leur finesse, on a donné le nom de *chevelus*. Dans certaines espèces, principalement dans les plantes monocotylédonées, ce pivot disparaît; il n'existe alors que des faisceaux de fibres et de chevelus qui partent de la partie inférieure du nœud vital.

La direction constante des racines vers le centre de la terre, celle des tiges vers le ciel ; cette séparation en sens opposé qui s'établit au nœud vital entre des organes d'ailleurs assez semblables, est un de ces phénomènes difficiles à expliquer, et qui mérite de fixer notre attention. Si l'on suppose qu'il soit uniquement l'effet de l'attraction des deux milieux différens dont la jeune plante éprouve l'influence, pourquoi la tige naissante, d'abord renfermée dans le sein de la terre à l'époque de la germination, se tourmente-t-elle pour en sortir, pour chercher, malgré les obstacles, à gagner l'air et la lumière, au point de se contourner lorsqu'elle est placée en sens inverse ? Il faut donc qu'il y ait, entre les deux parties de la plantule que l'on a nommées *radicule* et *plumule*, une disposition organique particulière qui les force de prendre une route diamétralement opposée. Il n'est point à ma connaissance que l'on ait pu jusqu'alors leur faire changer de direction ; il faut en dire autant des individus dont l'existence est due, non aux semences, mais aux bulbes, aux marcottes, aux boutons, etc.

Les plantes, dans la plupart de leurs parties, renferment une immense quantité de germes, ou les rudimens d'un grand nombre de boutons invisibles à l'œil, et dont il ne se développe qu'un très-petit nombre. Chacun de ces boutons est doué de la faculté de produire des racines et des tiges. Tant que ces boutons restent dans l'air, il ne s'y développe que les organes destinés à former des branches ; ceux réservés pour les racines restent sans développement, faute d'un milieu convenable[1] : le contraire a lieu lorsque ces boutons restent en terre ; ils poussent des racines, et même des tiges, lorsqu'ils ne sont pas trop enfoncés. Les racines, placées au milieu de l'air, comme dans les arbres retournés, sont également ment chargés de boutons destinés à produire de nouvelles plantes avec tiges et racines, mais ils ne fournissent que des branches : le corps ancien des racines persiste avec ses ramifications ; les chevelus périssent ; les branches et les feuilles,

---

[1] Ce n'est pas l'opinion de M. du Petit-Thouars ; mais j'ai promis de n'entrer dans aucune discussion systématique ; je me borne à présenter ce que je crois plus probable, plus conforme aux observations : au reste, le lecteur pourra consulter les écrits de M. du Petit-Thouars, et adopter l'opinion qui lui paraîtra la mieux fondée en preuves.

qui composent la nouvelle cîme de l'arbre, sont alors le produit des boutons radicaux, et les nouvelles racines celui des boutons aériens [1].

Tandis que les feuilles, élégamment suspendues aux rameaux des arbres, remplissent avec éclat leurs fonctions d'organes alimentaires, et se montrent, au milieu des airs, comme une des plus brillantes parures de la nature, les racines, cachées dans le sein de la terre, dépourvues de formes gracieuses, s'acquittent, dans l'obscurité, de fonctions non moins importantes. Ainsi, tout ce que le Créateur des mondes expose aux yeux de l'homme, il l'embellit; il en fait pour nous autant d'objets de jouissance, tandis qu'il semble avoir refusé l'élégance à tout ce qu'il dérobe à nos regards. En effet, quelle différence entre la cîme fleurie et verdoyante d'un bel arbrisseau, et la masse grossière de ses racines divisées en rameaux informes, tortueux, chargés d'une chevelure en désordre!

Malgré la différence que présente la partie souterraine et la partie aérienne de la même plante, lorsqu'on les examine avec quelque attention, on trouve entre elles des rapports et des oppositions qui ne doivent point échapper à l'observateur de la nature. Dans les racines, comme dans les tiges, il existe assez généralement un tronc principal, qui se divise, dans les unes et les autres, en branches et en rameaux. Ces rameaux supportent, au milieu de l'atmosphère, un grand nombre de feuilles; ils sont chargés, dans les racines, d'une foule de petites ramifications capillaires auxquelles on a donné le nom de *chevelus*. Ces organes, destinés à puiser dans deux milieux différens les principes de la nutrition, sont modifiés selon le milieu qu'ils occupent. Dans les racines, ce sont des suçoirs, placés à l'extrémité de chaque chevelu, au moyen

---

[1] D'après les observations de M. Mirbel, il n'existe point de véritables *trachées* dans les racines, tandis qu'elles se trouvent toujours au centre des tiges, dans l'anneau qui entoure la moelle; les racines ne contiennent que des tubes poreux et de fausses trachées qui partent tous de son collet, communiquent avec d'autres par leur base, et marchent en sens contraire, les uns descendant dans les racines, les autres montant dans les tiges, et vont toujours en diminuant vers leur sommet. Le même observateur a encore découvert, dans les racines, de longues cellules placées bout à bout, partagées par des diaphragmes, criblées de pores, et paraissant tenir le milieu entre le tissu cellulaire et les vaisseaux; il a retrouvé les mêmes tubes, les mêmes cellules à la base des branches et des feuilles, ainsi que dans les bourrelets et les boutons; ce qui explique pourquoi, selon les circonstances, il sort des racines de ces différentes parties.

desquels les fluides s'élèvent et pénètrent dans les autres parties du végétal ; dans les feuilles, des milliers de pores, comme autant de bouches, sont toujours ouverts, et aspirent dans l'air une partie des principes que les racines puisent dans la terre. Ainsi les feuilles et les racines, chargées des mêmes fonctions, sont nécessairement très-rapprochées par leur organisation : leur différence tient à celle des milieux dans lesquels elles sont plongées. Avec un peu d'attention il est facile de reconnaître que les chevelus des racines correspondent en partie aux nervures des feuilles : la nature nous fournit tous les jours la preuve de ces rapports, en donnant aux feuilles l'apparence de chevelus dans un grand nombre de plantes aquatiques. Plusieurs d'entre elles, plongées dans l'eau, ont leurs feuilles inférieures divisées en filamens capillaires très-nombreux, tandis que leurs feuilles supérieures sont flottantes et à surface plane. Lorsque les semences de quelques-unes de ces plantes viennent à lever dans un sol presque entièrement abandonné par les eaux, elles n'ont plus, ou presque plus de feuilles capillaires. Ce phénomène est surtout remarquable dans la *renoncule aquatique*, et c'est faute de l'avoir bien observé, que quelques auteurs ont formé plusieurs espèces de cette même plante, en effet si différente selon les circonstances locales.

Les racines ont encore avec les tiges et les branches des rapports très-marqués ; leur grosseur et leur force sont assez généralement relatives à celles des tiges, et leur dépendance est telle, que les unes ne peuvent s'altérer ou languir, sans que les autres n'éprouvent les mêmes accidens. Lorsque les racines sont placées dans des terrains qui s'opposent à leur développement, alors les tiges sont grêles, languissantes, peu rameuses ; et, si ces dernières sont tourmentées, mutilées, privées d'air, les racines restent faibles et maigres. Quand on dépouille de ses feuilles une plante herbacée, très-souvent ses racines périssent, preuve indubitable d'une communication réciproque entre leurs sucs nourriciers.

Les racines cependant n'offrent point constamment cette disposition régulière et symétrique qui a lieu dans l'arrangement des branches et des feuilles, mais aussi elles ont bien plus d'obstacles à vaincre dans le sein de la terre, que les branches au milieu de l'air : celles-ci peuvent s'étendre, se développer en toute liberté, tandis que les racines sont souvent arrêtées dans leur développement, gênées dans leur pro-

longement ou leur grosseur, obligées de se détourner de la
route qu'elles devaient suivre naturellement, ce qui occasione
en elles beaucoup de difformités dans leurs formes et de déviation dans la disposition de leurs ramifications. On est même
étonné de les voir, dans cet état de gêne, vaincre des obstacles qu'on croirait insurmontables, fendre des rochers, renverser des murs, se replier en touffes sur elles-mêmes, ailleurs diviser leurs chevelus à l'infini, ou bien abandonner une
terre stérile pour se diriger vers une autre plus fertile, enfin
varier leurs formes de toutes les manières, selon que les terres
sont plus ou moins dures ou légères, sèches ou humides,
sablonneuses ou pierreuses.

Nous ne devons pas oublier une autre propriété commune
aux racines et aux branches, celle de produire des boutons.
On sait combien ils sont abondans sur les arbres, et avec
quelle facilité, dans un grand nombre d'espèces, on peut en
former de nouveaux individus, en les séparant de la plante-
mère. Les racines ont également leurs boutons, mais sous des
formes et des noms différens. La plupart d'entre elles sont
pourvues de nœuds, de bulbes, de tubérosités, etc., destinés, comme les boutons, à produire de nouvelles plantes ;
les bulbes se retrouvent aussi sur les tiges, dans l'aisselle des
feuilles, et même dans les fleurs de plusieurs plantes ; enfin,
il est peu de parties dans les végétaux qui ne produisent des
racines, soit naturellement, comme dans le lierre, etc., soit
aidées par l'art du cultivateur, ou dans des circonstances particulières.

Les racines offrent des formes très-variables qui seront
exposées à la fin de cet article : ces formes ne sont nullement
l'effet du hasard, elles tiennent au but général de la nature,
à celui de couvrir de végétaux toutes les parties du globe terrestre, si différent par son enveloppe selon les localités. Ici,
le terrain est dur ou pierreux, léger ou sablonneux ; là, sec
ou humide ; ailleurs, exposé aux ardeurs du soleil, ou frappé
sur les hauteurs par la violence des vents, par les tourbillons
et les tempêtes, ou enfin à l'abri de ces accidens dans le fond
des vallées, autant de circonstances particulières qui influent
tellement sur la végétation, que celle-ci ne pourrait se maintenir sans une modification particulière, relative aux localités. Ainsi les plantes destinées à croître sur les rochers, parmi
les pierres, dans les lieux élevés, seront pourvues de racines
dures, ligneuses, divisées de manière à ce que leurs ramifica-

tions puissent pénétrer à travers les fentes des rochers, s'y cramponner avec une force capable de résister aux ouragans et aux tempêtes. Dans des terres fortes et profondes, les racines droites, pivotantes, peu rameuses, conviennent davantage aux végétaux qui s'y établissent. Cette sorte de racines serait nuisible aux plantes des terres compactes, gazonneuses, peu profondes; alors les racines deviennent traçantes, peu enfoncées, étalées presque à la surface du terrain. Dans les terres maigres sablonneuses, elles sont épaisses, charnues, tubéreuses ou bulbeuses; abondantes en chevelus dans les sols humides. Ces considérations sont très-importantes pour l'agriculteur qui veut propager avec succès des plantes de nature différente, ou choisir celles qui conviennent le mieux à la nature du sol qu'il cultive.

Après avoir exposé les points de contact les plus saillans entre la plante souterraine et la plante aérienne, il n'est pas moins important d'en signaler les principales différences. Dans l'une et dans l'autre le but est le même, comme je l'ai dit ailleurs, savoir la nourriture et le développement du végétal; mais les moyens, pour le remplir, sont un peu différens; d'ailleurs les racines ont encore une autre destination, celle de fixer la plante au sol où elle croît, et de la tenir assez ferme pour qu'elle puisse résister à l'impétuosité des vents, à la tourmente des ouragans. Quant aux modifications particulières qui distinguent les tiges des racines, elles consistent principalement : 1°. dans un canal médullaire qui occupe le centre des tiges dans les plantes dicotylédonées, qui s'arrête ordinairement au collet de la racine et n'existe point dans celle-ci, ou ne s'y montre que sous une forme et avec des attributs différens. 2°. Les racines ne prennent jamais la couleur verte des tiges et des feuilles, même lorsqu'elles sont à l'air, exposées à la lumière. 3°. Le suc propre des racines est très-souvent autre que celui des tiges; leurs propriétés sont aussi très-différentes. On connaît la racine purgative du jalap, la racine sucrée de la betterave et de la carotte, l'âcreté de celle de la bryone, propriétés qui ne se trouvent point dans les autres parties de ces plantes. 4°. Dans les racines, le tissu cellulaire forme, autour de leurs ramifications, une couche épaisse, serrée, médullaire; dans les feuilles, il est étendu entre les nervures et les veines, où il prend le nom de *parenchyme.*

Les racines présentent dans leur forme, leur substance, leur durée, des différences qu'il est important de remarquer : elles sont *charnues*, *fibreuses*, *ligneuses*, etc.; *charnues*, lorsqu'elles sont épaisses, succulentes, composées en grande partie de tissu cellulaire. Les unes ressemblent par leur forme à un pivot ou à un fuseau, telles que la rave; d'autres sont arrondies, comme le navet; d'autres *tubéreuses*, c'est-à-dire composées de masses épaisses, charnues; *entières*, comme dans l'*orchis mascula*, ou *palmées*, comme celles de l'*orchis latifolia* : *fasciculées*, quand elles forment un paquet de tubercules allongés, *asphodelus ramosus*; *grumeleuses*, réunies en une masse de petits tubercules agglomérés, comme celles du *monotropa uniflora*; *grenues* ou *granulées*, les fibres portent de petits tubercules épars, ordinairement de forme arrondie, *saxifraga granulata*. Elles sont *simples*, quand elles n'ont aucune division ; *rameuses*, ou divisées en branches et en rameaux, comme celles des arbres et arbrisseaux; *fibreuses*, composées d'un grand nombre de filamens simples ou ramifiés. Ces filamens sont *capillaires*, lorsqu'ils sont presque aussi fins qu'un cheveu. Elles sont *rongées*, lorsque l'extrémité de leur pivot est comme tronquée, la scabieuse succise; *articulées*, lorsqu'elles sortent d'une souche noueuse, ordinairement rampante, et que de chaque nœud s'élèvent autant de tiges, telles que celles de plusieurs espèces de graminées, du sceau de Salomon, etc.; elles sont, d'après leur direction, *perpendiculaires*, *horizontales*, *rampantes*; d'après leur durée, *annuelles*, *bisannuelles*, *vivaces*.

J'ai dit, au commencement de cet article, que, trompé par les apparences, on avait considéré, comme faisant partie des racines, toute portion de végétal enfoncée en terre. Ainsi l'on a nommé racines *bulbeuses* ou à *oignon* celles qui sont surmontées d'une masse charnue, succulente, pleine ou solide ; *tubéreuse*, comme dans le colchique, le safran, le glayeul, etc.; *écailleuse*, couverte d'écailles serrées, imbriquées, comme dans le lis; *tuniquée*, composée uniquement de lames charnues, emboîtées les unes dans les autres, comme dans l'oignon. Ces productions, séparées des racines proprement dites par un corps ordinairement très-mince, qu'on a nommé *plateau*, renferment les parties supérieures de la plante, les feuilles, les tiges et les fleurs : c'est un véritable bouton placé sur le nœud vital. Dans beaucoup d'autres plantes, des boutons bien plus petits sont épars sur les racines; on les nomme *turions*. Ces *souches* rampantes, noueuses ou articulées, qui sont de véritables tiges, sont également chargées, surtout à leurs nœuds, de turions, d'où leur vient encore le nom de racines *stolonifères*. Les jeunes tiges qui s'en élèvent portent les noms de *drageons*, de *rejetons*, et, lorsque ces drageons ont poussé des racines indépendantes de celles qui les ont produits, on les appelle *plants enracinés*. Ces productions rentrent dans la théorie des *boutons*, dont il sera question plus bas.

CHAPITRE XI.

Les tiges, les branches et les rameaux.

LA tige est cette partie des plantes qui sort du collet de la racine, se dirige dans l'air, produit et soutient les branches, les rameaux, les feuilles et les fleurs ; c'est par elle que leur arrivent les sucs nourriciers puisés par les racines dans le sein de la terre ; c'est par elle que chaque espèce est placée dans la situation qui convient le mieux à sa constitution. Si les plantes ont besoin d'un air vif et pur, leur cîme est portée presque jusque dans les nues par un tronc droit et robuste. Exigent-elles un air plus humide ou plus dense ; leur tige s'élève peu, ou se courbe vers la terre. Doivent-elles couvrir les rochers, se répandre en guirlandes sur les autres arbres, pendre en festons de leurs rameaux ; elles ont alors des tiges grêles, souples, pliantes, constituées de manière à embrasser, par leurs circonvolutions, le tronc des grands arbres, à s'y cramponner par des vrilles ou par de petites racines sorties de leurs articulations. Il est d'autres plantes destinées à ramper sur la terre, à se glisser sous les broussailles : elles sont pourvues de tiges longues, flexueuses, traînantes, toujours attachées au sol qui les nourrit. Ainsi le but de la nature se montre dans tous ses travaux. Si les tiges sont longues ou courtes, droites ou rampantes, cette direction est la suite des fonctions qu'elles ont à remplir, étant chargées de porter la cîme des plantes dans la partie de l'atmosphère qui leur est la plus favorable.

Les tiges ont un port particulier qui n'est presque jamais sans élégance : les unes sont lisses, cylindriques, pyramidales ; les autres creusées par de profondes cannelures, ou torses, anguleuses, quadrangulaires ; d'autres divisées et fortifiées par des anneaux, par des nœuds habilement ménagés. Les unes, fières de leurs forces, bravent, par leur masse colossale, l'impétuosité des tempêtes; d'autres semblent y céder par leur souplesse : elles se courbent, mais pour se relever victorieuses et triomphantes. Presque toutes fournissent aux arts les modèles de la plus élégante, comme de la plus majestueuse architecture : elle y trouve ses plus riches ornemens, et cette variété de formes propres aux divers genres de construction. Les pampres de la vigne s'étendent en guirlandes sur les entablemens ; les amples feuilles de l'acanthe, quelquefois celles du dattier, couronnent les belles colonnes de l'ordre corinthien. Ainsi l'art se perfectionne, s'embellit par l'observation de la nature.

Avant de faire connaître les différentes formes des tiges et leurs caractères respectifs, je m'arrêterai d'abord aux tiges ligneuses des dicotylédonées, si intéressantes sous tant de rapports. Destinées à soutenir une cîme ample et touffue, à lutter contre l'impétuosité des vents, les tiges des végétaux ligneux devaient être nécessairement douées d'une force suffisante pour résister aux dangers auxquels les expose leur grande élévation. La nature a dirigé leur organisation vers ce but ; elle les a rendues d'une dureté, d'une solidité admirables, en accumulant couches sur couches, année par année, en les resserrant, les consolidant de plus en plus, à mesure que le végétal s'élève et qu'il a besoin de plus de force.

Pour concevoir cette opération, il faut examiner l'accroissement annuel des tiges tant en grosseur qu'en longueur. Si nous prenons la plante dès son origine, c'est-à-dire au moment où la jeune tige, sortie de la terre, commence à s'élever dans l'air, nous n'y remarquerons qu'un tissu cellulaire ou une moelle très-abondante, entourée de trachées, de fausses trachées, etc., premiers linéamens de l'étui médullaire. Leur développement se fait avec assez de rapidité, et l'on y distingue bientôt une première couche de liber, qui s'étend, s'allonge, se fortifie peu à peu, tandis qu'une couche plus intérieure forme de l'aubier. De nouvelles couches se joignent aux premières, les recouvrent ; d'autres leur succèdent et s'allongent dans les mêmes proportions : l'ancien aubier, avec le temps, passe à l'état ligneux [1]. Ces nouvelles productions se forment par une substance mucilagineuse (le cambium), qui transsude entre le liber et l'aubier ; la tige grossit, s'élève par ces additions : elle continuerait ainsi sans interruption,

---

[1] Voyez la note suivante.

si la végétation n'était pas suspendue par l'arrivée des frimas.

A cette époque, c'est-à-dire au moment où s'arrête la pousse d'une première année, la tige est alors revêtue d'une couche ligneuse ; elle est terminée par un bouton qui doit, l'année suivante, la prolonger par son développement. Elle reste ainsi stationnaire pendant tout l'hiver ; mais, dès qu'au retour du printemps la végétation reprend son activité, le jet de l'année précédente, qui a terminé sa longueur, n'augmente plus qu'en grosseur par une nouvelle couche de liber et d'aubier, qui s'établit également sur le bouton à mesure qu'il se prolonge pour former un second jet : mais cette nouvelle pousse, cette pousse de l'année, n'est revêtue que d'une seule couche de liber et d'aubier, tandis que celle de la précédente année en a deux ; l'année suivante elle en aura trois, la seconde pousse deux, la dernière une seule, toujours avec un bouton terminal, ainsi successivement d'année en année[1] ; d'où il suit que la tige s'accroît annuellement en longueur par le bouton terminal, et qu'elle grossit par les couches corticales et ligneuses. Ce sont autant de cônes durcis et convertis en bois : d'où il résulte que les couches étant plus nombreuses à la base du tronc qu'au sommet, ce sont celles-là qu'il faut toujours compter, si l'on veut connaître les années de végétation d'un arbre.

Telle est l'idée que l'on peut se former de l'accroissement tant en longueur qu'en grosseur des végétaux ligneux : il est plus ou moins rapide, selon la nature des arbres, et selon qu'il est favorisé par toutes les circonstances propres à faciliter la végétation, telles que l'exposition, la nature du sol, une chaleur modérée, des pluies douces et bienfaisantes. Cet accroissement serait indéfini si la nature n'y eût mis des bornes, mais elle a fixé, pour chaque espèce d'arbre, une élévation relative à sa constitution. Le tronc, parvenu à la hauteur qu'il doit avoir, ne produit plus de bouton terminal ; ou bien celui-ci reste stérile ; les sucs propres à le développer se répandent dans les branches et les rameaux qui,

---

[1] En avançant que les tiges ne produisent chaque année qu'une seule couche de liber et d'aubier, je n'ai parlé que de celles que l'on peut apercevoir ; car il est reconnu que chacune de ces couches est composée de plusieurs autres formées dans la même année, mais appliquées les unes sur les autres en feuillets si minces, qu'il est presque impossible de les séparer, et qu'il n'y a que l'interruption de la végétation d'une année à l'autre, qui nous rende sensible la succession des couches annuelles, leur séparation étant marquée par une teinte facile à distinguer.

eux-mêmes, ne se montrent sur le tronc, dans toute leur vigueur, qu'à une hauteur déterminée; les branches inférieures et très-basses qui nuiraient par leur développement à l'élévation du tronc, se dessèchent et périssent; les sucs nourriciers les abandonnent pour se porter en abondance dans les branches supérieures [1] : c'est alors que les arbres se montrent dans toute leur beauté, chargés de branches, de rameaux et de feuilles.

D'après ce qui vient d'être exposé sur l'accroissement des tiges, et ce que j'ai dit ailleurs sur les boutons, il me reste peu à dire sur les branches dont l'accroissement est exactement le même que celui du tronc : ce qu'il y a de plus remarquable, est leur disposition et leur direction constantes et régulières. Les unes sont alternes, d'autres opposées, éparses ou verticillées, et très-ordinairement le même ordre se retrouve dans les rameaux; mais il n'en est pas toujours de même de leur direction : il arrive quelquefois que les branches sont horizontales ou presque verticales, tandis que les rameaux sont pendans ou redressés, étalés ou très-rapprochés; enfin, la disposition et la direction des branches sont telles, qu'elles nous font reconnaître, même de loin, les différens arbres qui forment, par leur agréable variété, l'ornement des paysages. Qui pourrait, en effet, méconnaître, à sa longue et belle cîme pyramidale, le peuplier d'Italie, tandis que, par un contraste frappant, les souples et nombreux rameaux du saule-pleureur pendent tous vers la terre? Les uns, tels que le cèdre du Liban, étalent horizontalement leurs branches robustes, comme autant d'arbres implantés sur un tronc gigantesque; dans les autres, les branches, dirigées vers le ciel,

---

[1] Quelle est donc cette cause secrète, inconnue, qui arrête les arbres dans leur accroissement, bornant les uns à une hauteur de quinze ou vingt pieds, permettant aux autres de parvenir jusqu'à celle de cent pieds et plus ? Faudra-t-il la chercher dans l'abondance et la force de la sève proportionnée à la grandeur relative que l'arbre doit acquérir, ou bien à une organisation originelle et particulière qui en détermine et en fixe le développement. Questions jusqu'alors insolubles, quoique l'expérience nous apprenne qu'il est souvent au pouvoir de l'art de modifier les proportions naturelles des plantes ligneuses. C'est ainsi que, la serpe en main, le cultivateur est parvenu à convertir en nains plusieurs de nos arbres fruitiers, ou bien à donner à d'autres une plus grande élévation, en retranchant les branches inférieures, opérations qui, à la vérité, dénaturent l'individu, mais en même temps le rendent plus propre aux services que l'on veut en obtenir. Il se rencontre également dans la nature une foule de circonstances qui changent le port des plantes, quelquefois au point de les rendre méconnaissables.

forment, avec le tronc, des angles plus ou moins ouverts.

Le double accroissement des tiges ligneuses en longueur et en grosseur peut également s'appliquer aux tiges herbacées, avec cette différence que celles-ci croissent avec bien plus de rapidité, ayant à parcourir, dans le court espace d'une même saison, toutes les périodes de leur existence. Comme il n'y a point d'interruption dans leur développement, elles n'ont et ne peuvent avoir qu'une seule couche, un tissu cellulaire plus abondant. Si ces plantes duraient plusieurs années, cette couche passerait, comme dans les arbres, à l'état ligneux, ainsi qu'il arrive en effet aux arbrisseaux et sous-arbrisseaux.

Les tiges offrent entre elles des différences importantes qui peuvent fournir de très-bonnes notes pour la distinction des espèces, et qui entrent même comme caractères dans plusieurs grandes familles naturelles, telles que celles des plantes monocotylédonées et dicotylédonées. Ces différences dépendent : 1°. de leur consistance et de leur durée ; 2°. de leur direction ; 3°. de leur forme ; 4°. de leur composition.

1°. Considérées dans leur consistance, elles sont *herbacées*, lorsqu'elles sont tendres et ne durent pas plus d'un an : on les nomme *plantes annuelles :* le pavot, le mouron ; *sous-ligneuses*, lorsque leur base subsiste pendant l'hiver, qu'elle porte des bourgeons, et que le reste de la tige périt dans l'année, ainsi que les branches : ce sont les plantes *bisannuelles vivaces :* la giroflée des murs, la douce-amère (*solanum dulcamara*) ; elles sont ligneuses, quand leur partie herbacée se convertit en bois d'une année à l'autre. Lorsqu'elles s'élèvent peu, et poussent des branches dès leur base, ce sont des *arbustes* ; plus d'élévation et de force en font des *arbrisseaux*. Lorsqu'elles subsistent pendant de longues années, qu'elles s'élèvent fort haut, qu'elles ne se divisent en branches qu'à une certaine hauteur, ce sont des *arbres ;* leur tige porte le nom de *tronc*. Ces trois sortes de tiges ligneuses passent de l'une à l'autre par des nuances si insensibles, qu'il est presque impossible de les bien caractériser. On distingue la tige *solide* ou pleine, de la tige *fistuleuse*, creuse ou tubulée dans son intérieur ; elle est *spongieuse*, quand elle est remplie d'une substance très-poreuse, ou qu'elle est revêtue d'une écorce molle, flexible, élastique comme celle du liége.

2°. Considérées suivant leur direction, les tiges sont *verticales* ou *dressées*, lorsqu'elles s'élèvent perpendiculairement au plan de l'horizon ; *obliques*, lorsqu'elles s'écartent de la ligne perpendiculaire ; *inclinées, courbées*, lorsqu'elles forment une courbe ou un arc plus ou moins marqué ; *penchées*, quand leur

sommet s'incline vers la terre ; *ascendantes*, lorsque, coudées
à leur base, elles se relèvent ensuite vers le ciel ; *couchées*,
quand elles sont étendues sur la terre sans y jeter de racines ;
rampantes, lorsque, étendues sur la terre, elles s'y enracinent ;
traçantes ou *stolonifères*, lorsqu'elles jettent çà et là des drageons, qui s'enracinent et produisent de nouvelles tiges ; *grimpantes*, quand, trop faibles pour se soutenir par elles-mêmes,
elles cherchent un appui, et s'élèvent le long des corps qui les
avoisinent : elles sont *radicantes*, quand elles s'y attachent par
des racines (le lierre) ; *entortillées* ou *volubiles*, lorsqu'elles
montent en spirale sur les corps qui leur servent d'appui : elles
sont *droites*, lorsque, quelle que soit leur direction, elles s'allongent en ligne droite ; *flexueuses*, quand elles sont courbées
en zigzag ; *tortueuses*, quand elles sont courbées irrégulièrement
dans différentes directions.

3°. Les tiges présentent dans leur forme un grand nombre de
caractères, la plupart faciles à distinguer, sans qu'il soit nécessaire de les définir ; je ne citerai que ceux qui pourraient offrir
quelques difficultés. Les tiges sont *grosses, moyennes, grêles,
effilées, filiformes, capillaires, cylindriques, comprimées*, à
demi-cylindriques, anguleuses, à *deux tranchans* ou à deux
angles opposés, *triangulaires, quadrangulaires* ou *tétragones* ;
à cinq, six ou plusieurs angles : elles sont *striées* ou *rayées*,
lorsqu'elles sont marquées de petites lignes longitudinales, peu
profondes ; *cannelées* ou sillonnées, quand ces lignes sont beaucoup plus profondes et plus larges : elles sont *lisses*, ou également unies partout ; *âpres*, chargées de points rudes, saillans,
accrochans ; *velues*, quand elles sont couvertes de poils un peu
fermes ; *pubescentes*, quand ces poils sont faibles, courts et
mous ; *cotonneuses* ou *tomenteuses*, quand ces poils sont fins,
entrelacés, d'un aspect blanchâtre.

4°. La composition des tiges porte particulièrement sur leurs
divisions en branches et en rameaux. La tige est *simple*, lorsqu'elle n'a aucune ramification, ou qu'elle n'en a que de très-
faibles : elle est *fourchue* ou *bifurquée*, quand elle se divise à
son sommet en deux branches simples ; elle est *dichotome* ou
plusieurs fois *bifurquée*, lorsque ses deux premières divisions
se divisent elles-mêmes une ou plusieurs fois.

Les *branches* et les *rameaux* se distinguent en partie par les
mêmes caractères que nous venons d'exposer pour les tiges ;
ils se distinguent encore par leur attache et leur direction sur
ces mêmes tiges. Ils sont *épars*, placés sans aucun ordre déterminé ; *opposés*, lorsqu'ils naissent par paires de deux points
opposés ; *alternes*, situés l'un au-dessus de l'autre, à des distances à peu près égales ; *distiqués* ou rangés en deux séries
opposées ; *croisés* (*decussati*), quand, étant opposés, les paires

se croisent à angles droits ; *verticillés*, lorsqu'ils forment, par leur insertion, un anneau autour de la tige.

Comparés dans leur direction avec la tige, les rameaux sont *fastigiés* (*fastigiati*, *appressi*), lorsqu'ils sont appliqués contre la tige, et parviennent presque tous à la même hauteur ; quelquefois ils affectent une forme pyramidale ; *dressés*, quand ils s'en écartent peu ; *ouverts*, *très-ouverts*, *divergens*, quand ils forment un angle presque droit avec la tige ; *divariqués*, lorsqu'ils s'étalent en différens sens, et *diffus*, lorsqu'ils n'ont aucune direction déterminée ; enfin ils sont *réfléchis* ou *recourbés*, formant une courbe plus ou moins marquée ; *pendans*, quand ils tombent perpendiculairement vers la terre. Dans quelques espèces, les rameaux sont terminés par une épine au lieu de l'être par un bouton.

Nous avons observé dans les tiges des plantes *monocotylédonées* un ordre d'organisation différent de celui des plantes *dicotylédonées*. On les a distinguées par des noms particuliers ; la tige des graminées porte celui de *chaume* : c'est un long tuyau creux ou rempli de moelle dans son centre, divisé de distance en distance par des nœuds épais, solides, de chacun desquels part une feuille roulée en gaîne à sa partie inférieure. L'intervalle d'un nœud à l'autre se nomme *entre-nœud*. Ces chaumes sont simples ou ramifiés ; les rameaux sont axillaires et ont le même point d'insertion que les feuilles. Dans la plupart des *cypéroïdes*, les chaumes sont dépourvus de nœuds (*enodes*).

La tige des palmiers, que l'on désigne plus vulgairement sous le nom de tronc, parce qu'en effet elle offre souvent les grandes proportions des arbres dicotylédonés les plus vigoureux, est distinguée par le nom de *stipe*, caractérisée par un mode particulier de végétation. La tige des *yucca*, des *aloès*, des *dracæna*, prend aussi le nom de stipe, quoique modifiée autrement que celle des palmiers. Outre son accroissement en longueur par les fibres centrales, elle croît aussi en grosseur par le développement de celles de la circonférence, d'après les observations de M. du Petit-Thouars. Les tiges des *smilax*, des *tamnus*, des *dioscorea*, quoique appartenant à des plantes monocotylédonées, se rapprochent de celles des dicotylédonées ; elles augmentent en longueur et en grosseur, se ramifient, et sont revêtues d'une écorce. Que de subtilités employées pour ramener ces sortes de tiges aux principes établis pour celles des monocotylédonées. On est tout étonné que la nature ne veuille point se soumettre à des coupes aussi tranchées que nos divisions, et qu'elle se permette de mettre toutes nos méthodes en défaut. Je renvoie le lecteur aux savantes dissertations publiées à ce sujet.

Des difficultés plus nombreuses encore se présentent lorsqu'il s'agit de fixer l'idée qu'on doit se former d'une *hampe*. Elle semble tenir le milieu entre le pédoncule et la tige : elle diffère du premier, en ce qu'elle part immédiatement du collet de la racine, de la seconde, en ce qu'elle porte les fleurs et non les feuilles ; elle offre beaucoup d'embarras dans son application. Les uns n'admettent la hampe que pour les plantes monocotylédonées. Elle est facile à reconnaître dans la jacinthe, la tulipe, le narcisse, le muguet, etc. On cite encore, pour exemple de la hampe, le plantin, le pissenlit, etc. ; d'autres refusent de l'y reconnaître, prétendant que ces plantes ont une véritable tige, et que c'est d'elle, et non du collet de la racine, que part cette hampe. J'abandonne ces discussions, qui m'écarteraient trop de de mon principal objet, persuadé d'ailleurs que quelque nom que l'on donne au soutien des fleurs, il ne sera pas moins facile de les reconnaître.

Je suis très-porté à donner le nom de *souche* aux prétendues racines allongées et presque ligneuses des fougères : ce sont de véritables tiges enracinées qui coulent entre deux terres, fournissent des pousses annuelles, se développent par leur extrémité antérieure, d'où s'élèvent des feuilles sessiles ou pétiolées, ainsi qu'il s'en élève de distance en distance de leur surface supérieure. On trouve, dans l'Amérique méridionale, des fougères, qui, au lieu d'une souche ou tige souterraine, offrent une tige verticale, arborescente, assez semblable au stipe des palmiers ; elle paraît formée par la réunion des nombreux pétioles dont les fibres se dirigent vers les feuilles : elle présente, dans son ensemble, des masses de bois compactes, ou des lames ligneuses bizarrement contournées.

Quelques auteurs ont encore considéré comme tige, dans les liliacées, etc., ce plateau orbiculaire et souterrain qui sépare les véritables racines, de cette partie, qui, sous la forme d'un oignon ou d'une bulbe, fournit les feuilles et les fleurs ; mais n'est-ce pas abuser des termes, que de signaler comme tige cette portion de la plante, qui souvent n'a pas plus d'épaisseur qu'une feuille de papier, tandis que la plante entière s'élève à la hauteur de plusieurs pieds ; dès-lors la tige du lis, bien garnie de feuilles dans toute sa longueur, ne sera plus qu'une hampe, et le plateau qui soutient l'oignon, la véritable tige. Dans ce cas, pour prouver l'existence de la hampe qui ne doit point supporter de feuilles, on dira sans doute que ces feuilles ne sont que des écailles foliacées, des bractées ou des spathes, ou bien on aura recours aux avortemens. Ainsi tout s'arrange selon le système que l'on adopte ; on a, par-dessus, l'avantage de présenter des idées nouvelles, et de plus la persuasion d'avoir beaucoup fait pour la perfection de la science, et surtout pour cet amour de la renommée, qui trop souvent nous aveugle dans nos opinions. Je ne m'appesantirai pas davantage sur ces détails, et je ne présente ici ces réflexions que pour faire sentir combien, à force de vouloir subtiliser sur les mots, on jette de doutes, de difficultés et d'embarras dans l'étude des productions de la nature.

CHAPITRE XII.

Des boutons.

Jusqu'alors nous n'avons vu que des troncs nus, des branches et des rameaux sans parure : l'étude de leur organisation intérieure, à la vérité, nous a dédommagés de ce que nous perdions à l'extérieur ; elle était nécessaire pour nous initier dans cette suite d'opérations qui vont s'offrir successivement à nos regards. Avant d'en développer toute la grandeur, il faut encore nous arrêter sur les parties des plantes qui en renferment les élémens.

Les rameaux sont nus ; leurs feuilles ont disparu au retour des frimas ; mais de nombreux boutons les remplacent et doivent les renouveler : ce sont eux qui maintenant vont fixer notre attention ; c'est dans leur intérieur que nous allons découvrir la source de cette brillante parure que chaque année voit naître et périr. Un bouton est le berceau d'une nouvelle plante : isolé, il produirait un individu séparé ; mais destiné à rester sur la plante-mère, à moins que l'art du cultivateur ne vienne l'en arracher, il ne lui est pas accordé de la quitter. Elle le nourrit, le développe, le fortifie, jusqu'à ce que lui-même soit devenu une partie intégrante de la plante, et qu'il puisse contribuer à en soutenir et propager l'existence. En effet, sans les boutons, l'arbre le plus robuste ne tarderait pas à périr : ce sont eux qui, tous les ans, réparent avec avantage les pertes des années précédentes ; c'est par eux que l'arbre prolonge son existence pendant une longue suite de siècles, que tous les ans il reprend, quoique sillonné par les rides de la vieillesse, tous les attributs de la jeunesse, et qu'il donne naissance à une postérité presque au-dessus de tout calcul humain.

On doit se rappeler qu'il a été dit plus haut que les boutons étaient produits par les prolongemens médullaires qui se rendent du centre de la tige dans l'écorce, où ils conservent toute leur force vitale, quoique oblitérés dans la partie ligneuse qu'ils traversent. Tout est bouton dans les plantes, je veux dire qu'il n'est presque aucune de leurs parties qui ne puisse en produire lorsqu'elles y sont, en quelque sorte, forcées par les circonstances : ils sortent de toutes les portions de l'écorce, ainsi que des feuilles ; il s'en trouve même dans les fleurs, sous le nom de *bulbes :* j'en ai parlé ailleurs ; mais, dans les plantes qui ne sont nullement contrariées dans leur développement, les boutons ont une place déterminée ; ils croissent assez généralement à l'extrémité des rameaux et dans l'aisselle des feuilles.

Quoique tous les boutons se ressemblent par leur organisation intérieure, qu'ils renferment, ainsi que les semences, l'embryon d'une nouvelle plante, il est cependant plusieurs de leurs parties qui restent quelquefois sans développement. Les uns ne produisent que des feuilles ; d'autres des rameaux, des feuilles, et par suite des fleurs ; d'autres enfin semblent uniquement réservés pour la production des fleurs et des fruits. Tel est l'ordre ordinaire de la nature ; mais, lorsqu'il est troublé par des mutilations, il arrive que tel bouton qui aurait fourni un rameau, ne donne que des feuilles ; tel qui aurait produit des fleurs, se développe en feuilles et en rameaux, et réciproquement ; d'autres enfin, qui, séparés avec adresse de la plante-mère, poussent des racines et fournissent un individu isolé.

Dans l'ordre naturel, on distingue trois sortes de boutons, les *boutons à bois*, quand ils produisent des branches et des feuilles, les *boutons à feuilles*, lorsqu'ils ne produisent que des feuilles ; enfin, les *boutons à fleurs* ou *à fruits*, quand il n'en sort que des fleurs nues, ou seulement accompagnées de quelques feuilles. Il ne faut pas confondre ces boutons avec ceux que l'on nomme *boutons de fleurs ;* ceux-ci s'entendent des fleurs prêtes à s'épanouir : c'est ainsi que l'on dit un bouton d'œillet, de rose, etc. Il est encore essentiel de distinguer le *bouton terminal* et les *boutons latéraux*. Le premier, comme nous l'avons vu, est destiné au prolongement de la tige ou des anciens rameaux ; les autres doivent fournir de nouvelles branches : d'où résultent quelques modifications qu'il est bon d'observer.

Le bouton terminal s'établit à l'extrémité des tiges et des rameaux : il est uniquement destiné à leur prolongation ; il dépend de l'étui médullaire distendu par le gonflement de la moelle intérieure arrêtée momentanément dans son prolongement : c'est alors que se forment les premiers rudimens des feuilles appliquées les unes sur les autres, et les principes à peine apparens de la nouvelle tige, le tout renfermé dans des écailles de structure et de formes différentes. Les extérieures sont ordinairement dures, sèches, luisantes, comme vernissées, enduites de sucs résineux, et tellement emboîtées l'une dans l'autre par leurs bords, que l'humidité ne peut y pénétrer ; les écailles intérieures sont molles, succulentes, souvent velues, et enveloppées d'une bourre cotonneuse.

Les boutons latéraux, destinés à former de nouvelles branches, ne diffèrent des précédens que par leur position : ils sont ordinairement beaucoup plus petits, placés dans l'aisselle des feuilles, d'abord peu apparens dans certaines espèces, où ils restent enfermés dans la substance même de la branche, et recouverts par la base du pétiole, ainsi qu'il arrive pour le platane, le ptéléa, etc.

Les boutons à fleurs ont tant de rapports avec les précédens, qu'il ne faut que quelques circonstances pour qu'ils produisent des feuilles avec une nouvelle tige : ils n'en sont presque jamais privés ; mais leur tige est très-courte, sans prolongement, et ne supporte que quelques feuilles, comme dans la plupart de nos arbres fruitiers.

L'œil exercé du cultivateur distingue aisément les boutons à fleurs à leur grosseur, à leur forme arrondie, à leur sommet obtus, tandis que ceux à bois et à feuilles sont plus petits, plus allongés et pointus. Les boutons ne se développent que lentement, et ordinairement d'une année à l'autre ; ils percent, déchirent l'écorce, qui forme à leur base un petit bourrelet en anneau. Lorsqu'ils commencent à se montrer, les cultivateurs les désignent sous le nom d'*œil* : ils grossissent dans le courant de l'été, et deviennent des *boutons* proprement dits ; ils persistent après la chute des feuilles, passent l'hiver à l'abri du froid dans leur fourrure cotonneuse, garantis de l'humidité par leurs écailles coriaces et vernissées. Ils n'attendent, pour se développer, que les influences du printemps : le moment arrive, et le bouton prend alors le nom de *bourgeon* ; bientôt il s'entr'ouvre, et c'est alors que s'exécute le *bourgeonnement*, opération qui correspond à celle de la germination pour les semences ; la partie inférieure du bouton se gonfle ; les écailles s'écartent ; l'air et la lumière pénètrent dans leur intérieur ; les jeunes feuilles se déploient, verdissent et se fortifient ; les écailles extérieures, quittes de leurs fonctions, se dessèchent et tombent ; les intérieures persistent un peu plus long-temps, parce qu'elles peuvent encore protéger les jeunes feuilles dans leur enfance ; quelquefois même, sous le nom de *stipules*, elles les accompagnent pendant toute la durée de leur existence.

Les boutons ne sont pas toujours constitués tels que je viens de les représenter, il en est qui n'ont point d'écailles, qui continuent leur végétation sans interruption, et produisent des feuilles et des rameaux ; ce sont surtout ceux des arbres des pays chauds, ceux dont la végétation est très-rapide et vigoureuse. Il en est de même des rameaux que l'on a fortement raccourcis à l'époque de la pousse ; il en sort de nouvelles branches produites par des boutons sans écailles ; dans d'autres, le bouton est simplement protégé par la base des pétioles, par les stipules ; mais établir en principe que les deux écailles extérieures ne sont qu'un avortement d'autres parties, c'est abuser des termes. Quand la nature crée des écailles, elle n'a pas voulu créer des feuilles, quoiqu'il puisse arriver quelquefois que, par une végétation trop abondante, ou autre circonstance, ces écailles produisent des feuilles.

Dans les plantes herbacées, il n'existe point de boutons proprement dits, ou plutôt point d'écailles qui les enveloppent. La pousse de ces plantes n'éprouvant aucune interruption, dès que le bouton paraît, il se développe aussitôt en rameau ou en feuilles ; les autres sont des boutons à fleurs. Les boutons qui croissent sur les racines portent le nom de *turions*. J'en ai traité en parlant des racines.

Avant de quitter les boutons, arrêtons-nous encore un instant sur l'état où ils se présentent à l'époque du bourgeonnement. Si nous pénétrons dans leur intérieur, nous y verrons les jeunes feuilles prêtes à se développer, nous offrir une disposition très-remarquable et variée selon les espèces, que Linné a nommée *vernatio* ou *foliatio* : elles sont ou roulées sur elles-mêmes, ou placées diversement les unes à l'égard des autres. Dans le peuplier, le nerprun, les bords des feuilles sont roulés en dedans ; dans le laurier-rose, le romarin, ils sont roulés en dehors ; les côtés d'une même feuille pliée en deux se rapprochent parallèlement l'un de l'autre dans le cerisier, le tilleul, l'amandier ; ou bien la feuille est plusieurs fois plissée et repliée sur elle-même, comme dans le bouleau. Chaque feuille, dans le bananier, est roulée sur elle-même, tellement que l'un de ses bords représente un axe autour duquel le reste du limbe décrit une spirale ; dans les fougères, les feuilles sont roulées, du sommet à leur base, en volute ou en crosse ; ailleurs elles sont plissées en éventail, c'est-à-dire dans leur longueur : telles sont celles du groseiller, de la vigne ; dans l'aconit, le pain de pourceau (*cyclamen*), elles sont plissées de haut en bas. En considérant la position des feuilles entre elles, on les trouve, comme dans le hêtre, plissées moitié sur moitié, et appliquées côte à côte les unes contre les autres. Dans le lychnis dioïque, la saponaire, les bords d'une feuille sont compris alternativement entre les bords d'une autre feuille opposée ; dans les iris, les glayeuls, les feuilles se recouvrent de manière que les deux bords de la feuille intérieure sont embrassés par ceux de l'extérieure ; dans le troëne, les feuilles opposées et pliées moitié sur moitié se touchent par leurs bords sans s'embrasser ; elles sont en regard.

Ces observations peuvent fournir de très-bons caractères naturels, même pour la distinction des familles. Il est sur les boutons beaucoup d'autres observations d'une très-grande importance pour les agriculteurs, que je n'ai point dû mentionner ici, mais que l'on trouvera dans les ouvrages qui traitent de l'agriculture. Ainsi Linnæus, considérant que le même degré de chaleur nécessaire pour le bourgeonnement de quelques espèces d'arbres, l'était également pour la germination de plusieurs semences, a imaginé très-ingénieusement de former, sous le nom de *Calendrier de Flore*, un tableau dans lequel il a donné, pour le climat de la Suède, la liste des graines dont la germination avait lieu à la même époque que le bourgeonnement de certains arbres, conseillant aux agriculteurs de diriger leurs travaux d'après ces observations. C'est ainsi, par exemple, qu'il a montré que le temps le plus favorable pour semer l'orge était, en Suède, celui du bourgeonnement du bouleau.

CHAPITRE XIII.

Les feuilles.

Nous avons laissé les boutons entr'ouverts, les feuilles prêtes à sortir de leur berceau ; le printemps reparaît ; déjà la sève engourdie se ranime dans ses canaux ; encore quelques instans d'une température humide et douce, et nous verrons ces arbres, que les frimas avaient dépouillés de leur parure, la reprendre au retour des zéphirs, et les animaux retrouver dans les forêts l'ombre et la fraîcheur ; nous verrons un dôme de verdure se former, comme par enchantement, au-dessus de nos têtes. La renaissance des feuilles est peut-être, de tous les phénomènes de la nature, celui qui a le plus d'influence sur la plénitude de l'existence dans tous les êtres animés ; celui qui toujours inspire avec le plus de force l'étonnement et l'admiration ; chacun en attend, avec l'annonce des beaux jours, le brillant cortége des fleurs, et les fruits qu'elles produisent et les richesses qu'elles promettent ; enfin les feuilles se montrent, et la nature, renouvelée, offre à nos regards le plus imposant, comme le plus brillant des spectacles. Si elles n'ont point le coloris séduisant et le parfum des fleurs, elles sont plus durables, plus nombreuses ; leur couleur, d'un vert gai, ami de l'œil, repose agréablement la vue. Soutenues la plupart par une queue mince, légère et flexible, elles se jouent au gré de l'air, qu'elles purifient en l'aspirant, qu'elles renouvellent en le rejetant. Mais les feuilles ne sont pas seulement destinées à faire l'ornement de nos forêts, à nous procurer des ombrages, ou à récréer nos regards par la variété de leurs formes : elles ont des usages plus directs, des fonctions plus importantes à remplir dans l'acte de la végétation. Nous allons les suivre sous ces différens rapports.

1°. *Attributs et fonctions des feuilles.*

Les feuilles peuvent être considérées comme les dernières divisions des rameaux, ou plutôt comme des expansions particulières de leur écorce ; mais elles sont bornées dans leurs dimensions ; leur grandeur et leur forme sont tellement dé- terminées, qu'une fois développées, les feuilles ne peuvent plus croître en longueur ni en épaisseur : elles sont disposées de manière à multiplier les surfaces, afin de présenter à l'air un contact plus étendu avec le moins de matière possible, en sens inverse des racines, qui multiplient leurs chevelus pour s'enfoncer dans la terre avec plus de facilité. Par cette dispo- sition, les feuilles ouvrent à l'air un très-grand nombre de pores, dont les uns pompent dans ce fluide les élémens pro- pres à la perfection de la sève (voyez chap. 8, pag. 77), tandis que d'autres donnent passage aux matières expulsées par la transpiration.

La feuille est le développement des prolongemens médul- laires, puisqu'elle est produite par un bouton, qui, lui- même, leur doit son origine ; elle a pour base un faisceau fibreux, qui tantôt s'étend, presque dès sa naissance, en une lame mince et plate (dans ce cas la feuille est *sessile*) ; plus souvent il se prolonge en une sorte de queue, qui porte le nom de *pétiole* (alors la feuille est *pétiolée*). Les fibres, très-rapprochées dans le pétiole, s'écartent à son sommet, et forment, par leur écartement et leurs divisions, le *sque- lette* de la feuille. On a donné le nom de *nervures* et de *veines* à leurs nombreuses ramifications : à mesure qu'elles s'éten- dent, le tissu cellulaire, resserré d'abord entre les fibres, s'accroît, se dilate, et prend le nom de *parenchyme*. La sur- face extérieure des cellules qui le composent, se dessèche à l'air, et forme, tant en dessus qu'en dessous, l'*épiderme* de la feuille, pellicule d'une extrême finesse, percée d'une mul- titude de pores corticaux.

Ainsi organisées, il ne restait plus que de donner aux feuilles la position la plus avantageuse pour qu'elles pussent s'acquitter avec facilité de leurs importantes fonctions : elles vont, sous ce nouveau rapport, nous offrir des faits infiniment intéressans, et qui ont été en partie exposés par Bonnet avec une ingénieuse sagacité. Les feuilles, placées la plupart dans une position horizontale, présentent à l'air libre leur surface supérieure, et à la terre leur face inférieure. Cette position est tellement essentielle, que, si l'on courbe les rameaux d'une plante quelconque de manière que la face inférieure des feuilles soit tournée vers le ciel, bientôt toutes ces feuilles se retour- neront et reprendront leur première situation. Si l'on place,

dans une cave ou dans un cabinet, de petites branches garnies de feuilles, dont l'extrémité soit plongée dans des vases
pleins d'eau, les feuilles présenteront leur face supérieure
aux fenêtres ou aux soupiraux. Dans plusieurs espèces de
plantes herbacées, telles que les mauves, les feuilles suivent
le cours du soleil : le matin, on les voit présenter leur face
supérieure au levant; vers le milieu du jour, elles regardent
le midi, et, le soir, elles sont tournées vers le couchant.
Pendant la nuit ou par un temps pluvieux, ces feuilles sont
horizontales; leur face inférieure regarde la terre. Si nous observons les feuilles de l'*acacia*, nous verrons encore que,
lorsque le soleil vient à les échauffer, toutes leurs folioles tendent à se rapprocher par leur face supérieure; elles forment
alors une espèce de gouttière tournée vers le soleil. Pendant
la nuit, ou dans un temps humide, ces mêmes folioles se
renversent en sens contraire, et se rapprochent par leur face
inférieure; elles forment alors une gouttière tournée vers la
terre.

Quoique nous ignorions encore le mécanisme de ces mouvemens, leur fin principale n'a point échappé à l'observation. Les feuilles sont destinées, comme les racines, à la nutrition des plantes; elles pompent dans l'atmosphère des sucs
nourriciers, qu'elles transmettent aux autres parties du végétal : la rosée qui s'élève de la terre paraît être le principal
fond de cette nourriture aérienne; les feuilles lui présentent
leur surface inférieure garnie d'une infinité de petits tuyaux
toujours prêts à l'absorber; et, ce qu'il est bien essentiel de
remarquer, afin que les feuilles ne se nuisent pas dans cette
fonction, elles sont arrangées sur les branches avec un tel
art, que celles qui précèdent immédiatement ne recouvrent
pas celles qui suivent : tantôt elles sont placées alternativement sur deux lignes opposées et parallèles; tantôt elles sont
distribuées par paires qui se croisent à angles droits ; d'autres
fois, elles montent le long de la tige ou des branches sur une
ou plusieurs spirales; enfin, la surface inférieure des feuilles,
surtout dans celles des arbres, est ordinairement moins lisse,
moins lustrée, d'une couleur plus pâle que la surface opposée; elle est couverte d'aspérités, ou garnie de poils avec
des nervures plus relevées, plus propres à arrêter les vapeurs et à favoriser l'absorption, tandis que la surface supérieure, lisse, vernissée, sans nervures saillantes, semble être

plus particulièrement destinée aux excrétions, et à s'imbiber des fluides calorique et lumineux.

Bonnet a confirmé une partie de ces conjectures par des expériences. Des *feuilles* égales et semblables prises sur le même arbre, placées par leur surface inférieure dans des vases pleins d'eau, s'y conservent vertes des semaines et même des mois entiers, tandis que celles que l'on place par leur surface supérieure, périssent en peu de jours. C'est surtout à l'approche de la nuit, que la surface inférieure des feuilles commence à s'acquitter d'une de ses principales fonctions, celle d'admettre par ses pores la nourriture qui doit réparer la déperdition causée par l'action du soleil. Pendant le jour, surtout lorsqu'elles sont exposées aux rayons du soleil, les plantes perdent par la transpiration plus qu'elles n'acquièrent alors; c'est le moment des excrétions; les feuilles sont encore chargées de cette fonction. Plusieurs ont prétendu qu'elle s'opérait uniquement par leur surface supérieure, mais des expériences bien faites paraissent établir que la surface inférieure des feuilles sert aussi à la transpiration insensible.

Constamment fixées à la terre, les plantes languiraient, ainsi que les animaux, si elles restaient immobiles : leur vie ne se soutient, ne se fortifie que par une alternative de mouvement et de repos. Les feuilles, toujours agitées par l'air, sont encore les organes du mouvement : pour l'exécuter avec plus de facilité, elles sont la plupart attachées aux tiges par de longues queues minces et flexibles. L'expérience prouve que les plantes acquièrent d'autant plus de solidité et de force, que cette espèce d'exercice est plus violent. Les plantes des Alpes, exposées à l'action continuelle des vents, celles du cap de Bonne-Espérance, où les tempêtes sont très-fréquentes, ont plus de fermeté et de roideur.

Enfin les feuilles, si utiles pour la conservation des plantes, le sont encore pour celle de notre propre existence. Tandis que l'air atmosphérique est continuellement altéré et vicié par notre respiration, par les décompositions putrides, par les vapeurs qui s'élèvent du sein de la terre, et qui portent dans les organes de la vie la destruction et la mort, les feuilles des arbres le purifient, le rendent plus salubre, en absorbant toutes ses parties non respirables, en décomposant et en laissant échapper de leurs pores, surtout lorsqu'elles sont frappées par le soleil, une grande abondance d'air vital ou d'oxigène, si précieux pour l'entretien de notre santé.

2°. *Veille et sommeil des feuilles. Phénomènes particuliers dans quelques-unes.*

Les feuilles, pendant la durée de leur vie, présentent la plupart un phénomène particulier qui n'a point échappé au génie observateur de Linné : il a remarqué qu'elles prenaient pendant la nuit, quelquefois même à l'ombre, et dans des temps pluvieux ou humides, une position différente de celle qu'elles affectent pendant le jour; il a considéré cette position comme un état de délassement, et, le comparant aux attitudes particulières que prennent les animaux, lorsqu'au déclin du jour ils veulent se livrer ▉ repos, il l'a nommé *sommeil des plantes :* c'est vers la fin du jour, c'est au milieu de la nuit, et surtout lorsque le temps est nébuleux, que les feuilles nous offrent ce spectacle intéressant. Linné l'ayant remarqué pour la première fois sur le *lotus ornithopodioïdes*, soupçonnant qu'un tel fait ne pouvait être isolé, en perd le repos; il s'arrache au sommeil, et va, pendant le silence de la nature, observer les plantes de son jardin; chaque pas qu'il fait lui découvre une foule de merveilles inconnues jusqu'alors. Nul autre phénomène ne fut confirmé en aussi peu d'instans, par un plus grand nombre de faits. Le premier, il nous apprit que la position des feuilles, pendant la nuit, changeait la physionomie des plantes à un tel point, qu'elles devenaient très-difficiles à reconnaître d'après leur port; que cette contraction était plus frappante dans les jeunes plantes que dans les adultes : il a démontré que l'absence de la lumière, bien plus que le froid, était la principale cause de ce phénomène, puisque les feuilles se contractaient, pendant la nuit, dans les serres chaudes, comme en plein air; enfin il a observé que cette contraction faisait prendre aux feuilles des positions différentes, suivant que ces feuilles étaient simples ou composées, et il en conclut que le but de la nature, dans cette diversité de moyens qu'elle emploie, était de mettre les jeunes pousses à l'abri des injures de l'air.

Linnæus distingue quatre positions différentes dans les feuilles simples : 1°. elles sont *conniventes*, ou sommeillent face à face, lorsque, étant opposées, elles s'appliquent si étroitement par leur face supérieure, qu'elles paraissent ne former qu'une seule feuille, comme dans l'arroche des jardins ; 2°. elles sont *enveloppantes*, lorsque, étant alternes, elles s'appliquent contre la tige, comme pour protéger le bouton placé dans leur aisselle, comme celles du *sida abutilon* ; 3°. elles sont *environnantes*, ou en entonnoir, lorsque, étendues horizontalement, elles se redressent, se roulent en cornet, entourent les jeunes pousses et les bourgeons, comme dans la mauve du Pérou ; 4°. elles sont *abritantes*, ou protectrices, quand, portées sur de longs pétioles, elles s'abaissent, pendent vers la terre, et forment une espèce de voûte ou d'abri au-dessus des fleurs inférieures, comme dans l'*impatiens noli tangere.*

Les feuilles ailées ou composées sont bien plus susceptibles de changemens de position : Linnæus les a signalés par les caractères suivans : 1°. les feuilles sont *dressées*, ou *face contre face*, quand leurs folioles se redressent, et s'appliquent deux à deux l'une sur l'autre, comme les feuillets d'un livre, telles que celles du baguenaudier ; 2°. en *berceau*, lorsque, étant ternées, les trois folioles se redressent, se réunissent seulement à leur sommet, forment entre elles une cavité, et laissent entre leur base un intervalle, une sorte de berceau, qui cache et abrite les fleurs, comme dans le trèfle ; 3°. *divergentes*, lorsque, dans les feuilles ternées, les folioles sont réunies à leur base, ouvertes ou écartées à leur sommet, comme dans le mélilot ; 4°. *pendantes*, quand les folioles se renversent ou se courbent pour garantir les bourgeons ou les fleurs, comme dans le lupin ; 5°. *retournées*, quand le pétiole commun se redresse un peu, et que les folioles s'abaissent en tournant sur elles-mêmes, de manière qu'elles s'appliquent l'une sur l'autre par leur face supérieure, quoiqu'elles pendent vers la terre, comme dans les casses : ce retournement est d'autant plus singulier, qu'on ne pourrait l'opérer artificiellement pendant le jour, sans courir le risque de briser les vaisseaux des pétioles particuliers ; 6°. *imbriquées*, lorsque les folioles s'appliquent le long du pétiole commun, le cachent entièrement en se recouvrant les unes les autres, telles que les tuiles d'un toît, comme dans la sensitive ; 7°. enfin elles sont *rebroussées*, quand les folioles sont imbriquées en sens inverse des précédentes, dirigeant leur sommet vers la base du pétiole commun, comme dans le *galega caribœa.*

Ainsi les plantes, soit qu'elles se montrent à nous parées, pendant le jour, de tout leur éclat, ou dans l'obscurité de la nuit, repliées sur elles-mêmes, nous intéressent sous tous les rapports par une suite de phénomènes inattendus, et nous séduisent de plus en plus par les charmes de leur étude. De quelle admiration elles nous pénètrent, lorsque nous parcourons, quelques heures après le coucher du soleil, ces jardins peuplés de plantes de tous les climats! A voir leurs feuilles pendantes, leurs fleurs fermées ou renversées, nous sommes portés à croire qu'elles éprouvent, comme tous les êtres sensibles et actifs, le besoin du repos; mais nous avons vu que ce changement de position n'était qu'une précaution prise par la nature pour les garantir de l'humidité des nuits.

Parmi les plantes à feuilles composées, il n'en est point dont le changement de position soit plus rapide, plus marqué que dans la sensitive : il n'est point borné aux folioles; on l'observe également dans les pétioles et les jeunes rameaux : le seul attouchement suffit en tout temps pour l'opérer. M. Decandolle est parvenu à changer l'heure du sommeil de cette plante, en la plaçant dans un caveau obscur qu'il éclairait avec des lampes pendant la nuit. Les feuilles, trompées en quelque sorte par cette lumière artificielle, s'épanouissaient comme à la lumière du jour, et, plongées dans l'obscurité pendant le jour, elles se fermaient comme elles ont coutume de le faire pendant la nuit; mais quelques physiciens ont observé que cette sensitive, placée dans un lieu très-obscur, veille et sommeille souvent aux mêmes heures que lorsqu'elle est dans son état naturel; et M. Decandolle n'a pu changer les heures du *mimosa leucocephala*, ni celles de l'*oxalis incarnata* et de l'*oxalis striata*, quoiqu'il eût soumis ces plantes à la même épreuve que la sensitive : d'où il est à présumer qu'il existe, pour le sommeil des plantes, quelque autre cause que l'absence de la lumière : autrement il suffirait, pour le produire, de les mettre dans un endroit obscur.

Ce n'est pas seulement pendant la nuit que les feuilles prennent des positions différentes, on en voit plusieurs exécuter également pendant le jour, même à une vive lumière, par un temps sec et chaud, des mouvemens qui paraissent quelquefois indépendans de l'état de l'atmosphère, et qu'on ne peut attribuer qu'à une sorte d'irritabilité difficile à expliquer. Nous avons vu plus haut, et chacun sait qu'il suffit d'approcher la main de la sensitive, pour lui voir incliner toutes ses feuilles vers la terre : d'autres mouvemens particuliers ont lieu pour plusieurs autres plantes. Il en est une du Bengale, cultivée dans nos serres, l'*hedysarum gyrans* : ses feuilles sont composées de trois folioles; la terminale est très-grande, les deux latérales fort petites. Ces dernières, soutenues par un pétiole particulier articulé, ont un mouvement de torsion brusque, irrégulier, et tournent continuellement sur leur charnière ; elles se meuvent en même temps de haut en bas, et se rapprochent ou s'éloignent de la grande foliole : quelquefois l'une s'agite, tandis que l'autre se repose. M. Mirbel remarque que cette irritabilité est indépendante de la plante-mère ; que la feuille, détachée de la tige, continue à en donner des marques ; que même chaque foliole, fixée par son pédicelle sur la pointe d'une aiguille, se balance encore, et qu'enfin le pétiole, isolé, laisse apercevoir un reste d'irritabilité. Le même mouvement, mais bien moins sensible, se retrouve dans l'*hedysarum vespertilionis*, lorsque ses feuilles ont trois folioles, ce qui arrive quelquefois.

Nos rossolis d'Europe (*drosera rotundifolia* et *angustifolia*), petites plantes qui croissent dans les marais tourbeux, ont leurs feuilles arrondies ou ovales, chargées et bordées de poils glanduleux : lorsqu'on les irrite, ces poils se courbent, et la feuille prend la forme d'une bourse à jetons. Une plante de l'Amérique septentrionale, connue sous le nom vulgaire d'*attrape-mouche* (*dionœa muscipula*, Lin.), exécute un mouvement très-rapproché de celui des rossolis, mais bien plus remarquable à cause de la constitution de ses feuilles : elles sont divisées à leur sommet en deux lobes réunis par une charnière le long de la nervure du milieu. Lorsqu'un corps quelconque, tel qu'un insecte, par exemple, vient à toucher la face supérieure de ces lobes, ils se ferment aussitôt en se rapprochant l'un de l'autre, croisent les cils qui les bordent, et, par ce moyen, retiennent l'insecte captif. Tant que celui-ci se débat et se meut, les lobes, plus irrités encore, restent constamment fermés : on les romprait plutôt que de les forcer à s'ouvrir ; mais lorsque, épuisé de fatigues, l'insecte cesse de se mouvoir, alors les lobes s'ouvrent, et le prisonnier recouvre sa liberté.

Les Indes nous offrent une plante bien plus étonnante encore, le *nepenthes*. La nervure du milieu qui traverse les feuilles, se prolonge bien au-delà du sommet en forme de vrille, se contourne, se redresse, et se termine par une urne longue de trois à quatre pouces, sur environ un pouce de diamètre, surmontée d'un couvercle à charnière, qui s'ouvre et se ferme à différentes époques, selon l'état de l'atmosphère. Cette urne se remplit d'une eau douce et limpide que distille la paroi interne du vase ; alors l'urne se ferme assez ordinai-

rement : elle s'ouvre dans le courant du jour, et la liqueur
diminue de plus de moitié; mais cette perte est réparée pendant la nuit, et le lendemain l'urne est pleine de nouveau et
fermée par son opercule. Les *sarracenia* d'Amérique présentent à peu près les mêmes phénomènes : leurs feuilles ont
la forme d'un long tube conique ou ventru, souvent rempli
d'eau, surmonté d'un large opercule redressé ou rabattu,
selon les circonstances atmosphériques. Des mouvemens analogues se retrouvent dans les fleurs; j'en parlerai en traitant
de ces dernières.

3°. *Durée et chute des feuilles.*

Si les feuilles n'eussent été créées que pour servir d'em-
bellissement à la nature champêtre, et récréer la vue de
l'homme, elles ne quitteraient, que remplacées par d'autres,
l'arbre qu'elles décorent; mais la plupart disparaissent pendant six mois de l'année, et leur chute en automne nous
attriste autant que leur retour nous a réjouis au printemps.
Le spectacle n'est plus le même; leurs couleurs sont plus variées, plus nuancées; elles sont d'un rouge éclatant dans le
sumac, le cornouiller, etc. ; d'un beau jaune dans plusieurs
espèces d'érables, panachées dans d'autres, d'un jaune pâle
dans la plupart. Le vert, lorsqu'il persiste, devient plus
foncé, presque noir; les feuilles du noyer brunissent; elles
bleuissent dans le chèvrefeuille : mais, au milieu de cette
variété de couleurs, qui paraîtrait devoir encore plaire à
l'œil, règne un certain ton de tristesse et de mélancolie, qui
annonce que dans peu vont disparaître ces derniers ornemens
de la nature végétale, et que nous entrons dans la saison des
brouillards, des frimas et des vents. Toutes ont perdu cette
fraîcheur de jeunesse, ce ton de santé et de force qui leur
donnait, sur leur pétiole, une position si gracieuse : maintenant flétries, décolorées, leur forme est changée; le contour de leur limbe s'affaisse, son centre s'élève, leur pétiole
fléchit. Tristement inclinées vers la terre, le moindre vent
les abat; le froid, l'humidité hâtent encore leur destruction :
mais consolons-nous, le bouton est à côté de la feuille déco-
lorée, et la terre a reçu dans son sein la semence échappée de
ses valves. Après avoir nourri les fruits jusqu'au moment de
leur maturité, les feuilles se précipitent avec eux sur la terre
pour les couvrir encore de leurs débris, protéger les jeunes

pousses, et augmenter ensuite, par leur entière décomposition, la fertilité du sol sur lequel elles reposent. Ainsi cette apparente destruction est, dans l'ordre des choses, une nouvelle source de fécondité.

La nature a donc eu, dans la création des feuilles, un autre but que celui d'en faire une décoration champêtre : elle les a destinées, comme organes alimentaires, à fournir aux fleurs et aux fruits, ainsi qu'à toute la plante, les sucs nourriciers qu'elles épurent. Viennent-elles à manquer à l'époque de la floraison, ou avant celle de la maturation, le végétal languit, les fruits, à demi mûrs, se flétrissent et tombent ; mais quand ceux-ci sont arrivés au moment de la maturité, surtout si elle a lieu en automne, le cercle de la végétation annuelle étant achevé, et la même abondance de nourriture n'étant plus nécessaire, les feuilles perdent alors leurs brillans attributs ; leurs pores se resserrent et s'obstruent ; leurs fonctions s'exécutent mal ; la sève, qui les entretenait, suspendue dans ses canaux, ne leur parvient presque plus : dès-lors elles cessent d'exister, parce qu'elles cessent d'être nécessaires. Au reste, la maturité des fruits n'est pas toujours l'époque de la chute des feuilles : souvent, surtout quand ceux-ci mûrissent de bonne heure, comme dans l'orme, les feuilles persistent bien plus long-temps, parce que le végétal a encore besoin d'elles, qu'il continue ses développemens à peu près jusqu'à l'automne ; mais je ne crois pas qu'on puisse citer l'exemple d'aucun arbre qui se dépouille de ses feuilles avant la maturité, au moins très-avancée, de ses fruits. Cette observation ne pourrait-elle pas servir à expliquer, du moins en partie, la persistance des feuilles dans les arbres qu'on a nommés *arbres verts*. Il est rare que leurs fruits mûrissent dans la même saison : on sait que, dans les orangers, ils restent plus d'un an sur l'arbre ; que les fruits des pins, des sapins, etc., ne donnent leurs semences que la seconde année ; que le lierre conserve ses fruits une grande partie de l'hiver. Ces plantes ont donc besoin pendant plus long-temps du service des feuilles : elles les gardent.

A la vérité, il est des plantes dont les fleurs se montrent avant le développement des feuilles ; mais aucune, à ma connaissance, ne donne de fruits avant d'avoir produit des feuilles : au reste, tout ce qui vient d'être dit sur la chute et la renaissance des feuilles, ne peut s'appliquer qu'à celles des végétaux ligneux. Quant aux feuilles des plantes herbacées, on sait qu'elles périssent avec la plante, et que celle-ci ne meurt qu'après avoir produit ses fruits : l'époque de leur maturité et de la dissémination des graines détermine celle de la durée du végétal [1].

4°. *Formes, dispositions et autres caractères des feuilles.*

Les feuilles, par leur admirable diversité, offrent au botaniste une foule de caractères qui sont d'un très-grand secours pour reconnaître, dans chaque genre, la différence des espèces, surtout lorsque nous avons appris par l'observation à n'employer que ceux de ces caractères qui sont tranchans et point susceptibles de variations : ils sont fournis par l'insertion, la forme, la consistance, la durée, la disposition, la structure et autres attributs des feuilles.

1°. Les feuilles, considérées d'après leur *insertion*, leur *disposition* et leur *direction*, sont *radicales* lorsqu'elles sortent immédiatement du collet de la racine; *caulinaires*, lorsqu'elles s'insèrent sur la tige et les rameaux; *alternes*, placées une à une par échelons autour de la tige; *éparses*, lorsqu'elles sont très-nombreuses et disposées sans ordre autour de la tige; *distiquées*, lorsque, étant alternes, elles sont rangées sur deux côtés opposés de la tige; *imbriquées*, quand elles sont éparses et qu'elles se recouvrent en partie les unes les autres, comme les tuiles d'un toit; *fasciculées*, lorsqu'elles s'insèrent plusieurs ensemble sur un même point; *opposées*, disposées par paires, sur deux points diamétralement opposés; *croisées*, lorsque, étant opposées, les paires se croisent à angles droits, comme dans quelques espèces de véronique, de millepertuis, d'euphorbe, etc.; *verticillées*, disposées en anneau autour de la tige, et formant une espèce d'étoile, étant plus de deux à chaque verticille.

Quant à leur direction, elles sont *dressées* lorsque, étant perpendiculaires à l'horizon, elles forment avec la tige un angle très-aigu; *appliquées*, encore plus rapprochées; *ouvertes, horizontales*, selon leur degré d'éloignement de la tige; *relevées*, à peu près horizontales ou inclinées, se redressant à leur partie

[1] La confirmation de cette opinion dépend de deux questions importantes :

1°. Les feuilles sont-elles constamment persistantes sur les arbres ou arbrisseaux dont les fruits sont une ou plusieurs années à mûrir ?

2°. Existe-t-il des plantes dont les feuilles persistent, même pendant l'hiver, quoique la maturité des fruits, et la dissémination des graines soient terminées en automne ?

Ces questions sont livrées aux observations des voyageurs, surtout pour les plantes exotiques.

supérieure : elles sont encore *courbées en dedans; réfléchies*, ou courbées en dehors; *pendantes*, quand elles sont entièrement abaissées vers la terre; *nageantes*, quand elles se soutiennent sur l'eau; *submergées*, quand elles y sont tout-à-fait plongées.

D'après leur insertion, les feuilles sont *pétiolées*, soutenues par une queue que l'on nomme *pétiole; sessiles*, lorsque, privées de pétiole, elles s'insèrent immédiatement sur la tige; *peltées* ou *ombiliquées*, insérées sur le pétiole, non par leur bord, mais par un point souvent rapproché du centre de leur disque; *conjointes* ou *soudées par leur base (connata)*, lorsque, étant opposées, elles se réunissent par leur base; *décurrentes*, leur base se prolonge sur la tige ou sur les rameaux; *amplexicaules*, lorsque, étant sessiles, elles embrassent la tige par leur base; *perfoliées*, la tige traverse leur disque; *engaînantes* ou *vaginales*, leur base forme une espèce de tuyau qui entoure la tige, telles que celles des graminées.

2°. Les feuilles, considérées d'après leur *structure* et leur *figure*, sont *orbiculaires* ou *rondes;* leur contour approche de la forme d'un cercle; *arrondies*, quand elles ne sont pas exactement rondes; *oblongues*, c'est-à-dire un peu plus longues que larges, comme celles du *carlina vulgaris; elliptiques*, deux fois plus longues que larges, et arrondies aux deux extrémités, comme dans le *convallaria maïalis; ovales*, plus larges à leur base qu'à leur sommet; en *ovale renversé*, plus larges au sommet qu'à la base; *paraboliques*, quand elles se rétrécissent insensiblement vers le sommet, et se terminent par un bord arrondi; *cunéiformes*, rétrécies en coin à leur base, élargies et obtuses à leur sommet; *spatulées*, larges et arrondies au sommet, allongées et rétrécies vers leur base; *lancéolées*, allongées et rétrécies vers le sommet; *linéaires*, étroites, allongées, et presque égales dans toute leur longueur; *subulées* ou en *alène*, linéaires, puis rétrécies en une pointe très-aiguë; en *épingle* ou *aciculaires*, menues, roides, aiguës, comme celles de plusieurs pins; *capillaires*, menues et très-flexibles, comme dans l'asperge; *filiformes, sétacées*, selon leur degré de finesse.

D'après leur forme, les feuilles sont *cylindriques*, allongées, et arrondies en cylindre dans toute leur longueur, comme celles de la soude cultivée; *demi-cylindriques*, comme celles du pin sauvage; *fistuleuses*, creuses, comme celles de l'ail, de l'oignon; *comprimées*, aplaties latéralement, ayant plus d'épaisseur que de largeur, comme plusieurs *mesembrianthemum; ensiformes* ou en *glaive*, tranchantes aux deux bords, très-aiguës au sommet; *acinaciformes* ou en *sabre*, aplaties, l'un des bords épais, l'autre mince, tranchant, recourbé en arrière; en *doloir*, charnues, presque cylindriques à la base, plates au sommet, un des bords épais et rectiligne, l'autre élargi, circulaire et tranchant, comme le *mesembrianthemum dolabriforme*; en *langue*, allongées, convexes en dessous, obtuses au sommet; *gibbeuses*, charnues, relevées en bosse aux deux faces, comme dans le *crassula cotylédon; deltoïdes*, courtes, à trois faces amincies aux deux bouts; *trigones*, allongées en prisme à trois faces, le jonc fleuri (*butomus umbellatus*); *tétragones*, allongées en prisme à quatre faces.

En considérant les formes des feuilles à leur *base*, elles sont en *cœur* lorsque, plus longues que larges, elles sont partagées à leur base en deux lobes arrondis; *obliques en cœur*, en *rein*, quand les lobes sont larges, très-écartés (le cabaret, *asarum europæum*); en *croissant* ou en *demi-lune*, lorsque les lobes sont très-étroits, et la feuille beaucoup plus large que longue (*hydrotyle lunata*); en *fer de flèche* ou *sagittées*, quand elles se prolongent en deux lobes aigus, peu écartés; *hastées*, quand les lobes sont très-écartés, rejetés en dehors.

Considérées quant à leur sommet, les feuilles sont *obtuses*, arrondies au sommet; *émoussées* ou *retuses*, terminées par une très-légère et large échancrure; *échancrées, tronquées*, terminées brusquement par une ligne transversale; *mordues*, terminées par une ligne irrégulière, comme si le sommet avait été coupé avec les dents (*caryota urens*); *aiguës*, terminées en pointe sans prolongement; *acuminées*, quand la pointe est produite par le rétrécissement prolongé de la feuille vers le sommet; *cuspidées*, terminées par une pointe dure ou piquante; *mucronées*, surmontées d'une pointe grêle, isolée; *oncinées*, terminées par une pointe en crochet, *statice mucronata; tridentées* ou terminées par trois dents, quelquefois par quatre ou par cinq; en *cœur renversé*, partagées à leur sommet en deux lobes arrondis, *oxalis acetosella*.

Considérées quant à la forme de leur contour, les feuilles sont *entières* ou *très-entières* lorsque leur bord ou leur circonférence ne présente aucune incision; *crénelées*, quand leur bord est divisé en dents ou crénelures arrondies et obtuses; *dentées*, lorsque ces mêmes dents sont aiguës et droites : elles sont *dentées en scie* lorsque ces dents dirigent leur pointe vers le sommet de la feuille; *denticulées*, quand les dents sont extrêmement courtes (*lactuca virosa*); *sinuées* ou *gaudronnées*, quand le bord forme de légères sinuosités, des espèces d'ondulations; *anguleuses*, lorsque leur bord a plusieurs angles saillans, en nombre indéterminé; *panduriformes* ou en *violon*, lorsque, étant oblongues, elles ont de chaque côté, vers le milieu, une échancrure arrondie, *rumex pulcher; ciliées*, bordées de poils comme les cils des paupières, *juncus pilosus; calleuses*, entourées de petits durillons, *saxifraga cotyledon; cartilagineuses*, lorsque leur bord est distingué par une substance plus dure, plus sèche que celle de la feuille, comme dans plusieurs crassules et saxifrages ; *épineuses*, leur bord est garni de pointes dures et piquantes, les chardons, le houx ; *déchirées*, leur bord est partagé par des découpures inégales et difformes ; *rongées*, lorsque, étant sinuées, leurs échancrures en ont d'autres plus petites et inégales, comme dans la jusquiame dorée ; *lyrées* ou en lyre, quand les lobes latéraux sont petits, en comparaison du lobe terminal, qui est très-ample ; *lobées*, les incisions pénètrent à peu près jusqu'à la moitié du disque au plus, et forment des découpures élargies : elles sont *bilobées*, *trilobées*, à deux ou trois lobes, etc. On les dit *fendues*, quand les lobes sont très-étroits : elles sont *pinnatifides*, quand leurs découpures sont très-profondes, un peu étroites, lancéolées, et qu'elles s'étalent en forme d'aile.

3°. Les feuilles, considérées d'après leur composition, sont *simples* lorsque le pétiole n'est terminé que par une seule feuille ; elles sont *composées* lorsque le même pétiole porte plusieurs feuilles très-distinctes, auxquelles on a donné le nom de *folioles*. Dans ces sortes de feuilles, les folioles sont *digitées* lorsqu'elles terminent le pétiole commun, comme autant de digitations, au lieu d'être disposées sur deux côtés : dans ce cas, elles sont *binées*, *ternées*, *quaternées*, etc. D'après le nombre de folioles que le pétiole porte à son extrémité, elles sont *conjuguées* quand leur pétiole, très-simple, porte une seule paire de folioles opposées ; *bijuguées*, *trijuguées*, *quadrijuguées*, etc., à deux, trois, quatre paires de folioles opposées ; *pédiaires* lorsque le pétiole se divise en deux à son extrémité, et que plusieurs folioles naissent sur le côté intérieur de ses divisions, comme dans l'ellébore noir : elles sont *ailées*, *pinnées* ou *empennées* lorsqu'un grand nombre de folioles sont rangées en forme d'aile des deux côtés et le long d'un pétiole commun ; *ailées avec une impaire*, terminées par une foliole impaire ; *ailées sans impaire*, terminées par deux folioles opposées, sans impaire ; *ailées à pétiole en vrille* ; *ailées avec interruption* : les folioles sont alternativement grandes et petites, comme dans la filipendule.

Il arrive encore que le pétiole commun se divise, à son sommet ou latéralement, en plusieurs autres pétioles partiels ou *pétiolules*, qui seuls portent les folioles ; alors les feuilles sont *recomposées* ou plusieurs fois composées : telle est la rue des jardins. Quand les pétioles partiels sont terminaux, les feuilles sont dites *bigéminées*, si le pétiole se bifurque, et si chaque pétiole partiel soutient une paire de folioles, telles sont celles de l'acacie ongle de chat ; *biternées* quand le pétiole commun se divise en trois autres, partiels et terminaux, munis chacun de trois folioles, telles sont encore celles de l'*epimedium alpi-*

num; mais quand les pétioles partiels partent, non du sommet, mais des côtés du pétiole commun, les feuilles sont *bipinnées,* ou deux fois ailées, si les pétioles partiels portent des folioles disposées sur deux rangs; enfin les feuilles sont *surcomposées,* ou plus de deux fois composées; *tripinnées,* ou trois fois ailées, telles que celles de l'*aralia spinosa.*

On peut encore considérer les feuilles d'après leur superficie : on distingue leur *face supérieure* tournée vers le ciel, et leur *face inférieure* tournée vers la terre. Sous ces nouveaux rapports, les feuilles sont *nues* et *lisses* lorsque leur surface est unie, sans inégalités, sans poils ni glandes; *colorées,* quand leur couleur diffère de la verte; *nerveuses,* quand elles ont des côtes ou nervures saillantes qui s'étendent de la base au sommet sans se ramifier, le plantain, le cornouiller; *veinées,* munies de petites nervures très-ramifiées, l'airelle veinée; *sillonnées,* marquées de petites excavations nombreuses et parallèles; *ridées,* quand les portions de leur surface renfermées entre les ramifications des nervures sont élevées et forment des rides, la primevère, la sauge des prés; *bullées,* lorsque les rides sont concaves en dessous, le basilic à feuilles bullées; *ponctuées,* parsemées de petits points concaves ou saillans, le millepertuis, le *diosma; mamelonées,* chargées de points vésiculeux, charnus, ou de tubercules nombreux, la glaciale; *glanduleuses,* ou chargées de glandes à leur base, dans leurs dentelures ou sur leur dos, le saule, la viorne, etc.; *visqueuses, gluantes,* comme celles du seneçon visqueux; *pubescentes,* couvertes d'un duvet fin, court, un peu lâche, le sorbier; *velues,* quand les poils qui les couvrent sont serrés et fréquens, la bétoine velue; *pileuses,* lorsque ces poils sont longs et lâches: *soyeuses,* quand ces poils sont mous, couchés, entassés et luisans, et qu'ils leur donnent un aspect soyeux et satiné, la potentille soyeuse; *cotonneuses* ou *tomenteuses,* chargées de poils abondans, entrelacés les uns dans les autres; *lanugineuses,* si les poils entrelacés sont moins doux et d'une couleur moins blanche, les molènes; *rudes, scabres, raboteuses,* quand leur superficie est parsemée d'aspérités; *hispides, hérissées,* couvertes de poils roides, séparés, rudes au toucher, la viperine, etc.

Les feuilles fournissent encore beaucoup d'autres caractères dont je n'ai point parlé, mais qu'il suffit de nommer pour les comprendre. Au reste, je dois prévenir qu'il ne faut pas attacher un sens trop rigoureux aux définitions des formes et autres caractères des feuilles; il en est peu qui offrent exactement les mêmes formes, quoique désignées par les mêmes expressions : elles s'en éloignent plus ou moins, même sur l'espèce à laquelle on les attribue. Il devient donc impossible de les caractériser avec une précision mathématique : ainsi, quand on dit que des feuilles sont ovales, lancéolées, orbiculaires, etc., on ne fait qu'indiquer les formes dont elles se rapprochent le plus. Quand elles semblent tenir le milieu entre deux formes, on l'indique par une double expression, comme *ovales-oblongues*, *ovales-lancéolées*, etc.; souvent aussi on emploie le mot de *presque* (*sub*), *presque en cœur*, *presque ovales*, etc., quand ces formes ne sont pas très-prononcées.

Tout ce qui vient d'être exposé sur les feuilles ne se rapporte qu'à leur lame, excepté en partie ce qui regarde leur situation, leur direction. J'ai déjà dit qu'on distinguait deux parties dans les feuilles, le *pétiole*, qui manque quelquefois, et la *lame*, qui en est l'épanouissement. Le pétiole ou queue de la feuille renferme, sous une enveloppe de tissu cellulaire, des trachées, des fausses trachées, des vaisseaux poreux, réunis sous la forme d'un faisceau de fibres comprimées, très-serrées, qui ensuite s'étalent, se divisent, et constituent la lame ou la feuille proprement dite : ce sont ces mêmes fibres très-étalées qui forment, dans la feuille, les nervures et les veines, ainsi que toutes ces petites ramifications disposées en réseau. Les caractères du pétiole ne sont point à négliger pour la distinction des espèces. Les pétioles sont *simples* ou *composés*, *cylindriques* ou *renflés; tubulés*, quand ils offrent un tube continu qui engaîne la tige, comme dans les *cypéracées; engaînans*, quand leur gaîne est ouverte latéralement dans toute sa longueur : les *graminées*, etc.; *bordés* ou *ailés*, lorsqu'ils sont garnis latéralement d'expansions foliacées plus ou moins larges; *articulés*, offrant, à leur point d'attache ou à leurs divisions, un bourrelet ou un étranglement, une marque quelconque, qui leur donne l'apparence de pièces soudées à la suite les unes des autres, *robinia pseudo-acacia; cirriformes*, contournées en vrille, *clematis orientalis; cirrifères*, portant des vrilles, *smilax horrida; stipulifères*, chargés de stipules; *glandulifères*, munis de glandes.

CHAPITRE XIV.

Organes accessoires. Les stipules, les vrilles, les épines, les aiguillons, les poils et les glandes.

Des organes accessoires naissent sur les branches, sur les rameaux, parmi les feuilles, et même quelquefois font partie de ces dernières : ce sont les stipules, les épines, les aiguillons, les poils, les vrilles et les glandes. Quoique leurs fonctions ne soient pas aussi bien connues que celles des feuilles, elles en ont cependant qui ne peuvent échapper à l'observation : elles seront indiquées dans la description que je vais donner de ces différens organes.

1°. *Les stipules.*

Les *stipules*, organisées comme les feuilles, leur ressemblent, mais n'en sont pas : elles s'en distinguent par leur position, leur forme, très-souvent par leur petitesse et leurs fonctions : ce sont de petites folioles, ou plutôt des appendices foliacées. Organes protecteurs des feuilles, elles les accompagnent dans leur berceau, les enveloppent dans le bouton, et les garantissent du contact trop immédiat de l'air extérieur ; elles se développent et sortent avec elles, mais leur existence est ordinairement de courte durée ; leurs fonctions remplies, elles périssent. Il en est cependant qui vivent beaucoup plus long-temps : il est à croire qu'alors elles sont encore, sous d'autres rapports, utiles au végétal, soit en couvrant à l'extérieur et alimentant les nouveaux boutons placés dans leur aisselle, soit en remplissant les mêmes fonctions que les feuilles, qu'elles remplacent quelquefois, comme dans le *lathyrus aphaca*. Elles n'existent que dans les plantes dicotylédonées, très-rarement dans les monocotylédonées.

Les stipules offrent, dans leur structure et leur forme, les mêmes caractères que les feuilles : on les distingue encore par leur position ou leur point d'attache. Elles sont *caulinaires* lorsqu'elles sont placées sur la tige, et qu'elles n'adhèrent aux feuilles que par un point à peine sensible : on les a encore nommées *extrafoliacées*, ou hors de l'insertion des feuilles. Elles sont *latérales*, placées sur la tige des deux côtés, à la base du pétiole ; *tubulées*, quand elles forment autour de la tige un tube qui se termine très-souvent en un limbe plane, élargi, comme dans la plupart des *polygonum* ; *pétiolaires*, quand elles sont attachées sur le pétiole ; *marginales*, lorsqu'elles sont décurrentes ou courantes le long de chaque côté du pétiole, dont elles se séparent à leur sommet, sans se réunir à la lame de la feuille, comme dans la ronce, le rosier ; *intermédiaires*, quand elles naissent sur la tige entre des feuilles opposées, comme dans les rubiacées. Si elles font partie d'un verticille, quelques auteurs les regardent comme des feuilles avortées : au reste, il est à remarquer qu'on ne considère assez généralement comme *stipules vraies*, que celles qui sont insérées sur la tige ou le rameau, et que l'on désigne sous le nom de *stipules fausses* celles qui sont insérées sur le pétiole. Les autres caractères des stipules étant exprimés par les mêmes noms que ceux des feuilles, je ne m'étendrai pas davantage sur cet article.

2°. *Les vrilles ou mains.*

Les *vrilles* ou *mains* sont encore des organes accessoires qui ont avec les feuilles de très-grands rapports, sinon de formes, du moins d'organisation. Il n'est pas accordé à toutes les plantes de diriger leur ascension vers le ciel : les unes, dépourvues de tout moyen pour s'élever, sont destinées à ramper sur la terre; beaucoup d'autres, trop faibles pour conserver une position verticale, éprouveraient le même sort, si la nature ne les eût pourvues d'organes, à l'aide desquels elles parviennent souvent, malgré leur faiblesse, à rivaliser en hauteur avec la plante qui leur sert d'appui, quelquefois même à la surpasser. Leurs fleurs, dont, faute de protecteur, l'éclat eût été souillé dans la poussière, tombent en guirlandes du sommet des arbres, et même, dans certaines espèces, portent à croire qu'elles sont produites par l'arbre qui les soutient. Pour leur procurer cet avantage, il n'a fallu qu'une légère modification dans les pétioles; il a suffi à la nature de donner une autre direction à leur développement. Dans ce cas, au lieu de s'étaler en une lame qui forme la feuille proprement dite, le pétiole se prolonge en longs filets contournés en spirale. Avec ce secours, la plante s'accroche aux corps qui l'avoisinent, s'élève graduellement, et se soutient à un degré d'élévation bien supérieur à sa faiblesse; aussi, par une sorte d'instinct, ou mieux par une attraction particulière, voyons-nous ces plantes se pencher, se diriger vers les corps qui peuvent leur servir d'appui.

Cette modification du pétiole en vrille n'exclut pas toujours son développement en feuille, comme on le voit dans la clématite, dont les pétioles, d'abord roulés en vrilles, s'épanouissent ensuite en une feuille ailée; dans d'autres, le pétiole traverse la feuille dans toute sa longueur sous la forme d'une grosse nervure, et se termine en vrille, surtout dans les feuilles ailées, comme dans les gesses, les orobes, etc. : les pédoncules eux-mêmes, dans certaines espèces, remplissent les fonctions des vrilles, comme dans la vigne, la courge, etc. Ces pédoncules, par la force de la végétation, produisent quelquefois des fleurs et même des fruits avortés ; enfin les tiges ou les rameaux, s'ils ne sont pas pourvu s de vrilles, y suppléent dans beaucoup de plantes, comme dans les liserons, par la faculté qu'ils ont de soutenir leur faiblesse, en se contournant autour des corps qu'ils peuvent saisir ; s'ils n'en rencontrent pas, ils viennent au secours les uns des autres, s'entortillent, se soutiennent réciproquement, et acquièrent, par leur réunion, une force d'ascension, que leur faiblesse leur refuse, tant qu'ils restent isolés.

Les vrilles sont *simples*, *bifides* ou *rameuses* ; elles sont *pétiolaires* lorsqu'elles sont formées par les pétioles ; *pédonculaires*, quand elles le sont par les pédoncules ; *foliaires*, formées par le prolongement d'un pétiole qui traverse la feuille dans sa longueur ; *axillaires*, quand elles sortent de l'aisselle des feuilles ; ou bien elles sont *opposées* aux feuilles, comme dans la vigne ; *roulées en dedans* ou *roulées en dehors*. Cette direction est sujette à varier, comme on l'a remarqué dans la vigne. Ses vrilles se divisent en deux parties ; souvent l'une est roulée en un sens, l'autre en un autre, ce qui arrive principalement lorsqu'une branche, un échalas ou un sarment solide se trouve par hasard placé dans la bifurcation d'une vrille. Cette double direction semble être déterminée par le corps qui se trouve entre les deux branches de la vrille, et offre une nouvelle preuve de l'influence des corps étrangers sur ce mouvement de direction.

D'après ce qui vient d'être exposé sur la production des vrilles, on a dû voir qu'elles présentaient un fait très-curieux dans le développement du pétiole, non en feuilles, mais en longs filets contournés en spirale. Il est encore à remarquer que ce phénomène n'a lieu que pour les plantes à tige faible, et qui ne pourraient, sans ce secours, obtenir une position verticale. Quelle est donc cette puissance invisible qui arrête les développemens du pétiole en feuille pour le prolonger en vrille? Toute simple que paraisse cette modification, toute admirable qu'elle soit par sa simplicité, la cause n'en est pas moins pour nous un de ces mystères inexplicables, auquel on a fait jusqu'alors trop peu attention.

3°. *Les épines, les aiguillons*

Quand on voit des fleurs aussi brillantes que la rose, des fruits aussi savoureux que la framboise, ensanglanter, par leurs puissans aiguillons, la main téméraire disposée à les cueillir, on serait tenté de croire que la nature, en leur donnant des armes offensives, a voulu les garantir des entreprises auxquelles les exposait leur beauté ou leur pulpe savoureuse : telle était l'idée de Linné, qui, au milieu de ses ingénieuses conceptions, s'est peut-être un peu trop abandonné aux causes finales[1]. Quoique les défenses qui hérissent un grand nombre de plantes en rendent la conquête plus difficile, il est à croire qu'elles ont des rapports plus directs avec l'économie végétale : elles ne sont cependant pas d'une nécessité tellement absolue, que leur retranchement puisse nuire à l'individu ; nous les voyons tous les jours disparaître dans plusieurs des plantes que l'on cultive. Il n'en résulte aucun accident ; on a cependant prétendu que, dans quelques espèces, les individus dépouillés à dessein de leurs défenses avaient éprouvé quelque altération.

Les *épines* et les *aiguillons* ont souvent à l'extérieur une telle ressemblance, qu'il est presque impossible de les distinguer ; cependant ils diffèrent essentiellement par leur insertion et leur nature, et ne doivent pas être confondus. Les épines font partie du corps ligneux, et ne peuvent en être enlevées sans faire éprouver au bois un déchirement très-apparent ; l'aiguillon au contraire est une production corticale qui s'enlève avec l'écorce sans qu'on puisse en retrouver aucune trace sur le bois ; l'épine est ligneuse et a beaucoup de rapports avec les rameaux ; l'aiguillon est herbacé, quoique dur ; c'est un tissu cellulaire très-compacte : il se rapproche beaucoup des poils ; cependant ces deux organes se confondent souvent, et n'ont pas de limites bien certaines, surtout lorsque les épines sont placées sur les parties herbacées, tel que sur les pétioles, les pédoncules, les péricarpes, etc. Il est des rameaux, des pétioles, et même des pédoncules qui se terminent par de fortes pointes épineuses, très-dures, très-piquantes : je ne sais si elles doivent être considérées comme des *épines proprement dites*, elles ne s'offrent que comme

---

[1] Voyez, dans le chapitre seizième, une note sur les causes finales.

la pointe durcie, oblitérée de ces différens organes. On peut en dire autant de ces grosses nervures qui se prolongent hors des feuilles et forment des épines, comme dans le houx : dans ce cas, l'épine ne serait pas ici un organe particulier, mais seulement l'extrémité aiguë et durcie d'un autre organe. Si ces rameaux restent courts, sans développement, ils ont alors l'apparence d'une simple épine, d'une épine très-souvent droite, subulée, et non crochue ou recourbée, qui reste nue ou produit quelques feuilles : de là vient très-probablement qu'on a dit que l'épine se convertissait en rameau, qu'elle n'était qu'un rameau avorté.

Les épines sont *simples* lorsqu'elles n'offrent aucune ramification ; *rameuses ; fasciculées ; stipulaires*, ou représentant des stipules ; *subulées* ou en alène ; *aciculaires*, grêles, très-aiguës, effilées comme des aiguilles ; *courbées*, en crochet, en hameçon, etc. On trouve dans les aiguillons à peu près les mêmes caractères différentiels que dans les épines : ils sont droits, courbés en dedans ou en dehors, coniques, subulés, sétacés, etc.

4°. *Les poils.*

Le passage des aiguillons aux *poils* est si insensible, qu'il est très-difficile d'en déterminer les limites. Les plus longs poils de la bourrache à base élargie ne diffèrent presque point de certains aiguillons ; en général, les poils sont beaucoup plus mous, plus déliés, plus flexibles : il est très-probable qu'ils remplissent les fonctions de vaisseaux excrétoires ; plusieurs, peut-être tous, sont creux, et donnent passage à des liqueurs particulières, de nature différente, visqueuses, acides, caustiques, etc. Cette douleur cuisante qu'excite la piqûre de l'ortie, n'est pas l'effet de la pointe acérée des poils, mais celui de la liqueur brûlante qu'ils versent dans la plaie.

Les poils ont des formes très-variées : la plupart sont placés sur une glande en mamelon ; d'autres sont glanduleux à leur sommet. Les uns sont simples, cylindriques ou coniques ; d'autres sont articulés, moniliformes ou en chapelet : il en est de rameux, de fasciculés ou en étoile ; en goupillon, en navette, en massue, etc.

Les poils sont séparés les uns des autres ou entrelacés. Parmi les premiers, on distingue les *poils follets*, mous, épars, très-fins : on a nommé *pubescentes* les parties des plantes qu'ils occupent ; lorsqu'ils sont très-doux, plus courts et plus serrés, ils forment le *duvet*. On leur donne le nom de *soies* lorsqu'ils ont plus de roideur, moins de flexibilité, et qu'on les compare aux soies du sanglier ; dans un autre sens, on dit qu'une partie est *soyeuse* lorsqu'elle est revêtue de poils couchés, luisans, doux au toucher. Quand les poils sont *entrelacés*, entremêlés les uns dans les autres, on les dit *cotonneux* : alors ils sont doux, fins et courts ; *lanugineux*, quand ils ont moins de finesse, plus de longueur ; *tomenteux* ou en bourre, lorsqu'ils ont encore plus de grosseur ; *veloutés*, s'ils offrent l'apparence d'une étoffe de velours ; *floconeux*, quand ils sont réunis en petits flocons, comme dans plusieurs molènes (*verbascum*) ; *arachnoïdes*, allongés et croisés, comme les fils d'une toile d'araignée (*sempervivum arachnoïdeum*). On conçoit qu'il y a entre ces diverses sortes de poils des nuances qui se fondent les unes dans les autres. On donne le nom de *cils* aux poils qui bordent les parties des plantes, et que l'on compare aux cils des paupières.

Les poils font la parure des feuilles, comme ils font celle de la robe des animaux ; ils coupent l'uniformité de la verdure, souvent en relèvent l'éclat par d'agréables contrastes, et se nuancent de couleurs assez variées : on en voit de blancs, de gris, de noirs, de jaunes, de bruns, de pourpres, etc. Chacune de ces couleurs a des teintes différentes : elles sont sombres ou luisantes, d'un jaune de safran ou de soufre, d'un jaune d'or mat ou poli, d'un blanc de lait ou de neige, etc.

C'est avec une palette aussi riche que la nature varie et embellit les paysages. Ici, elle nous offre une plante rustique toute hérissée de longs poils grisâtres ; là brillent des arbrisseaux au feuillage soyeux, argenté, etc. Les poils naissent plus particulièrement sur les plantes des sols arides, sur celles des hautes montagnes, sur celles des climats chauds, exposées à l'action d'une vive lumière. Il en est qui quittent le végétal à mesure qu'il vieillit, ou lorsqu'il est cultivé ; d'autres persistent, malgré le changement de sol, de température et d'exposition. Une étude suivie sur la nature et les fonctions des poils pourrait amener des observations très-importantes. Sont-ils chargés de sécrétions particulières, de fonctions excrétoires ? Sont-ils destinés à garantir la plante des froids très-vifs, ou de l'action d'une chaleur trop forte ? autant de questions difficiles à résoudre.

5°. *Les glandes.*

Les *glandes* paraissent être le même organe que les poils, mais sous une modification un peu différente. Nous avons déjà vu que plusieurs d'entre elles étaient prolongées par un poil auquel elles servaient de base, que d'autres étaient supportées par d'autres poils qui leur servaient de pivot, mais plus ordinairement elles se présentent sous la forme de petits corps globuleux, destinés à séparer certaines liqueurs particulières, selon la nature de chaque végétal. Les glandes ont, dans les feuilles du millepertuis, du myrte et de l'oranger, une telle transparence, que ces feuilles, en les opposant à la lumière du soleil, paraissent percées d'un grand nombre de petits trous : cette huile aromatique très-inflammable, qui s'échappe, sous le nom de *zest*, de l'écorce des oranges et des citrons, est produite par les glandes qui abondent dans cette écorce. On a quelquefois confondu avec les glandes certaines productions d'une nature différente. Ainsi les *glandes écailleuses* de Guettard, éparses sur les feuilles des fougères, sont les tégumens de leur fructification, d'après l'observation de M. Desfontaines : les *glandes miliaires* du même Guettard ont été reconnues par M. Decandolle pour être des pores corticaux. Il est d'autres sécrétions solides, en forme de bosselures ou de globules, éparses sur les feuilles des arroches, des labiées, etc., qui paraissent différer des glandes, mais dont la nature n'est pas encore connue.

Personne jusqu'à présent n'a plus étudié les glandes que Guettard. D'après le beau travail qu'il a publié à ce sujet, on est étonné de leur variété, de leur nombre, de leur symétrie : elles offrent un spectacle digne de fixer l'attention. Dans certaines feuilles, vues à la loupe, on découvre une très-grande quantité de points d'une belle couleur d'or, d'ambre ou de soufre; dans d'autres, ce sont des corps globuleux avec ces mêmes couleurs, ou offrant celle de la nacre ou de l'opale; plusieurs autres présentent des vésicules amoncelées, dont la couleur est opalisée.

Parmi les glandes les plus saillantes, rangées méthodiquement par Guettard, je ne citerai que les plus remarquables, telles que 1°. les *glandes vésiculaires :* ce sont des vésicules pleines d'huile essentielle, logées dans le tissu de l'enveloppe herbacée ou du parenchyme; elles sont transparentes dans les orangers, les myrtes, etc. 2°. Les *glandes globulaires*, entièrement sphériques : elles n'adhèrent à l'épiderme que par un point ; elles forment une poussière brillante sur le calice, la corolle et les anthères de beaucoup de labiées, etc. 3°. Les *glandes utriculaires* ou *ampullaires*, sous la forme de petites ampoules, occasionées par la dilatation de l'épiderme, et remplies d'une lymphe incolore, comme celles de la glaciale. 4°. Les *glandes en mamelon* ou *papillaires* : elles couvrent ordinairement, dit M. Mirbel, la surface inférieure des feuilles des labiées qui ont une odeur piquante ; elles paraissent sous la forme de mamelons, et sont logées dans des fossettes, ce qui fait que Kroker les compare, pour l'aspect, aux papilles de la langue de l'homme ; elles sont composées de plusieurs rangs de cellules placées circulairement. C'est, je pense, ajoute M. Mirbel, à cette espèce de glande qu'il faut rapporter les mamelons qui brillent comme des pointes de diamant sur les deux faces des feuilles du *rhododendrum punctatum*. 5°. Les *glandes lenticulaires* ; petites taches oblongues ou arrondies, éparses sur la surface de l'écorce de plusieurs plantes, telles que le *psoralea glandulosa*, etc. 6°. Les *glandes urcéolaires* ou *à godet*, formées de petits tubercules charnus, creusés à leur centre, d'où distille très-souvent une liqueur visqueuse, telles on les observe à la base des feuilles du peuplier, sur le pétiole de beaucoup d'arbres fruitiers, etc. 7°. Les *glandes florales nectarifères* ou les *nectaires* : elles sont renfermées dans les fleurs, contiennent une liqueur mielleuse, et font partie de cet organe que Linné a nommé *nectaire*. Il en sera question lorsque je parlerai des fleurs.

CHAPITRE XV.

Organes de la reproduction. Les fleurs ; inflorescence.

Tout cet appareil d'organes qui vient de passer sous nos yeux, ces racines informes, ces nombreux chevelus enfoncés dans le sein de la terre ; ces branches, ces rameaux destinés à placer le végétal au milieu des fluides alimentaires ; ces feuilles, organes d'absorption et de sécrétion ; ces milliers de pores sans cesse aspirans ; enfin, cet assemblage de tubes, de cellules, d'utricules, dans lesquels se balancent les fluides générateurs, tous ces attributs merveilleux qui développent, entretiennent et conservent la végétation, nous ont fait connaître la grandeur de la puissance créatrice dans cette suite d'opérations admirables.

Mais toutes merveilleuses qu'elles nous paraissent, elles ne sont cependant que les simples décorations d'un spectacle que des préparatifs aussi imposans nous annoncent devoir être majestueux et sublime. Avant de nous en occuper, arrêtons-nous encore un instant sur ces premiers produits de la végétation, sur cette belle mécanique vivante, qui doit mettre en jeu de nouveaux organes sous les formes les plus brillantes.

Quand même la végétation en resterait là, que d'avantages n'offrirait-elle pas déjà à l'homme et aux autres animaux! Combien elle embellirait la face de la terre! Ce gazon naissant, ce vert nuancé des prairies, le sombre asile des forêts rétabli par le retour des feuilles, toute la nature champêtre dans un état de fraîcheur et de jeunesse, d'abondans pâturages pour les troupeaux, des plantes potagères et des racines succulentes offerts aux besoins de l'homme : tels sont les biens précieux que nous assure la végétation nouvelle. Dans la plénitude de son bonheur, l'homme s'en tiendrait avec reconnaissance à ces bienfaits, s'il n'en connaissait pas, s'il n'en attendait pas de plus grands ; mais le Créateur, prodigue de ses dons, les lui a promis : son but n'est pas encore rempli, et tous ces attributs de la végétation n'ont été produits que pour le développement et l'entretien de ceux qui vont se montrer dans peu à nos regards étonnés.

Déjà l'air que nous respirons est plus pur, la lumière du ciel plus sereine, nos sens plus actifs ; c'est dans cet état de bien-être qu'une scène magique se développe tout à coup à nos yeux par l'apparition des fleurs : les fleurs! qui ne peuvent être comparées à aucun des autres êtres de la nature, mais qui servent elles-mêmes de comparaison pour tout ce qui brille par les formes, les grâces et la beauté! En considérant tout ce que les fleurs ont de séduisant, il semble que plus les organes sont chargés de fonctions importantes, plus la nature se complaît à les embellir. « La nature, dit l'éloquent Philibert, étale avec faste, dans les végétaux, les organes destinés à la reproduction : couleurs séduisantes, parfums suaves, élégance dans les contours, délicatesse dans le tissu, grâces dans le développement et le port : tous ces attributs, souvent prodigués aux fleurs les plus communes, font, du temps de la floraison, c'est-à-dire de la génération des plantes, un moment de parure, de triomphe et d'éclat, et l'époque la plus brillante de leur vie. »

Le nom de fleurs donné à ces riches productions du règne végétal a été pris long-temps dans un sens trop indéterminé : il doit être fixé. Sans nous arrêter à donner ici une définition rigoureuse des fleurs, qu'on a jusqu'alors essayée assez inutilement, il nous suffira de dire ce qu'elles sont, c'est-à-dire de faire connaître les parties tant essentielles qu'accessoires qui les composent. Séduit par leur éclat, le vulgaire a particulièrement appliqué le nom de fleurs à ces feuilles brillantes de beauté, qui n'en sont que les enveloppes, et que l'on désigne plus ordinairement sous le nom de *pétales*. Quand ceux-ci manquent, on dit alors que les fleurs manquent ; idée erronée, puisqu'il n'est pas une seule plante qui ne produise des fleurs, je veux dire des organes propres à la régénération des individus : il faut en excepter plusieurs cryptogames, tels que les byssus, les conferves, les champignons, etc., dont le mode de fécondation n'est pas encore parfaitement connu ; quant aux autres plantes, il est hors de doute que l'essence de la fleur consiste dans les organes sexuels, désignés, pour les mâles, sous le nom d'*étamines* ; pour les femelles, sous celui de *pistil*. Ces précieux organes sont très souvent réunis dans la même fleur, on la nomme alors *hermaphrodite* ; d'autres fois, les mâles sont placés dans une fleur, les femelles dans une autre, sur le même individu : ce sont des fleurs *monoïques* ; ou sur des individus séparés, alors elles sont *dioïques*. Très-ordinairement la nature a protégé ces organes par une double enveloppe : une extérieure, qui porte le nom de *calice* ; une autre intérieure, celui de *corolle* ; mais il arrive quelquefois que l'une des deux et même toutes les deux manquent dans certaines espèces : d'où il suit que la fleur est *complète* ou *incomplète* ; *complète*, lorsqu'elle est pourvue d'un calice, d'une corolle, d'étamines et de pistils ; *incomplète*, lorsque l'une de ces parties manque. Mais, avant de faire connaître les caractères de ces différens organes, il faut considérer la position des fleurs sur les plantes qui les produisent, ainsi que quelques autres organes accessoires qui les accompagnent. Cette disposition a été nommée *inflorescence*.

De l'inflorescence.

L'*inflorescence* est donc la disposition des fleurs sur le végétal. Ces fleurs sont ou sessiles, c'est-à-dire placées immédiatement sur les tiges, les rameaux ou à leur extrémité, ou bien elles sont soutenues par un support auquel on a donné le nom de *pédoncule*. Comme l'inflorescence dépend en grande partie de cet organe, il faut commencer par le faire connaître avec ses accessoires.

Le *pédoncule* est la queue des fleurs et par suite des fruits, comme le pétiole est celle des feuilles ; mais dire que le pédoncule est aux fleurs ce que le pétiole est aux feuilles, c'est seulement indiquer la forme extérieure d'un organe, très-différent d'ailleurs de celui auquel on le compare : en effet, le pétiole, comme nous l'avons vu, est un faisceau de fibres très-serré, mêlé de tissu cellulaire. Ces fibres s'écartent entre elles à l'extrémité du pétiole, se divisent en ramifications, qu'on a nommées *nervures* et *veines* ; le tissu cellulaire, plus dilaté, en occupe l'intervalle. Ainsi se forme la lame ou la feuille proprement dite, qui n'est en réalité que la dilatation de l'extrémité du pétiole. Il n'en est pas de même du pédoncule : celui-ci donne naissance à des organes très-différens ; il est ordinairement plus ou moins renflé ou élargi à son sommet : ce renflement est un réceptacle qui soutient et d'où sortent les parties de la fructification, alimentées par les sucs qui leur parviennent au moyen des vaisseaux contenus dans le pédoncule. Ces sucs ne peuvent plus être les mêmes que ceux qui coulent dans les pétioles, ou, s'ils sont tels, il est très-probable qu'ils changent de nature dès qu'ils arrivent dans le réceptacle : c'est de là qu'ils pénètrent dans les organes de la fructification, où l'on trouve des substances d'une nature particulière, et qui très-ordinairement n'existent pas dans les autres parties des plantes, telles que le pollen des anthères, la pulpe des fruits, l'arome des pétales, la liqueur mielleuse du nectaire, etc. Il ne peut donc y avoir identité d'organes dans les parties des plantes qui fournissent des produits différens ; mais la modification de ces organes à peine perceptibles échappera toujours à nos sens, même aidés des meilleurs instrumens d'optique. Il suit de ces considérations que, quoique le pédoncule ne soit pas toujours apparent, comme dans les fleurs sessiles, son existence n'en est pas moins réelle, et qu'alors il semble se confondre avec le réceptacle de la fleur.

Le pédoncule varie par sa forme; il est cylindrique, cannelé ou anguleux, trigone ou tétragone, filiforme ou capillaire, renflé ou aminci vers son sommet, géniculé, roide ou flexible, incliné ou pendant; en spirale, comme dans le *vallisneria*; très-long, médiocre ou très-court, simple, composé, dichotome, à plusieurs divisions : les premières prennent le nom de *pédoncules partiels*; les dernières, celles qui se terminent par une fleur, celui de *pédicelles*. Lorsque le pédoncule part immédiatement de la racine, il porte le nom de *hampe* : j'en ai parlé en traitant des tiges. La partie du pédoncule qui supporte les fleurs sessiles ou pédicellées, se nomme *axe*; on le nomme *spadice*, lorsqu'il est enveloppé d'une spathe, comme dans l'*arum*. La situation et la direction des pédoncules constituent l'*inflorescence*, qui exige des développemens particuliers.

La nature réunit dans ses productions l'élégance des formes à l'utilité des organes, et ce que nous regardons comme un simple agrément, est souvent, dans la plante, la disposition la plus favorable pour la conduire au but de sa création, et je suis persuadé que la distribution des pédoncules et de leurs ramifications est telle, qu'elle ne pourrait être autrement dans chaque espèce sans nuire à son développement. Nous chercherions en vain à rendre raison de cette belle variété de formes, la nature ne nous a pas toujours confié son secret; il nous arrive quelquefois de le deviner, plus souvent il nous échappe; du moins nous est-il accordé de jouir, sans étude et sans fatigues, de ces modèles gracieux que nous fournissent les pédoncules dans leur arrangement sur les plantes : ce sont des grappes, des épis, des bouquets, des aigrettes, des panaches, des pyramides, des girandoles, des guirlandes, etc., que l'art n'aurait jamais pu imaginer, s'il n'en eût trouvé le type dans les végétaux. Mais ces expressions trop générales devaient être caractérisées avec plus de précision : on a essayé de le faire par les définitions; elles sont utiles sans doute, mais elles ne pourront jamais faire sentir ces nuances délicates par lesquelles l'inflorescence passe d'une forme à une autre; et je préviens de ne point attacher un sens trop rigoureux aux caractères que je vais exposer.

Les fleurs sont sessiles ou pédonculées, solitaires ou géminées, ou ternées, etc.; *aggrégées*, quand elles sont réunies en paquets ; on les dit encore *agglomérées :* elles sont alternes ou opposées ; *unilatérales,* quand elles sont toutes placées du même côté ; *distiquées,* c'est-à-dire placées sur deux rangs opposés ; *radicales, caulinaires, terminales, éparses, axillaires, dressées, pendantes, inclinées,* etc. Tous ces termes n'ont pas besoin de définition ; d'ailleurs plusieurs ont déjà été expliqués. Cette disposition des fleurs forme l'inflorescence simple.

Dans l'inflorescence composée, on distingue : 1°. le *chaton* [1]. Les fleurs sont placées le long d'un axe commun, séparées les unes des autres par des écailles ou bractées qui tiennent lieu de calice, et sur lesquelles très-souvent les fleurs sont attachées. On donne encore le nom de chaton aux fleurs des pins, quoiquil y ait des différences très-remarquables, comme je le dirai en traitant des familles naturelles : dans les fleurs où les sexes sont séparés, le chaton des fleurs mâles est souvent très-différent de celui des fleurs femelles. Il est beaucoup plus court, plus ramassé dans ces dernières ; plus grêle, plus allongé pour les fleurs mâles. Le chaton est simple ou composé de ramifications très-courtes, solitaire ou aggloméré, sphérique, ovale, cylindrique, grêle, épais. compacte ; interrompu, quand les fleurs sont réunies par petits groupes séparés et distans. Voyez les fleurs du bouleau, du saule, du noisetier, et celles de la plupart de nos arbres indigènes.

2°. *L'épi.* Les fleurs sont sessiles, ou presque sessiles, disposées le long d'un axe commun, ordinairement remarquable par sa roideur dans une position verticale ; l'épi est simple ou ramifié ; les rameaux sont ordinairement très-courts, serrés contre l'axe commun, chargés de fleurs sessiles. L'épi est digité lorsqu'il se divise jusqu'a sa base en rameaux simples ; ces rameaux sont ou étalés ou rapprochés en faisceau (*fasciculés*), interrompus et disposés par verticilles autour de l'axe commun : le plantain, le froment, le seigle, etc.

3°. La *grappe,* peu différente de l'épi, s'en distingue par les fleurs, toutes pédicellées, réunies sur un axe ou un pédoncule commun, souple, point ramifié, souvent incliné ou pendant ; les fleurs sont solitaires à l'extrémité de chaque pédicelle : le *prunus padus,* le *cytisus laburnum,* etc.

4°. Le *thyrse.* Lorque la grappe est médiocrement ramifiée,

[1] J'ai suivi, dans la distribution des différentes sortes d'inflorescence, l'ordre adopté par M. Mirbel.

que ses ramifications sont courtes, que les fleurs sont réunies en petits groupes distincts, qu'elles forment par leur ensemble une sorte de pyramide plus souvent redressée que pendante, comme dans le marronnier d'Inde ; cette inflorescence prend le nom de thyrse.

5°. La *panicule*. Très-rapprochée du thyrse, elle offre, dans ses ramifications plus allongées, des divisions plus ou moins nombreuses, souvent très-étalées, variables dans leur ensemble ; *lâches*, lorsque les ramifications sont éloignées les unes des autres ; *divariquées*, quand elles s'écartent dans tous les sens et forment des angles très-ouverts ; *serrées*, lorsqu'elles sont serrées contre l'axe ; *feuillées*, quand elles sont entre-mêlées de feuilles : la plupart des graminées, la patience, le gypsophila, etc.

6°. Le *corymbe*. Les ramifications du pédoncule partent de différens points, et parviennent tous à peu près à la même hauteur. Le corymbe est simple quand les pédicelles, sans ramifications, partent immédiatement du pédoncule commun ; il diffère alors très-peu de la grappe : il se rapproche de la panicule lorsqu'il est composé, c'est-à-dire lorsque les pédicelles se divisent en ramifications disposées dans le même ordre que les pédoncules, comme dans la millefeuille. Quand les fleurs s'élèvent exactement à la même hauteur et qu'elles forment un plan horizontal, on les dit *fastigiées*.

7°. La *cyme*. Les fleurs sont en cyme lorsque les divisions du pédoncule commun partent tous du même point, comme dans les ombelles, et que les divisions secondaires partent de points différens, et arrivent à peu près à la même hauteur, comme dans le cornouiller et le sureau.

8°. Le *faisceau*. Les fleurs sont tellement rapprochées, si serrées, les pédoncules si courts, qu'elles paraissent réunies en tête, quoiqu'elles soient en effet disposées en cyme, en corymbe ou en panicule : tel est l'œillet barbu.

9°. L'*ombelle*. Disposition des fleurs très-remarquable : les pédoncules partent tous du même point, arrivent à la même hauteur, divergent et s'écartent comme les rayons d'un parasol ouvert. L'ombelle est simple quand elle n'est formée que d'un seul ordre de rayons ; elle est composée lorsque chaque rayon porte à son sommet de petites ombelles ou ombellules ; elle est sessile quand les fleurs ne sont point soutenues par des pédoncules, comme dans le chardon roland (*eryngium*). L'ensemble de toutes les parties d'une ombelle composée, forme l'ombelle universelle ou générale : l'ombelle partielle ou ombellule est formée par les pédicelles ou les seconds rayons placés à l'extrémité des premiers. L'ombelle est radiée ou irrégulière lorsque les fleurs de la circonférence sont différentes de celles du centre, ordinairement plus grandes, irrégulières, à pétales inégaux, comme dans la coriandre.

Les ombelles et les ombellules sont très-souvent entourées à leur base de petites folioles ou bractées auxquelles on a donné le nom d'*involucre* ou de *collerette* ; celles qui accompagnent les ombellules se nomment *involucelles*. Les ombelles sont nues quand elles sont dépourvues d'involucre.

On a encore donné le nom d'*ombellées* ou de fausses ombelles aux fleurs dont la disposition approche des véritables ombelles, mais qui n'en ont pas les autres caractères, telles que le jonc fleuri (*butomus*).

10°. Le *verticille*. Les fleurs, dans le verticille, sont disposées en anneau autour d'un axe commun, comme dans la plupart des labiées ; elles sont à demi verticillées quand elles n'entourent qu'à moitié l'axe qui les porte, comme dans l'oseille (*rumex acetosa*, Lin.).

On distingue encore les *fleurs en tête* ou *capitées* quand elles sont ramassées en boule, sessiles ou pourvues de pédicelles très-courts : elles forment une sorte d'epi très-court, non développé ; elles sont *agglomérées* quand ces têtes se divisent en plusieurs petits groupes rapprochés.

Les fleurs sont dites *composées* lorsqu'elles sont réunies plusieurs ensemble sur un réceptacle commun, entourées d'un involucre que Linné a nommé *calice commun*. On distingue les fleurs composées proprement dites et les fleurs aggrégées : les premières sont remarquables par la disposition de leurs anthères, réunies en forme de gaîne ou de cylindre, au travers duquel passe le pistil : ces fleurs sont des fleurons ou des demi-fleurons ; il en sera question à l'article *corolle* ; les fleurs aggrégées ou fausses-composées se distinguent par leurs étamines non réunies en cylindre, et par plusieurs autres caractères : la scabieuse.

Il est encore quelques inflorescences remarquables ; telles que celle du figuier, dont les fleurs nombreuses sont placées le long des parois internes d'un réceptacle commun, presque entièrement fermé, ombiliqué à son sommet. La même disposition existe pour les fleurs du *dorstenia*, mais leur receptacle est plane, élargi ou un peu concave, point fermé; dans d'autres plantes, les fleurs sont placées sur le disque des feuilles ou à leurs bords, comme dans le *xylophilla*. Dans les fougères, les organes de la reproduction naissent en paquets sur le dos des feuilles, le long des nervures ou à leur extrémité; dans les mousses, ces mêmes organes ont un autre caractère, qui sera exposé ailleurs.

L'inflorescence éprouve quelquefois des accidens qui en troublent la disposition ou changent la forme des corolles : ils sont occasionés par des circonstances locales, plus ordinairement par la surabondance des sucs nourriciers, qui donnent lieu à des fleurs prolifères, semi-doubles, doubles ou pleines. Une fleur est *prolifère* lorsque de son centre naît une seconde fleur semblable à la première, ou un bourgeon garni de feuilles : l'œillet, la renoncule bulbeuse, la rose, l'anémone en offrent des exemples. Cette prolification se fait ordinairement par le pistil dans les fleurs simples; dans les fleurs aggrégées, elle part du réceptacle. On voit dans la scabieuse de nouveaux pédoncules sortir des bords de son réceptacle, et se terminer par des fleurs : il en est de même dans quelques fleurs composées, dans la paquerette, le souci, quelques *hieracium*, etc. Dans les ombellifères naissent, du centre de l'ombellule, d'autres petites ombelles : au reste, ces sortes d'accidens sont très-variés. On voit quelquefois sur les arbres fruitiers une petite branche garnie de feuilles et même de boutons, sortir d'une poire imparfaite, sans pepin; on a vu également, dit M. Durande, sortir d'un gros grain de raisin un autre petit grain avec une branche chargée d'une feuille. Dans la scrofulaire aquatique, les fleurs n'offrent quelquefois que des étamines avortées, tandis que le pistil devient le support d'une petite touffe de feuilles : plusieurs de ces accidens sont dus à des piqûres d'insectes qui ont détourné le cours de la sève ou dérangé l'organisation intérieure.

La fleur *semi-double* acquiert plusieurs rangs de pétales si elle est polypétale, ou bien il y a deux ou trois corolles l'une dans l'autre lorsqu'elle est monopétale; ce qui est plus rare : elle conserve le pistil avec quelques étamines parfaites, ce qui suffit pour la rendre féconde.

La fleur *double* ou *pleine* renferme un bien plus grand nombre de pétales que la précédente : il n'y reste plus d'étamines fertiles; la plupart des filamens sont convertis en pétales ou n'ont point d'anthères. Ces fleurs, si brillantes dans

nos parterres, sont des monstres, de véritables eunuques qui
n'ont d'éclat qu'aux dépens de leur postérité. On désigne encore par le nom de *fleurs doubles*, les composées radiées,
lorsque tous les fleurons se transforment en demi-fleurons,
ou les demi-fleurons en fleurons; mais ici la dénomination
est impropre, comme l'observe très-judicieusement M. Mirbel : les corolles ne font que changer de forme sans se multiplier.

CHAPITRE XVI.

*Le réceptacle, les nectaires, les bractées, les involucres,
la cupule et la spathe.*

1°. Du réceptacle.

Le pédoncule se termine par un organe particulier, le *réceptacle*; son importance a été en grande partie méconnue :
on s'est presque borné à ne le considérer que comme le point
d'insertion des parties intérieures de la fleur, et, sous ce rapport, on l'a concentré au fond du calice, en donnant à
celui-ci une extension qu'il n'a pas toujours. Cette idée a
conduit à distinguer le réceptacle en *complet* et en *incomplet*.
Il est complet lorsqu'il porte immédiatement toutes les parties
de la fleur renfermées dans le calice; il est incomplet lorsqu'il
ne porte que l'ovaire et par suite le fruit : les autres parties
de la fleur, telles que la corolle et les étamines, s'insèrent
alors sur l'ovaire (ou plutôt sur l'orifice du réceptacle),
comme dans les ombelles, ou, sur le calice (c'est-à-dire sur
les parois du réceptacle), comme dans la ronce, le poirier, etc. :
d'où vient qu'en d'autres termes on distingue le réceptacle
du fruit d'avec celui de la fleur.

Cette différence, plus apparente que réelle, dans l'insertion des parties intérieures des fleurs, a fourni des divisions
systématiques, et des caractères pour la formation des genres.
En considérant le fond du calice comme constituant seul le
réceptacle, on a dit que le calice était inférieur et l'ovaire
supérieur, lorsque le pistil était attaché sur le réceptacle et

non adhérent avec le tube calicinal ; que l'ovaire était *inférieur* et le calice supérieur, lorsque cet ovaire était couronné par le limbe du calice. Dans le premier cas, l'ovaire est *libre*, en ce qu'il ne fait point corps avec le calice ; dans le second cas, il est *adhérent*, il fait corps avec le calice, et se confond par la suite avec le péricarpe : c'est dans ce sens que Tournefort a dit qu'alors le calice devenait le fruit. Cette distinction est importante et mérite d'être conservée, mais en même temps il faut rendre le calice et le réceptacle à leurs fonctions, et renfermer l'un et l'autre dans leurs véritables limites, ainsi que je vais essayer de le faire.

Le calice n'a essentiellement d'autre fonction que celle de venir au secours de la corolle pour protéger avec elle les organes de la fécondation, et la garantir elle-même, avant son développement, des intempéries de l'atmosphère : il ne nourrit, il n'entretient aucun autre organe ; mais combien sont grandes, combien sont importantes les fonctions du réceptacle ! C'est là qu'aboutissent ces sucs nourriciers qui doivent compléter la grande merveille de la végétation dans la production des fleurs et des fruits ; c'est là que vont paraître successivement ces organes sexuels destinés à la fécondation des semences, ces précieux embryons qui n'attendent, pour se convertir en véritables fruits, que la liqueur qui doit les rendre féconds ; c'est là, en un mot, que se perfectionnent et mûrissent ces fruits de toute espèce, sans cesse alimentés par le sein d'où ils sont sortis. Il faut donc s'attacher à bien saisir cette différence qui sépare le calice, cette enveloppe ordinairement sèche, aride, souvent de peu de durée, du réceptacle, qui est, dans un grand nombre de plantes, épais, charnu, visqueux, tapissé de glandes nombreuses, vrai foyer de chaleur et de vie : d'où il suit, selon moi, qu'il faudrait rapporter au réceptacle les portions prétendues du calice auxquelles sont attachés, dans plusieurs familles, les étamines et les pétales (voyez *calice*)[1].

---

[1] Linné n'était point éloigné de cette opinion :

Receptaculum connectit calicem corollam et stamina modis quatuor:

1. *Receptaculum ad basin germinis, ut in plerisque (pistillum abiens in fructum, Tournef.)*

2. *Receptaculum ad apicem germinis, ut in plerisque (calix abiens in fructum, Tournef.)*

3. *Receptaculum cingens germen, seu fructum, ut in saxifragiis variis.*

4. *Receptaculum ambiens germen dilatatum sursum per perianthium, ut in icosandriis, ribe, mitellâ, etc. (Philos. botan., pag. 61.)*

C'est pour avoir méconnu les fonctions et les bornes de ces deux organes, que l'on a avancé que, dans beaucoup de plantes, comme dans la famille des rosacées, les étamines et la corolle étaient insérées sur le calice : elles peuvent bien y être soudées en partie (en prenant pour calice la portion supérieure du réceptacle); mais leur base plonge nécessairement dans le réceptacle, qui, seul, peut les alimenter. Quand on a dit que, dans les ovaires inférieurs, le calice était adhérent avec l'ovaire, on l'a confondu avec une portion du réceptacle : ici, comme dans les autres espèces, le calice est toujours libre, entier ou à plusieurs divisions. La partie qu'on a regardée comme son tube, remplit, dans ces ovaires adhérens, les fonctions du réceptacle, et lui appartient : cette partie est onctueuse, couverte de glandes à son intérieur; elle alimente les étamines et les pétales.

Le réceptacle est très-varié dans ses formes : tantôt il est plane, étroit, élargi, quelquefois à peine sensible; d'autres fois il est épais et pulpeux, convexe ou concave; creux et fermé, comme dans les figuiers; à demi ouvert comme dans les *ambora*; large et aplati, comme dans les *dorstenia*; replié sur lui-même et presque retourné, comme dans les *artocarpus* : tantôt il est campanulé, mais libre, détaché de l'ovaire, portant à sa partie supérieure et granduleuse les étamines et les pétales : cette portion se dessèche quelquefois et tombe avec le calice, qui, dans cet état d'aridité, en est alors peu distingué, comme dans l'abricotier, le prunier, etc.; d'autres fois le réceptacle est adhérent et fait corps avec l'ovaire, dont il devient le péricarpe quand cet ovaire est passé à l'état de fruit. Quelques modernes ont donné au réceptacle proéminent le nom de *gynophore*, le distinguant, par cette expression, comme un organe particulier, quand il n'est en effet qu'une simple modification, un développement du même organe destiné aux mêmes fonctions, comme dans la fraise, la framboise, etc. On a ajouté le *podogyne*, autre expression créée par la passion du néologisme; mais celui-ci n'appartient pas au réceptacle, il est le pédicelle d'un ovaire rétréci à sa base. J'en parlerai ailleurs.

2°. *Des nectaires.*

En traitant du réceptacle, je me suis particulièrement attaché à faire connaître ses fonctions, persuadé que d'elles seules dépend la modification d'un organe : ce sont ces mêmes fonctions qui doivent en déterminer les limites, comme elles en déterminent l'organisation. A la vérité, l'organisation échappe souvent à nos recherches; elle est presque méconnue lorsqu'elle n'est point annoncée par les formes extérieures, mais n'est-on pas toujours fondé à en soupçonner l'existence, dès qu'il y a un changement quelconque dans les liqueurs que produit un organe, ou dans les parties qu'il développe? Ces deux conditions se rencontrent dans le réceptacle : c'est de lui que sortent ces nouveaux organes qui doivent concourir à compléter l'œuvre de la fécondation, tels que les étamines, les pistils, et la corolle qui les protége; c'est pour eux qu'il distille ces liqueurs précieuses qu'ordinairement nous ne retrouvons plus dans les autres parties de la plante, liqueurs qui alimentent le pollen des étamines, la pulpe savoureuse des fruits, l'arome des pétales, etc. : aussi n'est-il pas ordinairement de parties plus abondantes en glandes excrétoires que le réceptacle; elles s'y rencontrent sous toutes sortes de formes; elles deviennent une nouvelle preuve des fonctions particulières confiées au réceptacle, et de la surabondance de ses sucs nourriciers. On a donné à ces glandes le nom de *nectaires*, dont Linné avait un peu trop étendu le sens, mais qui, réduit à sa véritable signification, ne pourra plus s'appliquer à certains appendices de la corolle, ni à des filamens d'étamines avortées.

Tout porte à croire que c'est dans ces corps nectarifères qu'achèvent de se préparer les sucs fournis par le réceptacle, et destinés au développement des parties de la fructification. M. de Clairville a exposé à ce sujet des idées propres à jeter quelque lumière sur ces organes jusqu'alors trop peu connus [1]. Les nectaires sont donc des corps charnus, glanduleux, ordinairement placés sur le réceptacle, mais qu'on trouve aussi sur les autres parties des fleurs, et qui fournissent des sucs différens de ceux que sécrètent les glandes des pétioles et des feuilles.

La forme des nectaires est très-variable : ordinairement ce sont des glandes, ou séparées et placées entre les filamens des étamines, comme dans les crucifères, etc., ou réunies en un bourlet, en une sorte d'anneau à la base de l'ovaire, comme dans les personnées, les bignones, etc. Le nectaire, dans les rosacées, se présente sous la forme d'une lame épaisse, char-

---

[1] *Le Botaniste sans maître*, page 136, ouvrage bien conçu, bien écrit, et qui fait suite aux *Lettres de J.-J. Rousseau sur la botanique*.

nue, onctueuse, qui, au moment de la floraison, tapisse la surface intérieure du réceptacle prolongé en tube. Dans l'élégant parnassia, c'est un bouquet de glandes, partagé en cinq grandes écailles pétaliformes, divisées en six ou douze lanières très-fines, surmontées chacune d'une glande : quelquefois les nectaires sont de simples pores occupés par un suc mielleux, ou bien ce sont les divers appendices concaves de la corolle, les tubes, les éperons, au fond desquels on trouve une glande, comme dans la fumeterre bulbeuse, etc.

En étudiant les fonctions de ces glandes nectarifères, il me semble que nous avons découvert la source féconde du parfum et de la suavité de nos fruits. Depuis l'instant où, faibles embryons, ils ont reçu dans l'ovaire le souffle de la vie par la fécondation, ils n'ont cessé d'être abreuvés et perfectionnés par ces sucs alimentaires ; mais leur surabondance est encore un autre bienfait qui ne doit point échapper à notre observation. Nous avons vu ce superflu se répandre en dehors, se réunir dans de petites cavités, dans des pores, des rainures, etc., sous la forme d'une liqueur douce et sucrée, qui se fait sentir aisément au palais de l'homme, et qui pourrait tenter sa sensualité, s'il lui était plus facile d'en disposer ; mais comment pourrait-il convertir ces sucs à son usage ? quels instrumens inventera-t-il pour enlever ces parcelles à peine perceptibles ? comment ensuite parviendra-t-il, même avec le secours de la chimie, à les mélanger, à les élaborer de manière à les réduire en une substance presque homogène ? Ce que l'homme n'a pu faire, un faible insecte, une simple mouche l'exécute tous les jours : c'est à elle, à elle seule que la nature abandonne le superflu des sucs nourriciers du fruit ; elle l'a en conséquence douée d'organes propres à exploiter ces biens précieux, auxquels son existence est attachée ; elle lui a donné un suçoir très-délié pour pénétrer dans les moindres replis des fleurs ; un estomac pour élaborer ce mélange de sucs divers, et les réduire en une substance homogène ; elle y a ajouté la faculté de les dégorger, et de les déposer dans des alvéoles pour alimenter la larve ou la jeune abeille prête à sortir de l'œuf, tandis que l'industrie de l'homme est ici bornée à dérober et à s'approprier, au milieu des aiguillons qui le menacent, les magasins de cette petite troupe ailée.

N'examinons pas ici le droit de conquête, mais convenons que l'étude de la nature est l'objet le plus digne de nos contemplations, surtout lorsque, étendant la pensée, on cherche à saisir ces rapports admirables qui rendent les êtres dépendans les uns des autres. Nous venons de voir combien de simples glandes, à peine observées, nous sont devenues intéressantes : plus haut, nous les avons vues alimenter dans les fruits cette chair savoureuse qui les enveloppe; maintenant nous y trouvons les sources fécondes d'où découle cette substance sucrée, si délectable que les anciens lui attribuaient une origine céleste. On aurait peine à concevoir son extrême abondance, si des milliers d'ouvriers n'étaient continuellement occupés à l'extraire de ses réservoirs, et à en former des magasins si considérables, qu'ils suffisent à l'immense consommation que l'on en fait tous les jours, et que l'homme peut augmenter à volonté, en multipliant le nombre de ses abeilles [1].

3°. *Des bractées, des involucres, des cupules et de la spathe.*

La conservation des fleurs est si importante, les organes qu'elles renferment si essentiels, que la nature a multiplié

[1] Vouloir tout expliquer par les causes finales, c'est souvent substituer au but de la nature les écarts d'une imagination exaltée par la grandeur des phénomènes que nous offrent les œuvres de la création; c'est nous écarter de la véritable route de l'observation, pour nous jeter dans le vaste champ des conjectures. Dans l'examen des organes des plantes, vos premières recherches doivent se porter sur les fonctions qu'ils y exécutent, puis sur les rapports que leurs produits peuvent avoir avec les autres êtres de la nature. A la vérité, ces dernières considérations ne tiennent point essentiellement à l'étude des végétaux, mais elles l'embellissent et lui donnent un bien plus grand intérêt. C'est ici qu'il faut être très-réservé dans l'application que l'on fait de ces rapports avec l'emploi que l'homme a su faire des végétaux ou de leurs produits. Par exemple, n'est-ce pas tomber dans l'excès, que de prétendre que la vigne n'a été créée que pour nous procurer une boisson agréable; le froment, que pour nous fournir un aliment quotidien; que le quinquina n'existe que pour guérir la fièvre, etc.? A la vérité, l'industrie humaine a su tirer parti de toutes les productions naturelles, et les convertir à son usage; mais la plupart n'ont pas avec l'homme un rapport tellement immédiat, que son existence soit attachée exclusivement à l'une plutôt qu'à l'autre. Il n'en est pas de même de l'abeille dont je viens de parler : il est très-probable que, sans le nectaire des fleurs, sans le pollen des anthères, l'abeille ne pourrait exister, que les instrumens dont elle est pourvue, ainsi que son organisation, sont relatifs aux opérations qu'elle doit exécuter. Comme la nature est très-abondante dans ses productions, elle peut en abandonner le superflu aux animaux : tel aussi a été son but; ce qui en reste est plus que suffisant pour la reproduction des espèces.

les précautions, doublé les défenses, pour les garantir des accidens auxquels les expose leur délicatesse : tel, sans doute, a été son but dans la formation des *bractées*, petites folioles particulières placées soit à la base des pédoncules et des pédicelles, soit presque immédiatement sous le calice, ou le long des pédoncules. Quelquefois elles diffèrent peu des feuilles, excepté par leur petitesse, plus souvent elles ont une forme particulière. Considérées avant l'épanouissement des fleurs, les bractées les enveloppent à l'extérieur, comme nous l'avons vu pour les stipules avant le développement des feuilles : si elles sont plusieurs et placées alternativement, elles s'écartent à mesure que le pédoncule s'allonge, remplacent alors les feuilles qui lui manquent, et en remplissent les fonctions : elles ont la même organisation. Dans ce cas, ce sont de véritables feuilles, mais distinguées des autres par leur situation et souvent par leur forme : on leur donne quelquefois le nom de *feuilles florales*.

On peut en général distinguer trois sortes de bractées : 1°. les *bractées proprement dites ;* 2°. les *involucres ;* 3°. les *cupules.*

Les *bractées* proprement dites sont celles qui ont, avec les feuilles, le plus de ressemblance : elles ne sont distinguées comme telles, qu'autant qu'elles sont placées sur le pédoncule ; autrement elles doivent être rangées parmi les feuilles. Dans les fleurs qui sont privées de bractées, comme il arrive surtout aux fleurs sessiles, solitaires, axillaires, etc., les dernières feuilles, celles qui accompagnent les fleurs, remplissent assez ordinairement, avant l'épanouissement des boutons de fleurs, les mêmes fonctions que les bractées.

On distingue les bractées, comme les feuilles, d'après leur forme, leur situation, leur nombre, leur durée, leur couleur, etc. : elles sont *embriquées* lorsqu'elles sont placées entre les fleurs, avec lesquelles elles forment, par leur rapprochement, un épi serré ou une tête, comme dans la brunelle, l'origan, etc. ; elles sont en *chevelure* ou en *toupet* quand, placées à l'extrémité d'un épi de fleurs, elles présentent une touffe de feuilles en forme de couronne ou de chevelure, comme dans la lavande stœchas, le basilic, la fritillaire impériale, l'ananas, etc. On dit qu'elles sont *colorées* quand elles sont tachetées, ou que leur couleur est différente de la couleur verte, comme dans l'ormin, le mélampire des champs : dans quelques-unes, les couleurs sont si vives, qu'on est tenté de les prendre pour des fleurs. On voit assez fréquemment, parmi les pédoncules ramifiés, des bractées générales et des bractées particulières : ces dernières pourraient être nommées *bractéoles*.

Les bractées prennent le nom d'*involucre* lorsqu'elles sont disposées en forme de verticille ou d'anneau, soit immédiatement sous les fleurs, soit à quelque distance, autour du pédoncule : tel est l'involucre du *clematis calycina*, celui de l'*anemone pulsatilla*, *nemorosa*, etc., l'enveloppe de la fleur du *passiflora fœtida* : le calice commun des fleurs composées est encore un véritable involucre. Quelquefois l'involucre semble tellement faire partie du calice à la base duquel il adhère, qu'on lui a donné le nom de *calicule* ou de second calice, comme dans la plupart des mauves. Le calice est *ca liculé* dans l'œillet, à cause des petites écailles qui entourent sa base. Les plus remarquables des involucres sont ceux qui accompagnent les fleurs en ombelles : ils sont situés à la base des rayons tant des ombelles que des ombellules ; ils prennent plus particulièrement le nom de *collerette*.

Enfin, on a rangé à la suite des bractées, et comme leur appartenant, les *cupules*, que plusieurs auteurs avaient d'abord considérées comme des calices : elles sont ordinairement d'une seule pièce, renferment une ou plusieurs fleurs femelles, et persistent avec le fruit : telle est la cupule du gland, celle du noisetier, celle du châtaignier. « On peut être surpris au premier coup-d'œil, dit M. Mirbel, de voir ranger parmi les feuilles florales la cupule, qui, en général, n'a aucune ressemblance avec les feuilles ; mais il est facile de justifier ce rapprochement en montrant les transitions. Ce que nous nommons *cupule* dans le noisetier, ressemble tout à fait à deux feuilles unies ensemble par leurs bords. La cupule du chêne est composée de petites écailles ou bractées soudées par leur partie inférieure ; elle ne diffère pas beaucoup de certains involucres. Dans l'*ephedra*, les gaînes placées à chaque articulation, et qui sont évidemment des feuilles *opposées-conjointes*, se rapprochent au voisinage du fruit, et composent une suite de cupules emboîtées les unes dans les autres : on arrive donc par nuances jusqu'à la cupule du pin, du sapin, etc. Le règne végétal offre une multitude de transformations semblables, qui rendent toujours les analogies difficiles à saisir. »

C'est sans doute par suite de ces transformations, de ces rapports successifs, que l'on a encore placé parmi les bractées les écailles calicinales des fleurs à chaton, et ces enveloppes particulières aux plantes monocotylédonées, qui, sous la forme d'une feuille membraneuse roulée en cornet, contiennent une ou plusieurs fleurs, ainsi qu'on le voit dans les narcisses, les *arum*, les palmiers, etc. : on leur a donné le nom de *spathe*. Linné les avait rapprochées du calice.

La spathe est tantôt d'une seule pièce, *univalve*, comme dans le dattier, l'*arum;* tantôt de deux pièces, *bivalve*, comme dans plusieurs espèces d'ail; à plusieurs pièces, *multivalve*, le *caryota :* quelquefois elle se déchire, au lieu de s'ouvrir régulièrement, comme dans plusieurs espèces de narcisse. Dans ses formes, la spathe ressemble ou à une feuille allongée, roulée à sa base, ou à un cornet obliquement évasé; quelquefois à une oreille d'âne, à une sorte de bourse, à un petit sac, etc.

La balle des graminées a été également associée aux spathes, dont elle est en effet très-rapprochée; mais comme les valves qui la composent remplissent plus immédiatement les fonctions du calice et de la corolle, j'en parlerai lorsqu'il sera question de la famille des *graminées*.

CHAPITRE XVII.

DES ENVELOPPES FLORALES.

Le calice.

COMMENT signaler le *calice*, cette enveloppe extérieure des fleurs, produite par le prolongement de l'écorce, destinée à protéger la corolle et les organes sexuels? Si le calice présentait constamment les mêmes caractères; si la corolle existait dans toutes les fleurs, cette définition n'aurait aucune difficulté, et le calice serait toujours facile à reconnaître : mais beaucoup de fleurs sont sans corolle, et, dans ce cas, il n'existe qu'une seule enveloppe. Sera-t-elle désignée comme calice ou comme corolle? La question est d'autant plus difficile à résoudre, que ces deux organes paraissent chargés des mêmes fonctions. Sous ce rapport, on aurait pu les indiquer sous les noms d'enveloppe extérieure et d'enveloppe intérieure, ainsi qu'on l'a fait depuis, mais en termes de l'art, par les expressions de *périgone*, ou de *périanthe* simple et *périanthe* double. Quand le périanthe est double, on rappelle alors les noms de calice et de corolle; mais, comme ce sont deux organes différens, il restera toujours à décider auquel des deux appartient le périanthe simple : c'est donc éluder la difficulté et non la résoudre; c'est, sous une même dénomination, réunir, confondre deux organes qui doivent être séparés. Nous avons vu ailleurs, par un abus opposé, les modifications du même organe désignées comme autant d'organes différens : conservons donc le nom de calice avec les attributs qui lui ont été assignés par Linné, mais seulement pour celui qu'il a nommé *périanthe*. Cet homme célèbre a cru devoir rapprocher du calice l'involucre des ombelles, la spathe des fleurs monocotylédonées, les écailles des fleurs en chaton, celles des graminées, la coiffe des mousses, le volva des champignons. Ces organes, quoique destinés en partie aux mêmes fonctions que le calice, ont plus de rapports, les trois premiers avec les bractées; les autres à un ordre de plantes avec lesquelles ils seront mentionnés. J'exposerai plus bas, en traitant de la *corolle*, les différences qui existent entre elle et le calice proprement dit.

Le calice n'a ni les grâces ni les formes agréables et variées de la corolle : c'est ordinairement une enveloppe grossière, un simple épanouissement de l'écorce à l'extrémité du pédoncule, qui souvent se divise en plusieurs segmens. Ne méprisons pas ces formes rustiques du calice, elles conviennent à ses fonctions. C'est par la puissance et la force qu'on protège et défend, et non par l'élégance des formes ou le prestige du luxe. Comme enveloppe extérieure de la fleur, le calice doit offrir plus de résistance aux dangers du dehors; sa constitution répond à son emploi : on trouve cependant quelques calices qui rivalisent en élégance et en beauté avec la corolle, et qui, même quelquefois, attirent seuls l'attention : tel est celui de notre bel hortensia, du fuchsia, etc.

C'est encore abuser des termes que de donner, presque indifféremment aux enveloppes extérieures de certaines fleurs, le nom de calice ou d'involucre, surtout quand cette enveloppe extérieure est double, comme dans la plupart des malvacées, ou qu'elle entoure plusieurs fleurs, comme dans les composées. On évitera cette erreur en observant avec soin les fonctions et les attributs de ces deux organes en apparence si rapprochés. L'*involucre est* une enveloppe destinée à protéger la fleur en bouton lorsque toutes ses parties sont encore dans un état de faiblesse tel, qu'un air un peu trop froid, un brouillard humide, ou un rayon de soleil trop ardent occasionerait sa perte : à la vérité, le calice existe déjà, mais il n'a pas encore acquis la vigueur d'un défenseur. Si, au moment de leur apparition, vous dépouillez ces sortes de fleurs de leur involucre, vous les verrez presque toutes s'altérer ou périr.

L'involucre est placé sur le pédoncule, souvent, à la vérité, vers son sommet, mais il n'en est pas l'épanouissement terminal; il ne fait point partie du réceptacle comme le calice. Dès que le bouton de fleur est fortifié, l'involucre s'écarte, il cesse ses fonctions; s'il persiste, ce n'est plus que comme auxiliaire des feuilles, dont il n'est qu'une modification. Dans les fleurs qui s'ouvrent et se ferment, selon l'état de l'atmosphère, assez généralement l'involucre ne participe pas à ces mouvemens, tandis que le calice se rabat sur la corolle. Le calice est une partie intégrante de la fleur; il la protége dans son développement, continue ses services tant qu'elle a besoin de son secours, et les étend même jusqu'aux fruits quand cela est nécessaire; il termine toujours le pédoncule, entoure souvent le réceptacle par sa base, ou semble même en faire partie, comme je l'ai dit ailleurs.

D'après cet exposé, ne doit-on pas craindre de bouleverser les idées, en donnant le nom d'involucre au calice commun des composées, au double calice des malvacées? N'est-ce pas encore faute d'entendre les termes ou d'en bien déterminer le sens, que l'on a donné aux balles, glumes ou écailles des fleurs dans les graminées, le nom de feuilles avortées, d'involucre ou de bractées? Ces écailles, dans cette famille de plantes, remplissent évidemment les fonctions de calice et de corolle; elles n'abandonnent pas les fleurs après leur épanouissement; elles restent même beaucoup plus long-temps que les enveloppes dans les autres fleurs. Dans combien d'espèces ne voit-on pas les deux écailles intérieures qui représentent la corolle, persister sur la semence, et former autour d'elle une sorte de péricarpe? Ces cupules, qui accompagnent les fruits du noisetier, du chêne, du châtaignier, se rapprochent autant du réceptacle que des involucres, parmi lesquels on les a placées.

Mais, dira-t-on, pourquoi l'involucre, cet organe protecteur du bouton, n'existe-t-il pas dans toutes les fleurs? Je demanderai à mon tour pourquoi y a-t-il des fleurs privées de calice ou de corolle, quelquefois de l'un et de l'autre? Un bon observateur ne fera jamais cette question, ou plutôt il en cherchera la réponse dans la nature : il verra qu'elle donne un protecteur aux parties les plus faibles; qu'elle abandonne à leurs propres forces celles auxquelles, dès leur naissance, elle a donné plus de vigueur; qu'en un mot, elle varie ses procédés à l'infini, et qu'il faut se défier de ces généralités établies d'après quelques observations particulières.

Les termes qui désignent les formes variées du calice, ou sont faciles à entendre, ou bien ils ont été déjà expliqués ailleurs : c'est pourquoi je me bornerai à un très-petit nombre. Je dois seulement rappeler ici que la portion de certains calices, sur laquelle s'insèrent les étamines et la corolle, et que j'ai dit appartenir au réceptacle, est citée par la plupart des auteurs comme partie inférieure et tubulée de ces même calices : d'où vient l'expression de calice supérieur et de calice inférieur; mais, d'après ce qui a été dit plus haut, ces expressions doivent être supprimées, et appliquées seulement à la corolle dans le même sens, ainsi qu'à l'ovaire, sans qu'il soit question du calice. La nature, il est vrai, n'a pas toujours mis entre ces deux organes, le réceptacle et le calice, des limites extérieures que l'œil puisse saisir, mais elle l'a fait pour leurs fonctions; l'un soutient et nourrit, l'autre défend et protége : il n'en faut pas davantage à l'observateur.

Le calice est *monophylle* ou d'une seule pièce lorsque ses divisions ne s'étendent pas jusqu'à la base, comme dans l'œillet, la primevère, dans les fleurs labiées; il est *polyphylle* ou composé de plusieurs pièces ou folioles, lorsque ses divisions s'étendent jusqu'à la base, ou jusqu'au réceptacle, avec lequel il est souvent confondu, comme je l'ai dit plus haut, et, dans ce cas, le calice paraît monophylle. Parmi les calices polyphylles, les uns n'ont que deux folioles, comme le pavot, la fumeterre, la balsamine; d'autres en ont trois, l'alisma, le tradescantia, la ficaire; d'autres quatre, le chou, la rave et toutes les crucifères : on en trouve cinq dans le lin, les renoncules, etc.; six dans l'épine-vinette, etc. Le calice est *entier* lorsqu'il n'offre à son limbe aucune division, ni lobes, ni dentelures, comme dans le *fissilia ;* il est *rongé* quand le bord est inégal ; *crénelé, denté, incisé, bifide, trifide,* etc.

On distingue encore, 1°. le calice *propre,* qui ne renferme qu'une seule fleur : il est *simple* lorsqu'il n'est composé que d'une seule enveloppe; *double,* quand il offre deux ou plusieurs enveloppes remarquables, toutes distinguées de la corolle, comme dans la plupart des malvacées. Quelques-uns rangent l'enveloppe extérieure parmi les bractées ou les involucres. 2°. Le calice *commun,* aujourd'hui plus généralement considéré comme un involucre, renferme plusieurs fleurs, toutes placées sur le même réceptacle, comme dans la scabieuse, le chardon, la laitue, etc. : il est simple quand il n'est composé que d'une seule pièce, comme celui de l'œillet d'Inde (*tagetes*), ou d'un seul rang d'écailles, mais qui ne se recouvrent pas les unes les autres, comme dans le salsifis : ce calice est *caliculé* quand il est garni à sa base extérieure de quelques petites écailles courtes. On nomme calice *imbriqué* celui qui est composé d'écailles ou de folioles disposées sur plusieurs rangs, et qui se recouvrent les unes les autres comme les tuiles d'un toit, l'artichaut, le chardon, etc.

Je dois prévenir, en terminant cet article, qu'aujourd'hui le calice n'est plus *qu'une feuille avortée, gênée dans son développement.* On aurait bien dû nous dire par quelle cause, par quel accident cette feuille se trouvait *gênée dans son développement,* et ce qu'il faut entendre par *avortement.* J'ai toujours cru que cette expression s'appliquait à tout organe qui, par un accident quelconque, n'était pas ce qu'il devait être : or, le calice est une enveloppe florale dont la position, la forme, les fonctions sont bien déterminées, en un mot c'est un *calice* et non une feuille manquée, pas plus que le pied n'est une main avortée, malgré les grands rapports qui existent entre ces deux organes. Au reste, nous verrons les avortemens jouer un grand rôle dans la nomenclature des modernes; nous verrons les balles des graminées converties également en *bractées avortées,* etc.; et les bractées que seront-elles? Sans doute des feuilles avortées. Enfin l'amour des termes nouveaux est porté aujourd'hui à un tel excès, que, par une contradiction remarquable, après avoir fait une feuille du calice, on ne veut pas que ses divisions, lorsqu'elles sont profondes ou séparées, soient des *folioles :* on y a substitué le nom de *sépales,* dans la crainte sans doute d'être trop bien entendu en continuant à parler français. Ainsi on a des calices ou des *feuilles avortées monosépales, bisépales, trisépales, polysépales,* etc., expressions qui du moins ont l'avantage de mettre en harmonie les *sépales* avec les *pétales :* ainsi se perfectionne tous les jours le langage scientifique, et des grâces toutes nouvelles s'introduisent dans la langue française !

CHAPITRE XVIII.

La corolle.

Tout ce que j'ai dit de ce charme séduisant attaché aux fleurs peut s'appliquer particulièrement à la corolle : c'est surtout pour elle que la nature a broyé les couleurs les plus éclatantes de sa palette, qu'elle a dessiné les formes les plus gracieuses ; mais, au milieu de ces brillans attributs, elle n'est en réalité que l'enveloppe immédiate d'organes plus importans. Ces belles formes que nous admirons ne lui ont point été données uniquement pour briller à nos regards, elles ont une destination plus relative au but de la végétation. Après avoir protégé dans le bouton les organes sexuels, la corolle s'entr'ouvre, se déploie, et devient la tenture élégante du lit nuptial : les noces terminées, cette décoration disparaît, se flétrit, ou, si elle persiste encore quelque temps, il est à croire qu'elle ne prolonge sa durée que pour concentrer dans l'intérieur de son tube, ou réfléchir, par le poli de ses pétales, ces flots de lumière, qui se réunissent, comme dans un foyer de chaleur, sur les ovaires fécondés, et en accélèrent le développement.

Quelques auteurs sont portés à croire que le calice et la corolle ne sont qu'une modification du même organe : je ne puis être de cet avis, et je vais présenter quelques observations qui tendront à prouver que ces deux organes sont non-seulement bien distincts, mais qu'il est encore possible, lorsqu'un seul existe, de reconnaître auquel des deux il appartient : pour cela, revenons un instant sur nos pas. Qu'est-ce qu'un calice ? C'est, avons-nous dit, une enveloppe produite par le prolongement de l'écorce. Le calice est dans ses rapports tellement rapproché des feuilles, que quelquefois il en affecte les formes, et n'en diffère que par une modification particulière : d'où suit une observation très-importante ; savoir que, dans les fleurs doubles, dans ce luxe de végétation qui bouleverse, confond, dénature toutes les parties des fleurs, le calice reste simple, ne se convertit jamais en pétales ; que tout au plus ses divisions s'élargissent, se déforment, ou se prolongent en folioles assez semblables aux feuilles ; qu'il conserve sa couleur verte et sa rudesse.

Sous des formes beaucoup plus aimables, la corolle se présente avec des caractères qui en font un organe bien distinct, et qui aident à la reconnaître même quand elle existe seule. Je ne citerai pas ses formes plus variées, ses couleurs plus brillantes, ses parfums, sa contexture plus délicate. Quoique ces attributs ne se rencontrent que très-rarement dans les calices, nous en trouverons de plus tranchés dans la nature des pétales et dans leur rapprochement avec les filets des étamines. Rien n'annonce qu'ils aient aucun rapport avec les calices, dont les divisions ne se changent pas plus en pétales, que les pétales en feuilles ; nous voyons au contraire, dans les fleurs doubles, les étamines et même les pistils prendre la forme des pétales, et quelques-uns, dans cette métamorphose, porter encore à leur sommet une anthère stérile : nous en trouvons une autre preuve dans les fleurs des malvacées, dont les filamens, soudés en un tube cylindrique autour du pistil, font corps avec la corolle, et ne sont qu'un prolongement de sa base ; ailleurs, ces filamens sont greffés sur les pétales, jamais sur le calice, comme je l'ai fait voir plus haut. Dans les giroflées, les renoncules, les œillets, les pavots, les rosiers à fleurs doubles, etc., les calices se montrent uniquement avec leurs divisions, tandis que les pétales se multiplient à l'infini aux dépens des étamines.

Une fois reconnu que la corolle seule se double, nous sommes forcés de regarder comme telle l'enveloppe florale de la tulipe, des narcisses, des jacinthes, etc., et, en général, celle de toute cette famille des monocotylédonées, dont les fleurs, malgré leur éclatante beauté, ont été, par plusieurs auteurs, rangées parmi les calices. Dans ces mêmes fleurs et dans beaucoup d'autres, les nectaires, les appendices particuliers dépendans des pétales, se multiplient comme eux : l'ancolie nous offre, dans son cornet éperonné, plusieurs autres cornets renfermés les uns dans les autres. Cette surabondance de végétation produit fréquemment des monstruosités singulières, mais qui n'affectent jamais que les corolles.

Ces particularités me paraissent assez tranchantes pour nous faire reconnaître, dans un très-grand nombre de fleurs à une seule enveloppe, la nature de cette enveloppe, soit, dans les unes, d'après la multiplication des pétales, soit, par analogie, dans celles qui ne se doublent pas. Je suppose que le lis ne se rencontre jamais double, lui refuserai-je une corolle quand je vois à côté la tulipe et la jacinthe se doubler? Dirai-je que l'anémone n'a point de corolle quand j'aperçois, au lieu de cinq pièces, une superbe rose composée d'un nombre infini de pétales disposées par zones nuancées des plus vives couleurs?

On peut encore faire entrer en considération la position respective des étamines, ou alternes avec les pétales, ou placées en opposition avec eux. On sait que, dans beaucoup de familles, ces dispositions sont constantes, et que, quand les étamines alternent avec les pétales, ces derniers alternent également avec les divisions du calice, et qu'alors les étamines se trouvent en opposition avec les divisions calicinales. Ces indications trompent rarement, surtout lorsqu'on étudie les plantes d'après leurs rapports naturels; mais elles ne sont applicables qu'aux plantes dont toutes les parties sont en nombre déterminé, et lorsque ce nombre est égal dans chacune de ces parties : je ne parle pas de plusieurs autres signes de reconnaissance qui m'entraîneraient dans de trop longs détails, mais qu'il sera facile d'apercevoir par l'habitude de l'observation. Ainsi, en réunissant toutes les observations antécédentes, il faudra, malgré l'opposition des étamines avec les pétales, admettre comme corolle, dans la famille des protéacées, l'enveloppe de chaque fleur, puisque, d'une part, cette enveloppe porte l'étamine, et que, de l'autre, elle est insérée sur le réceptacle, toutes ces fleurs étant d'ailleurs entourées d'une enveloppe générale, à laquelle on donne tantôt le nom de calice commun, tantôt celui d'involucre, selon la nécessité où l'on se trouve de la coordonner avec le système que l'on veut établir. J'en dirai autant de la famille des laurinées, dont les étamines sont soudées à la base de chaque pétale, ainsi que des plantaginées, dont la corolle monopétale adhère par sa base avec les filamens des étamines : ajoutons-y les nictaginées et les plumbaginées; mais, dans les polygonées, les atriplicées et les amarantacées, leur enveloppe est un véritable calice, d'après les principes que j'ai exposés plus haut.

Tournefort a posé en principe que le calice était destiné

pour la conservation de l'ovaire, soit qu'il l'enveloppe sans y
adhérer, soit qu'il fasse corps avec lui et en devienne le péricarpe : il a fait de cette distinction les sous-divisions de
plusieurs de ses classes. En conséquence de cette idée, il
donne, dans les enveloppes simples, le nom de calice à toutes
celles qui adhèrent avec l'ovaire : il en est résulté que, dans
la famille des liliacées, la brillante enveloppe des fleurs porte
le nom de calice ou de corolle, selon qu'elle est adhérente ou
non adhérente avec l'ovaire. Il a été plus loin : entraîné par
les conséquences de ce principe, il distingue deux parties
dans les enveloppes adhérentes : la partie inférieure, qui fait
corps avec l'ovaire et qu'il nomme calice ; la partie supérieure,
qu'il appelle corolle, quoiqu'elle ne paraisse être que la con-
tinuation du même organe.

Cette manière de voir de Tournefort paraîtra peut-être
contradictoire, au moins très-inexacte, à quiconque ne s'ar-
rêtera qu'aux apparences. Comment, dira-t-on, le même organe peut-il être en même temps calice et corolle, calice à sa
base, corolle à la partie qui domine l'ovaire ? Si la base de
cette enveloppe est considérée comme un calice adhérent, la
partie supérieure et libre de cette enveloppe n'en est-elle pas
évidemment le limbe, et peut-elle recevoir une autre dénomination?

Tournefort a vu bien différemment, et ne s'est point arrêté
à cette idée superficielle. Dans cette enveloppe unique, il a
remarqué deux parties bien distinctes, lesquelles, quoique
réunies, remplissent deux fonctions différentes : c'est du
moins, quoiqu'il ne le dise pas ouvertement, l'interprétation
que j'ose donner de son idée, et qui résulte naturellement de
ses principes. La partie inférieure, destinée pour la conservation de l'ovaire, persiste, s'accroît, se développe avec lui,
et en devient le péricarpe ; la partie supérieure, plus spécialement réservée pour la défense des organes sexuels, se dessèche et périt peu après la fécondation : la première remplit
donc évidemment la fonction de calice dans le sens de Tournefort, et la seconde celle de corolle. Elles devaient donc
être distinguées par l'expression, comme elles le sont par leur
position, leur durée et leur destination; elles forment donc
réellement deux organes sous l'apparence d'un seul. On a vu
que mon opinion est très-rapprochée de celle de Tournefort,
et qu'elle n'en diffère qu'en ce que je regarde comme portion
du réceptacle celle qu'il prend pour un calice.

L'attention qu'il faut donner aux formes de la corolle pour la distinction des plantes est peut-être ce qu'il y a de.plus attrayant dans une étude où tout est jouissance. Tournefort, en choisissant la corolle pour le fondement de sa méthode, et mettant par ce moyen la science à la portée de tous les esprits, a peut-être plus fait pour sa propagation que les plus savans botanistes dans la profondeur de leurs recherches. Dès qu'on sait plaire en instruisant, on peut être assuré du succès de ses leçons : celles qui tiennent à une science aussi attachante seront toujours écoutées tant qu'on ne sortira pas des bornes de l'observation, et que l'homme ne viendra pas nous offrir ses systèmes pour l'œuvre de la nature. Dans cette analyse de la corolle, tandis qu'au milieu d'une atmosphère parfumée, des doigts délicats en séparent toutes les pièces, la vue ne peut se détacher de ces formes gracieuses, de ces tons de couleurs si agréablement nuancés; et quand, au milieu de ces jouissances qui semblent n'affecter que les sens, on parvient à connaître le jeu et la destination de toutes ces pièces, c'est alors que ce que nous ne regardions que comme une agréable distraction, pénètre notre ame d'une profonde admiration pour la grandeur des œuvres du Tout-Puissant. Arrêtons-nous d'abord aux simples formes de la corolle, nous verrons ailleurs qu'elles n'ont point été dessinées au hasard.

La corolle est *monopétale* (d'une seule pièce) ou *polypétale* (de plusieurs pièces, à plusieurs pétales); *régulière*, lorsque toutes ses divisions ou tous les pétales sont semblables ; *irrégulière*, lorsqu'une ou plusieurs de ses divisions ou de ses pétales ne ressemblent pas aux autres. La corolle est monopétale, quelle que soit la profondeur de ses divisions, quand elles sont réunies en un seul corps, ne le seraient-elles qu'à leur base : la corolle de la mauve, quoique divisée presque jusqu'à sa base, est autant monopétale que celle du liseron, qui est entière dans toute sa longueur.

On distingue deux parties dans la corolle monopétale : 1°. le *tube*, qui est sa partie inférieure, tantôt extrêmement court, tantôt très-allongé : on donne le nom d'*orifice* ou de *gorge* à son ouverture supérieure ; 2°. le *limbe*, qui comprend toute la partie dilatée, à partir de l'orifice jusqu'au bord.

Les formes les plus remarquables des corolles régulières sont, 1°. celles en forme de cloche, les *campanulées*, lorsque, dilatée dès sa base, la corolle n'a point de tube sensible et qu'elle s'évase en offrant la forme d'une cloche, comme celle de la campanule, du liseron, etc. 2°. Les *infundibuliformes* ou en entonnoir : le tube est étroit, insensiblement dilaté ; le limbe presque campanulé, comme dans le tabac, etc. 3°. Dans les *hypocratériformes* ou en forme de plateau, le tube est étroit, plus ou moins allongé, point dilaté à son orifice; le limbe plane ou un peu concave, comme dans le phlox, le jasmin, etc. 4°. Dans la corolle *en roue*, le tube est très-court, le limbe plane, à plusieurs divisions ou à plusieurs lobes : la morelle, la pomme de terre (*solanum*). Quand les divisions du limbe sont allongées, aiguës, on dit que la corolle est en molette d'éperon, comme dans la bourrache, ou en étoile, comme dans le caille-lait (*galium*); enfin la corolle est *tubulée* lorsqu'elle est constituée par un tube allongé, cylindrique, terminé par un limbe très-court, presque nul.

Parmi les corolles monopétales irrégulières on distingue, 1°. les *labiées* ou en lèvres : le tube se prolonge en un limbe irrégulier, divisé en deux parties dissemblables, écartées et placées l'une au-dessus de l'autre, que l'on nomme *lèvres*. La lèvre supérieure imite souvent un casque; elle en porte le nom; l'inférieure porte celui de *barbe*. L'écartement de ces deux lèvres est l'*ouverture* (*rictus*); l'évasement du tube est la *gorge*; la sauge, le *lamium* ou ortie blanche. 2°. Les *personnées*, en masque ou en gueule : l'orifice du tube est large et renflé; les deux lèvres, rapprochées à leur base, sont fermées par une dilatation proéminente qu'on nomme le *palais*; le mufle de veau (*antirrhinum*); quelquefois le tube est muni d'un prolongement semblable à un ergot de coq ou à un éperon; la linaire.

Les pièces qui composent la corolle polypétale se nomment *pétales*. Dans chaque pétale on distingue l'*onglet*, qui est la partie par laquelle le pétale tient à la fleur : assez ordinairement les pétales sont plus ou moins rétrécis à leur base. Dans ce cas, on dit que le pétale est *onguiculé :* quand ce rétrécissement est peu sensible, le pétale est sessile; mais, même dans ce cas, il n'a pas moins un onglet constitué par son point d'attache. La partie supérieure et ordinairement plus élargie du pétale se nomme *lame :* elle correspond au limbe de la corolle monopétale.

La corolle polypétale prend un nom particulier d'après la forme et la disposition des pétales : 1°. on la dit *cruciforme* lorsqu'elle est composée de quatre pétales réguliers, placés en croix, comme dans le chou, la giroflée, etc. 2°. Elle est *rosacée* quand les pétales, au nombre de cinq, ont des onglets très-courts, et sont disposés comme dans la rose à fleurs simples, le fraisier, la renoncule, etc. 3°. La corolle est *caryophillée* quand ces cinq pétales réguliers sont pourvus d'onglets très-longs, renfermés dans un calice tubulé : l'œillet, le lychnis, le silené, etc. 4°. On a donné le nom de *papilionacée* à toute corolle composée de cinq pétales très-irréguliers, et qui ont reçu des noms particuliers. Le pétale supérieur, ordinairement plus grand et relevé, se nomme l'*étendard* ou le *pavillon*; les deux latéraux forment les *ailes*; les deux inférieurs, ou séparés, ou soudés ensemble par leur bord antérieur, portent le nom de *carène*, dont ils ont la forme : telles sont les fleurs des pois, des haricots et de la plupart des légumineuses.

On peut encore ajouter à ces formes la corolle *ligulée* ou le *demi-fleuron*, composé d'un tube grêle, très-court, dont le limbe se prolonge d'un seul côté en une sorte de languette, comme dans la chicorée, le pissenlit, etc. Le *fleuron* est une corolle monopétale, régulière, infundibuliforme, ayant cinq divisions à son limbe : elle ne porte ce nom qu'autant qu'elle appartient aux fleurs composées, syngénèses, ainsi que le demi-fleuron : d'où vient que ces sortes de fleurs, réunies dans un calice commun, se nomment *flosculeuses* lorsqu'elles sont uniquement composées de fleurons; *semi-flosculeuses*, quand elles n'ont que des demi-fleurons; *radiées*, lorsque leur disque ou centre est occupé par des fleurons, et leur circonférence par des demi-fleurons.

Telles sont les formes les plus générales de la corolle, parmi lesquelles il y a beaucoup d'intermédiaires qui ne peuvent être rigoureusement désignées que par des descriptions particulières : Tournefort y ajoute les fleurs *liliacées*, monopétalées, à six divisions, ou composées de six pétales. Elles n'ont point de calice; presque toutes appartiennent aux monocotylédonées, tels que le lis, l'ornithogale, les iris, etc.; les autres corolles, tant monopétales que polypétales, qui ne peuvent être rapprochées des formes que nous venons d'indiquer, sont *anomales*, telles que la violette, la capucine, le pied d'alouette, les orchis, etc.

La corolle, considérée d'après son insertion, est placée sous l'ovaire : alors elle est *hypogyne*, comme dans la giroflée, le liseron, etc.; autour de l'ovaire, *périgyne*, sur la paroi interne du calice (du tube du réceptacle, selon moi), comme dans le myrte, le rosier, la campanule : elle est placée au sommet de l'ovaire, *épigyne*, dans les ombellifères, les rubiacées et dans toutes les fleurs syngénèses. Ces différentes insertions, en les combinant avec celles des étamines, ont fourni à M. de Jussieu, des caractères généraux pour la distinction de ses familles naturelles, et pour établir les rapports entre ces mêmes familles. On peut admettre, comme un principe assez général, que les filamens des étamines sont soudés par leur partie inférieure sur les corolles monopétales, tandis qu'il est très-rare que les pétales, dans les corolles polypétales, portent des étamines.

La corolle est quelquefois pourvue d'appendices particuliers sans que sa forme en soit sensiblement altérée : telles sont ces écailles placées à l'orifice des fleurs de la bourrache ; ces lames dentelées, saillantes qui garnissent celle du laurier-rose ; ce tube en forme de couronne qui occupe le centre des divisions dans la fleur du narcisse : ailleurs ce sont des fossettes, des enfoncemens en godets ou en cuillers, des sillons tels qu'on en voit sur les pétales du lis, des bosses, des cornets, des éperons. Lorsque ces sortes de cavités sont remplies d'une liqueur particulière, elles prennent le nom de *nectaires*, et doivent être distinguées des appendices proprement dites.

La disposition de la corolle dans le bouton, ou la manière dont les pétales sont placés, ainsi que les autres parties de la fleur avant son épanouissement, mérite d'être observée : elle ne l'a encore été qu'imparfaitement. Les pétales sont chiffonnés dans le grenadier, le ciste, le pavot, etc. ; ils sont roulés en spirale dans l'*oxalis*, l'*hermannia*, etc. ; imbriqués, se recouvrant les uns les autres dans la rose, etc. Dans les fleurs légumineuses, il en est qui embrassent tous les autres ; la corolle du liseron est plissée. En examinant le développement de la fleur du cobœa, j'ai observé que la corolle dans le bouton était à peine sensible, qu'elle se présentait sous la forme d'un anneau fort court, tandis que les filamens étaient déjà très-saillans, les anthères très-grosses, et à leur état de perfection ; le calice long d'un pouce, d'une seule pièce ; les cinq grandes folioles qui le composent ne se séparent que lorsque la corolle est développée. Les filamens ont d'abord une forme cylindrique ; ils sont fortement recourbés au sommet, puis se redressent, s'allongent, se déroulent en spirale, et portent des anthères vacillantes, mais flétries ; le style est très-court, les divisions du stigmate peu apparentes ; mais, à mesure que les filamens se déroulent, le style s'allonge proportionnellement, et le stigmate se présente avec ses trois grandes divisions : alors les anthères ont déjà lancé leur pollen. Il est peu de fleurs dont la position et la forme de toutes les parties soient plus changeantes que celle du cobœa pendant le cours de son développement : le pédoncule est d'abord droit et court : il s'allonge et se courbe fortement quand la fleur est épanouie, se redresse après la fécondation, se recourbe de nouveau, et forme une demi-spirale après la chute de la corolle; il reste tel et pendant jusqu'à la maturité et la chute des fruits. Cette variété de mouvemens et de positions a un but bien déterminé qui n'échappera pas à un bon observateur. Je ne suis entré dans ces détails sur le *cobœa* que parce qu'il me semble qu'ils n'ont pas encore été observés.

Quelque frappant que puisse être l'éclat admirable des couleurs dans la corolle, comme elles éprouvent quelquefois des changemens très-remarquables dans les individus de la même espèce, Linné a presque généralement exclu la couleur du nombre des caractères spécifiques. En effet, nos parterres nous prouvent tous les jours combien elle est variable dans la plupart des fleurs que nous cultivons; comme, d'un autre côté, le cultivateur ne peut produire ces variétés à volonté, qu'elles tiennent à des circonstances qui nous sont inconnues, on en a conclu avec assez de raison que ce qui arrive dans nos jardins pourrait bien arriver dans la nature inculte. Pallas, herborisant sur les bords du Volga, a rencontré l'*anemone patens* à fleurs blanches, bleues ou jaunes. Il faut avouer cependant que ces changemens sont assez rares, et qu'il existe, même en très-grand nombre, des espèces où la couleur est invariable. Pourquoi ne serait-elle pas employée comme un caractère distinctif quand l'observation nous a confirmé sa permanence, et qu'elle se joint d'ailleurs à d'autres caractères plus marquans? Du moins il sera toujours bon de la citer. Tandis qu'elle est constamment jaune dans les inules, les épervières, le cytise des Alpes, elle est blanche dans le lis, le cerfeuil, la cicutaire, etc.; enfin, il est un grand nombre de plantes, cultivées ou sauvages, dans lesquelles on n'a jamais remarqué aucune altération dans les couleurs; d'autres nous offrent dans leurs changemens des phénomènes assez curieux; quelquefois la même plante change la couleur de ses fleurs à mesure que celles-ci se développent, ou qu'elles approchent du terme de leur existence. Le calice coloré de l'hortensia est d'abord d'un vert clair, passe ensuite au rose,

au bleu, puis se teint de violet, et se termine par un blanc
sale : la couleur rouge du *lathyrus sylvestris* et de plusieurs
borraginées passe du rouge au bleu. Le fait le plus remarquable dans cette variation de couleurs est celui cité par An-
drews pour le *gladiolus versicolor*. Le matin, sa couleur est
brune ; mais elle s'altère pendant la journée, tellement que,
vers le soir, la fleur est d'un bleu clair : elle reprend, pendant la nuit, la couleur qu'elle avait la veille, et, pendant
les huit à dix jours de son existence, ce changement s'exécute régulièrement chaque jour, excepté vers la fin, où la
couleur brune l'emporte et reste seule. Cet exemple est peut-
être le seul que nous ayons d'une fleur qui reprenne la couleur et l'éclat qu'elle a une fois perdus [1].

CHAPITRE XIX.

Organes sexuels.

De tous les phénomènes exposés jusqu'ici sur la végétation,
il n'en est pas de plus étonnant que la fécondation des ovaires
par le moyen des sexes. Il a fallu, pour y croire, une suite
d'observations et d'expériences faciles à vérifier : autrement on serait porté à regarder cette découverte comme un
roman ingénieux sorti de l'imagination des poètes, et à l'assimiler aux brillantes fictions de la mythologie. L'existence
des sexes, bien prouvée, fait naître dans l'esprit une foule
de réflexions qui pourraient l'égarer dans son enthousiasme :
des organes sexuels dans des êtres insensibles, les circonstances
qui accompagnent leurs fonctions, l'espèce d'attraction d'un
sexe pour l'autre, les mouvemens qui s'exécutent au moment
de la fécondation, ajoutent beaucoup aux idées que l'on s'é-
tait formées sur la végétation. Les plantes acquièrent, parmi
les êtres vivans, une importance qui semble les élever audes-
sus de certains animaux en qui il n'existe aucune apparence
de sexe : on serait tenté de leur accorder une légère portion
de sensibilité, de mouvement volontaire, les premiers élans
du sentiment. Riche matière pour les grands tableaux de la

[1] Mirbel, *Elém.*

poésie descriptive! mais nous avons ici à peindre la nature telle qu'elle est, et non à l'embellir par les écarts séduisans de l'imagination. Commençons par faire connaissance avec ces organes si importans, nous les suivrons ensuite dans l'exécution de leurs intéressantes fonctions.

Dans la plupart des fleurs, on distingue, dans l'intérieur de la corolle et autour d'un axe central, plusieurs filamens semblables à de petites colonnes, d'un blanc d'albâtre, rangés circulairement; ils soutiennent à leur sommet une sorte de capsule d'un beau jaune, fixe ou balancée sur son pivot : elle porte le nom d'*anthère*, son support le nom de *filament*, et les deux ensemble celui d'*étamine* : c'est l'organe mâle des plantes. L'axe central qu'entourent les étamines est l'organe femelle; on le nomme *pistil* : il est ordinairement composé de trois parties; une inférieure, placée immédiatement sur le réceptacle, et que l'on désigne sous le nom d'*ovaire* : il s'en élève un filet droit, c'est le *style* qui supporte la troisième partie, nommée *stigmate*, quelquefois à peine distingué du style, surtout quand il ne se présente que comme une petite pointe ou un pore terminal : tel est l'élégant appareil des organes sexuels.

1°. *Les étamines.*

L'organe mâle, sous le nom d'*étamine*, est donc composé de deux parties, le filament et l'anthère. La principale fonction du filament est de soutenir l'anthère, et, dans les fleurs hermaphrodites, de la mettre à portée du stigmate, ou, dans les fleurs unisexuelles, de la sortir des enveloppes florales, et de la présenter à l'action des vents, afin que la poussière fécondante puisse en être plus facilement dispersée, et transportée sur les stigmates. Sans doute les filamens sont encore chargés d'ouvrir un passage aux fluides qui doivent contribuer à la formation du pollen. Sous ce rapport, il faut bien qu'il y ait une modification différente entre les filamens et les pétales. M. Mirbel dit qu'on observe ordinairement un faisceau de trachées dans le centre des premiers, que quelquefois ils sont creux, comme ceux de la tulipe : quoi qu'il en soit, ces deux organes sont si rapprochés, que nous avons vu, dans les fleurs doubles, les filamens prendre la forme et la couleur des pétales, ils en ont d'ailleurs la délicatesse, la même consistance; ajoutons que très-souvent les filamens deviennent également une enveloppe protectrice, surtout pour l'ovaire, cet organe si essentiel pour la propagation des espèces. Il est, dans le premier âge, entouré par les filamens : ils sont rapprochés, appliqués sur lui avec une précaution toute particulière, tandis qu'eux-mêmes sont défendus par la corolle, et celle-ci par le calice. C'est probablement pour cette fin que la nature a donné à quelques filamens plus de largeur à leur base, comme dans l'ornithogale, ou qu'elle l'a creusée en cuiller ou en écaille concave, comme dans la campanule, etc. Pour d'autres plantes, elle a plus fait, elle a réuni les filamens en un seul corps; elle en a formé une membrane, une sorte d'étui qui enveloppe l'ovaire en totalité, comme dans les malvacées, les légumineuses, etc.; dans d'autres espèces, ils ne sont réunis qu'à leur base.

La forme du filament n'est donc pas indifférente pour l'observateur : il y reconnaîtra un but particulier relatif à la position des autres parties de la fleur, surtout à celle du pistil; cette forme pourra fournir d'assez bons caractères, et je suis très-persuadé que, dans la même espèce, on ne trouvera pas des individus avec des filamens élargis à leur base, et d'autres individus munis de filamens cylindriques dans toute leur longueur : cette seule différence suffirait pour caractériser deux espèces, et empêcher de les confondre, quelle que soit d'ailleurs leur ressemblance.

Le filament est *cylindrique*, c'est-à-dire égal dans toute sa longueur : c'est la forme la plus commune; *capillaire*, de la finesse d'un cheveu, comme dans le plantain, les graminées, etc.; *toruleux* ou *noueux*, renflé en nœuds de distance en distance, le *sparmannia*; *géniculé* ou coudé, plié en genou, le *mahernia pinnata*; *crénelé*, marqué, du côté intérieur, de sillons transversaux qui forment des crénelures, dans l'ortic, le *broussonetia*: ces crénelures, d'après l'observation de M. Mirbel, favorisent la détente des filets, qui sont courbés en ressort avant l'épanouissement; en *spirale* ou en tire-boure, l'*hirtella*; *cunéiforme*, en coin, le thalictron; *subulé* ou en alène, l'érable, la tulipe; *gladié*, à deux tranchans, le balisier; *plane* dans l'ail; en forme de pétale, c'est-à-dire mince, élargi et coloré comme un pétale; *fourchu*, comme dans plusieurs espèces d'ail; *aigu* à son sommet; *obtus, échancré, bi-tridenté, capité*, etc.

L'*anthère* est l'attribut essentiel de l'étamine; le filament n'en est que le support; c'est dans l'anthère que réside le pollen fécondateur ; dès qu'il manque l'ovaire reste stérile. Si l'anthère pouvait s'offrir a nos regards telle qu'on la voit au microscope, et si cet instrument pouvait tripler, quadrupler, etc., la force de la vision, nous pourrions peut-être pénétrer dans ces mystères de fécondation qui se cachent à notre vue ; nous verrions sans doute des organes de formes très-variées, et les ressorts secrets qui les mettent en activité ; mais la simple vue nous apprend peu de choses, et cependant ce peu nous étonne quand nous savons l'observer.

L'anthère se présente à l'extérieur sous l'apparence d'une petite capsule ordinairement à deux loges ou à deux lobes, tantôt fortement accolés l'un contre l'autre sans aucun corps intermédiaire, tantôt réunis par le moyen d'un corps épais, charnu, très-court, quelquefois d'une longueur remarquable, comme dans la sauge : M. Richard lui a donné le nom de *connectif*. Chaque lobe ou capsule est un sac membraneux, divisé intérieurement par une cloison mitoyenne, et marqué à sa superficie d'une suture correspondante à la cloison. A l'époque de la fécondation, les deux lobes s'ouvrent par deux valves, et laissent échapper le pollen sous la forme d'un petit nuage pulvérulent. Quelques faits particuliers, observés et cités par M. Mirbel, tant sur l'anthère que sur le pollen qu'elle renferme, donneront sur cet organe des idées plus étendues qu'une simple définition : j'en vais présenter les plus remarquables.

« Les anthères du thuya, du cyprès, du génévrier, etc., sont remarquables par leur extrême simplicité : elles consistent en de petits sacs membraneux, arrondis, à une loge, qui se déchirent plutôt qu'ils ne s'ouvrent. La plupart de ces anthères sont privées de filamens.

« Les anthères du potiron et des autres espèces de la famille des cucurbitacées sont linéaires et repliées sur elles-mêmes, comme un N dont les jambages seraient rapprochés.

« Les anthères des solanum, des casses, des mélastomes, des rhododendrum, etc., ne s'ouvrent point dans leur longueur, mais se percent à leur sommet.

« Les anthères des lauriers, des épines-vinettes, etc., s'ouvrent par de petits opercules qui se lèvent comme des soupapes.

« Dans les malvacées, les molènes (*verbascum*), la lavande, l'anthère prend la forme d'un rein par la réunion et la confluence des deux lobes.

« Dans le lis, l'yucca, le datura, etc., le connectif tient les deux lobes rapprochés, mais non pas réunis.

« Le connectif se relâche, pour ainsi dire, dans le *thymus patavinus*, et il permet aux lobes de s'éloigner l'un de l'autre. Un relâchement analogue, mais beaucoup plus prononcé, se montre dans la sauge : le connectif, très-allongé, est attaché en travers sur le filament, et porte un lobe à chaque extrémité. La forme étrange des étamines des mélastomes provient aussi du développement considérable que le connectif acquiert.

« Dans le *kœmpferia*, le *begonia*, l'*anona*, etc., les lobes sont attachés le long des côtés du filament, lequel remplit alors les fonctions de connectif. En général la face antérieure des anthères regarde le centre de la fleur ; cependant les anthères du *mahernia*, de l'*hermannia*, etc., tournent le dos au pistil.

« Les anthères, dans les plantes d'une même famille, ont fréquemment une forme et une organisation analogues ; c'est ce que l'on peut reconnaître en étudiant les rosacées, les cucurbitacées, les malvacées, les graminées, etc. Toutefois, il existe des familles parfaitement naturelles, dans lesquelles les anthères subissent des modifications si considérables, qu'on a peine à y retrouver quelques indices d'un type primitif. Je prends pour exemple le serapias, le limodorum, l'orchis, trois genres de la famille des orchidées.

« Le *serapias longifolia* a une seule anthère dressée, mobile, dont la face, chargée d'un pollen humide et pulvérulent, est appliquée contre la partie postérieure du style, dans une cavité particulière. Cette anthère a deux lobes bien marqués, et chaque lobe est divisé longitudinalement par une cloison, en sorte que l'anthère ne s'éloigne pas beaucoup de la forme la plus habituelle à cet organe.

« Le *limodorum purpureum* a une anthère pendante et mobile, dont la face, engagée dans une cavité pratiquée antérieurement à la partie supérieure du style, est partagée en deux compartimens creusés chacun de quatre fossettes. Le pollen est une masse élastique, divisée en huit lobes ; chaque lobe est logé dans une des fossettes de l'anthère : cette organisation n'a presque plus de rapports avec la forme ordinaire.

« L'orchis maculé a une anthère dressée, ovale, fixée au sommet du stigmate : elle est divisée en deux lobes, lesquels ont chacun une loge et deux valves. Au fond de chaque loge est un pollen d'une structure toute particulière : c'est un fil élastique, chargé de petits corps pyramidaux, qui, rapprochés les uns des autres par la contraction du fil, offrent une masse ovoïde. Ce fil, au moment où l'anthère s'ouvre, part souvent comme un ressort, et s'élance hors de la loge. Il y a fort peu de ressemblance entre cette anthère et les deux précédentes, et, si nous poursuivions l'examen des organes mâles dans les orchidées, chaque genre nous offrirait des modifications non moins prononcées.

« Il en est de même de la famille des apocinées. Je citerai la pervenche, le laurier-rose et l'asclépias. Les cinq anthères de la pervenche ne s'éloignent pas de la forme habituelle ; les cinq du laurier-rose ressemblent aussi, sous beaucoup de rapports, au type ordinaire ; mais elles ont cela de particulier, que chacune est surmontée d'un appendice barbu, et est fixée au sommet et à la base du stigmate par deux points différens.

« Les cinq anthères de l'asclépias diffèrent bien davantage du type ordinaire ; elles sont larges, sèches, appliquées chacune contre l'une des faces d'un stigmate pentagone, et portées toutes sur un androphore (un filament) en forme d'anneau : ces anthères ont deux loges ouvertes. Le pollen est composé de dix petites masses oblongues, amincies en fil à leur partie supérieure, et suspendues deux à deux par cinq corpuscules durs, noirs et luisans, aux cinq angles du stigmate. Chaque petite masse se rend dans la loge anthérale la plus voisine, en sorte que les deux masses suspendues à chaque angle, sont logées séparément dans les deux anthères contiguës.

« Nous avons vu les étamines réunies quelquefois par leurs filamens ; elles le sont aussi quelquefois par leurs anthères : les cinq du lobelia, et celles de la plupart des fleurs de la famille nombreuse des synanthérées (des composées), sont soudées l'une à l'autre, par leurs côtés, en un tube que traverse le style ; les quatre anthères du *melampyrum arvense* forment aussi un tube, mais il est fermé à sa partie supérieure, et il ne reçoit point le style. L'avortement de l'anthère ou de l'un de ses lobes, et le développement irrégulier du connectif, sont des caractères constans dans certaines espèces, et c'est à cela qu'il faut attribuer souvent les formes bizarres des anthères. Voyez, pour exemple, celles du *commelina* et du *justicia*, etc. »

Les détails seraient infinis si l'on voulait parcourir la longue série des espèces : ils appartiennent à l'étude individuelle des plantes, et je n'ai rapporté les observations de M. Mirbel, que pour mettre le lecteur sur la voie des découvertes. Nous allons encore profiter des recherches microscopiques du même savant sur la nature et les caractères du pollen.

« Quand les valves des anthères s'ouvrent, le pollen se répand au dehors : il est composé d'une innombrable quantité de corpuscules organisés, ordinairement jaunes, quelquefois blancs, rouges, bleus, violets, verdâtres, etc., qui ressemblent à une fine poussière. Ces petits corps diffèrent souvent dans les espèces différentes. Pour les bien observer, il faut les mettre sur l'eau : l'humidité, en les dilatant, fait paraître leur véritable forme. Ils sont oblongs dans les ombellifères ; globuleux dans les cucurbitacées, les malvacées ; icosaëdres dans le salsifis : ils approchent plus ou moins de la forme pyramidale - triangulaire dans les onagraires, le trapa, le fuchsia, etc. Leur surface est très-lisse dans un grand nombre d'espèces ; elle est armée de petites pointes dans les composées, les malvacées, etc. : ils ont des côtes comme le melon cantaloup dans le *symphytum* ; ils sont attachés les uns aux autres par des fils d'une extrême ténuité dans le *rhododendrum*, l'*azalea*, l'*epilobium*, la balsamine, etc.

« Chaque corpuscule, mis sur l'eau, s'enfle, se dilate et crève. On voit sortir alors, par l'ouverture, un jet de matière liquide qui s'allonge en serpentant et s'élargit bientôt comme un léger nuage à la surface de l'eau. Cette matière paraît être de la nature des huiles : elle a, selon les espèces, plus ou moins de consistance. Celle qui s'échappe du pollen du potiron et du *passiflora serrata*, offre une multitude infinie de petits grains placés les uns à côté des autres : elle se maintient dans cet état durant un assez long temps ; mais à la fin les petits grains disparaissent, comme s'ils se fondaient ; souvent, quand les corpuscules se sont tout à fait vidés, ils diminuent de volume, ils se plissent, ils changent d'aspect, et deviennent plus transparens.

« Le pollen de beaucoup de végétaux brûle avec une vive lumière quand on le projette sur un corps enflammé : il donne, par l'analyse chimique, une quantité notable d'acide phosphorique, ce qui établit un singulier rapport entre cette poussière et la sécrétion animale, à laquelle il est naturel de la comparer ; mais l'analogie paraît plus étonnante encore, si l'on fait attention à l'odeur particulière qu'exhale, au temps de la fécondation, le pollen du châtaignier, de l'*aylanthus*, de l'épine-vinette, du dattier, etc., et peut-être le pollen de toutes les plantes. »

D'après les faits que je viens de rapporter, on conçoit combien il est essentiel de considérer l'anthère sous tous ses attributs, et surtout de ne pas perdre de vue, dans ces considérations, sa principale fonction, celle de féconder l'ovaire par le pollen lancé sur le stigmate : c'est de là que dépend l'indéhiscence de ses valves, ainsi que son attache sur le filament, toujours relative à la position du pistil. Ces rapports de position entre ces deux organes sont trop nombreux pour être tous cités : ils n'échapperont pas à ceux qui auront pris l'habitude de les observer. Nous en verrons quelque application lorsque nous parlerons, ci-après, de la fécondation.

L'anthère, considérée dans son point d'attache avec le filament, est dite *adnée* lorsqu'elle y est fixée dans toute sa longueur, et qu'elle n'a point de connectif propre, comme dans les renoncules ; elle est *latérale* lorsqu'elle n'est attachée que d'un seul côté du filament, le balisier ; *terminale*, si elle est située à l'extrémité du filament, le radis, le datura, etc. Dans les iris et les composées, l'anthère est attachée par une de ses extrémités, que l'on considère comme sa base, ou bien elle est attachée par le milieu, comme dans le lis ; elle est *immobile* lorsqu'elle tient au filament de manière à ne pouvoir exécuter aucun mouvement, comme dans les composées, les orchis : dans le sens contraire, elle est *mobile*, le lis ; *pivotante* ou *vacillante*, la tulipe, l'amaryllis, le lis, etc. Quant à sa *déhiscence*, nous avons déjà vu que l'anthère s'ouvrait assez généralement par des fentes longitudinales : elle s'ouvre par un ou plusieurs pores terminaux dans la pyrole, la morelle, les casses, etc. ; par un opercule dans le *brosimum ;* par des valvules dans l'épine-vinette, le léontice, etc. : l'ouverture a lieu ordinairement de haut en bas, plus rarement de bas en haut. Pour connaître la véritable forme de l'anthère, il faut l'observer avant la fécondation, et même la prendre dans le bouton, car il en est qui s'ouvrent de très-bonne heure : alors on ne les voit plus que déformées, ayant leurs valves étalées dans une position relative à leur mode de déhiscence.

L'insertion, la disposition, la proportion des étamines entre elles, leur connexion et leur nombre sont encore autant de considérations importantes qui, en fournissant de très-bons caractères, nous démontrent de plus en plus combien la nature, tendant constamment à un seul but, la propagation de l'espèce, a su varier à l'infini ses moyens pour y arriver. La modification d'un des organes sexuels dans sa position ou sa forme, est presque toujours l'indice d'une modification relative dans les autres organes.

Considérées quant à leur insertion, les étamines sont dites *hypogynes* lorsqu'elles sont placées sur le réceptacle, au niveau de la base de l'ovaire, ou plus bas, telles que dans les crucifères, les renoncules, etc. ; *périgynes*, quand elles ont leur point d'insertion au-dessus de celui de l'ovaire, les myrtes, les rosacées, etc.; *épigynes*, lorsqu'elles sont attachées sur le pistil, les orchidées, les aristoloches, etc.

Les étamines sont *libres* quand elles ne sont réunies ni par leurs filamens, ni par leurs anthères, le lis, les renoncules, etc.; *monadelphes*, lorsque les filamens ne forment qu'un seul corps, les malvacées; *diadelphes*, quand les filamens sont séparés en deux corps, comme dans la plupart des légumineuses, où l'on voit un seul filament libre, les neuf autres réunis en une membrane qui enveloppe le pistil; *polya-delphes*, quand les filamens forment plusieurs paquets au-delà de deux, les millepertuis, les *melaleuca*, etc.; *syngé-nèses*, lorsque les anthères sont jointes ensemble par un de leurs côtés, les composées.

Les étamines sont *égales*, toutes de même longueur, ou *inégales*. On les nomme *didynames* quand, étant au nombre de quatre, deux sont plus longues, les labiées; *tétradynames*, quand, au nombre de six, quatre sont plus longues, les crucifères.

Les étamines sont en nombre *défini* ou constamment le même dans les individus d'une même espèce; quand il en manque, c'est l'effet d'un avortement. Ce nombre va jusqu'à dix; d'autres le portent jusqu'à douze : au-delà, le nombre n'est plus constant; les étamines sont en nombre *indéfini* et ne se comptent plus. Je trouve, à ce sujet, des observations très-judicieuses, présentées par M. de Clairville, dans son *Manuel d'herborisation en Suisse et en Valais.*

« Les étamines, dit cet auteur ingénieux, répondent ordinairement au nombre des pétales, ou des découpures de la corolle monopétale, ou bien elles y sont au double. En observant, d'après ce principe, une fleur qui pèche par le nombre d'étamines, par exemple l'*alsine media* (la morgeline), qui a tantôt trois, cinq, sept étamines, quel est le nombre vrai qu'elle doit avoir? Cette fleur a cinq pétales, elle doit donc avoir cinq ou dix étamines. Dans les fleurs qui n'en ont que cinq, les étamines sont toujours alternes avec les pétales; s'il doit s'en trouver dix, les cinq autres sont placées vis-à-vis la base des pétales. D'après cette règle, une fleur d'*alsine media* n'aurait-elle que trois étamines, pourvu qu'une de ces étamines soit en face d'un pétale, et les deux autres alternes, c'est une raison suffisante pour conclure que cette fleur doit avoir dix étamines. Dans le cas où les trois ou cinq étamines existantes se trouveraient toutes alternes avec les pétales, il faudrait alors consulter l'analogie, et, comme les autres membres de cette famille ont dix étamines, on a des présomptions très-fortes que l'*alsine media* doit avoir aussi dix étamines. En comptant les étamines stériles, ou absentes par défaut, comme celles qui existent dans l'état de perfection, et cherchant toujours le nombre vrai, la marche est plus sûre. En général, les étamines péchent rarement par excès, mais souvent par défaut : ceci peut également s'appliquer aux labiées. »

2°. Le pistil.

Plus nous avançons dans les organes de la reproduction, plus nous voyons la nature, au milieu de ses étonnantes opérations, marcher constamment vers son but, la propagation et la multiplication des espèces. Tel a été l'objet de tout cet ensemble de fonctions et d'organes que nous avons examinés jusqu'à présent. Nous voici arrivés au plus important, au *pistil*, organe précieux pour la génération future, qui en contient tous les germes, et pour la conservation duquel la nature a fait concourir toutes les autres parties de la fleur. Placé dans son centre, et même quelquefois enfoncé dans le réceptacle, il est défendu à l'extérieur par les filamens rapprochés des étamines, et même quelquefois par des bourrelets, des écailles ou autres appendices protecteurs : la corolle, le calice le garantissent encore plus puissamment. Ces enveloppes florales restent tant qu'elles lui sont nécessaires ; après la fécondation, elles disparaissent à mesure que l'ovaire se fortifie.

Le pistil, organe femelle de la plante, est composé de trois parties, de l'*ovaire*, du *style* et du *stigmate*. Le style manque quelquefois, mais l'ovaire et le stigmate ne peuvent manquer : ils constituent l'essence du pistil.

L'*ovaire* est la partie la plus inférieure du pistil, et en même temps la plus épaisse : tantôt il est *libre*, c'est-à-dire qu'il n'est attaché que par sa base au réceptacle ; tantôt il est *adhérent* ou à *demi adhérent* lorsqu'il est en totalité ou à demi entouré par cette partie prolongée du réceptacle, que l'on considère généralement comme formant le tube du calice. Dans un grand nombre de plantes, il n'existe qu'un seul ovaire pour chaque fleur : les légumineuses, les crucifères, etc. ; dans beaucoup d'autres, on en trouve plusieurs dans la même fleur : les labiées, les renoncules, etc. L'ovaire renferme les embryons des semences, qui portent le nom d'*ovules*, tant qu'ils ne sont pas fécondés : ils sont attachés aux parois internes de l'ovaire, soit immédiatement, soit par l'intermédiaire d'un filet ou d'un petit renflement qui prend le nom de *cordon ombilical*, et la partie à laquelle adhèrent les ovules, celui de *placenta*. L'ovaire conserve sa forme extérieure ou il la change à mesure que le fruit grossit : dans l'un et l'autre cas, il forme cette partie du fruit que l'on a nommée *péricarpe*. L'intérieur de l'ovaire est simple, c'est-à-dire qu'il n'est partagé par aucune cloison : il est alors à une seule loge, ou bien il se divise en plusieurs loges : chaque loge renferme une ou plusieurs semences ; mais il arrive assez souvent qu'à mesure que l'ovaire grossit, des cloisons se détruisent, des ovules avortent, et qu'on ne retrouve plus dans les fruits le même nombre de loges et de semences qui existaient dans l'ovaire ; d'où vient que l'on a senti la nécessité d'étudier dans l'ovaire le nombre de ces parties, pour s'assurer des rapports entre des espèces dont de semblables avortemens avaient fait méconnaître la véritable place dans l'ordre naturel.

Le *style* est placé ordinairement au centre des étamines sous la forme d'un petit pivot ; il supporte le stigmate, et le met en rapport avec la position des étamines, dans la situation la plus favorable pour qu'il puisse recevoir l'effusion du pollen. Cette considération est importante à observer, et peut nous conduire souvent à saisir la cause de certaines positions particulières qui nous paraissent extraordinaires, ainsi que nous le verrons dans un des chapitres suivans ; mais ne perdons jamais de vue, dans cet examen, les importantes fonctions dont sont chargés les organes sexuels.

Le style met en communication le stigmate avec l'ovaire : ordinairement il termine ce dernier, et paraît n'en être que le prolongement. C'est par le moyen du style que les sucs nourriciers parviennent de l'ovaire ou du réceptacle dans le stigmate ; c'est encore par lui que le pollen est porté sur les ovules : il y descend par des vaisseaux dont la finesse échappe à notre vue, mais dont nous ne pouvons méconnaître l'existence. Il est encore à croire que le style n'est que la réunion d'une foule de petits vaisseaux qui partent de chaque ovule, se réunissent en faisceau au sommet de l'ovaire, et se rendent ainsi dans le stigmate. Comment, sans cette communication, pourrions-nous concevoir la fécondation des ovules ? Lorsque le style manque, ou qu'il n'est point apparent, ces vaisseaux se rendent immédiatement de l'ovaire dans le stigmate.

Tantôt il n'existe qu'un seul style et un stigmate simple, tantôt on compte autant de styles qu'il y a de loges ou de semences; d'autres fois, cette correspondance numérique ne se trouve que dans les lobes du stigmate, ou dans les divisions du style, dont la partie inférieure ne forme qu'un seul corps. Plusieurs ovaires dans la même fleur amènent souvent autant de styles; quelquefois aussi on ne voit qu'un seul style commun à plusieurs ovaires. Dans ce cas, le style est placé sur le réceptacle, au centre des ovaires, et pénètre dans chaque ovaire par les ramifications de sa base, comme dans la bourrache, les labiées, etc. Dans la pervenche et autres apocinées, un seul style s'élève de deux ovaires distincts, ou plutôt les deux styles y sont réunis en un seul; ailleurs, plusieurs styles couronnent un seul ovaire, comme dans l'œillet, les silenés, les lychnis, etc.

Le *stigmate* est l'organe destiné à recevoir le pollen lancé par l'anthère : il en est pénétré. On ignore s'il s'y forme quelque élaboration particulière; mais ce dont on ne peut douter, c'est que jamais le pollen ne pénètre dans le style sans le stigmate, et que, si on enlève ce dernier avant la fécondation, celle-ci reste sans effet. Il existe donc dans le stigmate une propriété particulière qui doit influer sur le pollen; peut-être consiste-t-elle à procurer la dilatation de tous les petits grains pulvérulens du pollen, à les enfler, à les faire crever, et à s'emparer de la liqueur prolifique qu'ils renferment, qui, du stigmate, descend par le style dans les ovaires qu'elle féconde. Le stigmate n'arrive à son état de perfection qu'au moment même où les anthères doivent lancer leur poussière : il est alors humide, un peu visqueux, souvent couvert de petites aspérités ou de mamelons, et perforé à son orifice. Après la fécondation, il se dessèche et périt.

La forme du stigmate est très-variable : il est *linéaire* dans l'œillet, la campanule; *subulé* dans l'hippuris, le châtaignier; *filiforme* ou capillaire dans le maïs, le casuarina; *globuleux*, en *tête* dans la primevère, l'ipoméa; *hémisphérique* dans la jusquiame dorée; en *massue* dans l'épilobium; *sagitté* dans le thalitron; *anguleux* dans la tulipe; *orbiculaire* dans l'épine-vinette; *pelté* ou en bouclier dans la pyrole; *étoilé* dans l'asarum; en *crochet* dans le baguenaudier; en *croissant* dans la

fumeterre jaune; en *croix* dans la bruyère; *concave* dans le colchique; à trois lobes dans le lis; en forme de pétales dans
l'iris, etc.

* * *

CHAPITRE XX.

De la fécondation des plantes et des phénomènes qui l'accompagnent.

Quelques détails sur la fécondation des germes dans les
plantes, en confirmant cette belle decouverte, ajouteront un
nouvel intérêt aux grands phénomènes qu'elle présente. Maintenant que la fleur entr'ouverte éclate de beauté, et se montre
avec toutes les grâces et la parure de la jeunesse, hâtons-nous
d'observer ce qui va se passer au milieu de cet appareil d'organes avec lesquels nous venons de faire connaissance : ils
nous annoncent les apprêts d'une fête; c'en est une en effet,
c'est la plus belle de la nature, c'est une véritable noce [1].
Déjà, d'après l'idée ingénieuse de Linné, dans le réceptacle
est préparé le lit nuptial; la corolle en forme la draperie;
l'anthère dorée, telle qu'un jeune époux, brille au sommet de
sa colonne d'albâtre : elle attend que le pistil élève son stigmate humide. Il paraît, et tout à coup l'anthère entr'ouvre
ses valves; le souffle de la vie s'en échappe sous la forme
d'un léger nuage; l'air est chargé des principes de la fécondité; ils se reposent sur le stigmate, le pénètrent, descendent
jusque dans l'ovaire, et se distribuent dans chacun des germes
ou des ovules. Sans cette étonnante fécondation, ceux-ci resteraient sans développement, quoique les sucs nourriciers
leur parviennent en abondance. D'où vient donc cette inertie,
cette inactivité dans les ovules, ainsi que dans l'ovaire lui-

---

[1] Au milieu de cette fête, n'oublions pas nos abeilles; elles sont aussi
de la noce; la nature leur en fait l'invitation. Nous les avons laissées s'a-
breuvant de nectar, l'emmagasinant dans leurs vastes demeures : de nouvelles provisions leur sont offertes dans le superflu de la poussière fécondante, la nature les a munies d'instrumens propres à la recueillir et à la
travailler. On croyait qu'elles en formaient la cire pour la construction de
leurs alvéoles: il paraît que depuis peu on lui a découvert une autre destination. On peut consulter à ce sujet les belles observations de M. Huber.

même, dans cette partie qui doit former le péricarpe? Quel obstacle s'oppose à leur développement? D'où vient que, destinés à perpétuer les espèces, toute la force de la végétation leur devient inutile, s'ils ne reçoivent auparavant un nouveau souffle de vie? Quoique ce mystère soit pour nous inexplicable, c'est beaucoup que de l'avoir découvert : nous avons saisi par là un des anneaux de cette chaîne qui lie les plantes aux animaux ; nous avons vu que les végétaux, ainsi que le très-grand nombre des autres êtres vivans, ne pouvaient se reproduire que par la voie de la génération ; nous avons vu cette précieuse faculté, chez les végétaux, renfermée dans des organes que l'on avait à peine remarqués. J'en ai décrit les principales fonctions : il ne sera pas moins intéressant de chercher comment ils les exécutent, soit par la position qu'ils occupent, soit par les mouvemens particuliers qui leur sont imprimés. Ce sujet intéressant a été traité par M. Desfontaines dans un mémoire présenté à l'Académie des sciences en 1782 : j'en rapporterai les faits les plus curieux ; ils portent sur la position et les mouvemens des organes sexuels.

Dans plusieurs espèces de lis, telles que *le lilium superbum*, les anthères, avant de s'ouvrir, sont fixées le long des filamens, parallèlement au style, dont elles sont éloignées d'environ cinq à six lignes. Dès l'instant où la poussière commence à sortir des loges, ces mêmes anthères deviennent mobiles sur l'extrémité des filamens qui les soutiennent ; elles s'approchent sensiblement du stigmate l'une après l'autre, et s'en éloignent presque aussitôt qu'elles ont répandu leur poussière fécondante sur cet organe. Un phénomène très-curieux et un peu différent du précédent se présente dans l'*amaryllis formosissima* (lis de Saint-Jacques), dans le *pancratium maritimum* et *illyricum*. Les anthères de ces plantes sont, avant la fécondation, comme celles des lis, fixées le long de leurs filamens, parallèlement au style. Dès que les loges commencent à s'ouvrir, ces anthères prennent une situation horizontale, et elles tournent quelquefois sur l'extrémité du filament comme sur un pivot, pour présenter au stigmate le point par où la poussière fécondante commence à s'échapper. Il existe encore une irritation plus sensible dans les étamines du *fritillaria persica* : les étamines sont écartées du style à la distance de quatre ou cinq lignes, avant la fécondation ; mais cette situation change en peu de temps : on les voit, presque aussitôt après l'épanouissement de la fleur, s'approcher alternativement du style, et appliquer immédiatement leurs anthères contre le stigmate : elles s'en éloignent après l'émission de la poussière, et vont ordinairement, dans l'ordre où elles s'étaient approchées, reprendre la place qu'elles occupaient auparavant.

On n'observe aucun déplacement dans les organes sexuels de la couronne impériale et de la fritillaire méléagre ; mais ces deux plantes nous font connaître, dans leur fécondation, un phénomène d'un autre genre, et qui n'est pas moins intéressant que ceux qui viennent d'être exposés. Leurs étamines sont naturellement rapprochées du style, et le stigmate les surpasse en longueur : il paraissait donc inutile que la nature leur donnât un mouvement particulier ; aussi s'est-elle servi d'un autre moyen pour favoriser la fécondation de ces plantes. Leurs fleurs restent pendantes jusqu'à ce que les poussières soient sorties des loges, afin que, dans cette situation, elles puissent facilement tomber sur le stigmate et le féconder. Aussitôt que la fécondation est opérée, le pédoncule, qui soutient la fleur, se redresse, et l'ovaire devient vertical.

En examinant les étamines de la rue avant l'émission des poussières, on voit qu'elles forment toutes un angle droit avec le pistil, et qu'elles sont renfermées deux à deux dans la concavité de chaque pétale. Lorsque l'instant favorable à la fécondation est arrivé, elles se redressent seules, ou deux à deux, et même trois à trois, décrivent un arc de cercle entier, approchent leurs anthères contre le stigmate, et, après l'avoir fécondé, elles s'en éloignent, s'abaissent et vont quelquefois se renfermer dans la concavité des pétales.

On a pareillement remarqué des mouvemens assez semblables dans les étamines du *zygophyllum fabago* : elles s'allongent l'une après l'autre hors de la corolle, pour venir présenter leurs anthères au sommet du stigmate. Les étamines du *dictamnus albus* offrent encore une observation curieuse : avant la fécondation, les filamens sont abaissés vers la terre, de manière qu'ils touchent, pour ainsi dire, les pétales inférieurs. Aussitôt que les bourses sont prêtes à s'ouvrir, et que l'action du pistil irrite les étamines, leurs filamens se courbent en arc vers le style les uns après les autres : par ce mouvement, les anthères viennent se placer immédiatement au-dessus du stigmate, et les poussières séminales ne peuvent manquer de tomber sur cet organe et de le féconder.

Si l'on suit les étamines des capucines lorsque les loges sont sur le point de s'ouvrir, on s'apercevra facilement que l'extrémité de chaque filament se fléchit en arc, et qu'il porte son anthère du côté du style ; enfin, les *geranium fuscum*, *alpinum*, *reflexum*, vont encore nous faire connaître un phénomène analogue à ceux que nous venons de rapporter, et qui ne doit pas être passé sous silence. Les étamines de ces plantes, avant l'ouverture des anthères, sont toutes réfléchies, de manière que leur sommet regarde le centre de la corolle. Dès l'instant où les loges commencent à s'ouvrir, les filamens qui les soutiennent s'élèvent vers le style, et chaque étamine vient ordinairement toucher le stigmate qui lui correspond : celles des ancolies se redressent à peu près de la même manière peu de temps après l'épanouissement de la fleur. Immédiatement après l'ouverture de la corolle, les étamines des saxifrages sont écartées du style à la distance de quelques lignes ; elles s'en approchent ensuite, ordinairement deux à deux, et s'en éloignent dans le même ordre après que les poussières sont sorties des loges des anthères.

Les étamines de plusieurs plantes de la famille des caryophyllées, entre autres celles des *stellaria*, de l'*alsine media* (le mouron), etc., laissent apercevoir des mouvemens très-distincts vers le pistil : celles du *polygonum tataricum*, *pensylvanicum*, et de la plupart des autres espèces qui composent ce genre nombreux, ont des mouvemens presque semblables à ceux des saxifrages : ils en diffèrent seulement en ce que leurs étamines ne s'approchent ordinairement des styles que les unes après les autres. On trouve la même contraction dans celles du *swertia perennis*. Les étamines du *parnassia palustris* s'allongent très-promptement ; leurs filamens se courbent même de manière que chaque anthère vient se placer immédiatement au-dessus des stigmates, et, après les avoir fécondés, elles s'en éloignent et s'inclinent vers la terre.

Si l'on jette les yeux sur la fleur du *sherardia arvensis* aussitôt après qu'elle est épanouie, on apercevra aussi que les quatre étamines de cette plante vont, les unes après les autres, verser leur poussière sur le stigmate, et que non-seulement elles s'en écartent au bout de quelques jours, mais qu'elles se recourbent même, et s'abaissent en décrivant une demi-circonférence de cercle : celles de plusieurs véroniques s'approchent sensiblement du centre de la corolle, immédiatement au-dessus du style, de manière que les poussières tombent perpendiculairement sur le stigmate : ceci se voit très-bien dans le *veronica arvensis, agrestis*.

Les filamens des étamines des valérianes sont droits et rapprochés du style pendant l'émission des poussières : dès qu'elles sont sorties des loges, ces filamens se recourbent en bas, comme dans le *sherardia arvensis*. Les étamines du *kalmia* sont retenues dans une situation horizontale, au moyen d'un nombre égal de fossettes creusées dans la partie de la corolle où le sommet de chaque anthère est enfoncé : lorsque les loges doivent s'ouvrir, on voit les filamens se courber en arc avec effort pour que l'anthère puisse vaincre l'obstacle qui la retient, et venir répandre ses poussières sur le style. Les étamines des *delphinium* (pied d'alouette), des aconits, des *garidella*, avant la fécondation et pendant qu'elle se fait, sont fléchies, et serrées étroitement contre les styles ; elles se redressent ensuite, et s'éloignent du pistil à mesure qu'elles laissent échapper leur poussière.

Dans les *stachys*, les deux étamines, plus courtes, ont aussi une sorte de mouvement très-marqué, et qui paraît avoir du rapport avec celui que nous venons de faire connaître dans le *delphinium*. Avant l'ouverture des anthères, celles-ci sont enfermées dans la concavité de la lèvre supérieure de la corolle, et posées latéralement contre le style ; aussitôt après l'émission des poussières, elles s'écartent l'une à droite et l'autre à gauche, de manière que l'extrémité du filament déborde, même de beaucoup, les parois latérales de la fleur : le même phénomène s'observe aussi dans quelques espèces d'agripaume. Le mouvement des étamines des *asarum* mérite d'être rapporté : elles sont au nombre de douze dans chaque fleur, et le style est un cylindre couronné de six stigmates. Lorsque la corolle est nouvellement épanouie, les filamens des étamines sont pliés en deux, de manière que le sommet de chaque anthère est posé sur le réceptacle de la fleur. Dès que le temps destiné à la fécondation est arrivé, ces mêmes filamens se redressent ordinairement deux à deux ; les anthères deviennent verticales, et vont toucher le stigmate qui leur correspond ; enfin, celles de la scrofulaire donnent encore des signes très-sensibles d'irritabilité. Toutes les fleurs de ce genre renferment quatre étamines dont les filamens sont roulés sur eux-mêmes dans l'intérieur de la corolle avant la fécondation : ils se développent ensuite, se redressent les uns après les autres, et approchent leurs anthères du stigmate.

Les mêmes mouvemens observés dans les organes sexuels mâles des plantes existent aussi dans les styles et les stigmates, mais ils sont moins universels et moins apparens que ceux des étamines : comme si la loi, dit M. Desfontaines, qui porte presque tous les mâles des animaux à rechercher les femelles, s'étendait aussi jusqu'au sexe des plantes ; on peut cependant établir pour principe général que, si les étamines égalent le pistil en longueur, alors elles se meuvent vers cet organe ; si, au contraire, elles sont fixées au-dessus des styles, ceux-ci s'abaissent plus ou moins sensiblement du côté des étamines. Si l'on observe les styles des grenadilles aussitôt que la fleur est épanouie, on voit qu'ils sont droits et rapprochés les uns des autres au centre de la corolle ; au bout de quelques heures, ils s'écartent et s'abaissent ensemble vers les étamines, de manière que chaque stigmate touche l'anthère qui lui correspond : ils s'en éloignent sensiblement après avoir été fécondés.

Ceux des *nigella* ont encore un mouvement à peu près semblable, et même plus marqué. Avant la fécondation, leurs styles sont droits, comme ceux des grenadilles, et réunis en un paquet au milieu de la fleur ; aussitôt que les anthères commencent à laisser sortir leur poussière, les styles se fléchissent en arc, s'abaissent, et présentent leur stigmate aux étamines qui sont situées au-dessous d'eux ; ils se redressent ensuite, et reprennent la même situation verticale qu'ils avaient auparavant. Ces mouvemens sont très-faciles à apercevoir.

Le style du *lilium superbum* se réfléchit vers les étamines, puis il s'en écarte après qu'il a été fécondé. Le même phénomène a encore lieu dans les scrofulaires : le style s'abaisse sur la lèvre inférieure de la corolle, et se recourbe en bas peu de temps après qu'il a reçu les poussières séminales : celui de l'*epilobium angustifolium* et *spicatum* est abaissé perpendiculairement vers la terre, entre les deux pétales inférieurs, de manière qu'il forme un angle d'environ 90° avec les étamines lorsque la fleur est nouvellement épanouie ; mais, peu de temps après, il commence à s'élever vers les étamines, et lorsqu'il est parvenu à leur niveau, ses quatre stigmates, qui avaient été rapprochés jusqu'alors, s'écartent et se recourbent, en forme de corne de bélier, du côté des anthères. Cette tendance du style vers les étamines est si forte dans ces deux espèces d'*epilobium*, que des corps légers qu'on y suspend n'empêchent point leur élévation. Les trois stigmates de la tulipe des jardins sont très-dilatés avant la fécondation, et puis se resserrent sensiblement.

Tels sont les principaux phénomènes que nous offrent les organes sexuels à l'époque de la fécondation. C'est lorsque la fleur est ouverte, ou quelquefois dans l'instant même de son épanouissement, que s'exécute cette importante opération. On peut observer, aux premiers rayons du soleil, cette merveille momentanée sur la pariétaire, où elle s'opère par un jeu élastique qui la rend très-sensible; il est même facile de s'en procurer le spectacle à volonté, en irritant légèrement avec la pointe d'une épingle la base des filamens dans la rue, l'épine-vinette, l'ortie, la pariétaire, etc., pourvu que les fleurs n'aient point encore effectué leur fécondation. Comme la reproduction des espèces dépend, en grande partie, de ces organes extrêmement délicats, on ne peut, sans un vif sentiment d'admiration, observer les précautions que la nature a employées pour en assurer le succès : elles se montrent tantôt dans le nombre et la position des étamines qui sont courbées vers le pistil, ou qui, par un mouvement très-particulier, s'en approchent, comme nous l'avons vu plus haut, soit successivement l'une après l'autre, soit plusieurs ensemble à la fois; tantôt dans la situation de la fleur même, qui se penche pour faciliter la communication de la poussière fécondante avec le pistil, si ce dernier est plus long que les étamines, ou bien la fleur se redresse, s'il est plus court. L'agitation de l'air concourt avec ces circonstances, ou d'autres semblables, pour déterminer la poussière à se porter vers le stigmate : la moindre parcelle suffit pour le succès de l'opération.

Il ne sera pas inutile de rappeler ici ce que nous avons dit ailleurs des services que les organes sexuels reçoivent du calice et de la corolle, que nous avons vus se fermer, à l'approche de la nuit ou d'un temps humide, pour assurer et protéger la fécondation; mais, dans les fleurs qui ne jouissent point de cette faculté, la nature y a suppléé par d'autres moyens de défense. Les fleurs dont la corolle est évasée, telles que celles du lis, de la couronne impériale, de la tulipe, etc., courbent leur pédoncule, s'inclinent, et présentent, par cette situation, un toit solide, sous lequel les parties fécondantes sont en sûreté; dans d'autres, comme dans les labiées, les papilionacées, etc., les étamines et les pistils sont renfermés dans un des pétales, dont la forme est en casque ou en capuchon, dans quelques-unes enfin, dont la corolle reste en tout temps ouverte sans changer de situation (tel que dans les iris), les étamines, couchées sur les pétales, sont recouvertes par des stigmates qui, dans ces sortes de plantes, sont très-larges, et prennent la forme d'un pétale : cependant tout ceci n'est pas sans exception, et ces exceptions elles-mêmes tiennent ou à des causes particulières qui n'ont point encore été observées, ou bien à d'autres formes très-variables qu'il serait trop long d'exposer ici.

Les plantes aquatiques présentent, dans l'acte de la fécondation, des particularités trop intéressantes pour être oubliées. Ces plantes tiennent ordinairement leurs fleurs cachées sous l'eau jusqu'au temps de la fécondation, époque à laquelle la plupart viennent nager à la surface; elles s'épanouissent, se fécondent, et quelques-unes retournent au fond de l'eau, où leurs fruits mûrissent. Tel est le phénomène qu'offre en particulier le *vallisneria :* ses fleurs sont dioïques; les fleurs mâles sont portées sur une hampe très-courte, et qui ne peut s'allonger, tandis que la hampe des fleurs femelles est longue, roulée en spirale sur elle-même. Lorsque les étamines sont sur le point de lancer leur poussière, chaque fleur mâle se détache, s'élève à la surface de l'eau, y flotte en liberté sans être retenue par aucune attache, s'y épanouit, et, portée par le courant, semble chercher à rencontrer la fleur femelle, laquelle, à la même époque, déroule sa spirale, qui s'allonge ou se raccourcit à mesure que l'eau s'élève ou s'abaisse, se soutient à sa surface jusqu'à ce qu'elle ait reçu la poussière des fleurs mâles. Aussitôt après la fécondation, la spirale se resserre sur elle-même, la fleur rentre dans le sein des eaux, et va y mûrir ses semences fécondées[1].

[1] Ce beau phénomène était digne du charme de la poésie : le poète Castel s'en est emparé, et l'a exprimé en vers élégans :

> Le Rhône impétueux, sous son onde écumante,
> Durant six mois entiers nous dérobe une plante
> Dont la tige s'allonge en la saison d'amour,
> Monte au-dessus des flots et brille aux yeux du jour.
> Les mâles, dans le fond jusqu'alors immobiles,
> De leurs liens trop courts brisent les nœuds débiles,
> Volent vers leur amante, et, libres dans leurs feux,
> Lui forment sur le fleuve un cortége nombreux :
> On dirait une fête où le dieu d'hyménée
> Promène sur les flots sa pompe fortunée;
> Mais les temps de Vénus une fois accomplis,
> La tige se retire en approchant ses plis,
> Et va mûrir sous l'eau sa semence féconde.

Le grand œuvre de la fécondation nous fournit encore beaucoup d'autres faits particuliers, selon les différentes espèces de plantes, que l'étude fera connaître. Il n'est pas en nous d'expliquer ce qui se passe dans les ovules fécondés : cette opération est dérobée à nos regards par un voile mystérieux, quoique l'existence des sexes soit aujourd'hui bien prouvée. Elle fut pendant long-temps un de ces secrets de la nature dont on ne soupçonnait pas même la possibilité, ou était loin d'imaginer dans les plantes des organes sexuels destinés à remplir dans les végétaux les mêmes fonctions que dans les animaux. On avait bien, à la longue, distingué, dans les fleurs, les étamines et les pistils, mais on en ignorait l'usage : la petitesse de ces organes, quelquefois peu apparens, les faisait négliger ; ou se bornait presque à n'en rien dire, ou à les regarder comme destinés à quelques sécrétions particulières, sans autre recherche. Il serait difficile de dire quel est celui qui, le premier, y a distingué l'existence des deux sexes : plusieurs aperçus peu importans, ou négligés d'abord, ont conduit probablement à cette grande découverte.

« Ce ne fut que vers la fin de l'avant-dernier siècle, dit Ventenat, qu'on soupçonna la véritable fonction des étamines et des pistils, et qu'on commença à croire que ces organes étaient réellement les parties sexuelles des végétaux. » Nous voyons, à la vérité, les plantes distinguées par les anciens en mâles et en femelles ; mais cette distinction n'est fondée sur aucune disposition organique relative aux sexes, et l'on se bornait à regarder comme plantes femelles celles qui sont plus délicates et de plus petite taille, et comme plantes mâles celles qui sont plus hautes et plus vigoureuses.

Quoique Théophraste ait distingué les palmiers-dattiers en mâles et en femelles, parce que les uns portent des fruits, et que les autres sont stériles ; quoiqu'il dise expressément que les fruits du dattier coulent, si l'on n'a pas l'attention de secouer sur les embryons les poussières des étamines, néanmoins cet auteur retombe dans la distinction abusive dont nous avons parlé. Il appelle *mâles* ou *femelles* des arbres qui sont incontestablement *hermaphrodites* : il en est de même de Pline, de Dioscoride, de Galien et de leurs commentateurs.

Grew rapporte, dans son *Anatomie des plantes*, que Millington, professeur de botanique à Oxford, lui dit, en parlant de la manière dont les plantes se fécondaient, qu'il pensait qu'au moment où les anthères s'ouvrent, les poussières qu'elles contiennent tombaient sur les pistils et sur les embryons, et qu'elles fécondaient les fruits, non en s'introduisant dans les semences, mais par la communication d'une exhalaison subtile et vivifiante. Rai adopta cette opinion; Camerarius chercha à prouver, dans un discours sur la génération des plantes, qu'elle s'opérait par des moyens semblables à ceux qui produisent la génération des animaux; mais Tournefort et plusieurs autres botanistes ne considérèrent les étamines et les pistils que comme des organes excrétoires. Geoffroy, d'un autre côté, admit l'existence des sexes dans les plantes, et Vaillant, dans son discours sur la structure des fleurs, allégua plusieurs preuves en faveur de cette vérité.

Il était réservé à Linné, non pas de découvrir, mais de donner à cette découverte toute l'évidence dont elle était susceptible, et d'établir sur cette base un des systèmes les plus ingénieux qui aient été imaginés jusqu'alors. En vain Pontédéra, Spallanzani et Alston essayèrent de combattre cette intéressante découverte.

Il suit de tout ce qui vient d'être exposé sur la fécondation des plantes, des conséquences intéressantes pour la culture : elles nous font connaître la cause de la médiocrité des récoltes lorsque les pluies ont été trop longues ou trop abondantes à l'époque de la floraison. Ces pluies emportent la poussière séminale, et s'opposent à la fécondité des germes : il faut donc en garantir les plantes auxquelles on donne un soin particulier, surtout lorsqu'elles sont en fleurs. La même stérilité a lieu pour les plantes dioïques lorsque les individus femelles sont privés de mâles, ou lorsque ceux-ci en sont trop éloignés : de là vient que, dans le Levant et en Barbarie, on féconde, comme on l'a fait presque de tout temps, les dattiers femelles, en secouant les fleurs à étamines sur les fleurs à pistils. On cite l'histoire de deux dattiers, l'un femelle, né dans les environs d'Otrante; l'autre mâle, cultivé à Brindes, à quinze lieues de distance l'un de l'autre. Le dattier femelle donna, pendant plusieurs années, un grand nombre de fleurs, mais point de fruits, jusqu'à ce qu'enfin on l'en vit tout chargé : on apprit qu'à cette époque le dattier de Brindes avait fleuri pour la première fois, et, à dater de ce moment, le dattier femelle fut couvert tous les ans d'un grand nombre de fruits. Les jardiniers qui se hâtent de couper trop tôt les fleurs mâles des potirons, des melons, etc., qu'ils appellent *fausses-fleurs*, nuisent beaucoup à l'abondance des fruits. On obtient quelquefois de très-belles espèces en fécondant le pistil d'une espèce par les étamines d'une autre. Il est résulté de ce mélange des races mixtes, ordinairement semblables à la mère par les organes de la génération, et, au père, par les feuilles et les parties accessoires; mais il faut qu'il y ait, comme dans les animaux, de grands rapports d'organisation entre le mâle et la femelle, pour que cette fécondation réussisse. On a donné à ces plantes le nom *d'hybrides:* ce sont des races croisées, que l'on perpétue par la culture, mais qui ne se reproduisent pas constamment les mêmes par les semences, quand toutefois elles en donnent. L'observation a prouvé que ce phénomène avait lieu, quoique rarement, dans les campagnes, où les plantes sont trop isolées, mais plus souvent dans les jardins, où elles sont plus rapprochées les unes des autres.

CHAPITRE XXI.

Les fruits. Péricarpe et semence.

Les fleurs ne durent qu'un instant; elles disparaissent après la fécondation : il ne reste d'elles que l'ovaire, à moins que sa faiblesse n'exige encore leur secours. Cette fête printannière, cette brillante parure des beaux jours semble encore un triomphe au moment où les fleurs nous quittent : on dirait qu'elles se réjouissent des nobles fonctions qu'elles viennent de remplir dans l'acte de la végétation. Elles nous quittent, mais en nous quittant elles ne nous inspirent point cette mélancolie qu'amène à sa suite la chute des feuilles. Les pétales, balancés dans l'air, se jouent au gré des zéphirs; la terre, jonchée de leurs débris, nous offre l'image d'une pluie de fleurs précipitées de l'atmosphère.

Les fleurs ne sont plus; mais, tandis que nous les foulons à nos pieds, quel nouveau spectacle frappe nos regards ! Quelle nouvelle décoration leur a succédé ! Les sorbiers, ces nombreux néfliers, ces nerpruns au vert feuillage, en se dépouillant de leurs corolles, étalent avec luxe des fruits d'un rouge écarlate ; les pommes d'or des Hespérides succèdent aux fleurs parfumées de l'oranger. Qui n'a pas mille fois admiré le tendre duvet de la pêche, la cerise empourprée, les fruits monstrueux des cucurbitacées ? Au milieu de ce riche et grand spectacle, se montre avec éclat toute la munificence des dons de la nature ; elle se montre dans cette chair épaisse et succulente, dans ces amandes savoureuses, dans la substance farineuse et nutritive des légumineuses, dans les grappes vermeilles de la vigne, etc. : la belle verdure de nos moissons est disparue ; mais que de richesses dans ces balles jaunissantes, dans ces épis courbés sous le poids de leurs grains !

Comme tout annonce l'abondance et la fertilité ! Quelle source de jouissances pour la plupart des animaux ! Avec la maturité des fruits arrive le moment du repos, des plaisirs et de la santé. Tandis que l'homme emmagasine ses richesses, tous les êtres qui doivent les partager, parce qu'elles sont celles de la nature, les lui disputent par leurs ruses et leur opiniâtreté ; ils profitent du moins de celles qui échappent à sa surveillance : elles sont encore au-delà de leurs besoins. Les insectes, les oiseaux et autres animaux nés au printemps, forment alors une génération nouvelle, presque déjà parvenue à l'âge adulte : le nid est abandonné ; les feux de l'amour sont apaisés ; les soins pénibles qu'exigeait la faiblesse du premier âge sont remplis ; l'animal est quitte des devoirs que lui imposait la nature : elle l'en récompense, en lui offrant, pour la réparation de ses forces et la nourriture de la génération nouvelle, une surabondance d'alimens dans la production des fruits.

Nous avons laissé l'ovaire pénétré du fluide fécondateur : c'est alors que, doué du principe de la vie, tout se réunit pour en hâter la maturité ; que les sucs nourriciers, presque uniquement destinés pour lui, cessent d'alimenter les parties des plantes qui lui sont devenues inutiles : alors se flétrissent les organes sexuels ; alors disparaissent les enveloppes florales ; les feuilles elles-mêmes s'altèrent peu à peu. C'est l'époque de l'année où la lumière est plus active, plus long-temps prolongée, la chaleur plus intense : ces feux des jours caniculaires qui embrasent l'atmosphère, sont, pour la maturité des fruits, ce qu'ont été, pour le développement des germes, les vents du sud et la température humide et douce du printemps. Avec quelle rapidité ces ovaires grossissent et se colorent ! Quel changement s'opère dans les sucs qu'ils renferment !

Quel est cet alambic distillatoire qui amollit la chair des fruits pulpeux, convertit en un acide doux et sucré leur substance acerbe?

Le fruit n'est donc que l'ovaire fécondé, grossi, et parvenu à l'état de maturité. Nous y retrouvons, mais sous des formes bien plus apparentes, et quelquefois un peu différentes, les principaux organes que nous avons observés dans l'ovaire, même situation dans les ovules convertis en semences, mêmes divisions dans les loges qui les renferment; mais le nombre n'est pas toujours le même. Quelquefois plusieurs ovules sont inféconds et se détruisent, des loges qui restent vides se resserrent et s'appliquent contre d'autres, de telle sorte, qu'il est très-difficile de pouvoir les distinguer: d'où il suit qu'il est bien important d'étudier les caractères de l'ovaire pour s'assurer des parties qui se trouvent avortées dans le fruit, et pouvoir rétablir par la pensée le nombre primitif des loges ou des semences, opération que j'ai dit être très-essentielle pour la connaissance des familles naturelles.

1°. Le péricarpe.

Les fruits se composent de deux parties bien distinctes, des *semences*, et de l'enveloppe générale qui les renferme et qui porte le nom de *péricarpe*. Considérés tant dans leur forme extérieure que dans leurs divisions intérieures, ainsi que dans la disposition des semences, les fruits offrent bien plus de difficultés que les fleurs pour leur classification. En vain a-t-on essayé de les distribuer, d'après un ordre méthodique quelconque, en coupes tranchées, il se trouve toujours une foule d'intermédiaires qui troublent l'ordre de nos divisions: nous éprouvons alors la nécessité de multiplier presque à l'infini les sous-divisions, et, par suite, une nomenclature plus propre à surcharger la mémoire qu'à faciliter l'étude de la science. Comme le travail le mieux fait, le mieux conçu laisse toujours des lacunes ou des difficultés presque inévitables, on veut réformer, on veut faire mieux; un changement dans les divisions en amène un dans les termes, chaque réformateur a les siens : ils se multiplient tous les jours à un tel point, qu'il nous coûte plus de temps pour les apprendre, qu'il n'en coûte pour l'observation de la nature.

Je crois donc, d'après ces considérations, qu'il faut se bor-

ner à ranger les fruits d'après quelques grandes coupes peu
nombreuses, se réservant d'indiquer, dans chaque genre, les
modifications qu'ils éprouvent, toutes les fois qu'ils s'écartent
en quelques points des caractères particuliers à chaque groupe.
Il semble que Linné ait senti toutes ces difficultés en n'indiquant que huit sortes de fruits : je vais d'abord les faire connaître, en y ajoutant quelques autres faciles à saisir ; nous
nous occuperons ensuite de la nature du péricarpe et de celle
des semences. Ceux qui désireront étendre davantage leurs
connaissances à ce sujet, pourront consulter les auteurs modernes, particulièrement les *Elémens de botanique* de
M. Mirbel, et l'*Analyse du fruit* de M. Richard.

Le péricarpe est aux semences ce que les enveloppes florales sont aux organes sexuels [1] : il les alimente et les protége.
C'est sous cet abri qu'elles parviennent à leur état de perfection ; c'est des sucs abondans du péricarpe qu'elles tirent ceux
qui leur conviennent : elles tiennent à cet organe par un filet
plus ou moins sensible, que l'on a nommé *cordon ombilical.*
Il pénètre dans la semence, se ramifie, et lui porte sa nourriture jusqu'à l'époque de la maturité. Son point d'attache
sur le péricarpe se nomme *placenta ;* et l'endroit par où il
s'insinue dans la semence, *hile, cicatrice* ou *ombilic externe :*
il en détermine la base.

Le péricarpe est, dans le plus grand nombre des fruits,
tellement apparent, qu'il est impossible de le méconnaître ;
mais il est quelquefois réduit à une pellicule si mince et tellement adhérente aux semences, qu'on a donné à ces dernières
le nom de *graines nues :* telles sont celles des graminées,
dont le péricarpe se confond avec le tégument propre de la
graine. M. Richard le nomme *cariopse :* il nomme *akène* cette
enveloppe ordinairement membraneuse et très-adhérente des
semences dans les composées. Le fruit des borraginées et
autres, que Linné désigne sous le nom de *quatre graines nues
au fond du calice*, porte celui de *noix* chez plusieurs botanistes. Gærtner donne le nom d'*utricule* aux fruits monospermes des amaranthes, etc., non adhérens avec le calice,
et dont le péricarpe est peu sensible ; d'autres les ont consi-

---

[1] Les botanistes modernes, pour distinguer certaines enveloppes, qui,
dans plusieurs fruits, remplissent les fonctions de péricarpe, sont convenus
de ne reconnaître pour *péricarpe* que l'enveloppe sur laquelle le style serait
attaché. Cette doctrine est séduisante, mais elle n'est pas sans difficultés,
surtout étant appliquée aux plantes dont l'ovaire est intérieur.

dérés comme des capsules. Ce même auteur désigne sous le nom de *samare* tout fruit membraneux, comprimé, indéhiscent, muni souvent d'une aile membraneuse, à une, rarement à deux loges : tels sont les fruits de l'orme, du frêne, de l'érable, etc., que d'autres placent parmi les fruits capsulaires. D'après ces observations, nous distinguerons, avec Linné, dans les fruits :

1°. La *capsule*, qui est un péricarpe sec et creux, une sorte de boîte de forme très-variable, quelquefois indéhiscente et à une seule loge (le samare, Gærtn.), plus ordinairement s'ouvrant régulièrement en plusieurs valves ou panneaux, ou bien par des pores, comme les *antirrhinum*, par d'autres ouvertures particulières (les pavots, etc.); plus rarement en deux pièces hémisphériques, qui se séparent transversalement, comme une boîte à savonnette (le pourpier, le mouron, etc.) Dans le plus grand nombre, les capsules se divisent en plusieurs *valves* réunies par leurs bords avant la maturité. Les cavités qui contiennent les semences se nomment *loges* : ces loges sont ordinairement séparées par autant de membranes ou de *cloisons*, qui se réunissent très-souvent par leur bord extérieur à un axe central.

Il est des capsules univalves, à une ou plusieurs loges : les œillets, les silénés, les saponnaires, etc. ; il en est à plusieurs valves : leur séparation, à l'époque de la maturité, s'opère de plusieurs manières ; les unes s'ouvrent au sommet plus ou moins profondément ; d'autres restent réunies par le haut, et se séparent à leur base. Il en est qui s'ouvrent latéralement, sans se séparer au sommet ni à la base, comme dans les campanules ; d'autres restent fermées, surtout les univalves ; elles ne s'ouvrent qu'à leur sommet par quelques dents, ou, sur le dos, par des trous pour la sortie des semences, comme dans la linaire. Les valves, ou sont réunies par leurs bords à l'extérieur, ou sont repliées en dedans de la capsule, et y forment des cloisons qui divisent sa cavité en plusieurs loges. Dans les fruits simples, il n'y a qu'une seule capsule ; les fruits composés en contiennent plusieurs, ordinairement réunies par leur base.

La capsule, considérée dans ses formes, offre celle d'une silique dans la fumetère bulbeuse, la grande chélidoine, etc. ; elle est *toruleuse* dans l'*hypecoum* ; *turbinée* dans le lis martagon ; *comprimée* dans plusieurs véroniques ; *trigone*, *tétragone*, etc. ; *rayonnante* ou à plusieurs lobes disposés en rayons dans l'*illicium anisatum*, etc.; *elliptique*, *orbiculaire*, en croissant, etc.; munie d'une aile membraneuse à son contour ou à son sommet. Les autres caractères de la capsule établis d'après son indéhiscence, le nombre des valves et des loges, celui des semences, sont faciles à reconnaître.

2°. La *silique* est composée de deux valves réunies par deux sutures longitudinales, ordinairement séparées par une cloison, toujours parallèle aux valves, quoiqu'elle leur paraisse opposée quand les valves sont comprimées ou creusées en carène, comme dans la bourse à berger (*thlaspi bursa pastoris*) : elle se divise intérieurement en deux loges ; les semences sont attachées à l'une et à l'autre suture, rangées en deux séries opposées. Quand la silique est courte, et qu'elle est à peu près plus large que longue, elle prend le nom de *silicule*. La silique caractérise la famille des crucifères : il y en a quelques-unes qui ne s'ouvrent pas ; d'autres qui n'ont qu'une ou deux semences. On distingue les siliques par des formes assez faciles à saisir : elles sont *linéaires*, *cylindriques*, *subulées*, *tétragones*, *toruleuses*, *comprimées*, *rostrées* ou terminées en forme de bec par le prolongement de la cloison, comme dans la moutarde blanche; *didymes* ou à deux lobes dans le *biscutella didyma* ; *enflées* dans l'*alyssum utriculatum* ; *ailées* dans le *bunias erucago* ; *articulées* dans le *myagrum perenne*.

La *gousse* ou *légume*, très-rapprochée de la silique par la forme et la réunion de ses deux valves, que l'on nomme *cosses*, en diffère par la disposition de ses semences attachées seulement à une des sutures qui réunissent les deux valves : elles sont placées alternativement sur l'une et l'autre valve. La gousse n'a ordinairement qu'une seule loge, et n'offre que très-rarement une cloison longitudinale; mais il en est qui ont des cloisons transversales, et se divisent en plusieurs loges par des nœuds, des articulations qui souvent se désunissent sans s'ouvrir ; enfin, il est des fruits légumineux tout à fait indéhiscens, qui n'ont qu'une seule loge, une seule semence; dans les autres, les valves se séparent à leurs deux sutures lorsque les semences sont mûres ; mais la casse, qui n'a qu'une seule valve, reste fermée, et sa cavité est partagée par des cloisons transversales. La forme des gousses est très-variée : il en est d'*oblongues*, de *linéaires*, *cylindriques*, *comprimées*, *renflées*, *arquées*, *en croissant*, *courbées* en sabre, en spirale, ou roulées en coquille de limaçon, comme celles de plusieurs luzernes : celle de l'*hippocrepis* est remarquable par les échancrures profondes de l'un de ses bords ; celle du *coronilla* est partagée par divers étranglemens, etc.

4°. Le *follicule*, sorte de capsule formée par une seule valve pliée dans sa longueur, s'ouvrant par une fente longitudinale d'un seul côté. Cette valve, étalée et aplatie, ressemble souvent à une petite feuille ; les semences imbriquées, assez souvent aigrettées, sont insérées sur un placenta, qui se détache ordinairement de la suture et devient libre. Ce fruit convient particulièrement aux apocinées : il est ordinairement composé de deux follicules dressés ou divergens, fusiformes ou cylindriques, enflés ou ventrus.

Le nom de *coque* est très-vague et indéterminé, employé différemment, selon les divers auteurs. Chez les uns, il est presque synonyme de follicule : c'est alors un péricarpe gonflé par l'air qui s'y dilate, ou occupé par une pulpe qui entoure les semences ; selon d'autres, c'est un péricarpe formé de deux ou de plusieurs lobes secs, élastiques, qui se séparent spontanément à la maturité des fruits, comme dans l'euphorbe, la mercurielle, etc. Il paraît devoir être conservé dans ce dernier sens.

5°. Le *drupe*, nommé aussi *fruit à noyau*, est un péricarpe composé de deux substances de nature différente ; la partie extérieure pulpeuse, charnue, plus ou moins succulente ou coriace ; l'intérieure ligneuse, connue sous le nom de *noyau* ou de *noix*[1], à une ou plusieurs loges : la semence, renfermée dans chaque loge, se nomme *amande*. Les pêches, les cerises, les abricots, etc., sont autant de drupes, ainsi que la noix, dont la partie extérieure et charnue se nomme *brou*.

6°. Le *fruit à pepins* ou la *pomme* est un péricarpe charnu, couronné par le limbe du calice, divisé dans son centre en plusieurs loges ; chaque loge renfermant une ou plusieurs semences qui portent le nom de *pepins*. Ces loges sont ou membraneuses, élastiques, comme celles des poires, des pommes, ou bien elles sont épaisses, ligneuses, comme dans le néflier : on dit alors, dans ce dernier cas, que chaque loge forme un *noyau* ou *nucule*. Les semences sont tuniquées : cette sorte de péricarpe est particulièrement celui des rosacées.

[1] M. Richard distingue ces deux substances du péricarpe par les noms de *pannexterne* et de *panninterne*.

M. Mirbel fait, au sujet de ce péricarpe, qu'il nomme *pyridion*, des observations qui méritent d'être méditées : « Aucune famille, dit-il, ne présente plus de variétés dans l'aspect de ses fruits, que les rosacées, et pourtant il est certain que le fond de l'organisation reste, à peu de choses près, le même. Admettons, par hypothèse, que, dans la pomme, ou mieux encore dans le coin, le tissu cellulaire et succulent, qui est interposé entre la lame calicinale et les loges, vienne à s'évanouir, et qu'il en soit de même du tissu qui unit les loges les unes aux autres, nous aurons alors un fruit *étairionnaire* (c'est-à-dire composé de plusieurs capsules bivalves), tout-à-fait semblable au fruit du *spiroea*. Le *spiroea* appartient aux rosacées.

« Une nèfle, divisée en cinq segmens perpendiculaires à sa base, représenterait fort bien, quant aux traits essentiels, cinq cerises ou cinq prunes disposées avec symétrie sur un réceptacle, de façon que le sillon longitudinal de chacune d'elles regardât un axe central imaginaire. La nèfle, la cerise, la prune sont des fruits de rosacées ; enfin, et pour rassembler sous le même point de vue les principales nuances qui modifient les divers fruits de cette famille, groupons de petites cerises sur un même réceptacle, et supposons que ces drupes s'entregreffent, nous aurons en grand l'image exacte d'un *étairion* (d'un fruit composé de plusieurs capsules bivalves) analogue à la framboise, autre fruit de la famille des rosacées.

« Ces idées ne doivent pas être considérées comme un simple jeu d'esprit, puisqu'il est visible que la nature elle-même les réalise dans la série des espèces. Je ne sache rien de plus curieux, et qui attache davantage à l'étude des productions naturelles, que ces structures, tout ensemble si simples et si variées. Quand une fois on a saisi les premiers anneaux de cette belle chaîne de faits, on marche de découverte en découverte, et l'on s'étonne que l'on ait pu méconnaître si long-temps l'admirable industrie de la nature [1]. »

Linné avait rangé parmi les fruits à pépins ceux des cucurbitacées, tels que les melons, les citrouilles ; Gærtner les a désignés, comme un genre de fruits particuliers, sous le nom de *pépon* : ce sont des fruits charnus, réguliers, qui font corps avec le calice et renferment plusieurs semences. La partie antérieure du réceptacle est pulpeuse ; l'extérieure sèche, coriace, élastique : le dedans de ces fruits est divisé en plusieurs loges par un placenta rayonnant, dont les lobes amincis en cloisons sont bordés de petits cordons ombilicaux

[1] Mirbel, *Élém. de physiolog. vég.*, tom. I, pag. 343.

qui portent les semences d'un et d'autre côté; en sorte que, dans chaque loge, il y a deux rangs de semences appartenant à deux lobes du placenta. Quelquefois les loges sont divisées chacune par une cloison pulpeuse : les semences ont une enveloppe crustacée, de la consistance du cuir. Le tissu cellulaire du centre du pépon se détruit souvent lors de la maturité, et alors les péricarpes n'offrent plus qu'une seule loge, dans laquelle les divisions du placenta forment des saillies de la circonférence au centre (Mirbel).

7°. La *baie* comprend des fruits charnus, souvent de nature très-différente : d'où vient que la baie est très-difficile à bien caractériser. On peut dire, en général, qu'elle consiste en un fruit mou à l'époque de la maturité, renfermant une ou plusieurs semences au milieu d'une pulpe succulente, tantôt sans aucune apparence de loges, comme dans la groseille, le raisin; tantôt avec des loges, comme dans les *solanum*, les *physalis*, l'*atropa*, etc. L'orange est divisée en un grand nombre de loges séparées par des cloisons très-fines. Lorsque les baies sont petites, disposées en grappes, en épis, en corymbe, etc., chaque baie, prise séparément, porte le nom de grain, comme dans le groseiller, la vigne, le sureau, etc. Les fruits de la ronce et du mûrier sont considérés comme composés de plusieurs petites baies réunies sur un réceptacle commun : elles forment une baie composée. Dans le fraisier, le réceptacle commun est pulpeux, et les semences sont placées à sa surface.

La baie est *globuleuse* ou sphérique dans l'arbousier, la vigne, la mandragore; elle est *discoïde* dans le *phytolacca*; *turbinée* dans le *psidium pyriferum*; *couronnée* par le limbe du calice dans le groseiller, par le stigmate dans le nénuphar; adhérente avec le tube de la corolle dans le bananier; libre dans l'asperge; renfermée dans le calice renflé et membraneux du *physalis*; *cortiqueuse*, entourée à l'extérieur d'une écorce ferme, épaisse, médiocrement succulente dans l'arbousier, l'oranger : elle renferme des noyaux ou *nucules* dans la vigne, le houx, le sureau, le phytolacca, etc. La figue, dont le réceptacle commun semble former à l'extérieur une sorte de baie simple, renferme intérieurement un grand nombre de petites baies particulières, produites par les semences environnées d'une substance pulpeuse. On voit, par ces exemples, qu'on a donné une grande extension à la *baie*, en l'appliquant à beaucoup de fruits charnus très-différens entre eux.

8°. Le *cône* n'est pas un fruit ni un péricarpe proprement dit, mais un composé d'écailles ligneuses, ou plutôt une réunion de bractées ou de pédoncules considérablement accrus, se recouvrant les uns et les autres, fixés par leur base sur un axe ou un réceptacle commun. Sous chacune de ces écailles, on trouve un ou deux fruits indéhiscens, garnis souvent d'un feuillet saillant ou d'une espèce d'aile, comme dans le pin, le sapin, etc. : Linné les considère comme des semences nues. Le cône n'est donc qu'un mode d'inflorescence désigné sous le nom de chaton, ordinairement allongé et de forme conique. Dans le cyprès, les bractées s'élargissent en tête de clou, se serrent par leurs bords, et prennent, par leur réunion, l'apparence d'un fruit arrondi : dans le genévrier, les bractées deviennent succulentes, se soudent les unes aux autres, et offrent l'aspect d'une baie; dans le cèdre, le mélèze, le pin, les pédoncules, disposés en spirale autour d'un axe commun, s'élargissent en écailles ligneuses, imbriquées, très-serrées, et forment un cône de formes variées, selon les genres ou les espèces. Les fruits du chêne, du noisetier, du hêtre, de l'if, de l'éphedra, etc., entourés d'une cupule, se rapprochent des précédens : ce fruit, dans le chêne, porte le nom de *gland*.

2°. *La semence.*

Les grands phénomènes que présente la végétation, la richesse des fleurs, la beauté et les formes variées des corolles, tout ce que les étamines et les pistils offrent de curieux, tout ce que les organes des plantes ont d'admirable dans leurs fonctions, les principes alimentaires répandus dans toutes les parties des végétaux, leur développement, leur accroissement, tous les beaux faits qui ont fixé notre attention n'ont qu'un but unique, auquel ils aboutissent : la production, la sûreté, la maturation des fruits, dont la semence est la partie la plus précieuse, la seule essentielle : elle termine le grand œuvre de la végétation. Dès qu'elle est produite, tout périt : elle seule survit à la destruction du végétal; c'est à elle qu'est confiée l'importante fonction de la reproduction des espèces; c'est d'elle que la terre attend cette belle verdure qui doit couvrir sa nudité; le champ stérile, la source de sa fécondité.

Les proportions de petitesse et de grandeur ne sont ici qu'un jeu pour la nature. Qui pourrait croire, si l'expérience ne nous le prouvait tous les jours, que, sous les enveloppes d'une semence, dont quelquefois la finesse échappe presque à nos yeux, sont renfermées toutes les parties d'un végétal; que, dans l'embryon du gland, existe en très-petit le plus grand arbre de nos forêts; qu'il ne lui manque que le développement? On conçoit quelle place importante la semence occupe dans l'ordre de la végétation, et quels avantages résulteraient, pour la physiologie végétale, de la connaissance parfaite de toutes les parties qui la composent : c'est d'elle que dépendent, sous un point à peine perceptible, la variété des formes végétales ; mais que nous sommes loin d'avoir sur cette matière toutes les lumières que nous pourrions désirer ! L'observation ne peut aller au-delà de ce qui tombe sous nos sens. Sans vouloir pénétrer dans ce qui n'est point donné à l'homme de connaître, nous nous bornerons à présenter ce que les meilleurs observateurs ont pu y découvrir.

Nous avons déjà vu que la semence était ou placée immédiatement sur une partie quelconque du péricarpe, ou qu'elle y adhérait par un filet désigné sous le nom de *cordon ombilical*, dénomination qui exprime en effet la fonction de cet organe destiné à transmettre à la semence les sucs nourriciers. Son point d'adhérence forme, sur l'enveloppe extérieure de la semence, une sorte de cicatrice que l'on a nommée, par la même raison, *ombilic externe* : il porte plus généralement aujourd'hui le nom de *hile*. Tantôt ce n'est qu'un point, comme dans les crucifères, ou une ligne étroite à côtés parallèles, comme dans la fève; tantôt une large plaque convexe, orbiculaire, comme dans le marronnier; en forme de cœur dans le *cardiospermum* ; concave dans le *cyclamen* ; elliptique dans le haricot.

Tégumens de la semence.

On distingue trois enveloppes dans la semence; plus ordinairement il n'en existe que deux : 1°. *l'arille*, qui n'existe que dans un petit nombre de plantes, est une enveloppe membraneuse ou charnue, qui souvent se détache, en totalité ou en partie, des semences en maturité : on soupçonne qu'il n'est qu'une expansion du cordon ombilical. L'arille couvre la semence entière dans le jasmin ; il n'en recouvre qu'une partie dans le *celastrus*; il est pulpeux, fermé de toutes parts, et d'une couleur orangée dans le fusain galeux ; il est lacinié dans le muscadier, où il prend le nom de *macis* ; mince, élastique et blanchâtre dans l'*oxalis* : il se crève quand la graine est mûre ; il la lance au dehors en se contractant. Dans le polygala commun, l'arille se divise en trois lobes, et forme une petite couronne autour de l'ombilic, etc. On voit, d'après ces exemples, que l'arille varie beaucoup dans sa substance, sa forme, ses dimensions, sa couleur, et qu'il ne présente aucun caractère déterminé.

2°. La *tunique propre* existe dans toutes les semences : c'est la plus extérieure quand l'arille manque, ainsi qu'il arrive très-ordinairement. Gærtner lui a donné le nom de *test* (*testa*), et M. Mirbel celui de *lorique*. Elle est *fragile* et *crustacée* dans le ricin, le pavot d'Orient ; *osseuse* dans le bananier, le nénuphar ; *fongueuse* dans le lis, la tulipe ; *pulpeuse* dans le grenadier ; *vésiculaire* dans le syringa (*philadelphus*) : elle porte le nom de *robe* dans la fève ; elle n'a ni valves, ni sutures. On a découvert à la superficie de la tunique propre, dans beaucoup d'espèces, un petit trou qui traverse cette enveloppe d'outre en outre : il a été nommé *mycropyle* ; son usage n'est pas encore bien connu. On a soupçonné que le fluide fécondant pourrait bien s'introduire dans la graine par cette ouverture.

3°. Sous la tunique propre, est le *tégument* ou *l'enveloppe interne* (*tegmen*) : il est appliqué immédiatement sur l'amande ; souvent il se confond avec la tunique propre ; alors il n'en existe qu'un seul, composé de deux lames collées l'une sur l'autre. Le tégument est très-souvent membraneux, quelquefois coriace, crustacé, etc. ; les vaisseaux, qui partent de l'ombilic, rampent sur sa surface extérieure : leurs dernières ramifications pénètrent insensiblement dans sa substance, et parviennent ainsi jusqu'à l'amande. Le point où se réunissent les ramifications des vaisseaux est appelé *ombilic interne* ou *chalaze* par Gærtner : c'est une petite tache colorée, ou un petit tubercule tantôt spongieux, tantôt calleux, formé par l'extrémité des vaisseaux ombilicaux internes qu'on voit sur la membrane extérieure. La chalaze se trouve, dans diverses semences, en opposition avec l'ombilic externe.

Gærtner a nommé *embryotège*, et M. Mirbel *opercule*, un renflement en forme de calotte, situé à une distance quelconque de l'ombilic, et que l'on remarque à la surface de quelques semences, sur celles de l'asperge, du dattier, du balisier, du commelina, etc. Cet opercule correspond à la radicule : il se détache pendant la germination, et présente une issue pour la sortie de l'embryon,

Amande de la semence. Le périsperme et l'embryon.

Les tégumens ou enveloppes de la semence renferment son *amande*, nom sous lequel on a désigné, chez les modernes, l'*embryon* et le *périsperme*. Ce dernier n'est en quelque sorte qu'un organe accessoire, puisqu'il manque dans beaucoup d'espèces : on peut en dire autant des enveloppes. Il ne reste donc dans les semences de partie vraiment essentielle que l'*embryon;* mais il est rare qu'il existe seul, et dans ce cas, il a du moins quelque enveloppe accessoire.

Il est difficile de donner une définition bien rigoureuse du *périsperme*, tant il est varié dans sa substance, sa forme et sa position : c'est un corps particulier plus ou moins charnu, plein de fécule amylacée, qu'on trouve dans les semences d'un grand nombre de végétaux lorsqu'on a enlevé les enveloppes dont elles sont recouvertes, distinct de l'enveloppe intérieure en ce qu'il est simple et contigu et non adhérent à l'embryon. Assez ordinairement il l'entoure ; quelquefois néanmoins il en est entouré : il occupe alors le centre de la semence, comme dans les arroches, les amaranthes, les caryophyllées, etc. Il est *farineux* dans les graminées ; *corné* dans le café et les autres rubiacées ; presque *ligneux* dans les palmiers ; *amylacé* dans la belle de nuit (*mirabilis*) ; *oléagineux* et *charnu* dans les euphorbes ; *mucilagineux* dans le liseron ; *membraneux* ou formé d'une lame mince dans le prunier, l'amandier, et dans la plupart des labiées ; *coriace* dans les ombelles ; *transparent* dans le riz ; *très-grand*, *épais* dans les ombelles, les renoncules, les euphorbes, les graminées, les palmiers, etc. ; *mince* dans les thymelées, les labiées ; *creux* dans le muscadier, le cocotier ; *chiffonné*, plié en différens sens dans les liserons ; à un ou plusieurs lobes, selon les espèces.

Le *périsperme* paraît se former à l'époque de la maturité des semences : il est alors insoluble dans l'eau ; mais, pendant le cours de la germination, il paraît changer de nature et devient très-soluble : il se convertit en une sorte de liqueur ou de mucilage propre à servir de premier aliment à l'embryon.

Gærtner, d'après Grew, l'a nommé *albumen*, en le comparant au blanc de l'œuf, auquel il ressemble par sa consistance, sa couleur et son emploi ; le même auteur a donné le nom de *vitellus*, relatif au jaune de l'œuf, à un corps moins connu que le périsperme, moins facile à distinguer, moins fréquent dans les semences. Il est placé ordinairement entre le périsperme et l'embryon : il entoure ce dernier et y est adhérent ; caractère qui le distingue du périsperme, qui est simplement contigu à l'embryon. Sa forme est très-variée ; dans les graminées, où il est plus facile de l'observer, il ressemble à une écaille ou à un petit écusson.

En séparant de l'embryon le périsperme, qui n'existe que dans un certain nombre de plantes, ce qui nous reste à examiner se trouve dans toutes les semences, excepté dans celles d'un grand nombre de *cryptogames* peu connues, et qui n'ont pas encore pu, vu leur extrême petitesse, être soumises à l'examen. Dégagé du périsperme, lorsque celui-ci existe, l'embryon offre d'abord deux parties faciles à distinguer : la *plantule* et le *cotylédon*.

La *plantule*, connue vulgairement sous le nom de germe [1], que des botanistes modernes ont nommé *blastême*, est le véritable *fœtus végétal* : c'est la plante entière en miniature. Il ne lui faut, pour se développer, que de l'humidité, de la chaleur et un milieu convenable, qui ordinairement est le sein de la terre. Ses parties ne sont bien visibles qu'au moment de la germination : avant cette époque, il faut très-souvent le secours du microscope pour les distinguer, encore est-il quelquefois bien difficile de les apercevoir dans leur intégrité ; mais, comme elles éprouvent quelque changement lorsqu'elles viennent à se développer, il est bon de connaître ce qu'on a pu y observer de plus essentiel dans leur état d'inaction.

La *plantule* est composée de deux parties essentiellement distinctes : la *radicule* et la *plumule*. La première est le rudiment de la racine : c'est elle qui d'abord s'échappe des enveloppes de la semence. Quoique simple, elle se divise quelquefois en plusieurs mamelons, qui semblent former, par leur

---

[1] La dénomination d'*embryon* devrait être uniquement réservée pour le germe ou la *plantule* ; toutes les autres parties de la semence ne sont qu'accessoires ; elles périssent, dès que la jeune plante peut se passer de leur secours : cependant on nomme, par extension, *embryons* les boutons, les fruits, etc., avant leur développement.

développement, autant de radicules, comme dans le seigle, l'orge, le froment, etc. Malphigi a remarqué, le premier, que, dans certaines plantes, la radicule était cachée dans une espèce de poche charnue, fermée de toutes parts, que les modernes ont nommée *coléorhize*, et qui ne peut être bien aperçue, ainsi que la radicule qu'elle renferme, qu'au moment de la germination. Ce caractère est surtout particulier aux monocotylédonées : on le retrouve cependant dans la capucine et le gui. On dit que la radicule est *nue* lorsqu'elle est privée de cet attribut : elle est alors très-ordinairement saillante en forme de petit bec conique, se prolongeant au-dessous du point d'attache des cotylédons ; quelquefois aussi elle est cachée par ces mêmes cotylédons qui se prolongent plus bas que leur point d'attache sur la plantule. Il est important d'en observer la forme, la situation, relativement aux autres parties de la semence ; détails à la vérité très-minutieux, mais qui ne sont pas sans intérêt pour l'étude de la physiologie végétale. On peut, à ce sujet, consulter l'immortel ouvrage de Gœrtner.

La *plumule* est cette partie de la plantule qui doit se développer à l'air et à la lumière, se diriger vers le ciel, et former la tige et les rameaux : elle est quelquefois invisible dans l'embryon, et ne peut s'apercevoir que dans la germination ; plus souvent elle se montre sous la forme d'un très-petit bouton de feuilles appliquées les unes sur les autres. Dans un grand nombre d'espèces, la plumule est nue ; dans d'autres, elle est enfoncée dans une cavité du cotylédon, qui forme, autour d'elle, une sorte d'étui qu'on a nommé *coléoptile*, comme dans les liliacées, les alismacées, etc. Celle des graminées, des cypéracées est recouverte entièrement par une feuille extérieure primordiale qui a la forme d'un éteignoir ; elle porte chez les modernes, le nom de *piléole* ; enfin la plumule est ou portée par une très-petite tige à peine visible, ou placée immédiatement sur le nœud vital qui la sépare de la radicule, qui n'est souvent qu'un point difficile à apercevoir, dont l'existence se conçoit plutôt qu'elle ne se montre. Ce n'est guère que dans la germination que ces parties deviennent sensibles.

On conçoit, d'après ce qui vient d'être exposé, que la radicule et la plumule ont une destination très-différente : elle est telle, que, si l'on place une semence en terre, de manière que la radicule soit en haut et la plumule en bas, elles ne tarderont pas à reprendre l'une et l'autre, la direction qu'elles doivent avoir. Sans cette admirable précaution de la nature, que de semences resteraient sans développement, faute de se trouver dans une position convenable. De toutes celles que l'on dépose dans le sein de la terre, il en est peu dont la plumule soit dirigée vers sa surface; mais au moment de la germination, cette plumule, si elle est mal placée, se replie verticalement en haut pour gagner l'air, et la radicule en sens opposé pour s'enfoncer dans la terre.

Les *cotylédons* sont ordinairement la partie la plus considérable de l'embryon : ce sont, dans les plantes dicotylédonées (je parlerai plus bas des monocotylédonées), deux corps charnus appliqués l'un contre l'autre, très-faciles à reconnaître dans la fève, le haricot, etc., attachés à la jonction de la plumule avec le collet ou nœud vital, tellement qu'on ne peut apercevoir la plumule qu'en écartant les deux lobes des cotylédons, tandis, qu'en général, la radicule est saillante en forme de petit bec. Les cotylédons sont considérés comme les premières feuilles de la plantule, destinées à lui fournir, pendant la germination, une nourriture toute préparée et convenable à sa faiblesse : c'est le lait de la jeune plante. Lorsqu'elle en est privée, il est rare qu'elle puisse se développer : elle languit et meurt. Bonnet coupa les cotylédons des embryons de quelques haricots qu'il avait tenus dans l'eau pendant plusieurs jours : il eut l'habileté d'élever ces embryons sevrés et mutilés ; mais il n'obtint que des végétaux maigres, très-petits, et, pour ainsi dire, des plantes en miniature. On aperçoit, à l'aide du microscope, des linéamens vasculaires très-déliés qui partent du nœud vital, et se distribuent dans les cotylédons, dans la radicule et la plumule : Bonnet les considère commes des *vaisseaux mammaires*. Dès que la jeune plante est assez forte pour se suffire à elle même et se nourrir des sucs de la terre, les cotylédons se flétrissent et tombent. Ils restent, pendant la germination, ou cachés sous la terre, comme ceux du maronnier, ou ils s'élèvent à la surface du sol, comme ceux de la fève : les uns sont *charnus*, comme dans l'amandier, le pêcher ; d'autres *foliacés :* le tilleul, la belle de nuit (*mirabilis*) ; très-variables dans leur grandeur ; très-grands dans le chêne, le hêtre, le haricot ; très-petits dans le rhododendrum, le polémoine ; moyens dans le pin, le *polygonum ;* longs, étroits dans la soude, etc. Quant à leur disposition particulière, ils sont

constamment *opposés* dans les dicotylédonées; *verticillés* quand
ils naissent au-dela de deux : le pin, le cèdre, le mélèze, etc.;
contigus dans les légumineuses, les rosacées ; *divergens* dans
l'aconit des Pyrénées ; *roulés* en spirale sur eux-mêmes
dans le grenadier, le basella, l'anabasis ; *condupliqués* quand,
étant appuyés face contre face, ils sont encore pliés en deux
dans leur longueur, comme dans l'*avicennia*; *plissés* en éventail dans le hêtre ; *chiffonés* dans la mauve, etc. : ils sont
divisés en plusieurs lobes dans le noyer; *pinatifides* dans plusieurs géranium ; entiers dans le plus grand nombre.

Quoique, dans les plantes qu'on a rangées dans la grande
division des dicotylédonées, le très-grand nombre soit pourvu
de deux dicotylédons, il s'en trouve cependant quelques-
unes qui en ont plus de deux : on en compte trois dans le
cupressus pendula; quatre dans le *pinus inops* et le *cera-
tophyllum demersum ;* cinq dans le pin laricio ; six dans le
cyprès distique (*schubertia disticha*, Mirb.); sept dans le
pin maritime ; huit dans le *pinus strobus;* enfin, dit M. Mirbel, on en compte jusqu'à douze dans le *pinus pinea.* D'autres fois il arrive aussi que les cotylédons, distincts pour
l'anatomiste avant la parfaite maturité de la graine, s'entregreffent ensuite, et forment, par leur réunion, un corps qui
imite un seul cotylédon : c'est ce qu'on soupçonnait depuis
long-temps, et ce que M. Auguste de Saint-Hilaire a démontré dans son excellent mémoire sur la capucine. Une
anomalie plus remarquable encore est celle qu'offre la graine
du manglier, décrite par M. du Petit-Thouars : le corps
cotylédonaire, composé peut-être, comme celui de la capucine, de deux cotylédons entregreffés, a la forme d'un bonnet phrygien, et recouvre absolument la plumule, laquelle
ne paraît que lorsque le blastême (la plantule) s'est détaché
et séparé de ce corps, qui reste sous les enveloppes de la
graine (Mirbel).

Je crois devoir rapporter ici, pour ceux qui voudraient faire
usage du microscope, quelques observations présentées par
M. Mirbel sur les *embryons monocotylédonés.* L'embyron mo-
nocotylédoné, dit cet habile observateur, offre souvent une
masse charnue, dans laquelle les divers organes sont confondus,
et l'inspection de sa surface seule ne suffit pas pour déterminer
leur nature; il faut encore s'aider de l'anatomie, et même quelquefois de la germination. La radicule est un simple mamelon
externe situé à l'une des extrémités de la masse de l'embryon

dans l'oignon commun, la jacinthe tardive, l'ornithogale à longues bractées, le jonc à crapaud, etc. : elle est également terminale dans le balisier, le commelina, mais elle y est recouverte d'une *coléorhize* (d'une poche charnue) qui fait corps avec elle tant qu'elle est en état de repos, et qui s'en détache par lambeaux quand la graine vient à germer. Elle est située latéralement par rapport à la masse de l'embryon, entourée d'une *coléorhize* (d'une enveloppe) dans les graminées.

La plumule est nue, plus ou moins saillante dans le *zostera*, le *ruppia*, dans un grand nombre de cypéracées, dans toutes les graminées, le riz excepté ; dans les autres monocotylédons, la plumule est *coléoptilée* (enfoncée dans une cavité du cotylédon), par conséquent invisible à l'extérieur. Les plumules nues sont composées de plusieurs rudimens de petites feuilles engaînées les unes dans les autres : la plus extérieure (piléole) forme un étui clos de toutes parts. Le cotylédon est toujours latéral par rapport à la plantule : il constitue la majeure partie de la masse des embryons dont la radicule et la plumule sont contiguës, comme dans le balisier ; sa forme est sujette à beaucoup de variations. L'embryon est quelquefois muni d'un petit lobe, rudiment d'une feuille qui se développe du côté opposé au cotylédon, sous la forme d'une lame charnue. La petitesse du lobule est cause que peu de botanistes ont remarqué cet organe : il représente imparfaitement une seconde feuille cotylédonaire. Les *cycas* et les *zamia* qui, sous le nom de *cycadées*, forment une petite famille rapprochée des palmiers, ont constamment deux cotylédons.

La situation de l'embryon dans la semence, tant dans les monocotylédons que dans les dicotylédons, est essentielle à observer : il en résulte de très-bons caractères de famille. L'embryon des conifères traverse le périsperme, comme un axe ; celui des atriplicées l'entoure, comme un anneau ; celui des nyctaginées, en se recourbant sur lui-même, l'environne de toutes parts ; celui du cyclamen, du polygonum se porte d'un seul côté de la semence ; celui des palmiers, des bananiers, du nénuphar, des renoncules, des ombelles, etc., est relégué dans une cavité tout-à-fait excentrique ; celui des convolvulacées reçoit, dans ses sinuosités nombreuses, les plis d'un périsperme mince et mucilagineux (Mirbel).

CHAPITRE XXII.

De la germination.

L'individu végétal nous est maintenant connu dans ses parties les plus essentielles : nous avons suivi, autant qu'il a été possible, la disposition, le jeu, les fonctions des divers organes. Nous voilà enfin parvenus au dernier terme de la végétation, à la maturité des semences. En pénétrant sous les enveloppes protectrices qui les recouvrent, nous y avons trouvé les élémens d'une nouvelle plante : il ne nous reste plus qu'à en suivre les premiers développemens dans la germination, phénomène non moins étonnant que tous ceux qui ont jusqu'alors fixé notre attention ; mais, avant d'aller plus loin, arrêtons-nous encore un instant sur la semence séparée de la plante-mère. Son existence est actuellement indépendante : elle a tout ce qu'il faut pour produire un nouvel individu ; mais elle ne le produira que placée dans les circonstances nécessaires pour la retirer de son état de repos. Il faut donc qu'elle les attende ; mais, en attendant, que va-t-elle devenir ? Douée d'organes extrèmement délicats et susceptibles, comme tous les corps organisés lorsque leurs fonctions vitales ne sont point en activité, d'être attaqués et décomposés par les agens extérieurs, comment pourra-t-elle résister à leur influence ? Comment cet embryon si tendre, pénétré de liqueurs si subtiles, échappera-t-il à la décomposition, au desséchement ? Qui le tiendra dans son état de fraîcheur jusqu'à ce qu'il reçoive le *stimulus* de la vie ? D'où lui vient cette étonnante faculté de se conserver sans altération quelquefois pendant des années et même des siècles sans perdre le principe vital qu'il renferme ? Ici se montrent, comme nous l'avons vu si fréquemment, ces soins admirables de la nature pour tout ce qui peut assurer la reproduction des espèces.

Les semences ne mûrissent assez généralement que vers la fin de l'été ou dans le courant de l'automne. Si le principe de vie, dont elles sont douées, n'était point suspendu, peudant un temps plus ou moins long ; s'il entrait en activité aussitôt que la semence a quitté la plante-mère, il arriverait : 1°. que toutes les semences qui ne seraient pas en terre seraient arrêtées dans leur développement, et périraient infailliblement ; 2°. que celles qui seraient reçues dans la terre, venant à germer en automne, se trouveraient exposées, dès l'âge le plus tendre, à toutes les influences de la mauvaise saison ; qu'elles y succomberaient presqu'en naissant ou dans le courant de l'hiver.

Cette observation, qu'il ne faut cependant point appliquer à toutes les semences, a lieu pour le plus grand nombre. Il en est, il est vrai, que nous voyons germer en automne, telles que beaucoup de graminées, etc. ; mais celles-là poussent d'abord rapidement : elles se fortifient, dans le courant de cette saison, autant qu'il est nécessaire pour n'avoir pas à craindre les rigueurs de l'hiver, temps pendant lequel leur développement est presque entièrement suspendu ; mais combien d'autres ne pourraient être soumises, sans périr, à une semblable épreuve ! Qu'elles soient renfermées dans le sein de la terre, ou qu'elles restent exposées à l'air, leur vertu germinative n'entre ordinairement en activité que dans la saison favorable : il en est de plus délicates, qui éparses à la surface du globe, sont garanties ou par une mousse épaisse, ou par la couche des feuilles qui ont quitté les arbres en automne. Ainsi, la nature a varié ses précautions selon la délicatesse ou la force particulière aux différentes espèces.

La conservation du principe vital et la suspension de son développement ont néanmoins un temps déterminé plus ou moins long. Il est des semences qui perdent promptement leur faculté germinative, si elles ne sont semées dès qu'elles sont mûres, quoiqu'elles ne germent quelquefois que bien long-temps après : telles sont en général les graines huileuses, celles du chêne, du hêtre, du noyer, du lin, etc., qui rancissent et se détériorent lorsqu'elles restent trop long-temps exposées à l'air ; mais il en est d'autres, surtout les farineuses, comme celles de la plupart des légumineuses, de l'orge, du froment, qui gardent pendant des années, même pendant des siècles, leur principe de vie. Girardin a fait germer, il y a peu d'années, des haricots tirés de l'herbier de Tournefort ; des grains d'orge, recueillis depuis plus de cent quarante ans, ont été semés avec succès par Home ; enfin, on a plusieurs exemples que des grains retirés de Matamores, oubliés pendant des siècles, s'étaient conservés sans altération. On a vu plusieurs fois des terrains, remués et bouleversés après avoir été long-temps abandonnés, reproduire des plantes qu'on savait y avoir existé autrefois, et qui étaient disparues depuis long-temps. Cette conservation ne peut avoir lieu qu'autant que les semences se trouvent dans des lieux secs et dans une température peu élevée ; mais la chaleur et l'humidité leur sont contraires.

En reconnaissant cette suspension de vie dans les semences placées hors du sein de la terre, il semblerait que, dès qu'elles y sont reçues, elles devraient toutes, à peu près dans le même espace de temps, entrer en germination ; mais il n'en est pas ainsi. Quoique les circonstances et l'industrie humaine puissent influer beaucoup sur l'espace de temps nécessaire pour amener la germination après que les graines ont été mises en terre, elle est néanmoins constamment plus lente ou plus hâtive, selon les espèces. On sait que les semences des graminées germent très-promptement : il ne faut que vingt-quatre heures pour celle du millet ; environ trente-six pour celles du froment ; trois ou quatre jours pour le haricot ; un peu plus pour le melon ; neuf pour le pourpier ; dix pour le chou ; trente pour l'hyssope, d'après les observations d'Adanson ; quarante ou cinquante pour le persil ; un ou deux ans pour les semences du châtaignier, du pêcher, du rosier ; deux ans pour le noisetier, l'aubépine, etc. Cette variété, dans les diverses époques de la germination, tient à des causes qu'il serait aussi important que curieux de connaître. Jusqu'alors elles n'ont point été recherchées.

Enfin, la terre vient d'ouvrir aux semences son sein fécondant ; l'embryon végétal, jusqu'alors sans mouvement, sans action, ne tarde pas à sortir de ses enveloppes. Déjà amollies et dilatées par l'humidité qui les environne, par la douce chaleur qui les pénètre, les semences reçoivent en même temps ces fluides aériformes, subtils et vivifians, qui, portés dans toutes les parties de la plantule, la tirent de son état de repos, et lui font éprouver les premiers stimulans de la vie ; les cotylédons s'humectent et se gonflent ; ils écartent, déchirent leurs enveloppes ; leur substance amilacée, détrempée et convertie en une liqueur laiteuse, émulsive, transmet à la plantule son premier aliment. C'en est fait, le flambeau de la vie est allumé : il ne s'éteindra désormais que lorsque la plante aura parcouru toutes les périodes de son existence.

La radicule se montre la première, et se dirige vers le centre de la terre; bientôt elle y développe quelques fibrilles, et se trouve en état de fournir, avec les cotylédons, des secours alimentaires à la plumule. Celle-ci reste encore quelque temps défendue et nourrie par les cotylédons; mais ce temps est très-court : elle ne tarde pas à chercher la lumière avec autant d'activité que la radicule cherche l'obscurité et le sein de la terre, cédant toutes deux à cette impulsion irrésistible et inexplicable qui les fait avancer en sens contraire, sans qu'aucun obstacle puisse les empêcher de reprendre, lorsqu'elles le peuvent, leur direction naturelle. Assez souvent la plumule ne montre d'abord à la surface de la terre que sa petite tige nue, courbée en arc [1], ayant sa partie supérieure en terre et renfermée dans les cotylédons ; puis elle s'allonge, se redresse. Il en est qui emportent avec elles à leur sommet les deux cotylédons, comme une égide protectrice de leur faiblesse ; d'autres se montrent avec les deux feuilles séminales, débarrassées des entraves des cotylédons qu'elles laissent en terre attachés au nœud vital. Dans tous les cas, dès que la jeune plante, fortifiée, peut se passer du secours des cotylédons, soit pour sa nourriture, soit pour abriter sa faiblesse, ceux-ci se dessèchent et périssent : il en est de même des feuilles séminales qui n'ont qu'un usage momentané. Au reste, la germination présente, dans le développement des différentes parties de l'embryon, beaucoup de faits particuliers qui tiennent à la différence des espèces, et dont les détails, très-curieux d'ailleurs, ne permettent point d'établir de lois générales : on ne peut néanmoins disconvenir qu'il existe, entre la germination des plantes monocotylédonées et celles des dicotylédonées un mode de germination, qui distingue assez bien ces deux grandes classes ; mais ce mode lui-même n'est point sans exception, et les limites disparaissent à mesure que l'on pénètre dans les détails.

On peut dire en général que, dans les semences à un seul cotylédon, celui-ci reste en terre et ne quitte pas le collet de la racine ;

---

[1] Cette courbure paraît donner à la jeune plante plus de facilité pour soulever la terre qui s'oppose à sa sortie. Sa pointe tendre et faible, renfermée dans les cotylédons, n'aurait point assez de force pour vaincre les obstacles, tandis que cette partie étant garantie, sa tige (ou les deux feuilles séminales, comme dans la férule), en présentant le dos de sa courbure, agit, en quelque sorte comme un ressort fortement courbé. Elle se redresse, et, dans certaines espèces, conserve encore ses cotylédons au sommet.

que la plante ne s'annonce jamais que par une seule feuille hors
de terre, tandis que les plantes à deux cotylédons se montrent
avec deux feuilles séminales ou avec leurs deux cotylédons.
Il est à remarquer que ces deux feuilles séminales sont quelquefois les cotylédons eux-mêmes qui, en paraissant à la surface de la terre, prennent· un assez grand accroissement,
s'amincissent et s'étendent en forme de feuilles, comme dans
le chou, le radis; et, dans ce cas, la plumule ne paraît que
quelques jours après, tandis que, dans le haricot, les cotylédons conservent leur même épaisseur sans aucune augmentation, et accompagnent la plumule.

Dès que la jeune plante paraît à la lumière, la germination est terminée; toutes les parties de l'embryon, jusqu'alors à peine visibles, se montrent sous des formes très-
apparentes, et la plante développe successivement toutes les
parties que nous avons parcourues depuis la racine jusqu'à la
production des fruits. Il nous reste à la suivre dans les différentes périodes de son existence, et dans les phénomènes
particuliers qui l'accompagnent; mais, avant de traiter ce
sujet, arrêtons-nous un instant sur les moyens employés par
la nature pour la dissémination des graines, et pour la multiplication des espèces.

CHAPITRE XXIII.

De la dissémination et des autres moyens de la multiplication.

Nous avons vu, dans le second chapitre de cet ouvrage, les
moyens employés par la nature pour préparer, sur toute la
surface du globe, le sol propre à recevoir les espèces de végétaux convenables aux localités; nous avons suivi progressive-
ment les premières plantes qui ont formé et augmenté, par
leurs débris annuels, la terre végétale; mais je n'ai pas dit comment y arrivaient les plantes diverses qui couvrent, au bout
d'un certain nombre d'années, ces terrains de nouvelle formation; j'ai cru qu'il fallait, avant de nous livrer à ces
recherches, commencer par bien connaître la nature des vé-

gétaux, et surtout les semences qui doivent les reproduire. C'est donc leur *dissémination* qui va maintenant nous occuper.

Il semble, au premier aspect, que la plupart d'entre elles doivent peu s'éloigner du lieu de leur naissance; mais, en faisant attention aux formes diverses et aux attributs qui les caractérisent, nous reconnaîtrons, dans le plus grand nombre, que la nature les a souvent destinées pour des voyages de très-long cours. Qui pourrait dire, par exemple, où s'arrêteront ces aigrettes légères qui couronnent les. semences de la plupart des fleurs composées? Celles du chardon, du pissenlit, etc., s'élèvent dans les airs avec une telle rapidité, qu'elles échappent en peu d'instans à la vue la plus perçante. Qui pourrait suivre de l'œil les semences membraneuses de l'orme, voyageant, à l'aide des vents, au milieu d'une atmosphère agitée? Avec quelle facilité les fruits ailés des pins, des érables et des frênes ne sont-ils pas emportés par des tourbillons impétueux : d'autres semences, d'une finesse presque imperceptible, sont continuellement suspendues dans l'atmosphère; celles des mousses, des champignons, des lichens, etc., échappent à nos regards, et flottent invisibles dans le vague des airs : elles ne se fixent que dans les lieux favorables à leur germination. Que de fruits, enfermés dans des boîtes ligneuses, voguent long-temps et sans danger, emportés par les torrens, les fleuves, les courans à des distances très-considérables. C'est ainsi qu'on a vu aborder, sur les côtes de la Nowège, divers fruits de l'Amérique : les drupes du cocotier, la noix d'acajou, les longues gousses du *mimosa scandens*, et beaucoup d'autres. N'est-ce pas également pour faciliter la dispersion des semences, que la nature a doué certains péricarpes, tels que ceux de la balsamine, du *momordica elaterium*, de l'*hura crepitans*, de la fraxinelle, etc., d'une détente élastique qui lance au loin les graines qu'ils renferment.

Les animaux contribuent encore très-efficacement à la dispersion des semences : les uns emportent, accrochés à leur toison, les fruits de la bardane, du grateron, de la sanicle, de la benoîte, etc., armés de pointes courbées en forme d'hameçon; d'autres, tels que les loirs, les rats, les marmottes, transportent, dans leur demeure souterraine, les graines dont ils se nourrissent, et en forment des magasins. Une partie de ces graines oubliées ou abandonnées, germe, au retour du printemps, dans des lieux où elles n'auraient pu parvenir. Les écureuils, très-friands de la semence des pins, en dérobent les cônes, les déposent sur les hauteurs, en désunissent les écailles et en dispersent les graines. Un grand nombre d'oiseaux se nourrissent de baies ; ils en digèrent la pulpe, mais la graine reste intacte. On attribue aux grives et à plusieurs autres oiseaux le transport des semences du gui sur les arbres, seul endroit où elles puissent germer. Beaucoup de semences échappent également à la digestion des quadrupèdes granivores : elles passent sans altération, de leur estomac dans leurs excrémens, et se propagent dans tous les lieux fréquentés par ces animaux. On a vu plusieurs îles se repeupler, dit-on, de muscadiers, par le moyen des oiseaux, après la destruction complette que les Hollandais y avaient faite de ces arbres, pour rendre exclusif leur commerce de la muscade.

Ces détails, et beaucoup d'autres que je pourrais ajouter sont plus que suffisans pour donner une idée des moyens variés à l'infini que la nature emploie pour répandre partout la végétation ; joignons-y l'extrème fécondité des plantes : elle est telle, qu'elle se refuse à tout calcul humain. Selon Dodart, un orme peut fournir, en une seule année, 529,000 graines ; Rai en a compté 32,000 sur un pied de pavot, et 36,000 sur un pied de tabac. Si toutes ces semences réussissaient, il ne faudrait que quelques générations et un très-petit nombre d'années pour couvrir de végétaux toute la surface du globe habitable ; mais on sait que le plus grand nombre se perd faute d'être placé dans les lieux convenables : les animaux, d'une autre part, en font une très-grande consommation. Tel aussi a été le but de la nature dans cette immense profusion,

Mais en fournissant la subsistance aux animaux, elle exige d'eux un travail relatif à leurs forces ; elle veut qu'ils cultivent et amendent le sol qui les nourrit : il est nécessaire qu'il soit divisé, préparé pour recevoir et faire germer les semences. Ce soin est confié aux animaux qui l'habitent. Une terre nouvelle est à peine couverte de quelques végétaux, qu'une foule de petits animaux viennent y chercher un asile, des alimens, tels que des vers de toute espèce, des mollusques nus ou à coquille, des iules, des scolopendres : l'élégante forbicine, le redoutable scorpion, le puissant taupe-grillon, et des milliers d'autres insectes dont les larves soulèvent le sol, y tracent des sillons, des galeries, des canaux souterrains, des issues pour les eaux pluviales, etc. Ces premiers ouvriers suffisent pour un sol peu épais ; ils l'amendent par leurs excrémens ; ils le fertilisent par leurs débris. Divers reptiles se traînent à leur suite, tels que les lézards, les serpens, les orvets, les couleuvres, etc. : ils entretiennent les crevasses et les issues, y établissent leur séjour, y laissent leurs dépouilles. A mesure que le terrain se bonifie et s'exhausse, que les alimens deviennent plus abondans, de petits quadrupèdes, des rats, des souris, la petite musaraigne, viennent l'habiter ; les lièvres, les loirs, les marmotes, le lapin fécond, etc., creusent partout la terre pour y former leurs terriers ténébreux. Lorsque le sol devient plus dur, plus épais, et qu'il exige des ouvriers plus vigoureux, la nature y appelle la taupe musculeuse, chargée d'ouvrir sous terre de longues et vastes galeries, tandis qu'à sa surface le robuste sanglier exécute avec son grouin des travaux plus pénibles. J'ai vu, en Barbarie, de vastes terrains desséchés et durcis par les longues sécheresses et les chaleurs, tellement bouleversés par ces animaux pour y chercher les bulbes de l'asphodèle, qu'on aurait pu croire que le sol avait été remué par la bêche du cultivateur.

La grande multiplication des insectes, ainsi que celle des fruits, attirent bientôt en foule des oiseaux de toute espèce, tandis que l'herbe des prés est broutée par des animaux ruminans. Ce séjour d'abondance et de bien-être est bientôt troublé par l'arrivée d'animaux plus redoutables : l'épervier fond sur la tendre fauvette ; les renards et les loups sur l'animal ruminant : cette terre nouvelle est teinte du sang de ses premiers habitans. Au milieu de ce désordre apparent, de ces scènes de carnage et de meurtres, il nous faut toujours revenir aux lois de la nature : elle a établi, dans ses œuvres une telle harmonie, dans ses productions une telle munificence, qu'à la longue la surabondance des plantes nuirait au développement des individus. L'herbe serait étouffée par l'herbe ; les espèces qui doivent la dominer s'élèveraient à peine, ou n'y parviendraient que dans un état de faiblesse et d'étiolement, si les animaux n'en consommaient le superflu : d'une autre part, presque toute végétation disparaîtrait sous les mâchoires dévorantes des insectes, sans les oiseaux auxquels ils servent d'aliment. On ne peut calculer jusqu'à quel point se multiplieraient, aux dépens des végétaux, les lièvres, les lapins, ainsi que d'autres quadrupèdes herbivores, sans les animaux carnassiers.

Ainsi la nature, enchaînant les êtres les uns aux autres par une dépendance réciproque, maintient ses productions dans une juste proportion ; et ce spectacle de ruses, d'attaques, de défenses, de guerre et de carnage est ordonné par la nature, qui n'a multiplié le nombre des petits animaux que pour fournir la subsistance aux plus grands, et qui n'a diminué le nombre des grands, que pour empêcher la destruction totale des petits. On dirait qu'il en est ainsi des grandes sociétés parmi les hommes ; mais c'est ici l'œuvre de l'homme et non celui de la nature. Lui a-t-elle ordonné, comme au tigre, de boire le sang de ses semblables ? Il ne le boit pas, il se contente de le répandre : il compte ses victimes, et, dans sa joie féroce, il se croit un héros.... ! Laissons l'homme et ses crimes ; rentrons bien vite dans le sein de la nature ; elle seule peut nous distraire, quand de malheureuses divisions troublent l'ordre social, et arment l'homme contre l'homme.

Il ne faut pas oublier que ce n'est, comme je l'ai déjà dit plusieurs fois, que dans une terre abandonnée à elle-même, qu'on peut suivre cette succession d'êtres organiques, tant végétaux qu'animaux ; mais dès que l'homme y arrive avec ses nombreux troupeaux, avec ses instrumens de labour, le fer et le feu en main, cet ordre de la nature disparaît ; une flamme dévorante s'élance au milieu des forêts ; les arbres tombent sous les coups redoublés de la hache ; le sein de la terre est déchiré par le soc de la charrue ; l'herbe des prés est dévorée par les moutons ; l'homme n'y laisse croître que les plantes qui lui conviennent : il renonce pour les multiplier, à cette marche lente et graduée de la nature.

Outre les semences, les plantes, comme nous l'avons vu, ont encore d'autres moyens de multiplication dont s'empare de préférence le cultivateur, soit pour hâter leur développement, soit pour perpétuer des espèces étrangères dont les fruits ne peuvent, dans nos climats, parvenir à une maturité complette. Quoiqu'il en ait déjà été question dans les premiers chapitres de cet ouvrage, je vais les rappeler ici en peu de mots, tels qu'ils ont été présentés par M. Decancolle, avec les noms divers qui les font connaître.

La multiplication des plantes, produite par toute autre

voie que par celle des semences, s'opère naturellement par divers moyens; savoir par :

1°. Les *drageons* ou *surgeons* (*surculi*) : ce sont des branches qui naissent du collet de la racine, s'élèvent dès qu'elles sortent de terre, et sont susceptibles d'être séparées avec une portion de la racine, et de former de nouveaux individus.

2°. Les *jets* ou *stolons* (*stolones*), branche ou tige secondaire, sortant du collet de la racine, hors de terre, tombante, et poussant çà et là, d'un côté des racines, de l'autre des feuilles, telle que la piloselle.

3°. Les *coulans* (*flagella*) : ce sont des jets qui manquent de feuilles et de racines dans un espace déterminé, et qui, à des places fixes, poussent des touffes de feuilles et de racines, comme le fraisier. Tournefort les nommait *viticulæ*.

4°. Les *propacules* (*propacula*, Link), espèce de coulant, terminé par un bourgeon à feuilles, susceptible de prendre racine lorsqu'il est séparé de la plante-mère, tel que les joubarbes.

5°. Les *bulbes* ou *bulbiles* (*bulbi*, *bulbilli*), petits tubercules bulbiformes, séparables de la plante-mère, et susceptibles de produire de nouveaux individus. On les nomme vulgairement bulbes : ils sont situés sur la tige dans le lis bulbifère, et alors M. Link les nomme *propago*; sur la base de l'ombelle dans les aulx, dans la capsule de plusieurs amaryllis, et alors quelques auteurs leur ont donné le nom de *bacillus*; enfin, sur les fibrilles de la racine dans la saxifrage grenue.

Les moyens artificiels de multiplication sont, outre les précédens, qu'on peut aussi employer à volonté, les suivans; savoir :

1°. La *bouture* (*talea*), petite branche qui, coupée et enfoncée dans la terre humide, y pousse des racines, et forme un nouvel individu.

2°. La *crossette* (*malleolus*), nouvelle pousse portant à sa base un tronçon de vieux bois, et susceptible de reprendre racine lorsqu'on la met en terre.

3°. La *marcotte* (*circumpositio*), branche tenant encore à la plante-mère, qui, insérée ou couchée dans la terre ou dans la mousse, y pousse des racines, soit qu'on l'ait laissée intacte, soit qu'on ait entaillé son écorce ou son bois, soit qu'on ait fait à l'écorce une ligature ou une section pour y déterminer un bourrelet, c'est-à-dire une nodosité qui est disposée à pousser des racines.

4°. La *greffe* (*insertio, inoculatio*), opération par laquelle on place le bourgeon d'un arbre en contact avec le liber d'un autre arbre avec lequel il se soude et se développe. L'arbre sur lequel on place le bourgeon porte le nom de *sujet*, et la branche insérée, qui est née du bourgeon, celui de *greffe*.

On donne le nom de *gongyles* ou de *spores* (*gongyli, sporæ*) aux globules reproducteurs des plantes, dans lesquels la fécondation n'est pas démontrée, que les uns regardent comme de vraies graines, d'autres comme des espèces de bulbes (Decandolle, *Théorie élém. de bot.*).

CHAPITRE XXIV.

Considérations sur les formes et les différentes positions du même organe dans les fleurs, et du rapport des organes entre eux.

L'HOMME éclairé par les arts, guidé par le bon goût, a cherché, tant dans les grands monumens que dans les objets d'agrément, à varier les formes, à les mettre en harmonie ou en opposition, de manière à plaire aux yeux : il crée des chefs-d'œuvre tant qu'il imite la nature; il ne produit que des grottesques dès qu'il s'en écarte. Dans l'homme, cette imitation n'a souvent d'autre utilité que de flatter le goût et d'exciter l'admiration : une voûte, soutenue par d'élégantes colonnes, ne serait pas moins bien soutenue, peut-être même davantage, par un massif de pierres informes; mais la demeure du premier être de la création ne serait alors qu'une carrière arrachée du sein de la terre et transportée à sa surface. Le génie de l'homme est trop élevé, trop actif pour ne point chercher à revêtir son habitation de ces belles formes dont la nature lui offre le modèle : dans celle-ci, la variété des formes a un autre but. A la vérité, c'est un de ses bienfaits d'avoir mis en nous un sentiment d'admiration et de plaisir dans la contemplation de ses œuvres ; mais ces formes élégantes et variées dont elle a revètu les organes extérieurs des plantes, répondent aux fonctions qu'elle leur impose : elles ne peuvent être découvertes que par de longues observations. Cette recherche est un des charmes les plus séduisans de l'étude des plantes ; je dirai plus, elle en est le principal objet, quoique exclue généralement de tous les ouvrages systématiques. Par elle, nous apprenons quels sont les rapports des organes entre eux ; quelles sont les causes qui déterminent les formes différentes du même organe dans les différentes espèces ; d'où vient, par exemple, qu'une corolle est campanulée dans les unes, papilionacée ou labiée dans d'autres ; quels rapports il y a entre la position, la longueur respective des étamines et du pistil, entre la situation des anthères et celle du stigmate ; d'où vient qu'ici les filamens sont libres, qu'ailleurs ils sont réunis en un seul corps, etc. Ainsi donc se borner à la seule description des formes, sans autre considération, c'est comme si l'on réduisait l'étude de la géométrie à savoir distinguer un triangle, un quadrilatère, un pentagone, etc., sans en rechercher les propriétés : pour ce genre d'étude, il ne faut que des yeux et un peu d'habitude. C'est parce que la plupart n'étudient qu'avec leurs yeux, que nous avons tant de nomenclateurs, si peu de véritables botanistes ; mais que l'œil du génie s'applique à rechercher quel a été, dans ces formes si variées, le dessein de la nature ; quel en peut être le but ; il reconnaîtra qu'aucune forme n'est arbitraire ni indifférente, que toutes les parties d'une même fleur influent nécessairement les unes sur les autres, et que, pour changer la disposition d'un seul organe, il faudrait que tous ceux qui y correspondent le fussent également. Nous en avons déjà eu la conviction lorsque j'ai traité des organes isolément ; elle deviendra plus frappante, en rappelant ici les traits les plus saillans avec quelques détails particuliers dans lesquels je n'ai pu entrer.

Nous avons vu ailleurs que la direction des tiges, que leurs dimensions, ainsi que celles des rameaux, leur consistance herbacée ou ligneuse n'étaient point l'effet du hasard, pas plus que la disposition et la forme des feuilles ; passons aux fleurs qui, par l'importance de leurs fonctions et le nombre de leurs organes, nous offrent bien plus de faits à observer. Parmi les enveloppes florales, le calice tubulé ou campanulé, entier ou divisé, régulier ou inégal, caduc ou persistant, etc.,

nous offre, dans ces différentes formes, autant de modifications relatives aux autres parties de la fleur : essayons d'en
examiner quelques-unes. Sans la consistance coriace, sans la
forme allongée et tubulée du calice dans l'œillet, dans les silenés et dans la plupart des caryophyllées, comment pourraient
se soutenir leurs pétales pourvus de longs onglets, et ne tenant au réceptacle que par la pointe étroite de leur base?
N'avons-nous pas tous les jours la preuve de son utilité dans
ces beaux œillets doubles, dont les pétales, trop nombreux,
occasionent le déchirement du calice : ces pétales, éparpillés
et renversés, abrègent nos jouissances, à moins que nous ne
prévenions cet accident par des soutiens artificiels.

Le calice des corolles monopétales est assez généralement
court et peu divisé, ou bien il est de la longueur du tube
quand celui-ci est grêle, faible, incapable de se soutenir par
lui-même : plus divisé dans les corolles polypétales et à courts
onglets, le calice nous offre ses divisions presque toujours
alternes avec les pétales. D'où vient cette disposition? Dans
ces sortes de fleurs, les étamines sont également alternes avec
les pétales et en opposition avec les divisions du calice : il
est évident qu'alors les étamines se trouvent dans la ligne qui
sépare un pétale d'un autre; qu'elles ne peuvent être que
faiblement garanties par ces derniers : elles le sont par les divisions du calice qui s'appliquent sur la ligne de jonction de
deux pétales [1].

D'un autre côté, il est des fleurs que la nature semble avoir
bien moins protégées, telles que les pavots, la plupart des
crucifères, etc., dont le calice et la corolle, extrêmement ca-
ducs, tombent peu après leur épanouissement; mais déjà la
fécondation est opérée lorsque les fleurs s'ouvrent : elles ne
se montrent qu'avec leurs anthères flétries. Une fois épanouies,
elles ne se ferment plus, comme le font beaucoup d'autres,
particulièrement les composées.

[1] On voudra bien se rappeler que je n'entends pas établir en principes
généraux, les faits particuliers que je rapporte. On pourrait en citer beaucoup d'autres qui sembleraient les détruire ; mais qu'on y fasse bien attention, on trouvera alors, dans les autres organes de la fleur, une disposition particulière qui remplira également le but de la nature. Je ne peux
entrer dans tous les détails, je cherche seulement à mettre le lecteur sur
la voie de l'observation. Quand bien même quelques-unes de mes explications paraîtraient un peu hasardées, je n'en aurai pas moins fixé l'attention des naturalistes sur une des considérations les plus importantes de
l'étude des plantes.

J'ai dit plus haut que, dans les fleurs monopétales, le calice était court, peu divisé : il n'entoure souvent que la partie
inférieure de la corolle, et ne la protége que faiblement ; mais,
dans ce cas, la nature a fortifié la portion extérieure de cette
corolle dout le limbe, avant l'épanouissement, est plissé en
éventail : la portion intérieure est tendre, assez mince, tandis
que l'extérieure, ou le dos de chaque pli, est beaucoup plus
épais, quelquefois verdâtre, plus renforcé, comme étant plus
exposé aux influences de l'atmosphère. C'est assez souvent
sous cet abri, et avant l'épanouissement complet, que s'opère
la fécondation.

Le calice commun des fleurs composées mérite toute notre
attention : il est, dans ses différentes positions, aussi curieux
que facile à observer. Suivons-le dans cette plante si connue,
si remarquable par la légèreté, l'élégance de son aigrette, je
veux parler du pissenlit. J'aime à fixer l'attention sur les
espèces les plus communes et trop souvent les plus dédaignées.
Avant la floraison, le calice, sous ses folioles presque imbriquées et très-serrées, tient les fleurs à l'abri des variations
de l'atmosphère ; mais dès que le moment de l'épanouissement est arrivé, et que le temps est favorable, ses folioles
s'ouvrent, s'écartent, et laissent aux corolles la liberté d'exposer au soleil leurs pétales rayonnans. A l'approche de la
nuit ou de l'humidité, tout se ferme, et le calice reprend sa
première position ; la fécondation s'opère ; les corolles se flétrissent et tombent, mais le calice reste : il a protégé les fleurs,
il protégera encore les semences jusqu'à leur parfaite maturité. Celles-ci ne sont que médiocrement attachées au réceptacle : elles le quitteraient à la moindre secousse, si elles
n'avaient point d'abri. Le calice se ferme donc de nouveau et
ne s'ouvre plus : il reste dans cette position, quel que soit
l'état de l'atmosphère, fortement appliqué sur les jeunes semences jusqu'à ce qu'elles soient parfaitement mûres ; alors
il les quitte, et, pour ne point gêner leur dissémination, il
tient toutes ses folioles rabattues sur le pédoncule : le réceptacle saillant en dehors prend une forme convexe, et se montre
chargé des semences ornées de leur aigrette et disposées en
une jolie tête globuleuse et d'une telle légèreté, qu'au moindre
souffle ces semences voltigent au milieu des airs. Il ne reste
plus de cette intéressante fleur que le réceptacle à nu, offrant
à l'œil de l'observateur sa surface parsemée de petits alvéoles
dans lesquels les semences étaient insérées par leur base. Main-

tenant explique qui le pourra, par les influences atmosphériques, ce jeu admirable des folioles du calice. A la vérité, tant que la plante est en fleurs, elles semblent céder, par leur changement de situation, aux impressions de l'humidité ou de la sécheresse, de la lumière ou de l'obscurité; mais d'où vient ce même calice cesse-t-il d'en éprouver l'influence après la fécondation? Pourquoi reste-t-il constamment fermé sur les graines? Quelle force inconnue le retient dans cette position, quel que soit l'état de l'atmosphère? Quelle puissance lui fait rabattre ensuite toutes ses folioles après la maturité des semences? N'en cherchons point d'autre cause que l'action vitale. Les beaux phénomènes que je viens d'exposer sur la fleur du pissenlit se retrouvent dans un grand nombre d'autres, souvent avec des modifications qui ne les rendent que plus intéressans. J'ai choisi exprès la fleur la plus commune pour prouver qu'aucune n'est à dédaigner. Que de beaux faits n'aurions-nous pas à observer dans les seules plantes qui nous entourent, dans nos herbes potagères, dans nos arbres fruitiers, dans les fleurs de nos parterres, dans les plantes qui composent les pâturages et les prairies?

La corolle, chargée plus particulièrement de protéger les parties sexuelles, a aussi des formes bien plus variées que le calice : elles dépendent de la situation des étamines. Il ne faut qu'un peu d'attention pour saisir les rapports de position et de configuration qui existent entre ces deux organes. Nous avons vu, dans les fleurs à double enveloppe, c'est-à-dire pourvues de calice et de corolle, les divisions du calice protéger les étamines placées entre la ligne de séparation de chaque pétale, tandis que, dans les fleurs à une seule enveloppe, mais à plusieurs divisions, les étamines, n'ayant point d'autre protecteur que la corolle, sont ordinairement placées vis-à-vis ses divisions. Si ces étamines étaient alternes, elles manqueraient d'abri; quand il en est autrement, la corolle les défend par d'autres moyens. Dans certaines fleurs, les étamines sont courtes, et ne s'élèvent pas au-delà de la portion entière de la corolle, comme dans plusieurs liliacées; dans d'autres, la corolle s'incline vers la terre, et tient les bords de son limbe courbés en gouttière, garantissant ainsi les étamines de la pluie.

La plupart des fleurs monopétales régulières ont les filamens des étamines soudés en partie sur la corolle. Celle-ci se ferme assez généralement à l'approche de la nuit et des temps humides, tandis que les corolles monopétales irrégulières, telles que les labiées, les personnées, ne se ferment jamais ; mais leurs étamines, placées sous la lèvre supérieure, concave et en voûte, sont en tout temps à l'abri des influences de l'atmosphère. Il en est de même de quelques fleurs polypétales irrégulières, telles que les gesses, les pois, les fèves, et en général la plupart des papilionacées : leur pétale supérieur, profondément concave, courbé en carène, renferme, dans sa concavité, le paquet des étamines ; enfin, dans beaucoup d'autres corolles, les appendices dont elles sont pourvues, différens des nectaires, tels que des plis, des fossettes, des écailles, etc., sont presque toujours destinées pour la défense des organes sexuels. Les trois étamines des iris pourraient difficilement se conserver sans accident, si les stigmates, élargis en forme de pétales, ne les recouvraient en totalité.

Dans les fleurs composées, les demi-fleurons, qui, dans les radiées, ne sont placés qu'à la circonférence, semblent n'avoir été ainsi établis que pour ajouter à la défense des fleurons du centre, d'où saillent les organes sexuels. Quand la fleur se ferme, les demi-fleurons se replient sur les fleurons, et sont eux-mêmes recouverts par les folioles du calice. Dans plusieurs flosculeuses, telles que les centaurées, de grandes fleurs, souvent stériles et difformes, entourent les fleurons du centre, et paraissent les abriter : on sait que, dans ces sortes de fleurs, les cinq étamines sont réunies par leurs anthères sous la forme d'un tube que traverse le pistil. Harwin, dans ses *Amours des plantes*, cite des expériences faites par Dosdley, sur des artichauts, des chardons, des centaurées, etc., desquelles il résulte que, lorsqu'on touche le sommet des fleurons, les cinq filamens libres, qui supportent le cylindre des anthères, se contractent et se redressent ensuite. Par ce mouvement alternatif, la poussière fécondante s'échappe, et se précipite sur les stigmates : les filamens, séparés des fleurons, conservent encore, pendant quelques momens, leur irritabilité, comme les fibres musculaires des animaux.

Les grandes et belles fleurs des nénuphars, promenant à la surface des eaux leurs corolles d'un jaune doré ou d'un blanc virginal, sont pourvues d'étamines nombreuses, qu'elles présentent, très-étalées, aux rayons actifs de l'astre du jour, sans être abritées par aucun organe protecteur ; mais, au coucher du soleil, ces fleurs se ferment et se plongent dans l'eau : elles en sortent le matin, et s'épanouissent de nou-

veau avec le retour de la lumière. Ce beau phénomène avait
été observé par les Egyptiens sur cet élégant nénuphar du
Nil, le *lotos :* c'est probablement d'après cette observation,
que cette fleur était devenue pour eux l'emblème du soleil,
qu'ils voyaient tous les soirs se plonger dans les eaux de la
mer, et en sortir tous les matins aussi radieux que la veille.

Les divers mouvemens qu'exécutent le calice ou la corolle,
et même la fleur entière, sont la plupart relatifs à la sûreté
de la fécondation, ainsi que nous l'avons déjà observé : il est
encore d'autres phénomènes qui tendent au même but. On
sait que les labiées sont pourvues de quatre étamines, dont
deux plus courtes : il arrive, dans certaines espèces, que les
deux étamines inférieures sont les premières à lancer leur
pollen; après cette opération, elles s'écartent, se retirent sur
le côté, souvent sortent de la corolle, tandis que le pistil
continue à s'élever pour recevoir la poussière des anthères
supérieures.

D'après tout ce qui a été exposé dans le chapitre dix-neu-
vième, il me reste peu à dire sur les organes sexuels. Je ne
peux trop recommander au lecteur de porter une attention
toute particulière sur leur disposition dans la fleur, sur leurs
rapports de situation avec les formes de la corolle. Dans les
fleurs hermaphrodites, la réunion des deux sexes dans la
même fleur, donne beaucoup de facilité pour la fécondation ;
mais, dans les fleurs où les mâles sont séparés des femelles,
comme dans les plantes monoïques et dioïques, les sexes se
trouvant alors plus ou moins éloignés les uns des autres, il
suit que la disposition, la forme des organes, doivent offrir
des différences particulières, selon les rapports de situation
de l'un et l'autre sexe. Ici, comme partout ailleurs, on reconnaît la prévoyance de la nature ; et si en général, les fleurs
à sexes séparés n'ont pas le même éclat que les hermaphrodites, nous verrons que les corolles de ces dernières deviendraient dans les plantes uni-sexuelles, un obstacle à la fécondation.

Dans les fleurs monoïques, c'est-à-dire dans celles où les
étamines sont séparées des pistils, mais sur les mêmes individus, presque toujours les fleurs mâles sont placées au-dessus
des femelles, soit sur la même grappe, comme dans le *typha*
(la massette d'eau), le *sparganium* (le ruban d'eau), plusieurs *carex*, etc., soit sur des grappes ou sur des chatons
distincts, comme dans le chêne, le bouleau, le noisetier, le

maïs, etc. Il est encore à remarquer que, dans ces plantes, surtout dans celles à fleurs dioïques, telles que les saules, les peupliers, les genévriers, etc., les étamines sont ordinairement plus nombreuses, très-saillantes, souvent sans autre enveloppe florale qu'une petite écaille, rarement pourvues de corolle, ou les corolles sont larges, très-ouvertes, afin de ne point gêner la dispersion de la poussière fécondante. C'est sans doute par cette raison que nous ne connaissons aucune plante à sexes distincts parmi les fleurs labiées ou papilionacées, qui tiennent les anthères renfermées dans la concavité de leurs pétales. Les fleurs mâles sont placées sur des chatons mobiles, souples, pendans, allongés, que le moindre souffle agite, tandis que les fleurs femelles sont moins nombreuses; leur pédoncule droit, plus court, plus fixe. Assez généralement ces fleurs s'épanouissent avant l'apparition des feuilles, afin que la poussière des étamines, qui flotte dans l'air, puisse parvenir sans obstacle sur les fleurs femelles.

On trouve dans Plenk (*Physiologie des plantes*, pag. 89, traduction française) une remarque importante au sujet des plantes unisexuelles : « Un suc mielleux, dit-il, imbibe la superficie du stigmate : il sort de toutes les parties du pistil, mais particulièrement de l'ovaire. Il paraît qu'il est tellement nécessaire pour la fécondation, que si, à l'aide d'une chaleur artificielle, il était entièrement desséché, l'ovaire ne pourrait être fécondé par le pollen. Les fleurs mâles ne sécrètent, en général, aucun suc mielleux. » Ce fait, qui mérite d'être observé, me paraît confirmer ce que j'ai dit, dans le chapitre seizième, au sujet des glandes nectarifères, que j'ai considérées non-seulement comme destinées pour la nourriture de l'ovaire, mais encore pour la perfection et la maturité des fruits.

A ces faits intéressans je pourrais en ajouter beaucoup d'autres : ceux que je viens de présenter suffisent pour tracer au naturaliste la marche qu'il doit suivre dans l'étude des végétaux, et lui faire voir sous quels rapports il doit les envisager. J'ai la conviction qu'il n'existe, dans les parties des plantes, aucune position, aucune forme arbitraires, et si nous n'y découvrons pas toujours le but de la nature, c'est qu'il nous échappe : il suffit, pour nous en convaincre, de l'avoir aperçu ou soupçonné dans certaines espèces. A force d'observations, nous pourrons obtenir de nouvelles découvertes; mais, je le répète, n'oublions pas qu'il ne faut pas se

borner à considérer un organe isolément, qu'il faut encore
l'étudier dans sa forme et sa position, dans tous ses rapports
avec les autres organes, dans les fonctions qu'il remplit con-
curremment avec eux. Par exemple, si je considère la position
de ce beau et large pétale inférieur, portant le nom d'*éten-
dart* dans les fleurs papilionacées, il me semblera voir un
miroir réflecteur, destiné à renvoyer la lumière et la chaleur
vers les organes sexuels, qui, renfermés dans la carène placée
au-dessus, ne peuvent être frappés immédiatement par les
rayons solaires; considérant ensuite ce pétale supérieur ou
cette carène, et cherchant ses rapports avec les étamines et le
pistil, je découvre que ceux-ci, réunis en un seul paquet
dans la concavité de ce pétale, y sont tenus à l'abri des influences de l'atmosphère; je vois encore que, probablement
par cette même raison, ces fleurs, comme je l'ai dit, ne se
ferment presque pas, tandis que le contraire a lieu pour la
plupart des fleurs dont les organes sexuels n'ont aucun abri
tant que leur corolle reste épanouie : celle-ci se ferme à l'approche du danger.

Si quelques-unes des explications appliquées aux différentes dispositions des organes sont quelquefois un peu hasardées, du moins elles nous mettent sur la voie des découvertes, et peuvent être rectifiées par d'autres observations.
Ce n'est qu'à force de les multiplier qu'on pourra parvenir à
saisir le secret de la nature dans la configuration et autres
attributs des corps organiques. Ces connaissances sont si
agréables, d'une si facile acquisition, et en même temps si
importantes, que je n'hésite pas à les proposer comme une
des parties essentielles de l'étude des plantes.

CHAPITRE XXI.

De la vie des plantes ; phénomènes qui en dépendent.

S'il suffit, pour obtenir le droit d'être placé parmi les êtres
qui jouissent de la vie, d'en parcourir les différentes périodes,
d'être muni de tous les organes qui en exécutent les fonctions,
on ne peut refuser aux plantes les prérogatives des êtres vi-

vans; mais les plantes répondent-elles, par leur mode d'existence, à l'idée grande, sublime que nous nous formons de la vie? Existe-t-elle vraiment quand l'être qui en est doué n'a ni la conscience de son existence, ni aucune sorte de volonté; quand il ne sent ni plaisir, ni douleur; quand il ne remplit les fonctions vitales, en quelque sorte, que comme l'aiguille qui marque sur un cadran les minutes et les heures?

A la vérité, la plante a des fonctions organiques qui lui donnent de grands rapports avec les animaux : comme eux, elle est toute entière renfermée dans la semence, telle que le *fœtus* dans le sein de sa mère; elle offre, dans l'embryon, les linéamens de tous les organes qu'elle doit produire successivement. Dès qu'elle est animée par ce mouvement intérieur qui ne cessera qu'à la mort du végétal, elle développe peu à peu toutes les parties nécessaires à son entretien, à son accroissement; elle reçoit et absorbe les alimens; elle se les approprie, et les convertit en sa propre substance. Faible dans le premier âge; parée, dans l'âge adulte, de toutes les grâces de la jeunesse, elle présente, sous les formes les plus séduisantes, de nouveaux organes, ceux de la reproduction, deux sexes distincts, comme dans les animaux; un pollen fécondateur, un ovaire fécondé; enfin elle termine son existence par la maturité des fruits.

Cet appareil merveilleux d'opérations nous force de reconnaître, dans les végétaux, une existence vitale; mais la vie est une de ces expressions vagues qu'il est autant impossible de définir que de comprendre : tâchons du moins de nous entendre, et de connaître de quelle sorte de vie jouissent les plantes, en la comparant à celle des êtres d'un autre ordre qui en sont également doués; mettons-les aussi en parallèle avec les substances inorganiques : ce rapprochement nous donnera une idée plus exacte de la vie dans les végétaux.

Sans cet appareil organique par lequel les plantes croissent et accumulent la matière végétale; sans cette reproduction merveilleuse des individus par les semences, les plantes, considérées dans leur forme extérieure, pourraient être presque assimilées aux formes cristallines des minéraux. Elles n'en diffèrent point sous le rapport du sentiment, puisque rien ne nous prouve qu'elles soient susceptibles d'aucune impression de douleur ou de plaisir, leurs mouvemens n'étant dirigés par au une volonté déterminée, mais par une simple attraction, comme je le dirai ailleurs. Les plantes n'ont donc été rangées parmi les êtres vivans qu'à cause de leur mode d'accroissement.

Les minéraux, comme nous l'avons déjà dit, ne croissent que par *juxta-position*, c'est-à-dire par l'addition de parties similaires toutes formées : c'est une molécule, un grain de sable ajouté à un autre, puis à un autre, etc., unis ensemble par une force d'adhésion encore peu connue ; d'où résultent des masses d'une grosseur indéfinie. Ces masses inertes ne renferment en elles aucun principe d'altération ; elles peuvent être séparées, mais non détruites : qu'elles soient divisées presque à l'infini, ce sera toujours le même minéral jusque dans la plus petite portion ; il n'y aura de différence que dans le volume, à moins qu'elles ne soient attaquées par des dissolvans, qui les font passer à un autre état par l'effet d'une nouvelle combinaison. Il n'existe, dans ces masses inactives, aucun mouvement particulier, aucun acte qui tienne à la vitalité ; point de reproduction, point de destruction nécessaire, mais amenée seulement par des causes accidentelles. Ces masses dureraient éternellement, si leurs principes constituans n'étaient séparés par cette force toute-puissante de l'attraction élective.

Il n'en est pas de même des plantes, elles ne reçoivent point, toutes formées, les parties similaires qui les constituent, mais elles les forment elles-mêmes par l'absorption habituelle des fluides alimentaires qui les entourent, par cette puissance inconnue qu'on a nommée *force vitale*. Leur dimension est bornée selon les espèces : un faible arbrisseau de deux ou trois pieds ne deviendra jamais un arbre de haute futaie ; jamais l'humble bruyère ne rivalisera en grandeur avec le chêne. Il est donc une cause secrète qui borne l'accroissement dans les végétaux : celui des minéraux n'a point de bornes.

Le mouvement est presque habituel dans l'intérieur des végétaux, la sève s'y balance ; de nouvelles parties font continuellement des efforts pour en sortir ; elles déchirent l'écorce, se montrent et se développent ; enfin la plante, depuis sa naissance jusqu'à sa mort, parcourt toutes les périodes de la vie. Ne cherchons aucun de ces phénomènes dans les minéraux. Les plantes en diffèrent donc par leur mode d'accroissement, par leur grandeur déterminée selon les espèces, par leur mouvement, par le terme fixé pour leur existence, par les principes de destruction qu'elles renferment en elles-mêmes, par les nouveaux produits qu'elles ont créés pendant leur durée, par ceux que fournit leur décomposition après leur mort, et qui les transporte dans le règne des minéraux pour être ajoutées à leur masse. Ce qui rapproche les végétaux des minéraux, c'est que la plante, au milieu de ses fonctions, n'a pas plus de sensibilité que la pierre brute : c'est une machine dont les opérations nous étonnent, mais ce n'est rigoureusement qu'une machine organisée. Ce grand phénomène de la vie ne se manifeste dans les plantes qu'aux yeux de l'être pensant qui sait l'observer : il semble que la nature, en créant les végétaux, ait voulu en quelque sorte esquisser la vie, ébaucher les premiers linéamens des êtres vivans, essayer la forme des organes, y imprimer le mouvement, les mettre en jeu pour parvenir ensuite, par la création d'êtres plus parfaits, à en former qui soient susceptibles de recevoir des sensations, de les sentir, et de diriger leurs mouvemens à volonté. C'est ainsi qu'en continuant ses essais, passant des végétaux aux animaux, elle est parvenue, par des nuances graduées dans la longue série des êtres, à développer dans l'homme le suprême degré de l'existence. Chez lui, la vie ne consiste plus uniquement dans ces organes, dans ces mouvemens involontaires, dans cette influence des causes physiques qui produisent, entretiennent toutes les fonctions vitales. Dans l'homme, la véritable vie est toute entière dans sa pensée, dans cette faculté intellectuelle qui nous donne la conscience de notre existence, dans cette volonté qui nous rend maîtres de nos actions : telle est la vie par excellence, le plus grand, le plus profond, le plus inexplicable de tous les mystères. La VIE ! qui nous donne non-seulement la jouissance de nous-mêmes, mais encore qui nous attache à tout ce qui nous entoure ; c'est par elle que le grand spectacle de la nature frappe nos regards, que nos idées s'élancent, plus rapides que l'éclair, d'un pôle à l'autre ; c'est par elle que la pensée comprend et saisit, dans un instant incommensurable, l'ensemble des mondes, toute la vaste étendue de l'univers, et se perd dans l'infini.

Cette graduation dans l'ordre de la vie, selon les différens êtres, est très-remarquable sans doute ; mais la nature n'a pas besoin d'essais pour la perfection de ses œuvres : ils sortent de ses mains aussi parfaits qu'ils peuvent l'être. C'est de cette variété, c'est des attributs gradués de ses productions que résulte la sublimité de ce grand spectacle qu'elle nous présente dans la constitution des mondes, dans la coordonnance des êtres qu'ils renferment, dans ces passages alternatifs de la matière brute à la matière organisée ; c'est avec ces fluides subtils dont se compose notre atmosphère que la nature a voulu créer tous les corps, tant bruts qu'organiques ; mais pour soumettre ces élémens, en quelque sorte intraitables, qui flottent en liberté dans l'immensité de l'espace, pour les amener au but de ses opérations, il lui a fallu donner aux plantes une puissance, à nous inconnue, qui vienne s'en emparer, les fixer, les combiner, en un mot en faire une matière solide ; car l'expérience nous apprend que, quoique sans cesse en contact, il n'existe entre ces élémens aucune attraction élective propre à les réunir pour en former des corps bruts ou organiques.

Si maintenant nous considérons, dans les plantes, les organes propres à cette étonnante opération, nous verrons qu'elles ont le degré d'existence qui leur convient. Destinées à absorber les fluides de l'atmosphère, elles n'ont aucun besoin de ces organes digestifs que l'on reconnaît dans les animaux : constamment entourées des élémens de leur nourriture, munies de pores pour s'en emparer, le déplacement leur était inutile, ainsi que le sentiment de l'existence pour la recherche de leurs alimens. S'agit-il de la fécondation? la nature a rapproché les sexes ; elles les a, ou renfermés dans la même fleur, ou, lorsqu'ils sont séparés, elle a chargé le zéphir de transporter, sur les fleurs femelles, la poussière fécondante des fleurs mâles.

Il n'en est pas et n'en peut être de même des animaux : les uns se nourrissent de végétaux ; aux autres il faut une nourriture animale. Les alimens ne viennent pas les trouver ; il faut qu'ils aillent les chercher, qu'ils se déplacent, qu'ils fassent un choix ; ces alimens ne sont plus des fluides qu'il suffit d'absorber : ce sont des substances solides qu'il faut diviser, broyer, déchirer : de là s'ensuit la nécessité d'un système d'organes propres à toutes ces opérations ; un instinct particulier pour voir et sentir, distinguer et saisir les alimens convenables. Souvent il les leur faut disputer au risque de leur propre vie : de là une suite d'attaques, de défenses ; de là ce sentiment intérieur qui les porte à fuir le danger, à écarter, à détruire leurs ennemis. La nature leur a donc donné, à raison de ces fonctions, un degré de vie bien supérieur à celui des végétaux ; elle leur a donné la conscience de leur existence, qui les rend maîtres, jusqu'à un certain point, de leurs mouvemens et de leurs actions. Ce mode d'existence est gradué, selon les besoins, depuis le polype jusqu'à l'homme; graduation admirable, qu'il nous serait bien agréable de pouvoir parcourir dans tous ses détails, s'il nous était permis de sortir de notre sujet.

Bornons-nous à remarquer que le degré de perfection dans la vie dépend de l'étendue du sentiment intérieur, par conséquent du degré de l'intelligence; que celle-ci, d'une autre part, est relative à l'organisation, et par suite aux fonctions que chaque espèce d'animal doit remplir. Nous trouvons dans le polype, animal qui se rapproche le plus des végétaux, un canal digestif, une action presque spontanée pour s'emparer de la proie qui doit le nourrir, une véritable digestion. Si, dans cette fonction, l'animal éprouve quelques sensations, comme il est à présumer, il faut avouer qu'elles sont bien faibles, presque nulles : la sensation est plus forte dans les mollusques, plus encore dans les insectes, dans les vers, les reptiles, dont les opérations plus nombreuses doivent augmenter le sentiment intérieur. Leur intelligence, plus développée, se montre dans la recherche de leur nourriture, dans leurs attaques et leur défense, dans l'accouplement et le choix d'un lieu convenable pour y déposer leurs œufs; mais quelle étendue cette intelligence n'acquiert-elle pas dans les oiseaux, dans les mammifères, non-seulement pour la recherche et le choix de leurs alimens, mais encore dans leurs combats, dans la construction de leurs demeures, surtout dans l'accouplement et dans l'éducation des petits ! Plus ces derniers exigent de soins, plus le sentiment de l'existence prend d'extension. Dans les insectes et les reptiles, toute la prévoyance se borne à déposer leurs œufs dans l'endroit qui convient le mieux aux nouveau-nés pour la température et les alimens : cela fait, ils sont abandonnés aux soins de la nature. Il n'en est pas de même des oiseaux et des quadrupèdes : les petits, après leur naissance, ont encore besoin, pendant plus ou moins de temps, du secours de ceux auxquels ils doivent la vie : de là la réunion momentanée de ces derniers. Cette réunion amène des devoirs, des travaux, des assiduités, auxquels les animaux, libres et indépendans, ne se soumettraient jamais, s'ils n'y étaient entraînés par un mouvement intérieur, irrésistible et réciproque; par une sorte d'accord et de convenance : il a donc fallu, pour cela, qu'ils pussent faire un choix, s'attacher l'un à l'autre par l'attrait du plaisir; il faut que ce même sentiment retienne le mâle auprès de la femelle pendant l'incubation ou l'allaitement. Elle a besoin, tandis qu'elle remplit ces douces fonctions, d'un pourvoyeur, d'un défenseur, d'un compagnon qui lui allège les détails du ménage et l'ennui de sa captivité. L'éducation finie, chacun reprend sa liberté; la société est rompue, les affections éteintes.

Après avoir exposé les caractères de l'existence vitale dans les végétaux, après avoir démontré que la simplicité de leurs organes, dépourvus de sentiment, étaient aussi parfaits qu'ils devaient l'être relativement au but pour lequel la nature les a destinés; après avoir suivi le perfectionnement gradué de l'existence dans les autres êtres vivans et sensibles, il est bien évident que ce n'est que dans les animaux, et surtout dans l'homme, que la vie se montre dans toute sa plénitude. Est-il étonnant, d'après cela, que l'homme, éclairé par l'étude et la réflexion, s'élevant, par la pensée, au-dessus de tous les objets de la création, pénétré de la grandeur de son être, ne pouvant se comparer à aucun autre qui lui soit supérieur, ait porté ses hautes prétentions jusqu'à croire que tout ce que renferme l'univers avait été créé pour lui? Si les animaux partagent avec l'homme les bienfaits de la nature, lui seul est doué d'une ame pour les sentir, d'une intelligence pour les comprendre, d'un cœur pour en jouir. Tandis que l'animal broute l'herbe des champs, l'homme seul en étudie l'organisation; tandis que le tigre déchire les chairs pour s'abreuver de sang, l'homme ne pénètre dans les organes de la vie que pour en découvrir les élémens. Si sa raison est insuffisante pour lui apprendre ce que devient la pensée après la destruction de son corps, il ose croire qu'elle ne descend pas avec lui dans le tombeau. Le flambeau de l'immortalité brille à ses regards et le conduit dans le sein de l'Éternel!

Si ces réflexions, inspirées par la grandeur du sujet que nous traitons, nous en ont écarté un instant, elles nous y ramènent par l'intérêt qu'elles attachent à l'étude des rapports établis entre tous les êtres de la création. Ainsi, après avoir suivi les végétaux dans le développement, la nature et les fonctions de leurs divers organes; après avoir reconnu leur existence vitale, il nous reste à les considérer dans les différentes périodes de cette existence; dans leur accroissement, leur grandeur, leur durée; dans les mouvemens dépendans de leur vitalité; enfin, dans leurs maladies, et dans les causes qui amènent leur destruction. Comme une partie de ce que nous aurions à dire sur ces grands objets a déjà été présentée dans les chapitres précédens, nous nous bornerons ici à quelques observations générales.

CHAPITRE XXVI.

De l'âge des plantes ; leur durée, leur grandeur ; développement de leur différentes parties. Épanouissement des fleurs.

UNE des occupations les plus agréables pour un solitaire, et, en général, pour tout homme qui aime à observer, est celle de suivre le développement des plantes, à partir du moment où elles commencent à sortir de la terre, jusqu'à celui où elles achèvent de mûrir leurs fruits. Il n'est personne qui n'ait éprouvé cet aimable délassement, par la culture de quelques fleurs. Avec quelle impatiente curiosité nous épions le moment où la jeune plante, déchirant les enveloppes qui l'enchaînent dans la semence, va percer la terre qui la recouvre, et se montrer au grand jour ! Avec quel plaisir nous voyons pointer les premières feuilles, celles qui leur succèdent, les tiges dans leur accroissement, le feuillage dont elles se parent, et enfin les fleurs, leur plus bel ornement ! Si ce beau phénomène, déjà si merveilleux, était étudié avec un esprit un peu exercé à l'observation, déjà nous reconnaîtrions, dans les premiers développemens d'une plante, ces caractères si tranchans, établis par la nature entre les plantes monocotylédonées et les dicotylédonées ; nous verrions les jeunes pousses du lis, du narcisse, et surtout celles de l'asperge, avoir déjà, en sortant de terre, toute la grosseur qu'elles peuvent acquérir ; nous les verrions couvertes de ces boutons qui doivent produire les branches et les feuilles. Les comparant avec les tiges du grand soleil, de la belle-de-nuit, de la capucine, etc., qui n'acquièrent de grosseur qu'à mesure qu'elles s'élèvent, ce simple aperçu nous apprendrait que les premières appartiennent aux monocotylédonées, les secondes aux dicotylédonées, en y appliquant les caractères que nous avons présentés de ces deux grandes divisions : la suite de leur développement nous en fournirait de nouvelles preuves.

Ces connaissances préliminaires, en dirigeant l'observation, ajoutent à nos jouissances. Je ne répéterai pas ici ce que j'ai dit sur l'apparition successive des différentes parties des plantes, qui forment leurs différens âges; mais je reviendrai sur l'épanouissement des fleurs, qui constitue l'âge brillant de leur jeunesse, et qui est attendu avec une si vive curiosité. Déjà le bouton est entr'ouvert; à chaque instant du jour nous en suivons les progrès; nous le voyons grossir, se développer : le matin, à notre réveil, une fleur, dans toute sa fraîcheur, épanouie avec l'aurore, s'offre à nos regards dans tout son éclat : elle semble ajouter à la pureté d'un beau jour, et même influer sur nos dispositions morales, sans nous douter que cet état nous le devons souvent à l'épanouissement d'une fleur. En contemplant ce nouvel être, sorti des mains de la nature, il semble que nous ayons partagé ses travaux d'après les soins que nous en avons pris. Ces jouissances pures et simples, cette tranquillité d'ame, ne sont guère senties que par ceux dont l'existence est attachée à des occupations douces et paisibles : elles fuient ceux que des désirs immodérés de fortune et d'ambition entraînent dans le tourbillon d'une vie sans cesse inquiète et agitée.

Les plantes ne fleurissent pas toutes à la même époque, quand même elles auraient été semées et se seraient montrées dans la même saison; elles forment, pendant les beaux mois de l'année, un tableau varié de décorations qui se succèdent : les ellébores, les perce-neiges, les daphnés sont remplacés par la violette et la primevère; après ceux-ci, paraissent l'hépatique, la giroflée jaune, le lilas, ainsi de suite jusqu'à ce que le colchique dans les campagnes, la reine marguerite dans nos jardins, nous annoncent la fin de la belle saison. Il en est même qui osent lutter contre les premiers frimats; et déjà la terre se couvre de neige, qu'on voit encore la belle chrysanthème des Indes conserver, dans nos parterres, ses grosses têtes de fleurs panachées. Linné a composé, d'après l'apparition successive des fleurs et le développement des bourgeons, son *Calendrier de Flore*, dont il a déjà été question dans le chapitre douzième[1].

---

[1] L'épanouissement des boutons à fleurs s'exécute comme ceux des boutons à feuilles et à bois; cependant on a dit et répété que l'épanouissement des boutons à fleurs suivait une marche inverse du développement des

Plusieurs phénomènes particuliers sont à remarquer dans l'épanouissement des fleurs : outre les différentes époques de leur apparition, il faut encore distinguer les diverses heures de la journée où elles s'ouvrent et se ferment alternativement pendant toute la durée de leur existence, quelques-unes exceptées qui se maintiennent constamment dans le même état. On a, d'après Linné, dressé dans différens pays, sous le nom d'*horloges de Flore*, des tableaux qui indiquent l'heure à laquelle chaque espèce de fleur s'ouvre et se ferme. Linné a nommé : 1°. *fleurs météoriques* celles dont l'heure de l'épanouissement est dérangée en raison de l'ombre, de l'humidité, de la sécheresse, de la pression plus ou moins grande de l'atmosphère : la grenadille, qui s'ouvre à midi lorsque le ciel est serein, ne s'épanouit qu'à trois heures quand il est nébuleux ; 2°. *fleurs tropiques* celles qui s'ouvrent le matin et se ferment le soir ; mais l'heure de l'épanouissement avance ou retarde, suivant que les jours augmentent ou diminuent ; 3°. enfin, *fleurs équinoxiales* celles qui s'ouvrent à une heure fixe et déterminée, et le plus souvent se ferment à la même heure.

Ces tableaux, en nous indiquant les diverses situations des fleurs, que Linné appelle leur état de veille et de sommeil,

boutons à feuilles. Dans ces derniers, dit-on, les boutons supérieurs sont les premiers à se développer, tandis que, dans les fleurs, ce sont au contraire les boutons inférieurs qui s'épanouissent les premiers : c'est ainsi que, à quelques exceptions près, l'épi, la grappe, la panicule, etc., fleurissent de bas en haut. Il est évident que, dans cette assertion, on a confondu les boutons de chaque fleur isolée [1] avec ceux qui renferment la grappe ou la panicule en entier : ce sont ces derniers qu'il faut mettre en rapport avec les boutons à feuilles ; dès lors on verra que, dans les uns comme dans les autres, les boutons supérieurs sont presque toujours les premiers à s'épanouir : si ensuite les boutons à fleurs produisent un épi ou une grappe, il sera vrai de dire que les fleurs qui composent l'épi ou la grappe, s'épanouissent de bas en haut ; mais n'en est-il pas de même des feuilles dans les boutons à bois ? Les inférieures ne sont-elles pas aussi les premières à se développer ? D'où il suit que, pour rendre la comparaison exacte, il faut comparer le bouton à bois avec le bouton à fleurs (et non avec le *bouton de fleurs*) ; puis l'ordre du développement des feuilles sur le jeune rameau avec celui des fleurs sur les pédoncules multiflores : on reconnaîtra alors qu'assez généralement l'épanouissement suit le même ordre dans les uns comme dans les autres, et l'on verra, d'après la progression du développement des jeunes pousses, qu'il ne peut pas en être autrement. Si le contraire arrive dans quelques espèces, il sera assez facile d'en trouver la raison.

[1] C'est-à-dire le bouton de fleurs qu'il faut bien distinguer du bourgeon, ou bouton à fleurs. Le premier est appliqué à la fleur avant son épanouissement, tel qu'un bouton de rose, d'œillet, etc. Voyez page 106.

nous annoncent de plus en plus les soins qu'a pris la nature pour garantir, des impressions variées de l'atmosphère, ces organes si délicats, destinés pour la reproduction des espéces ; mais ces heures de veille et de sommeil varient beaucoup, soit par la température des différens climats, soit, dans le même, selon l'état de l'atmosphère, humide ou sec, froid ou chaud, nuageux ou éclairé par le soleil ; autant de circonstances qui changent presque toujours l'heure de l'épanouissement et du sommeil des fleurs. Les fleurs semi-floculeuses, telles que le pissenlit, le salsifis, etc., s'ouvrent le matin et se ferment dans l'après-midi ; les mauves s'ouvrent avant midi ; quelques ficoïdes (*mesembrianthemum*, Lin.), la sabline rouge, le souci des champs, dans le milieu du jour, et se ferment entre quatre et cinq heures du soir : vers la fin du jour, s'ouvrent la belle-de-nuit (*mirabilis jalapa*, Lin.), le *silene noctiflora*, le *cactus grandiflorus*, etc. ; ils se ferment le matin au retour du soleil.

Personne n'ignore la différence qui existe dans la durée et la grandeur des végétaux, selon les espèces : le nostoc ne vit que quelques heures ; plusieurs champignons ont à peine un jour d'existence ; d'autres ont parcouru en quelques semaines le cercle entier de la vie. Les plantes dites *annuelles* naissent et meurent en une seule saison : telles se montrent au retour du printemps, qui déjà ont cessé de vivre aux approches de l'été ; d'autres prolongent leur existence jusqu'en automne ; celles qui prennent naissance dans cette saison, peuvent vivre un an. Les plantes *bisannuelles* ont besoin de deux ans avant de pouvoir se reproduire par leurs semences : elles ne fleurissent et ne fructifient que la seconde année ; mais c'est particulièrement aux arbres que la nature a accordé la plus longue existence. Parmi les individus de la même espèce, les uns vivent cent ans, d'autres moins, d'autres plusieurs siècles : il en est même dont la durée étonne l'imagination. On cite, et j'ai vu, dans la forêt de Montmorenci, un cornouiller auquel on attribue une existence de plus de mille ans : il indiquait, d'après d'anciennes chartes, la séparation des bois du duché de Montmorenci, de ceux du prieuré de Sainte-Radegonde.

« L'arbre appelé en Chine *siennich*, dit Adanson, c'est à-dire, arbre de mille ans, prouve assez qu'on connaît, dans ce pays, des arbres d'une durée qui passe l'imagination ; aussi c'est dans ce même pays, dont les peuples paraissent les plus anciens du monde connu, et qui par conséquent peuvent avoir plus de notes sur l'antiquité, que croissent les plus gros arbres cités jusqu'ici, tels que celui de cent trente pieds de diamètre. Lauson, au rapport de Rai, s'est efforcé de prouver que le poirier et le pommier, qui ne sont dans leur vigueur qu'à trois cents ans, doivent en vivre neuf cents. Les chênes ne sont dans leur force que vers deux cents ans, et l'on sait que les arbres, en général, se conservent dans le même état au moins aussi long-temps qu'ils ont été à prendre leur entier accroissement, et qu'ils demeurent encore autant à dépérir : en sorte que le chêne doit durer au moins six cents ans. Joseph rapporte (livre v, chap. 31 de la *Guerre des Juifs*), que l'on voyait de son temps, à six stades de la ville d'Ebron, un térébinthe, qui existait, dit-il, depuis la création : Pline (dans le seizième livre de son *Histoire naturelle*, chap. 44), cite un certain nombre d'arbres tous remarquables par leur haute antiquité. » A ces remarques, M. Adanson ajoute qu'il a rencontré aux îles de la Madeleine, près du cap Vert, plusieurs *baobabs* sur lesquels il y avait des inscriptions de noms hollandais, tels que celui de Rew, et plusieurs noms français dont les uns dataient du quatorzième, d'autres du quinzième siècle. Ces arbres, quoique âgés de plusieurs centaines d'années, étaient encore très-jeunes, n'ayant alors qu'environ six pieds de diamètre ; Adanson en a observé beaucoup d'autres qui avaient depuis vingt-cinq jusqu'à vingt-sept pieds de diamètre, et qui ne paraissaient pas vieux.

Ces dernières observations nous donnent également l'idée de la grosseur et de la hauteur à laquelle peuvent parvenir les troncs de certains arbres : je rapporterai encore, à ce sujet, des faits cités par Adanson sur le témoignage d'auteurs dignes de foi. Pline, dans son *Histoire naturelle*, parle d'une yeuse ou chêne-vert qui, d'une seule souche, avait produit dix tiges, chacune de douze pieds de diamètre : le même auteur dit qu'il y avait en Allemagne des arbres, qu'il ne nomme pas, si gros, que leur tronc creusé formait des canots du port de trente hommes. Mais que sont ces arbres, dit Adanson, en comparaison des *ceiba* ou *benten* [1] de la côte d'Afrique, depuis le Sénégal jusqu'au Congo, dont on

---

[1] Serait-ce le *bombax ceiba*, Lin., ou plutôt le *bombax heptaphyllum* ? Ce dernier croit dans les deux Indes : son tronc, de cinquante pieds de haut. a quelquefois six pieds de diamètre à sa base.

fait des pirogues de huit à douze pieds de large, sur cinquante à soixante pieds de long, capables de porter deux cents hommes, et du port ordinaire de vingt-cinq tonneaux ou cinquante mille pesant? Rai parle, d'après Evelin, d'un tilleul, mesuré en Angleterre, qui, sur trente pieds de tige, avait au moins seize pieds de diamètre, et qui surpassait infiniment le fameux tilleul du duché de Wirtemberg, qui avait fait donner à la ville de Neustat le nom de *Nieustat ander grosen Lindern* : ce dernier avait environ neuf pieds de diamètre; le tour de sa tête avait quatre cent trois pieds, sur une largeur de cent quarante-cinq pieds.

Rai dit avoir vu en Angleterre plusieurs ormes de trois pieds de diamètre, sur une longueur de plus de quarante pieds ; il rapporte qu'un orme à feuilles lisses, de dix-sept pieds de diamètre au tronc, et d'environ cent vingt pieds à sa cîme, ayant été débité, sa tête seule produisit quarante-huit chariots de bois à brûler, et que son tronc, outre seize billots, fournit huit mille six cent soixante pieds de planches. Il a existé dans le même pays, un orme creux, à peu près de même taille, qui servit long-temps d'habitation à une pauvre femme qui s'y retira pour faire ses couches. Plot, dans son *Histoire naturelle d'Oxford*, fait mention d'un chêne dont les branches, de cinquante-quatre pieds de longueur, mesurées depuis le tronc, pouvaient ombrager trois cent quatre cavaliers ou quatre mille trois cent soixante-quatorze piétons. Au rapport de Rai, on a observé, en Westphalie, plusieurs chênes monstrueux, dont l'un servait de citadelle, et dont l'autre avait trente pieds de diamètre, sur cent trente de hauteur. On a mesuré des saules creux qui avaient au moins neuf pieds de diamètre. On cite le fameux poirier d'Exford, en Angleterre, qui, au rapport d'Evelin, avait plus de six pieds de diamètre, et qui rendait annuellement sept muids de poiré.

La hauteur de certains arbres n'est pas moins étonnante que les dimensions de leur grosseur : Adanson remarque que les plus grands arbres ne se trouvent pas communément dans les pays les plus froids, ou les mieux cultivés, ou les plus peuplés, mais, pour l'ordinaire, dans les climats les plus chauds, ou dans les terres en friche et abandonnées, ou sur les montagnes. Pline cite un mât de cèdre de l'île de Chypre, de cent trente pieds de long, sur cinq pieds et plus de diamètre; Matthiole rapporte également qu'il y a, dans cette même île, des arbres de cent quarante-quatre pieds de tige. Il est question, dans Pline, d'un mélèze de cent vingt pieds de tige, sans compter le faîte garni de ses branches, qui avait encore cent pieds de longueur. On a calculé que le rotang, qui, en serpentant, embrasse par sa tige les arbres des forêts, pouvait avoir trois cents pieds et plus de longueur ; M. de Humboldt, dans ses *Tableaux de la nature*, rapporte que les tiges élancées et lisses du palmier *jagua*, atteignent une hauteur de cent soixante à cent soixante-dix pieds ; Peyron attribue à quelques *eucalyptus* de la Nouvelle Hollande, cent soixante à cent quatre-vingts pieds de hauteur, sur une circonférence de vingt-cinq à trente ou trente-six pieds. Si, de ces géants de nos forêts, de ces arbres à grandes dimensions, nous descendons jusqu'aux plus petites espèces, nous verrons les végétaux diminuer, par des nuances successives, de grandeur, de dureté, de mollesse, et nous arriverons jusqu'à des individus qui ont à peine une demi-ligne, tels que plusieurs espèces d'urédo, d'œcidium, de sphéries, toutes plantes parasites qui se montrent sur les tiges et les feuilles des autres, comme autant de points ou de petites pustules qu'on a long-temps méconnus, et qui semblent à peine mériter le nom de plantes.

Cette grande inégalité, dans les dimensions de petitesse ou de grandeur, et surtout de durée, tient à des causes que la physique peut expliquer jusqu'à un certain point ; mais ces causes elles-mêmes sont dépendantes, soit pendant la vie des plantes, soit après leur mort, d'un but plus général dans l'ordre de la nature. Rappelons-nous qu'un grand nombre de plantes favorisent, pendant leur vie, la végétation de beaucoup d'autres qu'elles protégent et abritent : elles servent de nourriture, de retraite à un grand nombre d'animaux, qui, sans elles, cesseraient d'exister, et dont la race même serait détruite. Après leur mort, elles deviennent, par leur destruction, le berceau d'une nouvelle génération de végétaux, en leur fournissant une plus grande abondance de terre végétale : elles enrichissent la surface du globe de substances diverses, de gaz, de fluides, de sels concrets, d'huile, etc., qui elles-mêmes, par d'autres combinaisons, et avec les produits des animaux, entrent comme principes dans un grand nombre de substances minérales. Je ne m'arrêterai point ici à développer les conséquences intéressantes qui résultent de ces hautes considérations, et dont j'ai déjà parlé ailleurs : je me bornerai à faire connaître, par quelques aperçus, la liaison qui se trouve entre la durée relative des végétaux, et le but ultérieur auquel la nature les a destinés.

C'est particulièrement aux plantes herbacées et annuelles qu'elle a confié le soin de préparer, par leurs débris, ce terreau qui doit, par la suite, recevoir les végétaux ligneux. Si ces plantes avaient une existence trop prolongée, elles se renouvelleraient bien moins fréquemment; leurs débris, attendus trop long-temps, ou fournis en trop petite quantité, arrêteraient, pendant long-temps, l'apparition des grands végétaux; les terrains nouveaux, les îles récemment sorties du sein des eaux, seraient privés du plus bel ornement de notre globe, de ces grandes et vastes forêts, indispensables d'ailleurs pour l'entretien de la végétation : aussi, lorsque la nature veut fertiliser un sol jusqu'alors infécond, après y avoir posé les fondemens de la végétation par une succession rapide de *lichens* et de *byssus*, elle n'y fait croître d'abord que des plantes, la plupart annuelles, qui, en se renouvelant très-souvent, forment, en peu d'années, une couche de terreau, suffisante pour y recevoir les plantes ligneuses.

Mais il est d'autres plantes d'un ordre inférieur, qui cependant durent très-long-temps, et semblent contredire ces grandes vues : ce sont les mousses, productions étonnantes par la ténacité de leur végétation. Ne pouvant guère exister qu'à l'ombre et dans l'humidité, elles se flétrissent et se dessèchent dans les temps trop secs, ou lorsque le soleil les atteint de ses rayons: elles paraissent alors frappées de mort à l'époque où les autres plantes se montrent dans toute leur vigueur et leur beauté; mais, au retour des pluies, ou dans les temps humides et froids, ces gazons flétris se raniment; il pousse, de leurs souches anciennes, des rameaux chargés de feuilles et de fructification. Quel peut donc être le dessein de la nature dans cette sorte de résurrection qu'elle accorde aux mousses lorsque les autres végétaux sont presque tous dans un état de mort?

Cette apparente contradiction avec ses propres lois n'existe pas sans cause; et si les mousses ont le privilége de reprendre leur action vitale lorsqu'elle cesse pour les autres, c'est moins pour elles que pour les services qu'elles sont destinées à rendre à la végétation : elles couvrent les sols nouveaux où commence à s'établir un peu de terre végétale. Si celle-ci restait à nu, elle serait bientôt dispersée ou altérée par les vents, la pluie et le soleil à l'époque où la végétation reste suspendue : les mousses qui recouvrent le terrain s'opposent à cette altération, le conservent presque intact, et en augmentent la masse par leurs débris. Les semences, déposées dans ce sol, ordinairement à la fin de l'été ou en automne, garderaient difficilement leur vertu germinative jusqu'au retour du printemps; ou bien la plante nouvellement éclose, encore tendre et faible, aurait peine à résister aux intempéries de la saison, si, comme je l'ai déjà dit, cachée en partie dans l'épaisseur des mousses, participant à l'humidité qu'elles retiennent, elle ne trouvait, dans leur sein, un abri et une fraîcheur qui assurent le succès de son développement. Ajoutons que les mousses rendent à peu près les mêmes services aux plantes adultes et vivaces : dans le Nord, elles les défendent du froid; c'est le vêtement d'hiver d'un grand nombre d'arbres, aussi les mousses ne sont elles nulle part plus abondantes que dans les pays froids.

Mais enfin paraissent, dans ce même sol, ces végétaux ligneux, destinés à vivre des siècles. Tout a été préparé pour eux : aussi ne tardent-ils pas à rendre avec usure aux autres plantes les services qu'ils en ont reçus : celles-ci les ont protégés dans leur développement, ils les protégeront à leur tour pendant toute la durée de leur existence. Que de plantes qui ne pourraient croître ailleurs, se réfugient dans les clairières des forêts, et vont composer ou embellir ces pelouses délicieuses, qui conservent, à la faveur de l'humidité et de l'ombre, leur fraîcheur printannière ! Quels lieux plus riches en végétaux, que l'intérieur des bois et les terrains qui les avoisinent !

Mais les arbres ont encore à remplir, à l'égard des autres plantes, des fonctions bien plus générales, plus habituelles, plus étendues : leur cime, perdue dans les nues, agitée par les vents, attire et fixe ces nuages, qui se répandent au loin en pluies fécondes sur les autres végétaux. Partout où les arbres manquent, partout où l'ignorance et la cupidité les ont fait tomber sous la hache, la terre, en peu d'années, est frappée de stérilité, les plantes y languissent, le soleil les dessèche, et les pluies, bien moins fréquentes, sont insuffisantes, surtout pour les végétaux herbacés; mais comme il faut aux arbres une longue suite d'années pour parvenir à leur état de perfection, s'ils périssaient dès qu'ils l'ont atteint, leur existence serait trop courte pour les services habituels qu'ils ont à rendre. Ainsi tous les êtres de la nature sont, à l'égard les uns des autres, dans une dépendance habituelle : considérés sous ces grandes vues, nous y découvrons la route à suivre dans l'étude des productions naturelles; tandis que si nous tenons chaque objet trop isolé, nous ne voyons plus le charme de l'ensemble, et les plus beaux phénomènes, toujours dépendans du rapport des êtres entre eux, perdent leur plus grand intérêt, nous échappent, ou ne nous frappent que faiblement.

CHAPITRE XXVII.

Mouvemens des plantes.

Les plantes fixées à la terre par leurs racines, ou adhérentes à d'autres corps, ne peuvent avoir de mouvement de *déplacement ;* privées de sensibilité, elles n'en peuvent avoir de *volontaires :* cependant le mouvement est nécessaire à leur existence, comme à celle de tous les êtres organiques ; sans lui, point de fonctions vitales, point de développement. Il existe donc, dans les végétaux, un mouvement général, habituel et uniforme, qui affecte également toutes leurs parties ; il existe des mouvemens particuliers, relatifs à la constitution et aux fonctions de chaque organe : d'autres sont dus aux impressions variables de l'atmosphère, ou bien aux divers besoins et à la conservation des végétaux : ils sont *nécessaires* quand ils sont attachés à une fonction essentielle; *accidentels* quand ils dépendent uniquement de l'état de l'atmosphère.

L'exposé de ces divers mouvemens, la recherche des causes qui les produisent est, sans contredit, une des matières les plus importantes de la physiologie végétale. Je n'entreprendrai pas de traiter, dans tout son développement, un sujet qui exigerait une longue suite d'observations et une connaissance approfondie de l'organisation végétale : je me bornerai à ce que peuvent offrir de plus essentiel les mouvemens, que je diviserai en mouvemens de *développement*, de *direction*, d'*élasticité* et en mouvemens *météorologiques*.

1°. Le mouvement de *développement* est le premier acte de la vie dans les végétaux : il ne cesse qu'à leur mort. Les principes alimentaires, absorbés par les plantes, en sont la première cause : il est entretenu par les fluides et autres principes constituans de la végétation ; il consiste dans le balancement de la sève, des sucs propres, et leur distribution dans les divers organes ; il consiste encore dans ces sécrétions et excrétions habituelles, par lesquelles la plante repousse au dehors tout ce qui devient inutile à sa nutrition. Ce mouvement a donc pour but l'accroissement des plantes ; pour cause immédiate, les forces vitales et l'organisation végétale, disposée de manière à ce que les trois principales fonctions des êtres vivans puissent être exécutées sans obstacle ; savoir, la nutrition, la sécrétion et la conversion des alimens en substance végétale.

Ce mouvement est habituel, quoique très-ralenti et presque nul dans certaines saisons de l'année : c'est principalement au retour du printemps qu'il s'exécute avec le plus de vigueur, lorsque la végétation éprouve l'influence d'un soleil actif. Quoique très-lent en apparence, et presque hors de la portée de nos sens, il s'effectue néanmoins avec une telle rapidité, que ses progrès nous étonnent : telle l'aiguille horaire, quoique nous ne puissions en suivre les mouvemens, marque, dans sa marche insensible, les heures, les jours, les années et les siècles. C'est ainsi que le mouvement nous échappe dans les végétaux ; mais nous en voyons les effets à chaque instant : les boutons se gonflent, leurs écailles s'entr'ouvrent, les feuilles se déroulent, de jeunes rameaux s'élancent dans les airs, une nouvelle parure couvre la nudité de la nature.

2°. Le mouvement de *direction* n'est qu'une suite nécessaire du précédent ; mais il offre des phénomènes si variés, si importans, qu'il mérite d'être observé dans toutes ses modifications. Chaque partie du végétal est soumise à un mouvement de direction qui lui est propre, et qui varie, ainsi qu'on peut le remarquer, dans les tiges, les racines, les feuilles, les rameaux, etc. Cette variété de direction est tellement constante dans chaque partie, qu'elle ne peut être changée ou arrêtée que par la contrainte ; elle est tellement particulière à chaque espèce, qu'elle devient souvent un des meilleurs caractères pour les distinguer. Revenons sur des faits déjà exposés, mais nécessaires à rappeler pour l'intelligence de ce que j'ai ici à développer.

Le phénomène le plus remarquable est celui qui a lieu au premier développement d'une plante : dès que l'embryon a reçu le mouvement, il sort, du nœud vital, deux parties essentielles, qui se frayent deux routes diamétralement opposées, se prolongent dans deux milieux différens, et constituent ce que nous avons appelé la tige *descendante* ou la *racine*, et la tige *ascendante*. L'une et l'autre ont de plus une direction qui leur est propre, et qui n'est pas la même dans toutes les plantes.

Cette direction, dans ses modifications, a un but déterminé, qu'il est impossible de méconnaître : c'est, comme je l'ai déjà dit, de placer les plantes dans la position la plus favorable pour qu'elles puissent absorber les fluides qui doivent les nourrir. Quoique la source des principes alimentaires des plantes, se trouve évidemment dans l'eau, dans l'air, dans le sein de la terre, dans la chaleur, la lumière, ainsi que dans plusieurs fluides élastiques, il est d'ailleurs bien reconnu que le même air, la même quantité d'eau, le même degré de chaleur, la même terre, ne conviennent point à toutes ; qu'il est de plus très-probable que leurs organes ne sont pas tous disposés pour absorber rigoureusement les mêmes principes. Le grand air et la lumière, si favorables aux tiges et aux feuilles, font périr les racines ; l'obscurité et un terrain plus ou moins humide, si convenables à ces dernières, sont presque toujours nuisibles aux premières : d'où suit la direction opposée de la tige ascendante et descendante dans deux milieux différens, et les modifications de cette direction dans les racines, ainsi que dans la disposition des rameaux et des feuilles.

Ici se présente une question physiologique, qui, à ma connaissance, n'a pas encore été abordée. Il est bien certain qu'il n'existe, dans les plantes, aucun mouvement déterminé par une volonté spéciale ; que cet acte de vitalité n'appartient qu'aux êtres sensibles : la direction de leurs mouvemens est donc purement mécanique, et la nature doit avoir suppléé en elles, par d'autres moyens, à cette volonté qui guide les animaux vers les objets destinés à les nourrir. Ceux-ci les distinguent par la vue, l'odorat ou le goût : ces moyens sont refusés aux plantes ; elles n'ont donc, pour s'en emparer, que le mouvement de direction de leurs différentes parties. Ce mouvement n'étant point déterminé par la volonté, doit l'être par une autre cause.

Quelle est cette cause ? Elle ne peut se trouver, selon moi, que dans l'influence exercée par les principes alimentaires sur les organes des plantes ; influence qui les attire et les force de se diriger vers le lieu où ces principes sont plus abondans : c'est donc une sorte d'attraction évidemment indiquée par un grand nombre de faits. Je me bornerai à rappeler les suivans :

Les racines se dirigent constamment vers le sein de la terre, mais non pas toujours dans la même direction : les unes s'enfoncent verticalement ; d'autres obliquement ; d'autres s'étendent horizontalement à sa surface, en longs jets flabelliformes. Il en est qui s'étalent en rosette, sans être ni traçantes ni verticales : elles s'enfoncent peu, et ne veulent être recouvertes que d'une légère couche de terre ; leur force, leur configuration, sont assez généralement relatives à la tige qu'elles ont à soutenir, et leur direction, plus ou moins profonde, est relative à la nature des sucs qui doivent les nourrir, et qui se trouvent, soit à la surface de la terre, soit plus avant dans son sein.

Ces directions ne sont constantes qu'autant que les racines n'éprouvent point d'obstacles, ou qu'elles ne sont point forcées de chercher ailleurs les alimens qui leur conviennent. Il est un fait observé depuis long-temps relativement aux plantes nées dans un terrain de médiocre qualité : si, non loin de là, se trouve une terre qui leur soit plus convenable, alors les racines, abandonnant leur direction naturelle, se dirigent d'elles-mêmes vers le sol de meilleure qualité ; souvent même, pour y arriver, elles surmontent tous les obstacles, se frayent un passage à travers les murs, se glissent entre les fentes des rochers, entre les lits pierreux qu'elles rencontrent, et, à la longue, fendent les pierres, percent le tuf, et renversent les murs les plus solides. D'où vient cette déviation, ces efforts constamment opposés aux obstacles, sinon de cette attraction puissante qu'exercent les élémens de la nutrition sur les racines qui doivent les absorber ?

Cette variété de direction que nous avons remarquée dans les racines, se retrouve également dans les tiges : la plupart ont leur sommet dirigé vers le ciel ; il en est cependant d'inclinées, de couchées sur la terre ; d'autres ne s'élèvent qu'en s'entortillant autour des autres plantes qui leur servent d'appui, ou rampent sur la terre lorsqu'elles ne trouvent point de soutien : il en est qui s'accrochent à d'autres corps, soit par leurs vrilles, soit par de petites racines qui sortent de leurs articulations. Il serait très-difficile, sans doute, de rendre raison de ces différentes directions : je ne doute pas que la plupart ne soient relatives ou au mode d'absorption, ou à la nature des fluides qu'elles doivent absorber. On peut donc présumer raisonnablement, comme je l'ai déja dit ailleurs, que les végétaux à tige rampante ont besoin des vapeurs les plus grossières, qui s'élèvent à peine à la surface de la terre ; que les autres se trouvant mieux d'un air plus léger, s'élèvent dans l'atmosphère, et sont attirés dans un milieu plus raréfié. Il en est de même des plantes pourvues de vrilles et de crochets, et qui ont besoin d'un appui : elles ne les recherchent que par quelque cause particulière qui les met dans une position plus favorable pour recevoir les principes alimentaires. J'ai fait voir qu'on ne pouvait attribuer cette manière d'être à la faiblesse des tiges, puisqu'il en est de beaucoup plus délicates, de tendres, d'herbacées, qui cependant conservent, toute leur vie, une position verticale, sans avoir besoin de soutien, tandis qu'un grand nombre de plantes à tige très-dure, même ligneuse, rampent constamment, ou s'entortillent autour des corps qui les avoisinent. Le mouvement de leur direction est tellement déterminé par les corps voisins, que, lorsqu'une de ces plantes est isolée, et qu'il n'existe pour elle qu'un seul appui dans son voisinage, ses tiges se dirigent vers lui ; phénomène très-remarquable, qui confirme ce que je viens d'avancer, et que j'ai bien souvent observé dans la nature. Le même phénomène existe pour les vrilles : toutes se dirigent vers les corps qui peuvent les recevoir, et dans un sens opposé à la face de la plante frappée par la lumière ; elles varient de direction autant de fois que l'on déplace les corps opaques qu'elles recherchent : si elles ne peuvent les saisir, elles se courbent vers la terre, et se roulent autour de la tige ou des rameaux en forme de spirale.

La déviation, dans la direction des racines, se retrouve aussi dans les tiges. D'après le besoin habituel qu'elles ont de l'air et de la lumière, nous les avons vues abandonner leur direction naturelle, pour se procurer la jouissance de ces deux élémens. Les circonstances locales déterminent leurs différentes directions ; mais la plupart de ces directions étant alors forcées et contre nature, elles altèrent la constitution des plantes, y occasionent des difformités, et souvent les font périr. Dans tout autre cas, c'est-à-dire lorsque les tiges se trouvent en liberté dans le milieu qui leur convient, on ne peut parvenir à changer leur direction que par la contrainte ; il faut qu'elles y soient soumises par les liens de l'esclavage : si l'œil du cultivateur les abandonne, si leurs liens viennent à se rompre, leurs efforts tendent aussitôt à reprendre leur direction naturelle. D'après ces faits, ce n'est donc pas sans fondement que j'ai cherché à établir qu'il existait, entre les plantes et leurs principes alimentaires, une sorte d'attraction qui déterminait leur direction, et la rendait variable selon les circonstances.

Les principes que je viens d'exposer pour la direction des tiges sont également applicables aux branches et aux rameaux ; mais il faut y ajouter une autre cause déterminante, celle de la situation des feuilles que les rameaux sont chargés de soutenir. Celles-ci, en étendant leur surface par leur expansion, absorbent une bien plus grande quantité de vapeurs nutritives : aussi la végétation n'est elle jamais plus vigoureuse que lorsque les feuilles se trouvent dans la position la plus favorable pour absorber les fluides et en rendre le superflu. En traitant des feuilles, j'ai exposé l'ordre dans lequel elles sont rangées sur les rameaux, d'après les fonctions qu'elles ont à remplir : j'ai lieu de croire que la direction des rameaux en est également dépendante.

J'ai attribué, en général, à une attraction particulière, la direction des racines et des tiges, attraction d'après laquelle ces organes se dirigent vers les substances nutritives qui leur conviennent ; mais les feuilles, fixées sur leurs rameaux, d'ailleurs d'une grandeur déterminée, ne peuvent suivre que faiblement cette attraction : c'est aux branches, c'est aux tiges, par leur direction, à les placer dans la partie de l'atmosphère la plus favorable à la constitution de chaque végétal. Les feuilles alors ne vont pas chercher, mais attirent à elles les fluides élémentaires, aqueux et aériformes : peut-être même, en portant notre attention sur les grands phénomènes de la nature, trouverons-nous, dans cette force particulière d'attraction des feuilles, la cause d'après laquelle les nuages se réunissent de préférence sur les grandes forêts, tandis qu'ils paraissent fuir les plaines arides. Quelques physiciens ont prétendu que l'agitation des arbres déterminait la direction des nuages sur les forêts; cela est possible; mais ne peut-on pas ajouter que les milliers de pores absorbans que ces grands végétaux tiennent sans cesse ouverts, forcent les nuages à s'arrêter au-dessus d'eux, et, par leur entassement, à se résoudre en pluies fécondantes.

3°. Les mouvemens que j'appelle *météoriques* sont variables et journaliers, en quoi ils diffèrent du mouvement de *direction*, qui est constant et habituel : ils sont occasionés par l'influence du froid ou de la chaleur, de l'humidité ou de la sécheresse, de la lumière ou des ténèbres, et très-probablement par l'action de plusieurs fluides particuliers qui échappent à nos observations. L'attraction, qui détermine la direction des plantes, ne me paraît pas agir, ou n'agit que très-faiblement dans les mouvemens météoriques, qui consistent dans le changement momentané de la situation des feuilles et des fleurs, très-rarement dans celui des tiges et des rameaux. Ces mouvemens sont bien plus sensibles que ceux qui nous ont occupés jusqu'à présent : ils paraissent être purement mécaniques, et dépendre de l'état de l'atmosphère. Il serait difficile d'assigner le degré d'influence qu'exerce, sur la situation des feuilles et des fleurs, la présence ou l'absence de la lumière, ainsi que la sécheresse ou l'humidité de l'air, et jusqu'à quel point ils agissent, soit ensemble, soit isolément sur l'état des plantes. Au reste, l'on sait que toutes n'en sont pas également affectées, et que la plupart de celles qui en éprouvent l'action, ne prennent pas toutes la même position.

Quoi qu'il en soit, l'explication la plus naturelle de ce phénomène me paraît consister dans l'action immédiate des fluides de l'atmosphère sur certains organes des plantes; d'autres ont cru en trouver la cause, soit dans l'accélération ou dans le ralentissement du mouvement de la sève, soit dans la suppression de la transpiration aqueuse, dans l'absence de la lumière, plutôt que dans celle de la chaleur, soit enfin dans les alternatives de sécheresse et d'humidité. Chacune de ces opinions se trouve appuyée sur des faits, contredite par d'autres faits : n'est-il pas plus raisonnable de croire que toutes ces causes y contribuent plus ou moins, selon la nature des plantes, sans qu'on puisse assigner le degré de leur influence.

Pour avoir une idée de ce phénomène, que Linné a observé le premier, on peut consulter ce que ce célèbre naturaliste en a dit dans sa dissertation sur le *sommeil des plantes*, et ce que j'en ai rapporté en traitant des *feuilles*. La plupart des feuilles et des fleurs soumises à cet étonnant phénomène, affectent une position différente, et, pour me servir de l'idée ingénieuse de Linné, toutes ne dorment pas de la même manière. Ce serait, sans doute, une recherche aussi curieuse que difficile, de s'assurer, par une suite d'observations, des causes qui donnent lieu à cette variété de positions : au défaut de détails particuliers, je crois qu'on peut soupçonner, avec quelque fondement, que la différente situation des feuilles et des fleurs, soit pendant le jour ou dans l'obscurité de la nuit, est relative à leurs fonctions, tant pour l'absorption des fluides, que pour leurs sécrétions, et la conservation des organes précieux destinés à la reproduction. L'action puissante de la lumière et de la chaleur peut être nuisible aux unes, favorable aux autres; les unes veulent plus d'humidité que de sécheresse; les autres, plus de sécheresse que d'humidité ; d'où vient que certaines fleurs ne s'ouvrent qu'aux approches de la nuit, et se ferment au retour du soleil sur notre horizon. L'air, chargé d'électricité ou de trop d'humidité, influe également sur les feuilles ou les fleurs de certaines plantes; d'autres deviennent tellement hygrométriques, telles que certaines espèces de fougères et de mousses, qu'elles conservent, même après leur mort, cette propriété remarquable. Je possède, dans mon herbier, plusieurs *trichomanes* de l'île de Madagascar, que je ne peux soumettre qu'avec peine dès que le temps est un peu humide : il est impossible de nier l'influence de l'atmosphère sur de telles plantes. Si l'on recherche la cause de ces phénomènes dans leur organisation, on sera peu satisfait du résultat des observations : il est cependant à remarquer que, dans un grand nombre de plantes soumises au sommeil, les pétioles, les pédoncules, et même quelquefois les rameaux et les tiges, sont articulés par un rétrécissement où s'exécute, comme par une détente, le renversement des feuilles.

Quelques autres plantes offrent des particularités auxquelles on a essayé de donner une explication différente :

telle est la sensitive, de laquelle il suffit d'approcher la main pour faire contracter ses folioles, et abattre ses pétioles, phénomène qui rentre naturellement dans l'influence des fluides atmosphériques ; telle est encore l'attrape-mouche (*dionæa muscipula*, Lin.), dont les deux lobes des feuilles se rapprochent avec rapidité dès qu'un insecte, ou tout autre corps étranger, vient à les toucher : on croirait presque y reconnaître une sorte de mouvement d'irritabilité ; telle est enfin l'*hedysarum gyrans*, plus étonnant encore par le mouvement d'oscillation de deux de ses folioles, tandis que la troisième reste immobile. D'après ces exemples et beaucoup d'autres, il s'ensuit que l'influence des fluides atmosphériques excite des mouvemens différens dans les organes des plantes, mouvemens relatifs à leur mode particulier d'existence, et aux fonctions vitales qu'elles ont à remplir : quelquefois aussi on est porté à croire que la puissance de l'attraction se trouve réunie à l'action de l'atmosphère, par exemple, dans les fleurs, surtout dans celles qui suivent la marche du soleil, ayant, à toutes les heures du jour, leur corolle tournée vers cet astre, comme pour absorber plus facilement la lumière et la chaleur.

4°. Mouvemens d'*élasticité*. Ces mouvemens, qui semblent presque spontanés, surtout dans les parties sexuelles des plantes, sont très-différens de ceux qui nous ont occupés jusqu'à présent : ils ont été exposés dans le vingtième chapitre *Sur la fécondation des plantes* ; je ferai seulement remarquer ici que la cause qui excite ces sortes de mouvemens, surtout entre les étamines et les pistils, n'est pas tout à fait la même que celle à laquelle j'ai attribué les mouvemens de direction : ils n'ont pas le même but. J'ai dit que les plantes, par une sorte d'attraction, allaient en quelque sorte se plonger, par leur direction, dans les milieux les plus abondans en fluides alimentaires ; les mouvemens des organes sexuels, au contraire, s'exécutent par une autre sorte d'attraction qui assure la fécondation des ovaires. Attirés par le stigmate, c'est vers lui que se dirigent ces nuages pulvérulens échappés des capsules de l'anthère, et, lorsque les filamens des étamines sont susceptibles d'élasticité, ils appliquent sur le stigmate leurs anthères, souvent mobiles, et les retirent après la fécondation. Il suffit de suivre les mouvemens admirables qui s'exécutent entre les étamines et les pistils, pour se convaincre de l'attraction qui existe entre ces organes fécondateurs. Quant à ces mouvemens élastiques qui ont lieu, soit dans les valves du péricarpe, comme dans la balsamine, la fraxinelle, et dans plusieurs légumineuses, soit dans les cordons ombilicaux des semences, ces mouvemens, à l'époque de la dissémination des graines, annoncent moins une action vitale, que le terme de la végétation : ils en sont, si l'on veut, le dernier acte. C'est le moment où le fruit, parvenu à sa maturité, ne reçoit plus aucune substance alimentaire ; il se dessèche ; ses valves, fortement tendues, se séparent brusquement par la force de leurs ressorts, et lancent au loin les semences.

CHAPITRE XXVIII.

Maladies, mort des végétaux.

Les plantes subissent enfin le sort de tous les êtres vivans : dès qu'elles ont rempli leur destination, elles périssent, ou plutôt elles cessent d'exister comme êtres organiques ; elles éprouvent un changement qui les fait passer du règne des végétaux dans celui des minéraux. Elles ont brillé un instant, elles ont embelli notre séjour ; mais, quoique remplacées par d'autres, nous ne les regrettons pas moins : tout ce qui nous offre l'image de la destruction, même parmi les êtres insensibles, affecte péniblement notre ame. Avec quel chagrin ne voyons-nous pas se flétrir ces fleurs, objets de tant de soins, attendues avec tant d'impatience, contemplées avec tant de plaisir ! Mais enfin tout être organique porte en lui les principes de sa destruction, amenée par ces mêmes élémens qui en soutiennent l'existence. Enchaînés par la force de l'action vitale, ces élémens combattent sans cesse contre elle pour reprendre leur premier état ; si cette action s'affaiblit, si elle est altérée par quelque cause étrangère, ces fluides, presque indomptables, s'efforcent de recouvrer leur élasticité ; une lutte s'établit entre la vie et la mort ; le désordre règne dans les organes ; le végétal languit. Est-il jeune et vigoureux, il résiste ; trop faible, il périt ; mais s'il échappe à ces accidens pendant le cours fixé pour son existence, il ne peut dans sa vieillesse, quelque prolongée qu'elle puisse être, éviter cette loi impérieuse de la nature, qui soumet à la mort tous les êtres vivans : elle arrive de deux manières, ou à tout âge accidentellement par les maladies, ou dans la vieillesse naturellement par l'altération des organes, après que l'individu a parcouru toutes les périodes de l'existence.

Malgré les précautions employées par la nature pour garantir les plantes des acccidens nombreux qui les menacent, elle n'a pu les mettre constamment à l'abri des influences nuisibles de l'atmosphère. Des froids trop prolongés dans le printemps, trop précoces en automne; de longues pluies, une humidité froide, la grêle, les vents, les brouillards, la sécheresse, de trop longues chaleurs, un terrain appauvri, sont autant de causes qui amènent les maladies des plantes : elles ont encore beaucoup à souffrir des plantes parasites; le gui, les orobanches, les cuscutes, etc., en épuisent les sucs nourriciers; les lichens, les mousses, les jongermannes, etc., nuisent souvent à l'écorce des arbres par leur trop grand tassement, gênent leur transpiration, y entretiennent une humidité funeste; les plantes grimpantes, qui serrent et entourent les autres végétaux, arrêtent leurs progrès, les déforment par des bourrelets, les privent souvent d'air et de lumière; des milliers d'insectes dévorent les jeunes bourgeons, ou placent, soit dans la substance des feuilles, soit dans le sein des fleurs, et surtout dans l'ovaire encore jeune, ces larves avides qui dévorent les fruits avant leur maturité. Mais ici ces ravages, comme nous l'avons déjà dit, sont, en quelque sorte, dans l'ordre de la nature : ils contribuent à maintenir le nombre des plantes dans une proportion convenable; d'une autre part, ils donnent lieu à des espèces de monstruosités, à des excroissances charnues, à des protubérances, telles que la noix de galle du chêne, le bédéguar du rosier, etc.

Les maladies des plantes sont *partielles* quand elles n'affectent que quelques parties séparées, comme les branches, les feuilles, les organes sexuels, les boutons, etc. : ces accidens sont assez souvent faciles à réparer par l'amputation ou par quelque autre moyen. Il est, dans la masse du végétal, des ressources suffisantes pour produire d'autres feuilles, d'autres boutons; mais si l'individu est trop faible pour réparer ses pertes, il languit et meurt.

Les maladies sont *universelles* quand elles attaquent toutes les parties du végétal, telles que l'*étiolement*, lorsque les plantes sont privées de la quantité d'air et de lumière qui leur est nécessaire : toute la plante reste dans un état de langueur et de mollesse qui l'empêche de se développer ; les sucs propres perdent de leur activité : c'est alors que l'industrieux cultivateur, tournant à son profit jusqu'aux désordres de la nature, adoucit l'amertume ou l'âcreté de la chicorée, du céleri, etc., en les privant d'air et de lumière. L'aridité du sol produit ce que l'on appelle la *roulure* : le trop grand froid, la *gelivure* : quand le froid succède à l'humidité, et qu'il amène du givre, si les jeunes plantes en sont couvertes, s'il survient un soleil sans nuages, le tissu végétal se désorganise ; les plantes annuelles, les boutons des feuilles dans les ligneuses se noircissent, se dessèchent et tombent en poussière : cette maladie se nomme *brûlure*. Le *chancre*, le *blanc fongueux*, le *mielleux*, la *rouille*, l'*ergot*, la *nielle*, les *gerçures*, sont autant de maladies différentes qui occasionent très-souvent la destruction des individus. Nous sommes forcés, pour nous renfermer dans les bornes de cet ouvrage, de renvoyer, pour ce qui concerne ces maladies, leur cause, leur guérison, aux ouvrages d'agriculture.

Quand la mort des plantes est la suite des maladies qui les attaquent dans le cours de leur existence, elle n'est qu'accidentelle ; elle pourrait être évitée : il n'en est pas de même de leur destruction amenée par la vieillesse, celle-ci est inévitable. Long-temps avant son entière destruction, l'individu végétal perd successivement plusieurs de ses organes : les uns disparaissent et se renouvellent, d'autres périssent sans retour ; les uns ne se montrent qu'à certaines époques du développement de l'individu, et ne périssent qu'avec lui, tandis que dans d'autres l'individu leur survit. Ce phénomène, dépendant des causes physiques, tient aussi à cette loi générale de la nature, *que tout organe cesse d'exister dès qu'il n'est plus utile à l'individu, et que l'individu lui-même périt dès qu'il cesse d'être utile à l'espèce* : celle-ci est la seule qui ne soit point assujettie à la loi générale de la destruction ; sans cesse elle se renouvelle ; tous les phénomènes de la végétation ne tendent qu'à en assurer la durée. Si quelques-unes disparaissent de la surface du globe, comme on a cru l'avoir observé, cette perte est la suite de quelque événement particulier, et non amenée par les lois de la nature.

C'est ainsi que nous voyons périr successivement plusieurs

des organes des végétaux, dès qu'ils ont rempli les fonctions pour lesquelles ils étaient destinés : les cotylédons se flétrissent et meurent lorque la jeune plante peut se passer du premier aliment qu'ils lui fournissent ; les écailles, après avoir garanti les bourgeons des rigueurs de l'hiver, s'entr'ouvrent et tombent au printemps, dès que la sève, plus active, a donné au rameau naissant la force de briser ses enveloppes : les feuilles paraissent à cette même époque, comme autant de suçoirs, pour ajouter à la force, au développement de l'individu, par la nourriture plus abondante qu'elles lui fournissent ; elles tombent en automne, après la maturité des fruits, parce que la plante n'a plus rien à produire pendant l'hiver, temps de repos pour la végétation. Si elles persistent dans quelques espèces, il paraît qu'elles ne doivent ce privilége qu'aux fruits dont la maturité est plus tardive : nous voyons de même les stipules et les bractées, organes accessoires, n'avoir qu'une existence momentanée, les fleurs elles-mêmes ne se montrent qu'un instant ; elles perdent successivement leur calice, leurs pétales, les étamines après la fécondation, ainsi que le style et le stigmate ; enfin, la plante entière, si elle est annuelle, périt après la dissémination des semences ; les racines ou une portion de la tige persistent seules dans les plantes bisannuelles ; les plantes ligneuses conservent leur bois, leurs rameaux chargés de boutons ; tout le reste cesse d'exister ; enfin, l'arbre entier, quelque longue que soit son existence, en trouve le terme après avoir joui pendant plusieurs siècles d'une force végétative qui aurait pu faire croire à son immortalité.

RÉCAPITULATION.

CETTE sublime harmonie que nous admirons dans les grands corps de l'univers, nous venons de la retrouver dans les rapports des végétaux avec les autres êtres de la nature, dans les rapports d'une espèce avec une autre espèce, enfin dans le jeu des divers organes qui composent leur existence individuelle, ainsi que dans leurs étonnantes opérations. A mesure que nous avançons dans nos recherches, tout ce qui nous entoure change de face à nos yeux, et se présente avec un caractère de grandeur qui se reconnaît même dans l'herbe en apparence la plus méprisable. Lorsque nous respirions l'air parfumé des bosquets, que nous admirions la majesté des arbres qui nous couvraient de leur ombre, que nous nous reposions sur des tapis de mousses, au milieu des bruyères empourprées, les yeux fixés sur cette variété de fleurs étalées avec luxe à nos regards étonnés; lorsqu'au milieu de ce spectacle notre cœur attendri se livrait aux douces impressions de ce riant tableau, nous étions loin de soupçonner dans ces herbes, dans ces fleurs que nous foulions à nos pieds, des sources de jouissances qui devaient élever notre ame bien au-dessus des plaisirs des sens, et nous transporter dans un monde de merveilles propres à nous faire oublier, dans le sein de la nature, les tracasseries de la société, et ces passions basses et rampantes qui flétrissent la dignité de l'homme, quoique masquées sous des noms imposans.

C'est pour placer dans cet heureux état de jouissance ceux dont l'imagination est vivement frappée par la contemplation des œuvres de la création, que je leur ai présenté ce qu'on avait découvert de plus important dans l'étude des végétaux, et tout ce qu'on pouvait y ajouter par l'observation. En leur traçant la route qui y conduit, j'ai tâché d'arracher quelques-unes de ces épines introduites par la foule trop nombreuse des simples nomenclateurs, et j'ai fait voir que, même avant d'arriver au but, il était possible d'y cueillir quelques fleurs. Il est peu de science plus séduisante lorsqu'on l'étudie dans la nature; mais si nous l'abandonnons pour nous jeter dans le labyrinthe des opinions et des systèmes, nous suivons une fausse route, à la fin de laquelle nous ne trouvons que l'homme et ses erreurs.

Trois moyens concourent à la perfection et au complément de cette étude : les yeux, l'esprit et le cœur. Par les yeux, nous jugeons des formes; avec l'esprit, nous en saisissons les rapports et le but; c'est dans le cœur que se réunissent ces douces émotions excitées par la contemplation des œuvres du Tout-puissant. Ces trois moyens isolés, ne nous donnent que des jouissances imparfaites[1] : si nous ne voyons que des

---

[1] Les ouvrages méthodiques publiés sous les noms de *Flore* et de *Species*, etc., ne nous conduisent ordinairement qu'aux noms des plantes par l'exposition de leurs caractères : elles laissent l'imagination et le cœur vides. Il n'est personne qui ne désire acquérir des connaissances plus étendues, tant sur les phénomènes physiologiques, sur le rapport des plantes avec les autres êtres de la nature, que sur leur existence depuis la date de leur découverte, sur les usages variés auxquels elles ont été employées pendant la longue suite des siècles qu'elles ont traversée, sur les faits his-

formes, ce qui est le plus général, elles ne nous conduisent qu'à de froides distinctions, à une sèche nomenclature, à des systèmes; il faut encore rechercher, dans ces formes, leur destination, les causes de leurs modifications, et leurs rapports dans la coordonance des autres êtres. Mais toutes ces grandes merveilles perdent le plus puissant de leurs attraits lorsque le cœur n'y entre pour rien : sans lui, l'étude de la nature n'est plus qu'une curiosité froide et stérile, qui n'est alors stimulée que par la vaine gloire et l'amour de la renommée. Le cœur seul est le foyer de la véritable jouissance; c'est à lui que doivent se reporter toutes nos découvertes dans les lois immuables qui amènent la production des êtres ; c'est lui qui, de tout temps, a transporté l'homme sensible au milieu du luxe imposant de la végétation. Que j'aime cette brillante imagination des Grecs, qui peuplaient la nature champêtre de nymphes, de dryades et de sylvains! Pour exprimer leur enthousiasme, le peindre par des allégories, il fallait plus que des mortelles, il fallait des êtres divinisés, choisis parmi le sexe le plus séduisant, et les revêtir des grâces d'une jeunesse inaltérable. Ces fêtes, ces danses, instituées en leur honneur, n'étaient-elles pas autant de preuves des sentimens de leur reconnaissance envers le grand auteur de ces merveilles? N'était-ce pas sa puissance qu'ils proclamaient dans ces divinités allégoriques? Elles ont disparu : l'observation a mis à leur place la découverte de ces grands phénomènes, d'après lesquels la réalité ne le cède point à ces aimables fictions.

En effet, si nous réfléchissons sur tout ce qui a été exposé dans les chapitres précédens, quelle admirable simplicité n'avons-nous pas découvert dans les lois de la nature! Que de grandeur dans tous ses travaux! Quelle variété dans les résultats! Nous la voyons partout autant libérale dans ses effets, qu'économe dans ses moyens. Pour concevoir tout ce qu'il y a de sublime dans l'œuvre de la création, supposons un homme qui verrait, pour la première fois, un arbre chargé de fleurs et de fruits, et qu'il croirait avoir été produit par l'industrie

toriques qui s'y rapportent, les aimables allégories auxquelles elles ont donné lieu, les fêtes qu'elles ont embellies, etc. De pareils détails, en renvoyant pour les descriptions, aux ouvrages classiques, ne pourraient être qu'agréables à consulter, après qu'on aurait découvert le nom de chaque plante : il est étonnant qu'on ne se soit pas encore occupé d'un ouvrage aussi important, surtout pour les plantes susceptibles de pareils détails. J'ai osé l'entreprendre; je me propose de le publier immédiatement après celui-ci, et dans les mêmes principes.

humaine : il cherche, dans son étonnement, où l'homme a pu trouver, comment il a pu réunir tant de matériaux divers ; quel génie l'a guidé dans la formation de tant d'organes, dans le jeu de leurs ressorts ; il cherche quels sont les moules qui ont pu donner aux fleurs ces formes si séduisantes, quelle palette a fourni aux corolles leurs brillantes couleurs, quels alambics ont distillé tant d'odeurs suaves ; par quelles routes secrètes sont parvenus dans les fruits ces sucs délectables et savoureux. Que d'instrumens, que de machines, que de matériaux divers a dû employer l'auteur d'une production aussi étonnante ! Sans doute, il s'est entouré de tout ce que les arts, la mécanique, la chimie, ont pu lui offrir de ressources. En supposant possible, par des moyens mécaniques, l'exécution d'un tel chef-d'œuvre, comment l'homme donnera-t-il ensuite aux organes sexuels la faculté de la fécondation, aux semences celle de la reproduction ? Rappelons-nous ce que fait ici la nature : elle réunit dans les semences, sous des formes infiniment petites, toutes les parties d'une plante ; elle les dépose dans le sein de la terre, et abandonne le soin de leur développement à l'humidité, à la chaleur, et aux autres fluides de l'atmosphère, convertis par l'action vitale en substance végétale. Cette opération terminée pour un premier individu, c'en est fait pour toujours ; le souffle de la vie ne s'éteindra plus. A la vérité, l'individu disparaît ; mais, avant de périr, il a communiqué l'existence à une nombreuse postérité, destinée à embellir constamment la surface du globe pendant toute sa durée.

Ce n'est donc pas une étude stérile que celle de la botanique : outre qu'elle éclaire et perfectionne nos facultés intellectuelles, elle porte dans l'ame une douce sérénité, elle tend à rendre l'homme meilleur. Quelle leçon de morale plus touchante que celle qui pénètre notre cœur dans la solitude des campagnes, au milieu des plus aimables productions de la nature ! Si la botanique n'atteint pas ce but, elle n'est plus qu'une étude vaine, une science d'ostentation, qui peut bien nous conduire à la célébrité, à des distinctions honorifiques, mais presque toujours aux dépens des jouissances du cœur et de la paix de l'ame.

LIVRE DEUXIÈME.

CHAPITRE PREMIER.

*Considérations générales sur la classification des végé-
taux, et sur les caractères qui constituent les individus,
les espèces, les genres, les familles, etc.*

C'est avec peine que nous quittons les sentiers fleuris des
vastes jardins de la nature, pour entrer dans les voies épineuses du champ des opinions et des systèmes. Au riche tableau de la végétation, à ces plantes contemplées avec tant
de plaisir dans leur lieu natal, suivies depuis leur naissance
jusqu'à leur mort, qui nous ont encore intéressés dans leurs
débris, vont succéder des considérations particulières, suite
des vastes conceptions de l'esprit humain, mais parmi lesquelles
l'erreur se trouve trop souvent à côté de la vérité. Nous faudra-t-il, pour découvrir la route qui y conduit, combattre à
chaque pas les opinions différentes, opposer système à système, entrer en lice avec l'amour-propre de leurs auteurs? Cette
marche ne sera point la nôtre; nous ne détruirons point, par
des dissertations critiques, ce charme que la nature a répandu
sur ses ouvrages, qui disparaît dès que l'on pénètre dans les
plaines arides de la critique.

Traversant rapidement ces longs siècles de préjugés et
d'erreurs, nous nous transporterons à ces temps plus heureux,
où l'homme ne cherchant, dans les productions du règne végétal, que ce qui est, et non les prétendues découvertes du
charlatanisme, a reconnu que la véritable science, s'appuyant
sur l'observation des faits, consistait toute entière à les lier
entre eux, à en saisir les rapports, et à découvrir les lois de
la nature dans l'ensemble des êtres organiques.

Pour y parvenir, il a fallu fixer notre imagination, absorbée par l'œuvre immense de la création, examiner chaque

objet isolément, étendre cet examen sur tous ceux qui existent dans la nature, étudier les caractères qui les éloignent ou les rapprochent, les placer ensuite dans l'ordre qui nous paraît le plus naturel. De cet esprit d'observation, de cette faculté de comparer, source féconde de nos idées, est née cette distribution méthodique de tous les êtres, si propre à nous guider dans nos études, à diriger nos recherches, à soulager notre mémoire par des points de repos. Ils ont été établis par la formation de ces vastes groupes séparés d'abord par des caractères qui frappent tous les yeux, puis divisés en d'autres moins étendus, plus difficiles à saisir, très-souvent naturels, quelquefois arbitraires, enfin rapprochés, unis ensemble par des passages presque insensibles : alors s'agrandit pour nous le vaste tableau de l'univers ; la longue chaîne des êtres se déroule à nos regards : il n'est plus pour nous d'individus isolés. Nous voyons, dans la coordonnance générale des végétaux, les rapports qui les enchaînent, les lois générales qui les régissent : ce grand travail sur l'immensité des êtres ne peut se faire que par le secours de l'art ; c'est lui qui nous fait passer de l'individu à l'espèce, de l'espèce au genre, du genre à ces réunions plus étendues qui composent les familles : heureuse invention, qui nous conduit à des résultats de la plus haute importance par des routes que la nature n'a pas toujours établies, mais que l'esprit humain a su se frayer. Quoique variées arbitrairement, elles doivent toutes nous faire parvenir au même but. La perfection de la science consiste à pouvoir distinguer celles par lesquelles on y arrive le plus sûrement : tel est l'objet du travail qui va maintenant nous occuper dans la distribution des plantes en classes, genres, espèces, etc.

Un individu végétal s'offre à notre examen : pour le bien connaître, il faut en observer soigneusement toutes les parties, depuis la racine jusqu'au fruit, conformément aux détails qui ont été exposés dans la première partie de cet ouvrage. Cette recherche nous montre l'individu dans tous ses attributs. Supposons que la plante dont il est question soit la *giroflée des jardins* à fleurs simples (*cheiranthus incanus*, Lin.) : partout où nous trouverons des individus semblables à celui que nous venons d'examiner, ils seront toujours la même plante, je veux dire la giroflée des jardins, malgré quelques légères différences qui ne détruisent pas ses principaux attributs. Cette réunion d'individus se montrant cons-

tamment sous les mêmes formes, soit qu'ils se reproduisent
par graines, par marcottes ou par boutures, etc., a reçu un
nom collectif : on est convenu de lui donner celui d'*espèce*.
Ainsi, réunissant, par la pensée, en un seul tout, les nombreux individus de notre giroflée, ils ne formeront qu'une
seule espèce.

Une autre plante se présente : nous reconnaissons, dès le
premier aspect, qu'elle ne peut appartenir à l'espèce précédente; cependant, par l'examen détaillé de ses parties, nous
trouvons de si grands rapports entre ces deux plantes, une
telle ressemblance entre la forme des fleurs et celle des fruits,
qu'il nous est impossible de les tenir éloignées l'une de l'autre.
Il en est de même de plusieurs autres, qui toutes diffèrent
entre elles par des caractères particuliers, mais qui ne portent que faiblement sur les parties essentielles de la fructification : réunissant alors en un seul groupe toutes ces espèces,
nous les désignons sous le nom de *genre*. Ainsi, le genre renferme, d'après des caractères communs, la plupart pris dans
les parties de la fructification, toutes les espèces dans lesquelles ces caractères se rencontrent. Ces petits groupes, très-
avantageux pour l'étude, admettent beaucoup d'arbitraire,
les espèces elles-mêmes n'en sont point exemptes; cependant
il est beaucoup de ces groupes tellement prononcés, qu'il est
difficile de ne pas les considérer comme essentiellement naturels. Il me semble qu'on a un peu trop généralisé les opinions opposées, les uns prétendant que les genres et même
les espèces n'étaient que factices, d'autres, que les uns et les
autres étaient formés par la nature. Je présenterai plus bas,
en traitant des genres et des espèces, des observations sur ces
assertions.

L'établissement des espèces et des genres, appuyé sur les
rapports et les différences des divers êtres entre eux, devient,
pour l'esprit humain, une source infinie de jouissances dans
le tableau des formes variées sous lesquelles la nature nous
présente ses productions : nous apprenons, par là, à les considérer dans un ordre particulier, qui les tire de cette apparente confusion sous laquelle elles s'offrent à la surface du
globe; mais les genres sont trop nombreux, pour que nous
puissions reconnaître, lorsque nous voulons faire usage des
ouvrages classiques, la place que doit y occuper l'objet que
nous examinons. Il a donc fallu imaginer des coupes plus étendues, à l'aide de caractères plus généraux, c'est-à-dire appli-

cables à un plus grand nombre d'objets, pour réunir, dans une même division, un certain nombre de genres : on leur a donné le nom de *familles*, puis celui d'*ordres*, en réunissant plusieurs familles; enfin, pour plus grande facilité, on a cru devoir encore réunir les familles et les ordres en *classes*, qui présentent de plus grandes divisions générales peu nombreuses, dans lesquelles les ordres sont groupés, comme les genres le sont dans les familles, et celles-ci dans les ordres.

Pour leur formation, on s'est attaché à la considération d'une ou de plusieurs parties essentielles des plantes, d'où sont résultés les *méthodes* et les *systèmes :* c'est de là qu'il faut partir pour découvrir, dans un ouvrage classique quelconque, la plante que l'on veut connaître, suivant en sens contraire la marche qui a été établie pour parvenir de l'espèce au genre, du genre à la famille, de la famille à l'ordre. C'est ainsi qu'en voulant déterminer une plante d'après le *système sexuel* de Linné, nous devons commencer par nous assurer si les fleurs renferment les deux sexes, les étamines, et les pistils, ou si ceux-ci sont dans des fleurs séparées; nous observerons ensuite le nombre des étamines, leur proportion, leur réunion en un ou plusieurs paquets, etc. [1]. La classe déterminée d'après ces premières recherches, il nous restera à examiner le nombre des pistils qui forment les *premières divisions* des classes. Ces divisions admettent souvent d'autres subdivisions, qui renferment un certain nombre de genres, parmi lesquels il ne nous sera pas difficile de trouver celui auquel appartient la plante que nous voulons connaître : nous parviendrons à en déterminer l'espèce, en parcourant toutes celles que renferme le genre, et qui doivent y être distinguées et signalées par les caractères qui leur sont propres. Si aucun de ces caractères n'est applicable à notre plante, nous pourrons la considérer comme formant une espèce nouvelle, et même un genre nouveau si elle ne peut entrer dans aucun des genres connus.

Telle est la marche ingénieuse qu'a suivie l'esprit humain pour nous mettre à portée de reconnaître et de distinguer, par la comparaison et le rapprochement, les diverses productions de la nature, tant dans le règne végétal que dans les deux autres. Quoique toutes ces distributions méthodiques soient assez généralement d'invention humaine, puisqu'elles sont variables et dépendantes de la manière dont chaque auteur

---

[1] Voyez, à la fin de ce volume, l'explication et le tableau du système sexuel.

considère les objets naturels, on ne peut cependant disconvenir qu'elles ne soient, dans bien des cas, indiquées par la nature elle-même, et senties par les esprits les moins exercés a l'observation.

Quel est celui qui, au premier aspect, ne sépare point naturellement les oiseaux des quadrupèdes, les quadrupèdes des reptiles, ceux-ci des poissons, etc., et qui ensuite ne parvienne à découvrir des coupes très-naturelles dans ces grandes classes? De même, dans le règne végétal, il ne faut avoir que des yeux pour y reconnaître des groupes tout formés, tels que les champignons, les mousses, les fougeres, les graminées, les ombellifères, les labiées, les crucifères, etc. Mais lorsque, séduits par ces premiers aperçus, nous cherchons à grouper également toutes les autres productions de ce beau règne, à diviser chaque groupe en genres, chaque genre en espèces; puis à coordonner toutes ces divisions, à en former une suite non interrompue : c'est alors que les difficultés naissent en foule; que nous rencontrons, dans notre marche, des interruptions qui coupent la chaîne des êtres; que les chaînons qui semblent devoir les unir, nous échappent. Nous soupçonnons, avec quelque fondement, que cette interruption peut être remplie par des espèces dont l'existence ne nous est pas encore connue : des découvertes heureuses nous confirment dans ces idées; elles remplissent des vides, rapprochent des familles qui n'avaient d'abord que des rapports trèséloignés, établissent l'existence de plusieurs autres; mais il arrive aussi que ces mêmes découvertes nous offrent des objets qui semblent contrarier nos divisions, et dont nous ne pouvons découvrir la véritable place dans la série naturelle des êtres.

C'est alors que, pour nous reconnaître et assigner à ces objets une place provisoire, il nous a fallu ranger toutes ces familles entre elles d'après des divisions souvent arbitraires, qui exigent d'ailleurs une connaissance approfondie des attributs particuliers à chaque être, des rapports qui les unissent, des caractères qui les distinguent; mais comme parmi ces caractères il en est de plus ou moins essentiels, la difficulté consiste à en déterminer la valeur. Cette découverte est le fruit de longues études et d'une grande habitude de l'observation; encore est-il bien difficile que les auteurs soient parfaitement d'accord sur tous les points, chacun d'eux considérant les objets sous des aspects différens. De là est née cette variation dans les opinions, d'abord flottantes et sans principes : telle a été, chez les anciens, la distribution des plantes, d'après leur lieu natal, en plantes terrestres, aquatiques, sauvages, cultivées, ou d'après leurs propriétés médicales, économiques, etc., établissant leurs caractères distinctifs sur leur port, leur grandeur respective, leur consistance herbacée ou ligneuse ; sur la forme de leurs feuilles, sur leur inflorescence, négligeant la considération de parties beaucoup plus essentielles, telles que les organes sexuels, ceux de la fructification, le mode de germination, etc. Ce n'est qu'après une longue suite de siècles qu'enfin il a été reconnu que, pour parvenir à distribuer les plantes convenablement, il fallait rechercher quelles étaient en elles les parties les plus propres à fournir des caractères faciles à reconnaître, et en même temps les moins variables. Il en existe de plusieurs sortes, selon les divisions que l'on se propose d'établir.

Un individu, considéré isolément, a des attributs qui le constituent ce qu'il est, mais il n'a encore pour nous aucune sorte de caractères : ceux-ci ne nous seront connus qu'au moment où nous le comparerons avec un autre. Les caractères des plantes, comme ceux de tous les êtres naturels, sont donc le résultat de la comparaison, et comme elle peut avoir lieu entre des êtres plus ou moins éloignés les uns des autres, il s'ensuit qu'il existe autant de sortes de caractères que de points de comparaison. Si, par exemple, je veux distinguer les plantes des animaux, il est évident que, dans ce cas, les caractères distinctifs ne seront pris ni dans la forme des feuilles, ni dans la disposition des fleurs, ni dans la nature des fruits, mais dans les principes constituans des végétaux, et dans le mode entier de leur existence : c'est un *caractère d'organisation*.

Ce n'est donc qu'en comparant les plantes entre elles qu'on peut découvrir leurs véritables caractères botaniques : ces caractères sont également de différentes sortes, selon les rapports sous lesquels les plantes sont considérées, et selon les divisions dans lesquelles nous voulons les faire entrer. Ainsi, en rapprochant deux ou plusieurs espèces très-voisines, si, après un examen exact de toutes leurs parties, nous faisons abstraction des parties qui se ressemblent, et que nous ne conservions que celles qui offrent des différences constantes, ces *différences* formeront les caractères de chacune de ces espèces, et constitueront ce que l'on nomme *caractères spéci-*

fiques, pourvu toutefois que ces plantes appartiennent au même genre, et qu'elles se reproduisent constamment les mêmes par la génération : autrement elles ne seraient que des variétés. Le caractère spécifique est fourni par toutes les parties de la plante, même par les parties des fleurs, qui n'entrent point dans la composition du caractère générique.

Ce dernier est double: l'un, que l'on nomme *caractère naturel*, l'autre, *caractère essentiel*. Le premier consiste dans la description de toutes les parties de la fleur, en évitant néanmoins de trop s'attacher aux formes, qui peuvent varier, selon les espèces, et appartenir plutôt aux caractères spécifiques : telles, par exemple, que les divisions obtuses ou aiguës du calice, les pétales ovales ou lancéolés, etc.; le *caractère essentiel* consiste, comme pour l'espèce, dans la comparaison que l'on établit entre plusieurs genres très-rapprochés, pourvu que la différence qui en résulte porte sur des parties importantes, non susceptibles de variations. Ces caractères sont dans la nature ; ils sont indépendans de la volonté ; mais il n'en est pas de même des genres qu'ils servent à former : chacun se croit autorisé à choisir, dans la même fleur, d'après des règles de pure convention, un ou plusieurs caractères réunis, pour les faire concourir à la formation d'un ou de plusieurs genres, selon le degré d'importance que l'on attache à tel ou tel caractère, empruntés tantôt d'un organe, tantôt d'un autre. C'est ainsi que Linné a établi le genre *cassia* sur la conformation de la corolle et des étamines, et non d'après le fruit très-différent dans les espèces ; tandis qu'il a caractérisé les *geranium* d'après le fruit, employant, pour des sous-divisions, les formes variées de la corolle et des étamines. D'autres, depuis ce célèbre naturaliste, ont vu autrement : ils ont divisé les geranium en trois genres.

Il est un grand nombre de genres qui se rattachent entre eux par des caractères plus généraux : on en a formé autant de groupes sous le nom d'*ordres* ou de *familles*. Les notes employées pour leur réunion se nomment *caractères d'ordre* ou de *famille*. Quoiqu'ils soient tirés principalement des organes de la reproduction, on y fait aussi entrer les autres parties des plantes, telles que leur port, la disposition générale des feuilles, etc.; mais lorsqu'il s'agit ensuite de coordonner toutes ces familles entre elles, de les distribuer elles-mêmes en groupes, nous sommes arrêtés à chaque pas, faute de counaissances suffisantes. Nous avons bien découvert quelques grandes divisions primaires, telles que l'absence ou la présence des organes sexuels, le nombre des cotylédons, qui a la plus grande influence tant sur la structure du tissu interne des végétaux, que sur la disposition de leurs parties externes; mais ces premières coupes, très-naturelles, sont trop étendues; elles en exigent d'autres, que nous n'avons encore pu établir que par le secours de moyens artificiels. Ils consistent à choisir, dans les fleurs, quelques-unes de leurs parties les plus essentielles, et les plus propres à fournir un certain nombre de divisions, auxquelles on a donné le nom de *classes*, et celui de *caractères classiques* aux notes qui les déterminent : d'où résulte la formation des méthodes ou des *systèmes*. C'est d'après cette idée ingénieuse, que Tournefort a employé, pour sa méthode, les différentes formes de la corolle, et Linné, pour son système sexuel, le nombre des étamines et des pistils, etc.; M. de Jussieu, lui-même, a cru devoir, pour l'arrangement de ses familles, employer les mêmes moyens, en se servant, pour ses divisions classiques, de l'absence ou de la présence de la corolle monopétale ou polypétale, de sa position, ainsi que de celle des étamines relativement au pistil, etc. Avant d'entrer dans les détails qu'exigent toutes ces divisions méthodiques dont je viens de présenter l'ensemble, je crois devoir offrir au lecteur le brillant tableau du *règne végétal* tracé par Linné.

L'expression de *règne végétal* est une aimable allégorie qui nous donne, en deux mots, l'idée de ces productions de la nature comprises sous le nom de plantes, considérées ici comme formant une division particulière, séparée des animaux et des minéraux, qu'on a également distribués en deux autres règnes.

Linné, enchérissant sur cette première idée, a établi l'*empire de Flore*; il l'a divisé en tribus, a fixé l'état et le rang des individus qui les composent.

La première tribu est formée par les plantes *monocotylédonées;* elle renferme les palmiers, les graminées, les liliacées.

La seconde, par les *dicotylédonées :* elle se compose des herbes et des arbres.

La troisième, par les *acotylédonées :* elle comprend les fougères, les mousses, les algues et les champignons.

Les *palmiers* sont les princes de ce bel empire; ils habitent les plus riches contrées du globe, celles où le soleil brille avec le plus d'éclat, telles que les magnifiques et riantes provinces de l'Inde; ils s'élèvent avec majesté sur une grande et belle colonne lisse, cylindrique, couronnée d'une touffe de feuilles toujours vertes, d'entre lesquelles pendent de longues grappes de fruits délicieux; ils sont tributaires des grands animaux, et surtout de l'homme, leur chef.

Les *graminées* sont des plébéiens très-nombreux, répandus partout, robustes, peu délicats, d'un extérieur simple, existant particulièrement dans les campagnes, qu'on écrase, qu'on foule aux pieds impunément, et qui n'en deviennent que plus nombreux : ils sont négligés et méprisés, quoiqu'ils soient la force et le soutien de l'empire. Le soin de leur conservation coûte peu, et cependant ils payent de forts tributs à tous les animaux granivores : ils nourrissent l'homme.

Les *lis* sont les patriciens; leur grandeur s'annonce par la vivacité et le luxe de leurs couleurs; ils brillent par l'élégance de leurs formes, et sont un des plus beaux ornemens de l'empire de Flore.

** Les *herbes* forment l'ordre de la noblesse. Ornement des prairies, elles s'y montrent sous toutes sortes de formes, attirent les regards par leurs couleurs variées, récréent l'odorat par leurs parfums, et flattent le palais par leur saveur.

Les *arbres* constituent l'ordre des grands; ils composent les forêts, ces vastes et beaux jardins de la nature; leur souche antique se divise en un grand nombre de rameaux; leur cime élevée se perd dans les nues, arrête l'impétuosité des vents, protége de son ombre les plantes délicates, répand sur elles une rosée bienfaisante, et fournit une retraite aux chantres ailés des forêts. De la surabondance de leurs sucs, ils nourrissent les plantes parasites; elles sont leurs esclaves ou composent leur cour.

Parmi eux, les arbrisseaux épineux sont autant de soldats armés pour écarter les attaques des quadrupèdes.

*** Les *fougères*, habitans nouveaux, à peine connus, vivant sans éclat, dans l'obscurité, à l'ombre des bois, préparent pour la postérité un terreau fertile.

Les *mousses*, esclaves destinés au service des autres plantes, occupent les lieux que celles-ci n'ont point encore abordés ou qu'elles ont abandonnés; plus tard, elles en recouvrent les semences et les racines, les garantissent des rigueurs de l'hiver, défendent les jeunes pousses des ardeurs de l'été. Elles sont très-vivaces : plus vigoureuses dans les temps froids et humides, elles forment et augmentent la terre végétale, la disposent à recevoir les autres plantes.

Les *algues*, inférieures aux mousses, n'existant que par l'humidité, malpropres, sans éclat, presque nues, jettent les premiers fondemens de la terre végétale.

Les *champignous*, nomades barbares, sales, nus, putrides, voraces, s'attachent à la substance des autres plantes qu'ils détruisent, vivent de leurs débris infects, ne se montrent qu'après la saison des fleurs.

On reconnaît, dans cette belle allégorie, qu'il faut lire dans les ouvrages de Linné, la brillante imagination de cet auteur à jamais célèbre, dont le style est d'ailleurs si sévère lorsqu'il s'agit des descriptions rigoureuses.

CHAPITRE II.

Des espèces.

La détermination des espèces est le travail le plus important du naturaliste; il en est aussi le plus difficile. Tant qu'un objet est considéré isolément, ce n'est, comme je l'ai dit plus haut, qu'un individu : il suffit, pour le bien connaître, d'en examiner toutes les parties, tous les attributs. Si le travail était borné à ces recherches, par lesquelles cependant il faut nécessairement commencer, il aurait peu de difficultés; mais bientôt se présentent d'autres êtres assez semblables à celui que nous avons d'abord observé, qui en diffèrent par quelques caractères particuliers, et qui nécessitent dès-lors une comparaison entre deux ou plusieurs individus. En examinant attentivement tous les points par lesquels ils se rapprochent, et ceux par lesquels ils diffèrent, nous aurons à prononcer sur l'importance des caractères qui les séparent : la distinction des espèces sera la suite de cet examen.

C'est ici que les difficultés naissent en foule : les individus provenus des semences de la même plante offrent souvent entre eux des différences très-remarquables, et telles que, si l'on ignorait leur origine, on n'hésiterait presque pas à les regarder comme autant d'espèces distinctes. A la vérité, cette difficulté semble disparaître, en admettant pour principe *que tous les individus produits par les semences de la même plante appartiennent essentiellement à la même espèce, quelles que soient les différences accidentelles qui surviennent à ces individus.*

L'application de ce principe éprouve peu de difficultés pour les plantes que nous cultivons, et dont nous connaissons l'origine. Nous pouvons toujours rapporter avec certitude les variétés qu'elles fournissent à l'espèce qui les a produites; mais il n'en est pas de même pour les plantes que nous rencontrons dans la nature, ou que nous observons isolées dans les collections : il faut, pour celles-ci, toute l'intelligence du botaniste, beaucoup d'expérience, une longue suite d'observations; encore lui arrivera-t-il souvent de ne prononcer que par conjectures sur la distinction de plusieurs espèces, incertain si les caractères qui les différencient ne sont pas plutôt des variétés locales, que des attributs invariables.

Nous avons tous les jours la preuve que les tiges, les feuilles, etc., varient d'une manière étonnante dans certaines plantes : les premières par leur consistance herbacée ou ligneuse, par leur position dressée ou couchée, par leur structure simple ou rameuse; les secondes, par leur forme, leur grandeur, leur bordure entière, sinuée, lobée ou dentée, etc. Les calices varient par leurs découpures; les pétales, par leur nombre, par leur grandeur, par leur forme : il en est de même du nombre des étamines et des styles; les fruits eux-mêmes nous présentent beaucoup de variétés dans leur grosseur, leur couleur, leur forme, dans le nombre de leurs loges et de leurs semences, occasionées par l'avortement de plusieurs d'entre elles. Malgré ces observations, qui font sentir combien est difficile la distinction des espèces, nous croyons cependant qu'on peut parvenir, à la longue, à saisir les caractères qui constituent une véritable espèce.

Ces caractères, ou plutôt la différence qui existe entre deux espèces, est dépendante de l'organisation particulière de chacune d'elles : par exemple, la distribution et la direction des nervures dans les feuilles établissent une distinction assez constante dans les espèces; celles dont les nervures sont toutes longitudinales, dirigées de la base au sommet des feuilles : celles où elles sont latérales et confluentes vers le bord des feuilles, les conservent telles, quelles que soient les variétés : si elles offrent une autre disposition, elles annoncent une autre espèce. Les nervures latérales qui s'étendent jusqu'au bord des feuilles, peuvent, en les dépassant quelquefois, les rendre dentées, lobées ou épineuses à leur contour, tandis que d'autres restent entières sur le même individu : telles sont les feuilles du houx, du chêne vert, de l'aune, de l'érable plane, etc. ; elles sont entières ou épineuses dans les deux premiers, dentées, lobées ou crépues dans les deux autres. Il en est de même de beaucoup d'autres caractères qui tiennent essentiellement à l'organisation particulière de la plante, tels que l'inflorescence dans un grand nombre de cas, la situation des feuilles, la distribution et la direction des branches et des rameaux : d'ailleurs, l'expérience nous apprend tous les jours qu'elles sont plus sujettes à fournir des variétés, que beaucoup d'autres.

Il faut aussi convenir que nous trouvons rarement dans la nature ces nombreuses variétés qui existent dans nos jardins : la raison en est qu'à force de culture et de soins, nous parvenons à faire croître des plantes à une exposition, à une température, et dans un sol où elles ne seraient jamais venues, si elles eussent été abandonnées à elles-mêmes. Toutes ces circonstances locales leur font perdre une partie de leurs caractères, et changent très-souvent leur port naturel, en les rendant ou plus grandes, ou plus petites. Si l'on excepte ces plantes rustiques qui croissent presque indifféremment dans toutes sortes de terrains et à toute exposition, les autres semblent être destinées par la nature à n'exister que dans des contrées, dans des sols et à des expositions particulières : leurs graines, quoique souvent disséminées au loin, ne réussissent que dans les localités qui leur conviennent ; partout ailleurs, ou bien elles ne germent pas, ou les individus qui y croissent, faibles et languissans, périssent avant la maturité des semences. Il est telle plante des hautes montagnes, qu'on n'a jamais rencontrée dans les plaines, et qui cependant se propage dans nos jardins d'après les raisons exposées plus haut. Il se trouve cependant des circonstances particulières où des plantes finissent par se naturaliser dans des climats ou des terrains qui leur sont étrangers : alors il en résulte des variétés qui perdent, à la longue, leur type originel, et se reproduisent, à la suite de nombreuses générations, douées de ces nouveaux attributs qu'elles ne perdent point, et qui portent à faire croire à la formation de nouvelles espèces. Il serait alors à désirer qu'on pût reporter ces plantes dans la patrie de leur aïeux, en suivre les générations successives, et s'assurer si elles reprendraient avec le temps leur caractère primitif.

La détermination des espèces n'est donc point et ne peut être arbitraire. C'est à tort que quelques auteurs ont prétendu qu'il n'existait dans la nature que des individus : elle a donné aux espèces une détermination constante, des caractères qui se perpétuent de génération en génération, qui quelquefois peuvent être altérés par des circonstances locales, mais qui souvent se rétablissent lorsque les plantes se retrouvent dans leur première situation. Si ces caractères ne sont pas toujours ceux que nous leur attribuons, c'est que plusieurs nous échappent, faute d'observations suffisantes; d'où il suit que nos espèces peuvent bien être arbitraires, mais jamais celles de la nature. De là est née la variété des opinions : elle existera toujours pour un grand nombre de plantes vues sèches dans les herbiers, ou dont on n'a pu observer la reproduction. De pareils doutes ne pourront être levés qu'autant qu'on se trouvera à portée de suivre ces plantes dans leur lieu natal. Au reste, ce ne sont pas toujours les différences les plus apparentes qui constituent le caractère de l'espèce; elles ne forment quelquefois que de simples variétés, comme dans le *sureau commun* à feuilles laciniées.

D'un autre côté, il arrive que, dans certaines plantes, les caractères spécifiques sont si peu apparens, qu'il faut la plus grande attention pour les apercevoir : je me bornerai à en citer un exemple. Le *spergula arvensis* (la spargoute) et le *spergula pentandra* sont deux plantes qu'il est facile de confondre quand on ne considère que leur port. Le caractère établi sur le nombre des étamines ne peut être admis, la première n'ayant quelquefois que cinq étamines, comme la seconde, au lieu de dix; mais, dans le *spergula pentandra*, les semences sont lisses, comprimées, entourées d'une bordure blanchâtre et membraneuse, tandis que, dans le *spergula arvensis*, elles sont convexes, un peu ridées, et sans rebord membraneux.

C'est ici que le botaniste doit particulièrement devenir

minutieux, presque à l'excès; qu'il doit oublier momentanément ces grandes vues qui embrassent l'ensemble des êtres dans tous leurs rapports, et qui les lient les uns aux autres : ici, il ne doit voir d'abord que l'individu, en examiner tous les attributs; la disposition et la forme des poils, des glandes, des pores; la distribution et les ramifications des nervures et des veines dans les feuilles, les pétales, etc.; enfin les modifications des organes même en apparence les moins importans. C'est de l'ensemble de ces observations que résulte la connaissance parfaite des plantes, et cette expérience qui fait distinguer l'espèce de la variété.

Tout pénible que puisse paraître un pareil travail pour une imagination active, toujours disposée à planer sur les grands phénomènes de l'univers, il n'est pas moins nécessaire, pour nous guider dans nos observations, pour rectifier notre jugement, donner plus d'intérêt à nos méditations, et nous initier dans ces détails, qui, seuls, nous conduisent à la découverte des lois de la nature; c'est enfin le moyen de lui dérober quelques-uns de ses secrets. Dans les arts, comme dans la nature, l'ensemble d'un grand tableau ne nous frappe que par la perfection et l'accord des détails : nous en éprouvons l'effet; mais l'artiste seul peut juger des causes qui le produisent. C'est pour avoir trop long-temps méconnu ces sortes de recherches, que la science a fait, pendant une longue suite de siècles, si peu de progrès. Que de merveilles n'a-t-on pas découvert, dans les seuls organes sexuels, dans les anthères, dans le *pollen* fécondant qu'elles renferment, dans la forme, la position de l'embryon, ainsi que dans toutes les parties qui l'accompagnent! autant d'observations minutieuses en apparence, que l'œil peut à peine saisir, mais dont la grande importance est aujourd'hui généralement reconnue.

Les variétés peuvent-elles quelquefois parvenir à former de nouvelles espèces, soit parmi les plantes incultes, nées, par des circonstances locales, dans des contrées ou dans un sol différent de celui qu'elles habitaient d'abord, soit plus fréquemment, dans nos jardins, par les changemens que la culture occasione dans les individus? Faudra-t-il placer au nombre des espèces toute plante qui conserverait, par une suite de générations bien constatées, les nouveaux attributs sous lesquels elle se présente depuis long-temps dans nos parterres ou nos vergers? Si les variétés, reproduites constamment les mêmes par les semences, ne peuvent pas obtenir, avec le temps, les prérogatives d'une espèce nouvelle, il faudra alors renoncer au principe fondamental établi pour la distinction des espèces : si nous l'abandonnons, ou si nous voulons y mettre des exceptions, tout rentrera dans l'arbitraire, la confusion et le désordre.

J'en trouve la preuve dans les peines inutiles que nous nous sommes données jusqu'à présent pour découvrir, dans la nature, l'espèce primitive d'un grand nombre de plantes livrées depuis des siècles à la culture. Comment se fait-il qu'elle ait échappé aux recherches de tous les voyageurs naturalistes qui ont parcouru avec tant de soins toutes les contrées du globe? Plusieurs espèces de froment, d'orge et d'avoine; plusieurs plantes potagères, légumineuses et autres, ne nous sont connues que dans leur état de culture : je ne doute presque pas qu'elles ne doivent leur existence à quelques-unes des autres plantes sauvages du même genre, dont elles se rapprochent le plus. Les variétés les plus frappantes semblent être une disposition et, en quelque sorte, un essai que fait la nature pour le passage d'une espèce à une autre. On a, jusqu'à présent, donné trop peu d'attention à ces variétés: elles pourraient néanmoins nous fournir des faits très-importans sur la formation des espèces, sur les moyens qu'emploie la nature pour en multiplier le nombre, sur les changemens, les altérations que leur font éprouver les circonstances locales.

Quoiqu'il paraisse un peu téméraire, d'après l'opinion la plus généralement adoptée, d'avancer qu'il se forme de nouvelles espèces dans la nature, il est bien difficile de nier cette assertion quand on observe avec soin ce qui se passe tous les jours dans nos jardins, où il n'est pas rare de voir des variétés finir par se reproduire constamment les mêmes par leurs semences. Pourquoi la même chose n'arriverait-elle pas dans la nature? A la vérité, il nous est plus difficile d'en acquérir la certitude, parce qu'en découvrant une nouvelle espèce, même dans des lieux depuis long-temps parcourus, nous sommes portés à croire qu'elle n'avait point été observée, n'ayant d'ailleurs aucun moyen pour prononcer sur son origine : il s'en trouve néanmoins qui sont tellement intermédiaires entre deux autres espèces connues, qu'on n'a pu s'empêcher de les regarder comme des hybrides, produites par l'émission de la poussière des étamines d'une es-

pèce sur une autre espèce[1] ; d'où résulte quelquefois une nouvelle plante, qui tient de l'une et de l'autre. Ce phénomène
n'est pas très-rare dans les grands jardins, où se trouvent
réunies, dans les mêmes parterres, des plantes nombreuses
appartenant au même genre, par conséquent très-rapprochées
les unes des autres.

Le mélange de la poussière des étamines n'est pas la seule
cause qui produise de nouvelles espèces : les circonstances
locales, la nature différente du sol, l'exposition à l'ombre ou
au soleil, sur les hauteurs, dans les plaines ou les vallées,
dans les lieux secs ou humides, le changement de température et de climat, peuvent occasioner et occasionent en effet
tous les jours des changemens notables dans le caractère des
plantes. Il en résulte d'abord dés variétés dont quelques-
unes finissent par se reproduire avec leurs nouveaux caractères, et par prendre place parmi les espèces; il est même
à croire qu'elles se forment assez fréquemment dans les contrées abandonnées à leurs seules productions, et où croissent
souvent, dans un très-petit espace de terrain, un très-grand
nombre de plantes du même genre : tels, au cap de Bonne-
Espérance, les bruyères, les géranium, les mésembrianthé-
mum, les euphorbes, les aloès, les crassules, les glaïeuls, les
ixia, etc.

Outre les causes locales, on peut encore ajouter le grand
nombre d'étamines dont la plupart de ces plantes sont pourvues ; d'où il doit résulter, quand leur poussière est dispersée
par les vents, si violens dans ces contrées, un mélange favorable à la production de plantes hybrides. Nous voyons en
effet que les genres les plus nombreux en espèces sont, la
plupart, les plus fournis d'étamines : tels sont ceux cités
plus haut, ainsi que les mimosa, les rosiers, les renoncules,
les anémones, les cistes, etc. Ces genres grossissent tous les
jours, et renferment de plus un nombre incalculable de
variétés.

Non-seulement nous concevons la possibilité de la création d'espèces nouvelles, mais encore nous en avons fréquemment la preuve sous les yeux. Je ne parlerai pas de plusieurs
hybrides bien reconnues ; mais combien de plantes se montrent, pour la première fois, dans nos jardins de botanique,
dont on ne connaît ni l'origine ni la patrie, qu'on ne se rap-

---

[1] Voyez *Amœn. academ.* : LIN., vol III, *Plantæ hybridæ*.

pelle pas d'avoir ni ensemencées ni cultivées ! Elles se rapprochent, à la vérité, d'autres plantes connues, mais avec lesquelles on ne peut les confondre ; reproduites par leurs semences, elles se placent alors parmi les espèces ; d'une autre part, que de variétés se découvrent tous les jours parmi nos plantes potagères ou légumineuses, parmi nos fleurs d'ornement, qui pourront bien avec le temps conserver, par la reproduction, leur nouveau caractère !

Il est, à la vérité, très-difficile de prouver autrement que par l'analogie, qu'une espèce a été produite par une ou plusieurs autres, surtout pour les plantes des champs, dont on ne peut pas suivre les mélanges. Je crois pouvoir, à ce sujet, présenter les considérations suivantes, non comme principes, mais comme autant de problèmes que je soumets à l'examen et aux observations des naturalistes :

1°. Il se forme, quand les circonstances sont favorables, de nouvelles espèces de plantes à la surface du globe, soit par le changement de localité, soit par le moyen d'autres espèces congénères.

2°. Une espèce unique en son genre, ou unique dans une contrée, ne peut produire d'espèces nouvelles que par un changement de localité, très-rarement par une fécondation bâtarde.

3°. La production des espèces nouvelles doit être d'autant plus fréquente, que les contrées où elles se forment sont plus abondantes en autres espèces du même genre. Cette nouvelle création a lieu plus particulièrement par une fécondation bâtarde, c'est-à-dire par l'émission de la poussière des étamines d'une plante sur une plante d'une espèce différente.

4°. Le mélange des étamines d'espèces congénères peut produire d'autres espèces congénères.

5°. Lorsqu'une plante est fécondée par les étamines d'une autre plante d'un genre différent, mais très-voisin, il peut en résulter un genre nouveau.

Je répète que je ne présente ici ces idées que comme des conjectures, qu'on prendra pour ce qu'elles vaillent ; elles me semblent mériter quelque attention, pourvu qu'on ne croie pas que je veuille établir un système. Je sais qu'on est toujours tenté de repousser tout ce qui s'oppose aux idées reçues ; mais je sais aussi que ce n'est souvent qu'à force de conjectures qu'on peut parvenir à découvrir la vérité, avec la réserve néanmoins de ne pas donner pour elle ce qui n'est encore qu'un simple soupçon [1].

Si, dans une matière aussi épineuse, quelques exemples ne suffisent pas pour prouver ce que je viens d'exposer, ils suffiront du moins pour fixer l'attention, et conduire à des observations plus étendues. Peut-on, en effet, ne pas reconnaître, dans un grand nombre de genres, des rapports tels entre les espèces, que ces dernières sont souvent très-difficiles à distinguer, et portent à croire qu'elles doivent leur origine à une souche commune, je veux dire à une espèce primitive. Prenons pour exemple le genre *saxifrage :* la plupart des nombreuses espèces qui le composent, se plaisent, de préférence, sur les hauteurs, dans des terrains secs et pierreux : elles croissent particulièrement dans les montagnes des Pyrénées, des Alpes, à différentes élévations. Il en est qu'on ne rencontre que sur le sommet des rochers les plus élevés : celles-ci, continuant à croître au même point d'élévation et à la même exposition, ont conservé leur caractère ; mais à mesure que leurs semences se sont répandues dans les terrains inférieurs (supposition qui n'a rien de contraire aux lois de la nature), à mesure qu'elles sont parvenues à se reproduire dans un sol et à une exposition un peu différens de leur lieu natal, elles doivent avoir éprouvé quelques changemens dans leur port, dans leur développement, dans quelques-uns de leurs caractères spécifiques, occasionés par l'influence d'une température plus douce et par d'autres circonstances.

Ces changemens deviendront bien plus sensibles à mesure que ces plantes gagneront des lieux plus bas, qu'elles croîtront dans des sols un peu différens, moins arides, plus humectés, plus gazonneux, etc. : alors leurs tiges, d'abord presque nulles, s'allongent, se ramifient ; leurs feuilles prennent plus de développement, plus d'ampleur ; les fleurs sont plus grandes, plus nombreuses, diversement colorées, selon qu'elles se trouvent ou frappées par les rayons du soleil,

---

[1] Linné lui-même n'était pas éloigné de croire à la formation de nouvelles espèces, après en avoir nié la possibilité. Voici ce qu'on lit dans les *Aménités académ.*, vol VI, pag. 296.

Suspicio est quam diù fovi, neque jam pro veritate indubia venditare audeo, sed per modum hypotheseos propono : quod scilicet omnes species ejusdem generis ab initio unam constituerint speciem ; sed postea per generationes hybridas propagatæ sint, adeo ut omnes congeneres ex unâ matre progenitæ sint, horum vero ex diverso patre diversæ species factæ. Linn.

ou ombragées par d'autres végétaux ; enfin une foule de circonstances peuvent altérer continuellement les caractères primitifs des espèces anciennes, et donner naissance à de nouvelles. Les unes et les autres continuant à se reproduire, il en résulte une suite d'espèces d'autant plus rapprochées, qu'elles sont nées à des hauteurs et dans des sols peu différens ; mais plus elles s'éloigneront de leur terre natale, plus elles différeront entre elles, et l'espèce qui croît au sommet des Alpes ne se retrouvera plus à leurs pieds : elle n'y arrivera que lorsque ses semences auront éprouvé plusieurs mutations en descendant de ces hauteurs, et produisant des individus que l'influence de chaque zone aura rendus plus propres à vivre dans une température plus douce et dans un sol moins aride. Sans ces passages gradués, établis par la nature, le nombre des espèces serait bien moins étendu.

On peut encore remarquer que les genres ne multiplient leurs espèces qu'autant que celles-ci croissent dans des sols et à des expositions différentes : le même terrain ne fournit ordinairement qu'un très-petit nombre d'espèces. Ce sont principalement les plantes des montagnes, répandues ensuite dans les plaines, dans les bas lieux, qui produisent, par les variétés, les espèces les plus nombreuses : telles sont celles renfermées dans les *antirrhinum*, les *teucrium*, les *geranium*, les plantains, les gentianes, les véroniques, les thyms, les saules, les saxifrages, les renoncules, etc.

Nous sentirons encore mieux la formation des espèces, si nous nous reportons aux grandes révolutions que le globe terrestre a éprouvées. L'époque la plus remarquable de leur multiplication est celle, sans doute, où les eaux, couvrant la surface du continent, ont commencé à se retirer : nos montagnes, aujourd'hui les plus élevées, telles que celles des Pyrénées et des Alpes, ne devaient être alors que le plateau d'îles saillantes au-dessus des eaux ; leur élévation, et par conséquent leur température, étaient bien différentes de ce qu'elles sont et les plantes que nous y trouvons maintenant ne pouvaient pas être les mêmes. Avec l'abaissement ou la retraite des eaux, les plaines sont devenues des sommets de montagnes ; la température, l'exposition, la qualité du terrain ont cessé d'être les mêmes ; la nature des végétaux doit avoir également éprouvé de grands changemens. Ils ont pris insensiblement le caractère des nouvelles localités : les arbres ont disparu sur les grandes hauteurs; ceux qui ont pu résister, tels que les bouleaux, les saules, etc., se sont déformés, rapetissés, convertis en petits arbustes rampans; les tiges des plantes herbacées, raccourcies ou durcies en souches presque ligneuses, ont perdu leurs ramifications, ou bien elles se sont étalées sur les rochers en touffes gazonneuses; les feuilles, frappées par le froid, se sont rétrécies et durcies; enfin, le port entier des plantes, les formes de leurs organes ont pris peu à peu un autre aspect, tandis que celles de leurs semences qui ont suivi les eaux dans leur abaissement, se trouvant dans la même température, ont conservé leur premier caractère : celles des hauteurs, au contraire, placées dans une atmosphère qui s'est refroidie, couvertes de neige pendant les trois quarts de l'année, sans cesse exposées à l'action des vents, n'éprouvant que quelques mois de chaleur, n'ont pu résister qu'en prenant une contexture plus relative aux circonstances. Ce qui a pu les sauver en partie vient sans doute de ce que ces changemens ne sont très-probablement arrivés que graduellement : ce n'était d'abord que des variétés qui, en se soutenant, en se reproduisant constamment, ont dû prendre place parmi celles que nous avons nommées *espèces*.

Je suis même assez porté à croire qu'il n'y a eu d'abord, pour chacun de nos genres actuels, qu'une seule espèce primitive ; que les autres se sont formées, à la longue, par le changement de localités, si toutefois l'on croit devoir admettre, ainsi que j'en ai fait voir la possibilité, que des variétés puissent, avec le temps, se perpétuer comme espèces.

L'espèce primitive est sans doute très-difficile, pour ne pas dire impossible à découvrir ; je crois cependant, dans les recherches qu'on essaierait d'en faire, qu'elle ne pourrait se trouver que dans les plantes qui croissent aux lieux peu élevés au-dessus du niveau des eaux de la mer : on en conçoit la raison, d'après ce qui a été dit plus haut. Il est en effet très-évident que si, par un accident quelconque, les eaux de la mer venaient à se retirer, ou à baisser au point de rendre les terres basses aussi élevées au-dessus du niveau de la mer que le sont aujourd'hui nos Alpes, la face de la végétation, ainsi que les formes des végétaux, changeraient également par l'influence d'une nouvelle température. Beaucoup, sans doute, périraient ; mais les espèces qui pourraient résister, éprouveraient, à la longue, dans la contexture de leurs organes, des modifications qui, en leur faisant perdre leur caractère originel, les convertiraient pour nous en espèces.

~~~~~~

CHAPITRE III.

Les genres et les familles.

Les espèces existent dans la nature ; elles s'y perpétuent par la génération d'individus qui leur ressemblent. Une espèce se distingue aisément d'une autre, en se reproduisant avec les caractères qui lui sont propres : si trop souvent on confond la variété avec l'espèce, c'est faute d'observations suffisantes. Nous n'avons pas les mêmes données pour les genres, petits groupes qui réunissent plusieurs espèces sous un nom et des caractères communs : leur création paraît, en grande partie, d'institution humaine. A mesure que les découvertes ont fait connaître un plus grand nombre de plantes, on a senti qu'un nom donné isolément à chacune d'elles était, pour la mémoire, une surcharge trop pénible ; on s'est aperçu d'ailleurs que beaucoup d'espèces, quoique différentes, se ressemblaient néanmoins en beaucoup de leurs parties : dès-lors l'idée se présenta de réunir, sous un nom commun, toutes celles qui avaient un grand nombre de traits de ressemblance, quoique distinguées par d'autres attributs. On en forma des petits groupes qui reçurent un nom particulier.

Dans les premiers temps les genres, extrêmement imparfaits, n'étaient désignés que par le nom générique commun aux espèces qu'ils renfermaient, mais on ne pensait pas encore à déterminer leurs caractères propres. Tournefort, le premier, a senti qu'il était essentiel d'établir le caractère des genres, en le fixant aux seules parties de la fleur et du fruit, restreignant par là ces dénominations vagues employées par ses prédécesseurs, et sous lesquelles ils renfermaient beaucoup d'espèces, appartenant à des genres, même à des familles très-différentes; mais à l'époque où Tournefort écrivait, les parties des fleurs
~~~~~~

étaient bien moins connues, et l'on était loin de soupçonner les caractères que pouvaient fournir plusieurs d'entre elles pour la détermination des genres : d'où vient que la plupart des siens ne sont qu'imparfaitement circonscrits, et qu'il est quelquefois difficile d'apercevoir, dans son immortel ouvrage, les caractères essentiels qui les distinguent. Plusieurs fois il fut obligé, presque malgré lui, d'établir des genres, qu'il nomma du *second ordre*, lorsqu'il ne trouvait point, dans les fleurs, de notes suffisantes pour les caractériser : alors il appelait à son secours les autres parties des plantes, telles que les racines, les feuilles, l'inflorescence, etc., pratique que Linné n'a pas crue admissible, quoiqu'on ne puisse nier que plusieurs genres, surtout dans les familles très-naturelles, ne soient réellement distingués que d'après leur port, la forme et la disposition de leurs feuilles, etc., tels que les gesses, les pois, les orobes, les vesces, etc.

Il était réservé à Linné de perfectionner cette partie de la botanique, en exprimant, avec une précision que personne n'avait employée avant lui, tous les caractères de chaque genre, fixant et circonscrivant les limites de chacun d'eux, de manière à les rendre très-distincts, et par conséquent faciles à reconnaître. Dans l'exposition de chaque genre, il décrit, sous le nom de *caractère naturel* ou *générique*, et dans un ordre convenable, six parties de la fructification; savoir, 1°. le calice; 2°. la corolle; 3°. les étamines; 4°. le pistil; 5°. le péricarpe; 6°. la semence : on y a ajouté depuis, la considération de l'embryon, ainsi que la présence ou l'absence du périsperme. « On ne saurait assurément mieux faire, dit M. de Lamarck, pour donner une idée complette de la fructification commune aux espèces d'un genre; mais, dans ce cas, il y a une attention à avoir, et qui paraît avoir échappé à Linné. En effet, il nous semble que, dans l'exposition d'un genre, on ne doit présenter que le caractère principal de chacune des six parties de la fructification que nous venons de citer, et ne point entrer dans des détails sur les proportions de leur forme, de leur grandeur, etc., comme Linné l'a fait. La raison en est, que l'application des caractères d'un genre devant être faite communément à plusieurs espèces, alors les détails dans les proportions de grandeur et de forme des six parties de la fructification, se trouvent, à la vérité, fort justes dans certaines espèces, sur la considération desquelles on les aura pris, mais sont communément très-faux dans la plupart des autres. »

L'établissement du caractère naturel est une disposition nécessaire pour reconnaître le caractère essentiel et distinctif de chaque genre, caractère qu'il est important de faire ressortir, et qu'il est facile d'obtenir, en comparant, comme je l'ai dit ailleurs, deux genres très-rapprochés, pour en connaître les différences, puis, en choisissant les plus importantes, pour la distinction de chaque genre. Ces caractères doivent être très-courts, et ne porter que sur une ou deux considérations bien saillantes : par ce moyen, les genres se trouvent bien mieux détachés, beaucoup mieux connus, et se fixent plus aisément dans la mémoire.

Quant à ce qui concerne le choix des parties propres à fournir le caractère distinctif des genres, Linné prétend qu'on ne doit jamais tirer ces caractères que de la considération de quelques-unes des parties de la fructification. Nous sommes, dit M. de Lamarck, tout à fait de son avis, s'il est vrai que la chose soit toujours praticable ; mais, dans le cas où elle ne le serait pas, nous ne voyons pas bien clairement l'inconvénient qui résulterait de tirer des distinctions génériques bien tranchées de quelques parties du port, lorsque la série, dans laquelle on aurait des divisions génériques à tracer, serait préalablement disposée dans l'ordre le plus naturel des rapports, et que les lignes de séparation, que l'on établirait ne déplaceraient point les plantes, déjà rapprochées par la considération de leurs rapports. Dans les familles qu'on regarde comme les plus naturelles, et qui ne sont que de grandes portions non interrompues de la série des végétaux, telles que les labiées, les crucifères, les ombellifères, les légumineuses, etc., il existe beaucoup d'espèces qui ont toutes, à peu près, la même fructification. Or, établir parmi ces espèces des divisions génériques, des lignes de séparation, dont les caractères distinctifs seraient pris uniquement de la fructification, laquelle offre, dans ces plantes, très-peu de différences à saisir, c'est s'exposer à n'avoir pour caractère distinctif que des remarques minutieuses, souvent trompeuses, et communément trop peu raisonnables. En effet, quel cas peut-on faire des caractères génériques des *genista* et des *spartium* de Linné, dans les légumineuses ; des liserons et des *ipomæa*, dans les convolvulacées ; des *sison* et des *sium*, dans les ombellifères, etc. ?

Linné était persuadé que tous les genres étaient ou devaient être naturels. Ce serait, sans doute, un très-grand avantage pour la science, s'il pouvait en être ainsi : il n'y entrerait dès-lors rien d'arbitraire, et chaque espèce aurait son genre tellement déterminé, qu'il ne serait pas possible de lui enlever aucune espèce pour la faire passer dans un genre particulier, ou dans un autre déjà existant. Mais nous sommes loin de cette perfection : il faut avouer cependant qu'il existe un certain nombre de genres constitués de manière à ôter toute possibilité d'y introduire aucune réforme, ces genres étant appuyés sur des caractères si bien tranchés, qu'ils se reconnaissent dès la première inspection, quoique souvent ils ne portent que sur une ou deux parties de la fleur, telles que la forme des étamines et de la corolle dans les casses ; la disposition des anthères séparées, dans les sauges, par un connectif allongé et porté sur le filament comme sur un pivot ; la forme du fruit dans les *geranium ;* le calice dans les scutellaires, divisé en deux lèvres entières, la supérieure portant une écaille concave, en forme d'opercule, etc.

Dans d'autres genres, les espèces sont tellement rapprochées par toutes les parties de leurs fleurs, ou par leur inflorescence et leur port, qu'il est impossible de les déplacer : tels sont les véroniques, les plantains, les rosiers, etc. A la vérité, plusieurs de ces groupes se sont grossis à un tel point par le nombre des espèces qu'il a fallu y rapporter, qu'on s'est vu presque forcé, pour la facilité de l'étude, de chercher à les diviser ; mais l'on sent très-bien que ces divisions converties en genres ne sont que les découpures du même genre. Les *pelargonium,* les *erodium* ne cesseront jamais d'appartenir aux *geranium,* quoiqu'ils en aient été séparés d'après l'irrégularité de leur corolle et le nombre variable de leurs étamines. Quant à beaucoup d'autres genres dont les caractères ne sont pas aussi bien prononcés, leur existence dépend de l'importance que chacun attache à un caractère plutôt qu'à un autre.

L'importance des caractères dépend de l'importance des organes de la fleur ou du fruit sur lesquels ils sont appuyés ; mais comme il n'en est aucun qui, dans la formation des genres, ait sur les autres une supériorité exclusive et générale, il résulte beaucoup d'embarras et d'arbitraire dans la création d'un grand nombre. Le calice ou la corolle dans les uns, les étamines ou le pistil dans d'autres, le fruit et la semence dans plusieurs, fournissent le caractère essentiel, qui se tire aussi d'autres parties accessoires, telles que des glandes, des nectaires, des appendices, etc. Ainsi un organe n'a réellement de supériorité sur un autre, que relativement au genre qu'il constitue; d'où il résulte, comme je l'ai dit plus haut, que le fruit détermine le caractère dans les *geranium*; la corolle et les organes sexuels, celui des casses, etc.

Plus les familles sont naturelles, plus la détermination du caractère des genres qu'elles renferment est difficile à établir : il est souvent tellement minutieux, et les limites d'un genre à un autre si peu marquées, que la plupart peuvent être arbitrairement ou divisés, ou réunis, sans qu'il soit possible d'établir à ce sujet des principes généralement adoptés. Les *leonurus* sont à peine distingués des *stachys*, les *sisons* des *ægopodium*, les *cnicus* des *atractylis*, les *tragia* des *acalypha*, etc. : on aurait au moins autant de motifs pour les réunir que pour les tenir séparés. Combien de ces familles, naturelles au premier degré, semblent n'être, en quelque sorte, composées que d'un seul genre, que la nécessité d'en faciliter l'étude a forcé de diviser! Il est aisé de concevoir que si, dans les labiées, par exemple, ou les crucifères, il n'y avait qu'une seule espèce pour chaque genre, on pourrait presque ne former qu'un seul genre, très-naturel et parfaitement bien déterminé. C'est donc la grande multiplication des espèces qui produit les genres artificiels, qu'il faut se garder cependant d'établir avec trop de facilité, soit sur des caractères très-faibles, ou appuyés sur des organes si peu sensibles, qu'il faut presque avoir recours au microscope pour les apercevoir : c'est aujourd'hui le défaut de beaucoup d'auteurs modernes, qui semblent ne calculer l'étendue de leur réputation que sur le nombre de genres nouveaux qu'ils n'ont souvent créés que d'après d'autres déjà existans. On conçoit combien ce système est funeste à la science par le désordre qu'il y introduit, par la nomenclature soumise aux mêmes changemens : par ces règles arbitraires que chacun se forme à volonté, l'un détruisant ce que l'autre construit, en présentant, à l'aide de mots nouveaux, comme un travail original, ce qui n'est qu'un désordre jeté dans celui des autres.

Quant aux genres vraiment naturels, ils sont tellement reconnaissables, si bien déterminés, qu'il n'est au pouvoir de qui que ce soit de les changer : ils forment autant de groupes indépendans de nos systèmes. Si maintenant l'on suppose que ces groupes viennent, par suite des découvertes, à se composer d'espèces extrêmement nombreuses, on sentira dès-lors la nécessité de les diviser en d'autres genres artificiels : souvent celui qui leur a servi de type est élevé au rang de famille naturelle.

Nous voila arrivés, par ces considérations, à la formation des *familles* : la plupart ne sont en réalité que de très-grands genres, dont les traits caractéristiques, tirés la plupart de la fleur et du fruit, et même de toutes les autres parties de la plante, s'appliquent à tous les genres d'une même famille, et ne se distinguent entre eux que par des modifications peu nombreuses ou très-légères. Il est cependant beaucoup d'autres familles qui n'ont qu'un petit nombre de caractères communs, mais très-importans, bien prononcés, et suffisans pour réunir en un seul groupe les genres qui composent ces familles : ces genres, d'une autre part, se distinguent entre eux d'autant plus facilement, que plusieurs parties de la fleur ou du fruit, n'ayant pas été employées comme *caractères de famille*, peuvent l'être avec avantage pour la formation des genres.

Je dois, au reste, faire encore observer ici qu'il est arrivé pour la composition des familles ce qui est arrivé pour la formation des genres. Il s'est présenté des familles d'une si grande étendue, qu'on a cru devoir les diviser, telles, par exemple, que celle des *composées*, avec laquelle on en a formé trois autres ; savoir, les *semi-flosculeuses*, les *flosculeuses*, les *radiées*, ou bien, d'après M. de Jussieu, les *chicoracées*, les *cynarocéphales*, les *corymbifères*, divisions qui appartiennent essentiellement à une même famille primitive. Le nombre de ces familles augmente tous les jours, à mesure que les découvertes de nouvelles plantes se multiplient ; mais il est à craindre, si l'on n'y prend garde, qu'à la fin ces coupes en familles ne soient livrées à l'arbitraire. Je pourrais déjà en citer plusieurs exemples ; mais les bons esprits les reconnaîtront aisément, sans qu'il soit nécessaire d'entrer ici dans aucune dissertation, qui nous éloignerait de notre but.

Je me bornerai à présenter quelques observations exposées par M. de Lamarck. Les familles, dit ce profond naturaliste, ces portions de l'ordre naturel, sont, d'une part, moins grandes que les classes, et même que les ordres ; elles sont, d'une autre part, plus grandes que les genres; mais, quelque naturelles qu'elles soient, les limites qui les circonscrivent sont presque toujours artificielles, et à mesure qu'il se fera de nouvelles découvertes, nous verrons de perpétuelles variations dans les coupes des familles : les uns divisent la même en plusieurs autres; les autres réunissent plusieurs familles en une seule; d'autres enfin, ajoutent à une famille déjà connue, l'agrandissent, et reculent par là les limites qu'on lui avait assignées. Si toutes les espèces étaient parfaitement connues, et si les vrais rapports qui se trouvent entre chacune d'elles, ainsi qu'entre les différens groupes qu'elles forment l'étaient également, de manière que partout le rapprochement des espèces, et le placement de leurs divers groupes, fussent conformes aux rapports naturels de ces objets, alors les classes, les ordres, les sections et les genres formeraient des familles de différentes grandeurs, puisque tous ces groupes se trouveraient des portions grandes ou petites de l'ordre naturel.

Dans ce cas, rien ne serait plus difficile que d'assigner des limites entre ces différentes coupes; l'arbitraire les ferait varier sans cesse, et l'on ne serait d'accord que sur celles que des vides dans la série nous montreraient clairement. Mais tant d'espèces de végétaux nous sont encore inconnues; il y en a tant qui, vraisemblablement, nous le seront toujours, que les vides qui en résultent, nous fourniront long-temps encore des moyens de limiter la plupart des coupes que nous cherchons à former; d'un autre côté, il faut convenir aussi que, si l'on examine le règne végétal, on voit, dit M. Mirbel, que souvent les mêmes plantes, selon le jour sous lequel on les considère, se rapprochent ou s'éloignent par une multitude de points; qu'il n'existe pas de chaîne principale, mais de nombreux chaînons qui se ramifient, se croisent, reviennent sur eux-mêmes, forment un lacis inextricable; et qu'enfin, quelle que soit la direction que l'on suive, on ne trouve jamais cette série continue, telle qu'Adanson croyait l'avoir établie dans ses *familles naturelles*.

CHAPITRE IV.

Les méthodes, les classes, les ordres.

Quand on se reporte à ces temps d'ignorance et de fanatisme, où les plantes n'étaient désignées que par les propriétés médicales, et même les vertus occultes qu'on leur attribuait; quand elles n'étaient connues que sous des noms barbares, et distribuées, dans les livres qui en traitent, que d'après quelques vagues ressemblances dans leur port, ou relativement à leurs usages, on a lieu d'être étonné qu'une science aussi attrayante soit restée si long-temps sans principes et dans une obscurité en quelque sorte mystérieuse. Plusieurs causes ont concouru à multiplier les obstacles qui s'opposaient à ses progrès. Le peuple, ne voyant d'abord dans les plantes que des alimens ou des remèdes, a cherché à cultiver et multiplier les premières; quant aux secondes, il s'en est rapporté aux lumières de ceux qui se livraient à la pratique de la médecine; mais ces derniers, qui, la plupart, n'étaient d'abord que des prêtres, des mages, de prétendus sages, cachaient leurs découvertes aux yeux de la multitude, ou plutôt la trompaient par des recettes, qu'ils accompagnaient d'enchantemens, de cérémonies et de paroles mystiques. Ils savaient très-bien que la considération qu'ils s'attiraient n'était que la suite de l'ignorance du peuple: ceux d'entre eux qui parvenaient à saisir quelques-unes des lois de la nature, se gardaient bien de les divulguer; il fallait, pour y être initié, de longues épreuves, le serment sacré de ne faire aucune révélation aux profanes, promesse d'autant plus facile à garder, que ce moyen contribuait puissamment à étendre cette haute considération attachée à ces associations. A la fin, quelques écrivains rendirent publics les secrets de la médecine; ils recueillirent les recettes, indiquèrent les plantes qui les fournissaient; mais ils ne firent connaître de ces plantes que les noms vulgaires qu'elles portaient, sans en donner aucune bonne description. Pendant une longue suite de siècles, on s'en tint à ces connaissances vagues: tout ce que l'on publia alors sur les plantes, cons-

tamment borné à leurs propriétés médicales, ne put inspirer
d'autre désir que celui de les connaître pour l'usage de la médecine. Cette connaissance, très-imparfaite d'ailleurs, était de
plus concentrée entre un très-petit nombre de personnes qui
s'occupaient de l'art de guérir, et bornée aux plantes qu'on
soupçonnait devoir y être propres ; les autres étaient entièrement abandonnées, et le vulgaire se contentait d'admirer vaguement la beauté de la végétation, l'éclat des fleurs, de cultiver les plus belles, sans se douter qu'elles pouvaient offrir à
l'esprit des jouissances particulières.

Mon objet n'étant point de tracer ici l'histoire détaillée de
l'établissement et des progrès, d'abord très-lents, de cette
science, je me bornerai à exposer la suite des moyens inventés
par l'esprit humain pour en faciliter l'étude et en fixer les
principes.

Après la détermination des espèces, après les avoir groupées en genres, il restait une opération non moins importante, celle de soumettre la totalité des genres à une distribution méthodique, fondée sur des caractères assez généraux
pour qu'ils pussent être appliqués à tous les genres compris
dans chaque division.

Toute méthode artificielle (jusqu'alors il n'en existe pas
d'autre) est fondée sur une ou plusieurs parties essentielles
des plantes, telles que la corolle, les organes sexuels, les
fruits, etc., propres à fournir de grandes divisions, auxquelles
on a donné le nom de *classes*, divisées elles-mêmes en *ordres*,
et quelquefois en *sous-ordres*, qui comprennent chacun un
certain nombre de genres et donnent l'exclusion à un bien
plus grand.

Pour comprendre cette belle opération, supposons que le
nombre des plantes se monte à dix mille, et qu'on soit parvenu à les partager en dix classes, renfermant chacune à peu
près mille plantes. Pour déterminer la plante que je veux
connaître, je cherche d'abord à laquelle de ces dix classes elle
appartient : la classe trouvée, voilà déjà ma plante séparée de
neuf mille autres ; il me reste donc à la chercher entre mille.
Une division peut les réduire à cinq cents, ou même à moins,
par d'autres sous-divisions : ces cinq cents plantes sont alors
groupées par genres, faciles à distinguer quand ils sont bien
caractérisés. Dès que je suis parvenu à reconnaître le genre
de ma plante, il ne me reste plus qu'à rechercher à laquelle
des espèces elle appartient : si elles sont nombreuses, assez

souvent des sous-divisions établies dans chaque genre en facilitent la recherche.

Chacun ayant la liberté de choisir, pour l'établissement d'une méthode, surtout dans la fleur ou le fruit, telle ou telle partie, selon qu'il la juge plus ou moins importante, il s'ensuit que ces classifications, si heureusement imaginées pour nous reconnaître au milieu des immenses productions de la nature, sont des moyens tout à fait arbitraires, mais qu'il faut employer avec réserve, les soumettant à des principes convenus, afin d'éviter des changemens, qui en détruiraient tous les avantages.

On ne peut disconvenir que c'est au moyen de cette belle invention que la science a fait, surtout depuis plus d'un siècle, de si rapides progrès; mais, avant d'y parvenir, il a fallu bien des essais. Les premiers qui méritent quelque attention datent de l'époque où Césalpin a publié sa Méthode sur la distribution des plantes, d'après la considération du fruit; car certainement on ne peut pas regarder, dit M. de Lamarck, comme méthode de botanique, les divisions des ouvrages des anciens en livres, chapitres, pemptades, paragraphes, etc. Ces divisions, la plupart établies d'après la considération des propriétés des plantes et des usages qu'on en faisait, n'ont jamais été imaginées dans la vue de constituer aucune méthode, au moyen de laquelle on puisse parvenir à reconnaître une plante, et à s'assurer du nom qu'on a pu lui donner; elles n'étaient seulement que ce que sont encore les divisions que l'on fait dans tous les ouvrages qui concernent les autres parties des connaissances humaines, c'est-à-dire un moyen d'éviter la confusion des idées, et de répandre de la clarté sur le sujet que l'on traite. Ainsi, ce serait bien mal à propos que l'on voudrait regarder comme méthode de botanique la manière dont Théophraste, Dioscoride, Lebouc, Lonicer, Dodoens, l'Ecluse, Lobel, Dalechamp, Porta et tant d'autres, ont divisé leurs ouvrages, qui, dans leurs travaux, ne se sont jamais occupés de l'établissement d'aucun ordre méthodique.

Césalpin, un des hommes de son siècle le plus versé dans la connaissance des plantes, reconnut, le premier, la nécessité d'établir une méthode d'après laquelle les plantes pussent être sûrement et facilement distinguées et déterminées; le premier aussi il essaya d'en présenter une, fort utile par elle-même dans son temps, ainsi que par les idées qu'elle fit

naître ensuite pour perfectionner la classification des plantes.
Né à Arazzo, en Toscane, il séjourna long-temps à Pise, où
il fut disciple de Lucas Ghini, médecin aussi célèbre que
profond botaniste.

La méthode que Césalpin publia en 1583 est fondée particulièrement sur le fruit, ainsi que sur la considération de
plusieurs autres parties des plantes, telles que la situation et
la figure des fleurs, leur absence ou leur présence, leur disposition, leur situation et leur figure, la situation de l'embryon et le nombre des cotylédons, deux caractères qu'il
signala le premier, et qui depuis ont été si avantageusement
employés dans l'établissement des familles naturelles.

Quoique la méthode de Césalpin contienne le germe d'un
grand nombre d'observations et de découvertes développées,
dans les siècles suivans, par ses successeurs, elle ne pouvait
avoir cette perfection, qu'il est rare de trouver dans les créa-
teurs d'une science toute nouvelle. Elle n'a ni l'unité, ni la
simplicité nécessaires pour la rendre d'une application facile;
point de genres déterminés, point de synonymie : d'où il est
résulté qu'elle fut négligée pendant près d'un siècle, sans
que l'on songeât même à la perfectionner. On voit, avec une
sorte d'étonnement, les botanistes les plus distingués qui
vinrent après lui, tels que les frères Bauhin, les Gérard, les
Johnston, les Pona, les Zanoni, etc., adopter encore, pour
la distribution des plantes, ces divisions insignifiantes et
qui interrompent les rapports les plus naturels. Cependant la
science, sous d'autres rapports, fit de grands progrès dans le
courant du dix-septième siècle : Gaspard Bauhin publia son
Pinax, fruit de quarante années de travaux et de recherches,
qui n'est lui-même que la table d'un travail beaucoup plus
étendu, comme on en peut juger par son *Prodrome*, et le
premier volume de son *Théâtre de botanique*, qui renferme
l'histoire des *graminées*, des *cypéracées*, et d'une partie des
lil'acées. Le principal mérite de cet ouvrage, interrompu
par la mort de son auteur, consiste dans l'exposition de tous
les noms que les plantes reçurent successivement, à partir
principalement de *Tragus* (Lebouc), jusqu'au temps où
l'auteur écrivait.

Jean Bauhin, non moins célèbre que son frère, plus âgé
de vingt ans, disciple de Fuchs, ami de Gesner, entreprit
une *Histoire générale des plantes*, publiée après sa mort :
elle comprend environ cinq mille deux cent soixante-six es-

pèces, dont trois mille quatre cent vingt-huit sont représentées par des figures en bois, très-médiocres. Cet ouvrage est distingué par une érudition immense, une saine critique, une synonymie assez exacte, et beaucoup de rapprochemens naturels.

Avant ces deux célèbres botanistes, dans le courant du seizième siècle, parurent successivement *Tragus* ou Lebouc, Lonicer, Dodoens, Lobel, qui publièrent beaucoup de figures avec de médiocres descriptions : *Clusius* ou l'Ecluse l'emporta de beaucoup sur eux par l'exactitude et la précision de ses descriptions, auxquelles il ne manque que des détails sur plusieurs parties de la fructification, dont on ne sentait pas alors toute l'importance. D'autres contribuèrent encore à l'avancement de la botanique, tels que Turner, médecin anglais, qui publia l'*Histoire des plantes d'Angleterre;* Rauvolf, qui voyagea dans le Levant, y recueillit beaucoup de plantes, et les fit connaître dans le Voyage qu'il publia ; Camerarius, à qui nous sommes redevables d'une édition des plantes de Matthiole, avec les figures qu'il possédait de Gesner ; Tabernæmontanus, qui donna une histoire des plantes avec environ deux mille figures ; Prosper Alpin, dont le voyage en Egypte nous procura la connaissance des plantes de ce pays ; Dalechamp, qui a donné, dans son *Histoire des plantes*, des figures assez médiocres, la plupart copiées de Lobel, de Matthiole ou de Fuchs : cependant on y reconnaît, dit Adanson, une érudition profonde, et on lui doit cette justice, qu'il a mieux déterminé que personne les plantes décrites par les anciens. Matthiole acquit beaucoup de célébrité par ses longs commentaires sur les six livres de Dioscoride : on lui reproche des descriptions trop diffuses, des figures peu exactes, et beaucoup de négligence dans son travail. Dans les dernières éditions, il se rétracta en plusieurs endroits, fit beaucoup de corrections, et publia de meilleures figures. Cet ouvrage a été perfectionné par les soins de G. Bauhin, qui l'a augmenté de trois cents figures et de bons commentaires.

Morison, professeur de botanique à Oxford, jouit d'une grande célébrité par ses vastes connaissances dans l'étude des plantes, et surtout par la méthode qu'il établit pour leur distribution, d'après la considération de leur fruit, ainsi que d'après leur consistance et leur port, leur durée, le nombre des pétales, etc.

Cette méthode, peu travaillée, très-difficile dans la pratique, n'a été suivie que par Bobart, qui en publia la troisième partie en 1699, sous le nom d'*Histoire des plantes :* la première, qui devait traiter des arbres, arbrisseaux et sous-arbrisseaux, n'a point été imprimée; on ignore ce qu'elle est devenue. Les nombreuses figures qu'a données Morison, sont d'un mérite fort inégal : on estime assez généralement ses graminées et ses plantes hétéroclites ou difficiles à classer. Il est le premier qui, dans un travail particulier sur les *ombellifères*, nous ait offert le modèle de ces monographies, dont on a senti la nécessité à mesure que le nombre des plantes s'est multiplié.

Ces travaux commençaient à jeter un grand jour au milieu de cette obscurité dans laquelle la botanique avait été plongée pendant un si long temps : la route qui devait conduire le plus sûrement à la connaissance des plantes, se formait peu à peu. Rai, tant recommandable par sa profonde érudition et un excellent esprit d'observation, éclairé par les travaux de ses prédécesseurs, marcha sur leurs traces, en cherchant à perfectionner leur méthode, en la fondant non pas seulement sur le fruit, mais sur toutes les parties de la fructification, et même sur les autres parties des plantes : il y fit, par la suite, beaucoup de corrections et des additions considérables. Quoique pleine d'excellentes vues, elle offrait, dans la pratique, de trop grandes difficultés, pour obtenir le succès que son auteur en espérait.

Plusieurs autres botanistes très-distingués, la plupart contemporains de Tournefort, convaincus de la nécessité d'établir une méthode générale pour la distribution des plantes, s'en sont occupés par des travaux et avec une constance louables, tels que Hermann, Rivin, Boerhaave, Knaut, Ruppius, Pontedera, Ludwig, Haller, etc.; mais, faute d'avoir suivi la marche de la nature, il n'est résulté, de leurs efforts, que des méthodes défectueuses, détruites les unes par les autres, et qui ont subi le sort commun à la plupart des systèmes fondés sur des principes arbitraires : il faut en excepter la méthode de Tournefort et le système sexuel de Linné, la première encore employée aujourd'hui dans plusieurs jardins de botanique, avec quelques modifications; le second, généralement adopté par tous ceux qui ont trouvé trop de difficultés, pour la pratique, dans la distribution des plantes en *familles naturelles*, malgré sa supériorité sur toute méthode artificielle. Je n'en dirai rien ici, me réservant d'en présenter l'analyse à la fin de ce volume, ainsi que l'explication des méthodes de Tournefort et de Linné. Nous ne devons pas oublier que Magnol, célèbre professeur de botanique à Montpellier, fit de louables efforts pour réunir les plantes en familles naturelles, basées sur d'excellens principes, mais dont il ne fit pas toujours une application très-heureuse, telle que celle, par exemple, d'avoir séparé les herbes des arbres et des arbrisseaux. De nos jours, Adanson publia des *Familles naturelles*, disposées dans un ordre qu'il regardait comme à l'abri de toute idée systématique : il faisait consister la méthode naturelle dans la disposition de ces familles, en une série ou graduation fondée sur tous les rapports possibles de ressemblance. Mais cette graduation n'est elle-même qu'un système. Quoi qu'il en soit, les *Familles des plantes* d'Adanson seront toujours un des plus savans ouvrages qui aient été publiés sur la botanique. Il n'est pas autant consulté qu'il devrait l'être : lui-même y a mis obstacle, en changeant les noms d'un très-grand nombre de genres, et n'ayant point, d'après ses propres principes, établi de caractères assez simples, ni assez précis, pour fixer les limites de chaque famille, et les circonscrire d'une manière distincte.

Dès que les méthodes furent inventées, et que, basées sur de meilleurs principes, elles eurent éclairé et frayé le chemin qui devait conduire à la connaissance des plantes, dès-lors leur étude devint une véritable science : les beaux phénomènes de la nature dans la production des végétaux réveillèrent la curiosité, et frappèrent les esprits d'étonnement et d'admiration. On reconnut que l'étude des plantes pouvait procurer bien d'autres jouissances que celles qu'on y attachait, en n'y recherchant que des remèdes ou les secrets du charlatanisme. Devenue plus facile, elle fut aussi beaucoup plus cultivée : Tournefort l'avait rendue aimable, en établissant la distribution de ses classes sur les parties les plus brillantes des fleurs, sur les formes élégantes de la corolle. Les amateurs de cette science devinrent encore plus nombreux lorsque Linné eut publié ses ouvrages.

Mais les jouissances de cette étude semblaient être réservées particulièrement à ceux-là seuls qui connaissaient la langue latine, les livres élémentaires étant presque tous écrits en cette langue. Il nous manquait un bon ouvrage français : le premier, et sans contredit le plus utile sur cette partie, fut publié en 1778, par M. de Lamarck, sous le nom de *Flore française*. A l'avantage d'offrir un livre à la portée de tous les lecteurs, cet ouvrage réunit encore celui de présenter les végétaux, disposés d'après une méthode telle, qu'il n'est point de plantes indigènes de la France que l'élève le plus novice ne puisse déterminer presque dès ses premiers pas dans cette carrière.

Cette méthode, sous le nom de *méthode analytique*, consiste à conduire l'élève, en quelque sorte pas à pas, jusqu'au nom de la plante qu'il veut connaître, en lui présentant d'abord deux caractères tellement opposés, qu'il est forcé, d'après la plante qu'il a sous les yeux, d'admettre l'un et de rejeter l'autre : celui qu'il retient éprouve une nouvelle division, qui exige la même opération, tellement qu'étant toujours obligé de choisir entre deux caractères opposés, l'élève arrive enfin à une dernière division, dans laquelle le caractère retenu amène le nom de la plante que l'on cherche; mais, pour y arriver, il a fallu faire l'analyse de presque toutes les parties de la plante. Ce travail, dès que l'on est parvenu à comprendre les principaux termes de l'art, n'offre rien que de facile et d'agréable : c'est un exercice d'autant plus séduisant, qu'il flatte l'amour-propre par le plaisir de découvrir, par soi-même et en peu d'instans, le nom d'une plante observée pour la première fois. Pour donner un exemple de la marche à suivre dans cette méthode, je suppose que la plante que je veux connaître soit le *pavot :* voici comment je procéderai, en allant de divisions en divisions, n'en admettant qu'une seule à chaque coupe ou dichotomie. Celle qu'il faut rejeter est ici en caractères italiques :

1.	2.	3.
Fleurs distinctes.	{ *Fleurs conjointes.*	{ *Fleurs unisexuelles.*
Fleurs indistinctes.	{ Fleurs disjointes.	{ Fleurs bisexuelles.
	4.	5.
Fleurs pétalées.	{ Ovaire dans la corolle.	
Fleurs non pétalées.	{ *Ovaire sous la corolle.*	
	6.	7.
Fleurs complettes.	{ *Dix étamines ou moins.*	
Fleurs incomplettes.	{ Onze étamines ou plus.	
	8.	9.
Pétales insérés sur le calice.	{ *Etamines réunies en un seul faisceau.*	
Pétales non insérés sur le calice.	{ Etamines libres, non réunies.	

<table>
<tr><td align="center">10.</td><td align="center">11.</td></tr>
<tr><td>Corolle régulière.</td><td>{ Un seul ovaire très-simple.</td></tr>
<tr><td>Corolle irrégulière.</td><td>{ Ovaires nombreux et ramassés.</td></tr>
<tr><td align="center">12.</td><td align="center">13.</td></tr>
<tr><td>Ovaire sessile.</td><td>{ Ovaire chargé de style.</td></tr>
<tr><td>Ovaire pédonculé.</td><td>{ Ovaire privé de style.</td></tr>
<tr><td align="center">14.</td><td align="center">15.</td></tr>
<tr><td>Quatre pétales.</td><td>{ Calice de deux feuilles.</td></tr>
<tr><td>Plus de quatre pétales.</td><td>{ Calice de quatre feuilles.</td></tr>
</table>

16.

Stigmate à deux ou trois divisions.

Stigmate à plateau rayonné, à plus
    de trois divisions.

PAVOT.

Maintenant, si l'on veut connaître à quelle espèce appartient le pavot que l'on examine, on y parvient par le même procédé.

<table>
<tr><td align="center">1.</td><td align="center">2.</td></tr>
<tr><td>Capsules glabres, point hérissées.</td><td>{ Fleurs rouges ou blanches.</td></tr>
<tr><td>Capsules velues ou hérissées.</td><td>{ Fleurs jaunes.</td></tr>
<tr><td align="center">3.</td><td align="center">4.</td></tr>
<tr><td>Calice glabre.</td><td>{ Capsule ovale : fleur de deux pouces
    de diamètre ou plus.</td></tr>
<tr><td>Calice velu.</td><td>{ Capsule allongée : fleur ayant à
    peine un pouce de diamètre.</td></tr>
</table>

PAVOT COQUELICOT (papaver rheas, Lin.).

La méthode analytique est donc une conception très-ingénieuse : son usage est d'autant plus facile, que l'on n'a jamais à choisir qu'entre deux caractères, dont l'un appartient à la plante à l'exclusion de l'autre, et dont la coexistence dans le même individu impliquerait contradiction. Je ne doute pas que nous ne devions en partie à cette heureuse découverte le goût de la botanique en France, si répandu aujourd'hui. Cette science a pu enfin être abordée par ce sexe pour lequel il est bien plus agréable d'éparpiller les pétales d'une rose, et d'entretenir sa pensée des plus brillantes productions de la nature, que de manier le compas sévère de la géométrie.

Deux éditions de la Flore française, rapidement épuisées, en exigeaient une troisième avec les additions nécessitées par les progrès de la botanique, et par les changemens survenus

au territoire français; M. de Lamarck, chargé de fonctions
étrangères à cette science, confia le soin de ce travail à
M. Decandolle, qui s'en acquitta avec un succès digne de sa
réputation : il trouva moyen de réunir, par une heureuse
combinaison, la méthode naturelle de Jussieu à celle de l'analyse, et de présenter, par là, un double avantage aux amateurs de la science.

CHAPITRE V.

Des termes.

La botanique, comme toutes les autres sciences, a ses
termes propres ou *techniques* : ce sont les mots qu'elle emploie pour désigner les différentes parties des plantes, leurs
fonctions, leurs caractères. A mesure qu'une science étend ses
découvertes et enrichit son domaine, elle fait naître une foule
d'idées neuves, auxquelles il est souvent difficile d'appliquer
les expressions reçues ; il est même impossible de les employer
lorsque ces idées sont produites par des objets jusqu'alors inconnus. C'est ainsi qu'il existe pour chaque science un dic-
tionnaire particulier, qui ne peut avoir d'autres bornes que
celles de la science elle-même. La multiplication des mots est
en même temps celle de nos découvertes et de nos idées ; mais
l'invention des mots n'est pas toujours aussi facile qu'on le
pourrait croire : elle exige beaucoup de réserve et de goût ;
de la *réserve*, pour ne point présenter de nouvelle expression
sans nécessité ; du *goût*, pour les choisir d'une manière convenable à la langue dont on fait usage, et à l'objet auquel on
les applique. Comme il s'est introduit, dans ce travail, un
grand nombre d'abus très-nuisibles aux sciences, j'ai cru
qu'il ne serait pas inutile de les faire connaître, et de présenter quelques règles, desquelles on ne peut s'écarter sans
de grands inconvéniens.

Lorsque le désordre et l'anarchie sont sur le point de s'introduire dans une science, c'est alors qu'il faut redoubler
d'efforts pour en arrêter les progrès, et garantir les esprits

du danger des innovations, en les ramenant aux véritables principes de la science. Tel est aujourd'hui l'état de la botanique : ses fondemens, si judicieusement établis par les Tournefort, les Linné, etc., sont ébranlés ; bientôt, si l'on n'y prend garde, ils s'écrouleront sous l'abus des réformes, et la botanique rentrera de nouveau dans son ancien chaos, étouffée par les changemens successifs des termes.

Comme on abuse de tout, il n'est pas étonnant que l'on ait trop étendu la permission d'établir des mots techniques : on ne devrait se le permettre qu'autant qu'il n'en existe aucun propre à rendre nos idées. C'est ainsi que, pour les formes si variées des feuilles et des fruits, on a fait un heureux emploi de termes déjà consacrés en géométrie ; mais, d'un autre côté, combien de mots barbares, désagréables à l'oreille, rudes à la prononciation, n'a-t-on pas imaginés pour exprimer beaucoup d'autres parties des plantes ! On peut dire, avec vérité, que le mauvais goût dans le choix des expressions rebute souvent d'une étude qui a tant de charmes en elle-même : c'est un jardin enchanteur, mais dans lequel on ne peut pénétrer qu'au travers d'une haie entrelacée d'épines.

C'est donc une erreur de croire qu'une découverte ou une idée nouvelle nécessite toujours un terme nouveau. Quiconque connaît bien toutes les ressources de la langue dont il veut faire usage, y trouvera facilement des expressions qu'il pourra appliquer à l'idée ou au nouvel objet qu'il veut peindre à la pensée. Un même mot peut être pris dans plusieurs sens différens, sans nuire à la clarté ; dans son sens propre, dans un sens allégorique, métaphorique, etc., usage admis dans presque toutes les langues, surtout dans celles que nous regardons comme les plus parfaites, telles que les langues grecque, latine, française, etc. Cet art ingénieux d'exprimer par le même mot plusieurs idées différentes est bien plus une perfection qu'un défaut, une élégance de style qu'une pauvreté d'expression.

Un terme employé métaphoriquement peint bien mieux les objets nouveaux qu'on veut représenter, que l'invention de termes inusités, souvent aussi nuisibles à la clarté du style qu'à son élégante simplicité : d'où il résulte qu'il est peu de mots qui ne soient employés dans le sens propre et dans le sens figuré. Ainsi, pour en citer un exemple, nous disons, dans le *sens propre*, qu'une substance est tendre lorsqu'elle peut aisément être entamée : du *bois tendre*, une *pierre tendre*. On l'applique, dans un *sens figuré*, aux sensations qu'éprouvent, par les impressions de l'air, les êtres animés ; on dit : avoir la *vue tendre*, la *peau tendre* ; d'autres fois il caractérise les affections de l'ame : avoir le *cœur tendre*. Il se dit même des discours propres à inspirer le sentiment de la tendresse : un *discours tendre*, des *paroles tendres* ; de nos gestes et actions : un *air tendre*, un *son de voix tendre*. Dans les arts, on dit qu'un peintre a le *pinceau tendre* ; qu'il y a dans son tableau des *touches extrêmement tendres* : quelquefois il est employé comme substantif, et signifie *la tendresse*. Quel barbare oserait remplacer ces expressions figurées par autant d'expressions propres ? C'est cependant ce que font tous les jours nos novateurs en botanique. Le nom de *calice*, appliqué à l'enveloppe extérieure des fleurs, me donne l'idée d'une coupe, dont cet organe a souvent la forme : des modernes y ont substitué celui de *périanthe*, c'est-à-dire *autour de la fleur* ; mais ce nom serait plutôt applicable aux bractées ou aux involucres lorsqu'ils existent, qu'à un organe, qui est une partie intégrante de la fleur : le nom de *périgone*, qui signifie autour du pistil, vaut encore moins. Telle est la vanité ridicule des novateurs ! ils croient avoir beaucoup fait pour la science, quand ils en ont changé les expressions.

Les plantes sont des êtres vivans : quoique très-éloignées des animaux, elles ont avec eux une foule de rapports : comme eux, elles croissent, vivent, se fécondent, produisent de nouveaux individus, et meurent ; comme eux, elles ont des organes, des liqueurs, reçoivent des alimens, qu'elles convertissent en leur propre substance. Quoique leurs organes et leurs fonctions soient très-différens de ceux des animaux, ils tendent néanmoins au même but, et l'on a donné bien souvent des noms communs à ces deux classes d'êtres animés. Les plantes ont un épiderme, une moelle, des fibres, des veines, des vaisseaux, des organes sexuels, un ovaire, un placenta, des embryons, etc. ; autant d'expressions empruntées des animaux, mais avec les modifications convenables.

Les noms sont, jusqu'à un certain point, indifférens ; l'essentiel est de bien déterminer le sens qu'on y attache : avec cette attention, on n'a point d'erreurs à craindre, et lorsqu'il s'en commet, c'est ou la faute de l'auteur, qui n'a pas été assez clair, ou celle du lecteur, qui l'a mal compris. On ne peut donc que désapprouver ces auteurs modernes, qui substituent tous les jours, pour les organes et autres attributs des végétaux, des noms nouveaux à ceux jusqu'alors en usage. Ils se fondent, à la vérité, sur une double raison; la première, que l'expression ancienne rend mal l'idée qu'on y attache; la seconde, que la nouvelle expression est plus en rapport avec les nouvelles découvertes : j'en connais une troisième, celle de paraître publier de nouvelles observations, en masquant celles de leurs prédécesseurs sous une expression qui a l'apparence de la nouveauté dans les idées.

Ce serait ici le lieu de prouver ces inculpations par des exemples : j'allais le faire; mais j'ai senti que quelques citations isolées eussent été insuffisantes; on aurait pu croire d'ailleurs qu'elles étaient choisies à dessein pour dénigrer des auteurs dont j'estime les talens, et que mon projet était d'étendre ma critique sur toute espèce d'innovation. Je suis très-éloigné d'avoir cette intention : il est beaucoup de réformes auxquelles j'applaudis, beaucoup de découvertes qui ont éclairé, embelli cette science, déjà si intéressante par elle-même, mais qui ne doit être ni profanée ni obscurcie par des charlatans et des intrus, dont le but semble être de renverser les idées reçues, de faire disparaître, sous l'appareil imposant d'expressions scientifiques, les lumières que des hommes de génie avaient jetées sur les véritables élémens de la science. Au reste, toutes ces prétendues réformes sont réduites à leur juste valeur par tous ceux qui ont une longue habitude de l'étude et de la réflexion; mais les jeunes gens peuvent aisément se laisser séduire par ce jargon emphatique, qui prend, aux yeux de l'ignorance, l'apparence de l'érudition.

Depuis long-temps la langue grecque a joui du droit presque exclusif de nous fournir des termes techniques : nous ne connaissons en effet aucune autre langue qui se prête plus facilement à réunir plusieurs expressions en une seule, et à présenter souvent, en un seul mot, les caractères de l'objet que l'on veut définir; mais ces expressions, qui plaisent tant aux savans, épouvantent presque toujours les oreilles délicates qui les entendent pour la première fois, surtout quand on n'est point initié dans les principes de la langue grecque; d'un autre côté, pourquoi, lorsqu'on les traduit, affecter constamment de parler grec, quand on peut profiter des ressources que nous offre notre propre langue? Quel grand inconvénient y aurait-il à substituer en français aux expression de *monandrie*, *monogynie*, *monospermie*, celles d'une *étamine*, un *pistil*, une *semence?* On a même porté la sévérité jusqu'à traduire des mots latins par des barbarismes révoltans, substitués à des expressions généralement adoptées. Qui croirait que des gens de goût eussent rendu les mots *folia serrata*, *cordata*, *reniformia*, *trigona*, etc.. par ceux de feuilles *serrates*, *cordates*, *réniaires*, *triquètres*, etc.? Il n'y a donc que le bon goût qui puisse guider dans cette sorte de travail. Au reste, on ne peut trop rappeler aux savans, dans quelque genre que ce soit, de ne point hérisser l'entrée des sciences de trop de difficultés, mais plutôt d'en faciliter l'accès par des dehors séduisans, par la pureté du langage, par un style moins sec, un peu plus orné, et d'être bien persuadés que les ornemens, placés avec discrétion, ne peuvent nuire à la sévérité des principes.

Je crois donc que tout terme nouveau doit être rejeté lorsqu'un autre a déjà été admis pour exprimer la même idée, quoique, pour justifier ce changement, on s'efforce de lui donner un sens un peu différent. Je ne peux me dispenser d'en citer quelques exemples pour être mieux compris. Des auteurs modernes ont annoncé, comme une observation neuve, que ce qu'on nomme *calice commun*, dans les plantes composées ou *syngénèses*, n'était qu'un involucre, et que *l'aigrette des semences* devait être regardée comme le véritable calice. Où est donc la découverte, sinon dans le changement des expressions? Linné n'avait-il pas mis l'involucre au rang des calices? N'avait-il pas également reconnu que les *aigrettes* étaient le calice propre des fleurs composées [1]? un auteur plus moderne a adopté le nom de *péricline* pour le calice commun des composées, qu'il nomme *synanthérées;* le nom de *cypsèle* pour les semences; celui de *clinanthe* pour le réceptacle; de *calathide* pour la réunion des fleurs sur le réceptacle commun, etc. Ces expressions pourraient être admises, s'il n'en existait pas d'autres avec lesquelles on s'entend tout aussi bien, malgré la critique qu'on en a faite : il est encore à regretter que l'auteur ait nui d'ailleurs, par des expressions à jamais inadmissibles, aux excellentes observations qu'il a présentées sur cette famille. S'il était permis au premier venu, sous prétexte de réforme, de changer à volonté, dans une langue quelconque, les noms généralement

---

[1] *Calix flosculi corona seminis, apice germinis insidens:* LIN., *Gen. plant.,* 392. *Edit.* Reich.

adoptés, quel désordre s'introduirait dans les langues? Voltaire, lui-même, malgré l'influence de ses grands talens, n'a pu parvenir à faire admettre dans notre langue quelques mots nouveaux, suppléés à d'autres barbares et presque insignifians.

Si l'on y fait attention, l'on verra que les organes auxquels on applique des termes nouveaux étaient connus et nommés depuis long-temps. C'est en vain que, pour motiver ces changemens, on cherche à considérer les différentes parties des plantes sous d'autres rapports. Telle est la subtilité des novateurs, au moyen de laquelle ils croient se faire passer pour des auteurs originaux; mais comme les objets peuvent être vus sous bien des faces, d'autres s'en emparent, et usent à leur tour du même privilége; nouveaux changemens, nouvelle dénomination. La plupart des écrits publiés depuis quelques années nous en offrent de nombreux exemples.

D'une autre part, une subtile métaphysique, introduite par quelques imaginations exaltées, est venue ajouter le désordre des idées à celui de la nomenclature, en confondant tous les organes, et cherchant à les rapporter presque à un seul, sans s'embarrasser de leurs fontions respectives. C'est ainsi que, dans un mémoire récemment publié, où il y a d'ailleurs de bonnes observations, on représente les *graminées* comme n'ayant que des fleurs *nues*, c'est-à-dire privées de ces enveloppes protectrices, désignées, dans les autres plantes, sous les noms de *calice* et de *corolle*, mais que la nature a remplacées ici par des écailles auxquelles on a donné les noms de *balle*, de *glumes*, de *valves*, etc. Quoique ces organes, bien distincts des feuilles, remplissent essentiellement les mêmes fonctions que les calices et les corolles, que même quelques-uns persistent avec les semences qu'ils enveloppent, quoiqu'ils se présentent constamment sous les mêmes formes, on ne veut y voir que des *feuilles avortées*, des *feuilles rudimentaires*, réduites en *bractées*, tellement qu'à l'aide de l'idée prétendue ingénieuse des *avortemens* et des *soudures*, on ne voit plus que des feuilles dans un végétal. On sait aujourd'hui, à en croire des auteurs à haute prétention, que l'ovaire est le produit d'une ou de plusieurs feuilles rapprochées et soudées; que ce sont les bords rentrans de ces mêmes feuilles qui constituent les cloisons dans les fruits à plusieurs loges. Il me semble que tout cet étalage scientifique se réduit à dire que les parties des plantes sont toutes composées de tissu cellulaire et réticulaire, dont les modifications forment les divers organes, ce que l'on sait depuis très-long-temps, comme on sait que le corps des animaux est composé de chair et d'os. Je crois qu'il serait inutile d'entrer dans de plus longs détails : tous les bons esprits comprendront aisément quel bouleversement de pareilles idées jetteraient dans la science, si elles n'étaient repoussées par le bon sens ; je me serais même dispensé d'en parler, si l'on n'eût essayé de les peindre aux yeux par des figures plus qu'inutiles, et que je désapprouve ici très-formellement : j'en dirai autant de cette *ligne médiane* empruntée des animaux, et appliquée aux végétaux. Je regrette d'être forcé d'entrer dans ces détails : il m'eût été bien plus agréable de les supprimer, si on ne m'eût mis, malgré moi, dans la nécessité d'en parler.

Par un abus contraire, tandis que les novateurs veulent supprimer des organes bien prononcés ; tandis qu'avec une feuille ils forment un calice, une bractée, un ovaire, les cloisons des fruits, etc., ils ont trouvé moyen, d'un autre côté, de donner aux modifications du même organe des noms substantifs distincts, comme s'ils étaient autant d'organes particuliers. Ainsi, un réceptacle allongé et saillant est pour eux un *gynophore* ; un ovaire pédicellé est un *podogyne*, etc.

Un autre usage, dont on a rendu l'application minutieuse, est celui de présenter, en quelque sorte comme une science ou une étude particulière, les différentes parties de la même science ; usage moins blâmable lorsqu'il s'agit de grandes divisions, ou d'une science considérée sous des rapports différens, comme la *physiologie végétale*, la *phytographie*, etc., la première relative aux organes des plantes et à leurs fonctions, la seconde à la description de chacune de leurs parties : mais étendre plus loin ces sous-divisions, et leur donner un nom particulier, c'est établir un *système de nomenclature* à l'infini. On a appelé *phylographie* la description des feuilles ; *carpologie*, l'étude des fruits : pourquoi l'étude ou la description des racines, des tiges, des étamines, des pistils, des glandes, des poils, des stipules, des bourgeons, etc., ne recevrait-elle pas également un nom particulier ? De là l'invention d'une foule de termes qui ne peuvent être compris par la plupart des lecteurs, que par l'exposition de leur étymologie, tandis qu'il serait bien plus simple d'employer une expression commune, telle que celle de *traité, étude, des-*

cription, etc., des fruits, des feuilles, des fleurs, etc.; mais on craindrait d'être entendu trop facilement, et de faire disparaître le cachet de la science. On s'appuie encore sur un motif spécieux; savoir, qu'il est plus élégant de n'employer qu'un seul mot, ou un terme *technique*, au lieu de deux ou trois : j'en conviens, pourvu que ces mots appartiennent à la langue dont on se sert, ou qu'ils puissent être compris sans le secours d'une langue étrangère; du moins faut-il être à ce sujet très-réservé. N'est-il point, par exemple, tout aussi élégant et bien plus intelligible de dire en français : *un fruit à une, à deux, à trois semences*, etc., qu'un *fruit monosperme, disperme, trisperme*, etc.? Ces expressions, bien placées dans le langage scientifique, doivent être ménagées lorsque l'on écrit pour ceux qui n'entendent ni le grec ni le latin.

CHAPITRE VI.

De la nomenclature. Noms des plantes.

Les noms attachés à chacune des productions de la nature, quand ils sont inspirés par le sentiment, dictés par le bon goût, ou amenés par les propriétés des choses, ont un intérêt très-particulier : ils éclairent l'esprit, rappellent des sensations agréables, flattent l'imagination ; mais lorsqu'ils sont insignifians par eux-mêmes, ils ne servent alors qu'à nous empêcher de confondre un objet avec un autre, et, en général, telle est leur principale destination. Mais une imagination riante, qui veut tout embellir, cherche à peindre, autant qu'il est possible, les choses en les nommant, à les peindre sous les rapports qui flattent ou intéressent davantage. Si nous suivions la nomenclature des plantes dans les différens âges, chez les différens peuples, nous reconnaîtrions que telle est la marche que l'on a tenue, et cet examen ne serait pas sans intérêt ; mais je dois ici me borner à quelques observations générales, pour inspirer ce goût de recherches, et en faire sentir l'importance.

La nature se montrant à l'homme avec ses guirlandes et

ses bouquets, était trop belle pour ne point fixer ses regards ; mais sans doute l'homme, pendant long-temps, borna son admiration à l'ensemble de ce tableau, sans en examiner les détails : il ne chercha à connaître, à distinguer que les plantes qu'il pouvait convertir à son usage. Le nombre en était très-borné : il n'augmenta qu'à mesure que les plantes médicales vinrent se réunir aux plantes alimentaires, et comme alors ces plantes n'occupaient la pensée que par leurs propriétés, la plupart d'entre elles ne reçurent que des noms relatifs à leur emploi.

Ce système de nomenclature, perpétué d'âge en âge presque jusqu'à nos jours, a flétri, comme dit Rousseau, l'éclat des plus belles fleurs ; et lorsqu'il s'agit de les indiquer par leur nom vulgaire, cette nomenclature ressemble tellement à l'inventaire d'une boutique de pharmacie, que nous ne sommes plus frappés que des maux qui affligent l'humanité. Ces fleurs, qui naissent en foule sur le bord des ruisseaux, à l'ombre des bocages, qui embellissent les prés, parfument les côteaux, si propres à récréer la vue, à égayer nos idées, converties en *simples*, ne sont plus que des *herbes à l'esquinancie, herbe aux poux, herbe aux hémorroïdes, aux teigneux, aux hernies, aux verrues*, etc. Ces lugubres dénominations confirmaient le vulgaire de plus en plus dans l'idée qu'on ne devait chercher dans les plantes que des remèdes ; l'on dédaignait toutes celles dont on ne pouvait citer les propriétés.

A ces noms ridicules on en joignit d'autres qui ne l'étaient guère moins ; on compara quelques parties des plantes à celles des animaux, et d'après une ressemblance très-vague, plus souvent nulle, on vit paraître les noms de *pied de loup, pied de lion, pied d'oiseau ; pied d'alouette, pied de veau ; langue de serpent, langue de chien, langue de cerf, mufle de veau ; queue de souris, de rat, de renard ; barbe de bouc ; oreille de souris ; pas d'âne, œil de bœuf ; dent de lion ; bec de grue ; crête de coq*, etc. Ces noms, à la vérité, sont moins dégoûtans, plus supportables que les premiers ; mais l'esprit humain s'égarant de plus en plus dans le vague de ces dénominations, l'extravagance fut portée jusqu'au point de croire que les plantes, ou les parties des plantes qui ressemblaient à quelques-uns des organes des animaux, étaient très-utiles dans les maladies qui affectaient ces mêmes organes dans le corps humain. Ainsi l'*herbe au poumon* (la pulmonaire), qui porte sur ses feuilles des taches d'un blanc livide ; la *pulmonaire du chêne* (*lichen pulmonarius*), dont les feuilles ressemblent, en quelque sorte, à un poumon desséché, ces deux plantes, quoique très-différentes, ont été employées comme favorables dans les maladies du poumon : elles sont encore aujourd'hui indiquées comme telles dans la plupart des livres de matière médicale.

Il se trouva cependant des imaginations plus riantes, des esprits plus justes, que la forme et l'éclat des fleurs séduisirent davantage que leur douteuses propriétés : entraînés par les charmes de la nature, ils cherchèrent à rendre leurs sensations par les noms appliqués aux plantes qui les occasionaient. La mythologie, en possession depuis long-temps de tout animer dans l'univers, qu'elle semblait embellir par ses charmantes fictions, vint aussi s'emparer du règne végétal, et les belles formes des plantes furent comparées à celles de la plus belle des déesses, ou aux meubles destinés à sa toilette : les unes furent désignées sous le nom de ses *cheveux*, de ses *lèvres*, de son *nombril* ; d'autres furent jugées dignes de lui servir de *miroir*, de *peigne*, de *sabot*. La couleur variée de l'*iris* fut comparée à l'arc-en-ciel ; elle prit le nom de la déesse qui le représente. Les muses, les naïades, les napées, les nymphes les plus aimables, les personnages, célèbres dans la poésie pastorale, vinrent de nouveau habiter les prés et les bois dans les plantes qui leur étaient consacrées ; on y retrouve les noms de Phyllis, de Narcisse, d'Amarillis, du bel Adonis, de l'intéressante Andromède. Les héros et les rois de l'antiquité ne furent pas oubliés : Achille et son instituteur le centaure Chiron, les satyres, Teucer, Lysimaque, Artémise, Sérapias, Mercure, Asclépias, etc., désignèrent autant de plantes différentes.

Si la science ne gagnait rien à cette réforme, du moins elle écartait de la pensée cette dégoûtante nomenclature qui, en l'attristant, la promenait d'erreurs en erreurs. Ce n'est plus ici la fraude de l'empirisme, mais le premier mouvement d'une ame qui s'épanouit à la vue d'une belle fleur, et qui se complaît à s'assimiler à tout ce que la nature offre de plus aimable : là, c'est la *reine des prés* qui brille avec élégance par-dessus toutes les autres, récréant la vue par ses fleurs virginales, et l'odorat par son doux parfum ; ailleurs, notre regard est frappé par une fleur d'une grandeur imposante : c'est le disque rayonnant du soleil, dont elle porte le noîn. Ces expressions sont autant d'images agréables. Qu'importe l'*herbe au cancer*, à l'*esquinancie*, que l'on dédaigne lorsqu'on se porte bien, que l'on recherche peu quand on est malade ! mais la *reine des prés*, le *miroir de Vénus*, la *fleur du soleil*, excitent la curiosité, promettent des jouissances, et déjà l'amateur est à leur recherche au milieu des prés, des bois, des montagnes. En vain j'essayerais de peindre le plaisir attaché à ce genre de recherches : il brille dans les yeux, dans l'expression animée, dans l'enthousiasme qui transporte tous ceux qui se livrent à cet aimable délassement.

Mais cette belle nomenclature fut interrompue par l'établissement du christianisme. Des esprits atrabilaires crurent qu'il fallait anéantir, jusque dans les plantes, le nom de ces aimables déités dont ils venaient de renverser le culte; ils allèrent chercher, dans de pieuses légendes, des noms de martyrs et de confesseurs pour les donner aux plantes : alors elles reparurent décorées d'une nouvelle nomenclature; il ne fut plus question que de l'*herbe de Saint-Jean*, de *Saint-Laurent*, de *Saint-Quirin*, de *Saint Christophe*, de *Saint-Paul*, de *Saint-Étienne*, etc.; le *sabot de Vénus* devint le *sabot de Marie* ou de la *mère du Christ* : il y eut la *fleur de la passion*, *de la trinité*; on en vint à Jésus lui-même. Des plantes furent appelées les unes *œil*, *main de Christ*; d'autres *épine*, *lance de Christ*, etc.; enfin on y trouve l'*oraison dominicale*; une espèce de souchet se nomme *pater noster*; la gratiole, *grace de Dieu* (*gratia Dei*). Le diable ne fut pas oublié : la scabieuse porte le nom de *morsure du diable*; le millepertuis, celui de *chasse diable*; le grand liseron, celui de *boyaux du diable*, etc. C'est ainsi qu'abusant de ce que la religion leur offrait de plus respectable, des esprits superstitieux et grossiers profanaient des noms sacrés, qui ne devaient trouver place que dans les expressions de la reconnaissance envers l'auteur de la nature.

Un nom mal appliqué est plus que ridicule : il entraîne l'esprit humain dans des erreurs que la lumière de plusieurs siècles peuvent à peine détruire. Le merveilleux marche toujours à la suite de l'ignorance, ou plutôt il en est la conséquence. Nous avons vu plus haut que les noms des différens organes donnés aux plantes avaient porté à croire que cette prétendue ressemblance indiquait des végétaux propres à guérir, dans le corps humain, les maladies des organes correspondans : il en a été de même lorsqu'au lieu de noms pharmaceutiques, on a donné aux plantes des noms religieux. Pendant plusieurs siècles, le peuple a été persuadé que le millepertuis, nommé *chasse diable*, arrêtait les effets des enchantemens, des maléfices, s'opposait à l'apparition des démons; on y joignait aussi la bruyère et l'origan. Les Grecs et les Romains avaient également leurs herbes magiques : la verveine, le moly, la circée, la mandragore, etc. Célèbre par ses propriétés, *l'herbe de Saint-Jean* (l'armoise) l'est encore dans certaines contrées par sa vertu de garantir les édifices du tonnerre lorsqu'elle est recueillie la veille de la Saint-Jean, et placée au-dessus de la porte des maisons. J'ai vu cette pratique en usage dans quelques villages de Picardie. Matthiole, après avoir vanté les propriétés de la *scabieuse succise* dans les maladies pestilentielles, ajoute qu'on ne la nomme *mors* ou *morsure du diable*, que parce que celui-ci, jaloux de l'efficacité de cette plante, en rongeait les racines pour essayer de la détruire. Ces exemples et beaucoup d'autres que je pourrais y ajouter, suffisent pour faire sentir l'influence des noms sur la croyance du peuple.

On voit avec étonnement les plantes conserver pendant plusieurs siècles cette bizarre nomenclature, et l'homme s'obstiner à ne les considérer que sous leurs prétendus rapports avec la guérison des maladies, ou leur attribuer des effets surnaturels et merveilleux. C'est ainsi qu'à force de vouloir tout rapporter à lui, courant après des chimères qui flattaient son imagination, il laissait échapper la plus belle, la plus douce des jouissances, celle de considérer la nature en elle-même. D'ailleurs, les noms vulgaires et empiriques plaisent beaucoup plus à la multitude que les noms scientifiques : on en conçoit aisément la raison; mais l'on conçoit aussi qu'ils sont insuffisans lorsque l'on veut étudier les plantes avec méthode. Les noms vulgaires seuls isolent chaque plante, n'indiquent aucune sorte de rapports : tels sont ceux d'*orvale*, d'*ormin*, de *toute-bonne*, qui sont autant d'espèces de sauge, le *chamædrys*, le *polium*, le *chamæpitys*, espèces de *teucrium*, etc.; et lorsque ces noms annoncent des rapprochemens entre plusieurs plantes, ils ne présentent souvent que des erreurs : tels sont le *laurier-rose*, le *laurier-thym*, le *laurier Saint-Antoine*, le *laurier-cerise*, etc., qui ne sont point du tout des lauriers, quoiqu'ils aient avec eux quelque ressemblance par la forme de leurs feuilles. Il faut en dire autant de *l'ortie blanche*, l'or-

tie morte, etc. : ils sont encore très-souvent erronés quand ils sont significatifs ; *l'herbe aux hernies*, *au cancer*, etc.

La renaissance des lettres en Europe ramena l'homme à des idées plus judicieuses. Sans renoncer à cette confiance aveugle aux propriétés médicales des plantes, qu'on regarda toujours comme le but principal de leur étude, on songea enfin à les étudier en elles-mêmes, à les observer dans leur organisation, à distinguer les différentes parties qui les constituent, à les décrire avec plus de précision : on s'occupa aussi à corriger leur nomenclature, à la fixer ; mais il fallut encore plusieurs siècles pour opérer cette réforme, et amener la science au point de perfection où elle se trouve aujourd'hui.

Les anciens botanistes ne donnèrent assez généralement qu'un seul nom aux plantes, n'ayant presque point l'idée de réunir, sous un même nom générique, les espèces rapprochées naturellement par un certain nombre de caractères communs. Par exemple, les noms de *chamœdrys*, *teucrium*, *beccabunga*, donnés à plusieurs espèces qui appartiennent au genre véronique, offraient isolément des plantes sans rapprochement, mal décrites, difficiles à reconnaître : peu à peu on en vint à réunir plusieurs plantes sous une dénomination commune, en y ajoutant quelques épithètes qui paraissaient les distinguer : *veronica mas*, *serpens*, Dodon. ; *veronica assurgens*, Dodon. ; *veronica major*, *latifolia*, Clus. ; *veronica recta*, *minor*, Clus. Ces caractères se trouvent un peu plus précisés dans Caspard Bauhin : les genres, ainsi que dans l'Ecluse et plusieurs autres, commencent à s'y montrer ; mais ces dénominations sont appliquées à beaucoup d'autres plantes qui ne comportent point une telle association : elles ne sont très-souvent rapprochées que d'après leur port, ou la ressemblance vague de quelques-unes de leurs parties. Aucun caractère n'était attaché au nom principal, qui depuis est devenu un nom générique, sous lequel viennent se ranger, comme autant d'espèces, toutes les plantes qui possèdent les mêmes attributs essentiels, mais qui diffèrent entre elles par des caractères de moindre importance, telles que par leur port, leurs feuilles, leur inflorescence, etc.

Ainsi s'établit une nomenclature plus raisonnée : Tournefort la présenta pour les genres, Linné pour les espèces, en précisant davantage les genres de Tournefort, et substituant aux phrases des anciens deux noms pour chaque plante, celui du genre et celui de l'espèce. Des méthodes ingénieuses,

imaginées ensuite pour la distribution des plantes groupées
par genres, ont achevé de rendre l'étude de la botanique aussi
agréable qu'intéressante : ce sont autant de routes qui nous
conduisent à la plante que nous voulons connaître. Avec quel
plaisir on les parcourt, dès qu'une fois on en a l'entrée ! elles
sont semées du débris des fleurs, embaumées par leurs parfums, embellies par leurs formes aimables. Trouver le nom
d'une plante, c'est, dans l'état actuel de la science, un véritable
problème, assez facile à résoudre dès qu'on y est un peu
exercé : il occupe l'esprit sans le fatiguer, le réjouit, le dis-
trait, et flatte d'autant plus l'amour-propre, que nous tenons
davantage aux vérités que nous découvrons par nous-mêmes.
Quel aimable spectacle que la vue d'une jeune personne occupée à éparpiller de ses doigts délicats les pétales d'une rose,
d'un œillet, à compter le nombre des étamines et des pistils,
à observer la forme des fruits et celle des semences ! Sous
les dehors d'un jeu enfantin, elle se ménage des distractions
agréables ; elle charme la solitude de la campagne et des bois.
La science, qui effraye souvent par son abord, ne se montre
nulle part sous un aspect aussi séduisant : ici, elle se cache
sous les roses, quand partout ailleurs elle se hérisse d'épines.

Linné, outre la réforme qu'il a introduite dans la nomenclature des plantes, en réduisant chaque espèce à deux noms,
a de plus établi une suite de principes pour le choix de ces
noms, afin d'éviter toutes ces expressions barbares, insignifiantes, ridicules, dures à l'oreille, dont on faisait usage
avant lui ; mais il en est résulté deux grands inconvéniens,
dont on ne peut accuser cet homme célèbre, mais plutôt le
refus constant de plusieurs botanistes de se soumettre à ces
règles, ou l'adhésion trop scrupuleuse de plusieurs autres.
Parmi les premiers, Adanson s'est montré l'antagoniste le
plus acharné contre la réforme de Linné. Après une critique
amère de ses principes, il a proposé de nouvelles règles diamétralement opposées à celles de Linné, et d'après lesquelles
il a changé une grande partie des noms linnéens. Heureusement il n'a eu qu'un très-petit nombre d'imitateurs : il en est
résulté qu'on lit peu ses *Familles des plantes*, ouvrage
néanmoins qui renferme de grandes vues et d'excellentes observations. Puisse cet oubli, dans lequel est resté un des bons
ouvrages qui ait été publié sur les plantes, détourner tous
ceux qui, par un certain esprit d'originalité, ou par tout
autre motif, voudraient prendre Adanson pour modèle !

D'autres sont tombés dans un défaut contraire. En admettant les principes de Linné sur le choix des noms sans aucune restriction, ils y tiennent avec une telle rigueur, qu'ils changent continuellement tout nom générique qui s'en écarte. Il suit de là qu'en soumettant la nomenclature à l'opinion des différens botanistes, il sera de toute impossibilité de la fixer, et que les plantes recevront autant de noms qu'il y aura d'opinions. Les uns veulent que les noms soient primitifs et insignifians ; d'autres qu'ils soient significatifs, étymologiques, comparatifs, etc.

Les noms significatifs, tant qu'ils ne seront point erronés, ou lorsqu'ils n'exprimeront pas un caractère commun à plusieurs espèces, l'emporteront toujours sur ceux qui sont insignifians, quoique ces derniers aient l'avantage de pouvoir être conservés, sans éprouver aucun changement, tandis que les premiers perdent souvent leur signification exclusive par la découverte de nouvelles espèces. En voici la preuve évidente : je suppose qu'un genre ne soit d'abord composé que de deux espèces, l'une à *feuilles entières*, l'autre à *feuilles dentées* : elles se trouvent dès-lors très-bien caractérisées par ces deux expressions ; mais si l'on vient à découvrir plusieurs autres espèces douées des mêmes caractères, dès-lors les premiers noms n'offrent plus un caractère spécifique, mais peut-être un de sous-division. Malgré cet inconvénient, on les préfère, parce que l'imagination aime à se représenter, même avant de le connaître, l'objet qu'on lui nomme. Ces noms sont tantôt *positifs* lorsqu'ils annoncent des qualités inhérentes aux espèces, comme la *véronique en épi*, *à petites fleurs*, *à feuilles entières*, *incisées*, *pectinées*, etc.; tantôt *comparatifs* lorsqu'on rapproche les espèces d'autres plantes déjà connues et auxquelles elles ressemblent par quelques-unes de leurs parties, comme la *véronique à feuilles de lierre*, *à feuilles de saule*, *à feuilles de paquerette*, etc. On compare encore, mais moins heureusement, certaines parties des plantes à des êtres pris hors du règne végétal, comme le *plantin à cornes de cerf*, etc.

Linné, dont l'imagination était aussi brillante que son esprit était juste et sa conception profonde, forcé, d'après ses principes, de n'employer dans ses descriptions que les termes rigoureusement nécessaires, a plusieurs fois essayé d'en adoucir la sécheresse en faisant usage de noms allégoriques tant pour les genres que pour les espèces. Il l'avait déjà exécuté pour l'établissement de ses classes fondées sur les noces des plantes, divisées d'après le nombre des maris (les étamines) et des femmes (les styles), réunis dans le même lit nuptial, ou placés dans des lits séparés.

L'emploi des noms génériques lui offrait encore plus de moyens de varier ses aimables allégories. Une plante se présente avec des feuilles profondément divisées en deux lobes : ce sont presque deux feuilles réunies par leur base; Linné y attache le nom de *bauhinia*, en l'honneur des deux frères Bauhin, les restaurateurs de la botanique.

Linné avait reçu des services particuliers et surtout des plantes de MM. Dalberg, frères, l'un chirurgien, l'autre riche négociant des Indes : il leur dédie, sous le nom de *dalbergia*, un genre composé de deux espèces, distinguées par la forme de leurs gousses, et il profite si ingénieusement de leur différence, qu'il nomme la première *dalbergia lanceolaria*, à cause de ses fruits en forme de lancette; la seconde, *dalbergia monetaria*, dont les fruits, comprimés et arrondis, offraient la forme d'une espèce de monnaie, faisant allusion à la profession des deux frères. Nous tenons cette anecdote de M. Vahl, élève de Linné.

Des auteurs plus modernes, profitant ou plutôt abusant de cette aimable conception de Linné, l'ont convertie en allusions épigrammatiques : ils ont plusieurs fois dénigré, par des expressions malicieuses, ceux qu'ils regardaient comme des rivaux dangereux dans une carrière que la seule ambition leur avait ouverte. Abus déplorable de la science, plus flétrissant pour l'auteur qui s'y livre, que pour celui qui en est l'objet; abus qui n'entrera jamais dans un cœur honnête et vertueux ! Attacher à une plante un nom d'homme, y ajouter une épithète injurieuse, c'est, avec les lumières de l'instruction, verser dans l'esprit le fiel amer de la satire, et introduire un vice de plus dans la société, j'oserais dire dans les sciences, qu'ont trop souvent déshonorées ces hommes qui ne les abordent qu'avec leurs passions. Je ne citerai aucun exemple de cet abus méprisable, le lecteur honnête en devinera aisément la raison, et rejettera avec mépris cette odieuse nomenclature; mais je ne cesserai de répéter, avec les botanistes les plus célèbres, que dès qu'un nom a été donné à une plante, il doit lui être scrupuleusement conservé, quelle que soit l'opinion particulière de chaque individu : c'est un titre sacré qu'il n'est permis à

personne de détruire, à moins que ce nom ne soit essentiellement ridicule et barbare. Autrement, la confusion et le
désordre s'introduiraient tellement dans le sanctuaire de la
science, qu'ils en éloigneraient tout homme de goût, par des
difficultés qui doivent lui être étrangères. Cette coupable
habitude a déjà fait des progrès si étendus, que, dès qu'une
plante est nommée, si elle est mentionnée ensuite par d'autres, on lui trouve presqu'autant de noms différens. Je pourrais en citer mille exemples, mais ils sont trop connus; l'ouverture d'un seul ouvrage moderne de botanique en fournira
la preuve.

D'un autre côté, je ne peux trop recommander à ceux qui
ont des genres ou des espèces nouvelles à nommer, de consulter les règles du bon goût, de méditer, avec une saine
critique, les principes que Linné a établis sur cette partie,
sans cependant s'y astreindre avec cette rigueur qui ne peut
être admise que dans les axiomes de mathématiques : on sait
que Linné, lui-même, ne s'est pas toujours montré observateur bien sévère de ses propres principes.

CHAPITRE VII.

Synonymie.

DÈS qu'il est question de *synonymie*, l'imagination effrayée
n'ose aborder ce dédale obscur de noms divers que les plantes
ont reçus successivement pendant une longue suite de siècles,
noms très-arbitraires, souvent bizarres et ridicules, tantôt
allégoriques, quelquefois fondés sur leurs prétendues propriétés, sur leurs usages, leur forme individuelle, leurs rapports avec les autres êtres de la nature. Long-temps les noms
vulgaires ont été les seuls connus, les seuls cités, et, comme
il n'était donné à aucune langue particulière de percer à travers toutes les autres, et d'être admise comme langue scientifique, ces noms devaient nécessairement varier d'une langue
dans une autre, d'une nation chez une autre. Les anciens,
n'écrivant que pour leur pays, se bornaient à citer les plantes

sous les seuls noms qui y étaient admis, sans y joindre ceux qu'elles portaient chez les autres peuples; source d'incertitudes et d'erreurs, lorsque, dans les siècles postérieurs, l'on a voulu appliquer, à des plantes désignées sous d'autres noms, ceux qu'elles avaient dans les écrits des anciens botanistes. Plus attachés à en exposer les propriétés que les caractères, ils ne les ont livrées à leurs successeurs que par tradition, ou bien accompagnées quelquefois de descriptions vagues et incomplètes. C'est ainsi que quelques-unes nous sont parvenues; mais nous ne pouvons avoir, sur le plus grand nombre, que des doutes, souvent très-difficiles à lever : de là vient que cette partie de l'étude des plantes n'a été long-temps considérée que comme un travail oiseux, trop aride, rebutant, presque sans utilité, n'ayant d'autre avantage, lorsqu'il s'agit des anciens, que de nous mettre à même de profiter de leurs observations, d'ailleurs si peu importantes, si erronées, que le profit est bien au-dessous de la peine. S'il est question d'auteurs plus modernes, ce n'est souvent qu'une superfétation de noms changés sans motifs, et qu'il ne faut citer que pour éviter les doubles emplois.

Quoique ces raisons soient assez fondées, je n'en crois pas moins l'étude de la synonymie très-essentielle pour l'histoire des plantes, et une des plus agréables après la connaissance individuelle des végétaux. Sans doute la synonymie ne sera jamais qu'une étude de mots pour ceux qui ne savent y voir que des mots, et dont la froide imagination, ou le défaut de réflexion, s'arrête au seul énoncé des noms : il n'en est pas de même de celui qui sait se porter au siècle de chacun des écrivains, aux idées, aux préjugés de chaque âge, au lieu natal des plantes, à l'époque et aux circonstances de leur découverte, et à beaucoup d'autres détails qui jettent sur l'histoire des végétaux le plus grand intérêt, comme on le verra ci-après.

On ne peut trop applaudir sans doute aux découvertes des botanistes modernes, à leurs travaux sur la classification des végétaux, à leurs recherches sur les rapports naturels, à cette étude approfondie de l'organisation et des fonctions vitales dans les plantes; mais peut-être, d'une autre part, a-t-on trop négligé les connaissances accessoires, fondées la plupart sur une synonymie bien ordonnée.

La recherche des noms que les plantes ont reçus successivement dans les différens siècles est une étude toute philosopliquc; elle se rapporte aux idées, aux préjugés, aux erreurs, au perfectionnement de l'esprit humain, au génie des divers peuples; elle se rattache, d'une autre part, à une foule d'observations et de connaissances particulières, relatives aux vertus des plantes, à leur emploi, aux illusions du merveilleux, si séduisantes pour l'imagination, quoique trop souvent aux dépens de la raison. J'ai développé ces différentes considérations à l'article *nomenclature*.

C'est sous le beau ciel de la Grèce que l'on a commencé à observer les plantes; c'est dans cet heureux climat qu'ont vécu les premiers auteurs qui nous en ont transmis la connaissance : aussi est-il peu de contrées qui nous intéressent autant que cette terre classique, d'où sont sortis les instituteurs du genre humain dans les sciences, la religion et les arts; ce qui justifie cette sorte de passion qu'elle a toujours inspirée aux personnes enthousiastes des sciences ou des beaux-arts. L'imagination se peint avec un vif intérêt tout ce qui a appartenu à ces temps où l'esprit humain était arrivé à cet état de perfection qui a frappé d'étonnement les siècles suivans; et si les grands écrivains de cet âge sont encore aujourd'hui nos modèles dans l'éloquence et la poésie, les monumens des arts ne le sont pas moins pour les artistes de nos jours; mais ces chefs-d'œuvre ne nous offrent plus que des débris dans les contrées qu'ils ont autrefois embellies : ils ne peuvent guère nous intéresser qu'autant que l'imagination les arrache du milieu des décombres, qu'elle relève les colonnes, qu'elle reconstruit les palais.

Il n'en est pas de même des plantes : ces jardins de la nature, au milieu desquels les anciens contemplaient avec admiration toute la beauté de la végétation, nous les retrouvons à peu près tels qu'ils étaient de leur temps : le cèdre croît encore sur le Liban, le dictame dans l'île de Crète, l'ellébore à Antycire, le lotos dans l'ancienne patrie des Lotophages, etc. Ces plantes, qui ont fixé les regards des premiers hommes, s'offrent encore à nous dans toute la vigueur de leur jeunesse, ornées de leurs brillantes fleurs, telles qu'elles se sont montrées aux premiers observateurs. Ainsi la nature, toujours active et vigoureuse, ne vieillit point; les individus périssent; les espèces se perpétuent, tandis que les travaux des hommes, quelque solides qu'ils soient, éprouvent tôt ou tard le ravage des ans. A l'admiration que nous inspirent leurs ruines, se mêle un sentiment de regret et de mélancolie, que nous sommes loin d'éprouver lorsque nous retrouvons les plantes qui nous ont été signalées par les anciens botanistes. On conçoit dès-lors combien il est intéressant de les rechercher dans les contrées où elles ont été indiquées par leurs premiers historiens, de nous y promener leurs ouvrages à la main, d'avoir pour guides, pour compagnons de nos courses Pline, Théophraste, Dioscoride, etc. Mais ces peintres éloquens de la nature nous ont plutôt tracé des tableaux que des descriptions : leur défaut de méthode ne nous permet pas de reconnaître un grand nombre de plantes qu'ils ont mentionnées ; nous ne pouvons les aborder qu'avec le flambeau de la plus saine critique, presque toujours environnés de doutes désespérans ; recherches pénibles, discussions fatigantes, qui ne sont que pour le savant qui s'y dévoue, mais qui doivent être épargnées au lecteur, pour ne lui laisser que la jouissance d'une découverte utile et curieuse : tels ces voyageurs modestes, qui nous rendent compte du résultat de leurs observations, mais qui se taisent sur tout ce qu'il leur en a coûté de peines et de fatigues pour y parvenir.

Les difficultés deviennent encore plus insurmontables, pour la synonymie, à mesure qu'on s'éloigne du siècle des premiers botanistes : les noms employés par les médecins dans ces temps d'ignorance et d'obscurité, étaient presque tous des noms barbares, insignifians ; ils variaient d'un siècle à un autre, d'une nation chez une autre : très-souvent oubliées ou négligées, les mêmes plantes reparaissaient comme nouvelles sous d'autres noms, douées de nouvelles propriétés, sans description, sans synonymie, telles enfin, qu'il nous est aujourd'hui presque impossible de leur appliquer les noms qu'elles ont portés dans ces siècles de ténèbres ; travail fastidieux, qui a occupé si péniblement une foule de commentateurs obscurs, dont les recherches n'ont servi qu'à nous montrer jusqu'à quel point l'esprit humain est susceptible de crédulité et de superstition lorsqu'il n'est guidé que par de vieux préjugés.

Rien de plus funeste aux progrès des sciences, que cet ascendant avec lequel établissent leurs opinions ces hommes parvenus à jouir de la confiance de leurs semblables. S'ils leur ont ouvert une fausse route, chacun croit devoir la suivre, personne n'ose s'en écarter ; souvent il faut des siècles avant de retrouver le véritable chemin. Telle la botanique est restée jusque vers le seizième siècle, où des esprits plus éclairés sentirent enfin qu'il était impossible de s'occuper de l'étude des plantes sans donner de chacune d'elles une description convenable, et sans rappeler les différens noms qu'elles avaient reçus jusqu'à cette époque; tel fut l'objet du travail de l'É-cluse, de Dodoens, de Dalechamp, et surtout des célèbres frères Bauhin, qui, tous deux, s'efforcèrent de joindre à leurs descriptions l'ancienne nomenclature. Quoique leur synonymie soit quelquefois douteuse ou inexacte, ils n'ont pas moins posé les premiers fondemens de la science des végétaux, qu'ils ont fait sortir de l'obscurité, où l'avait retenue si long-temps l'ignorance des vrais principes.

Mais ce travail en exigeait un autre. Chez les anciens, chaque plante avait un nom particulier, rarement de ces noms communs qu'on a depuis appelés *noms génériques*. Lorsque les plantes furent étudiées avec plus de méthode, on en forma de petits groupes, à la vérité très-imparfaits, dans lesquels on réunissait toutes celles qui paraissaient se convenir le plus par leur port, par une sorte de ressemblance générale qui les rapprochait : elles recevaient alors un nom commun ; les espèces étaient désignées par une sorte de phrase très-courte, souvent établie sur leurs attributs particuliers, sur leurs rapports avec d'autres plantes, sur leurs propriétés ou leur lieu natal.

Telle fut la marche suivie principalement par C. Bauhin, ainsi que par quelques-uns de ses prédécesseurs et de ses contemporains. Forcés de changer les noms d'un grand nombre de plantes, ils eurent soin en même temps de rappeler ceux qu'elles avaient reçus auparavant : c'était déjà un premier pas vers l'établissement des genres, dont on n'avait encore qu'une idée très-imparfaite. Combien, dans ces groupes mal composés, dans lesquels on accumulait des plantes très-différentes les unes des autres, rapprochées seulement par une ressemblance vague ; combien, dis-je, on était loin alors de la connaissance de ces bases naturelles, sur lesquelles les genres devaient être appuyés !

Ces changemens successifs dans l'étude des plantes devaient nécessairement en amener un dans leur nomenclature : il n'était plus possible de conserver, sous le même nom, des plantes qui appartenaient à des genres très-différens, et chaque méthode, chaque réforme obligeaient leurs auteurs à placer dans de nouveaux genres des espèces connues sous d'autres noms ; mais, à l'aide de la synonymie, il était facile de s'entendre, de profiter des observations faites par tous ceux qui s'étaient occupés des progrès de la science : on avait alors des descriptions et des figures qu'on pouvait consulter, et, malgré l'imperfection des unes et des autres, ce n'était plus cet ancien chaos, dans lequel nous avaient jeté, pendant une longue suite de siècles, des noms barbares, des descriptions vagues ou nulles, des notions fausses, l'oubli ou l'ignorance de ces caractères, qui, seuls, peuvent fixer la distinction des espèces.

Cette nomenclature, particulièrement celle de C. Bauhin et de Tournefort, se conserva, sauf quelques changemens, jusqu'au temps où Linné, se frayant une route nouvelle, établit cette ingénieuse nomenclature, de laquelle aujourd'hui il n'est plus permis de s'écarter, et qui convient également à toutes les distributions imaginées pour la classification des végétaux. A la vérité, on lui a reproché d'avoir changé trop facilement presque tous les noms des plantes; mais sur quoi porte ce reproche ? Ce ne peut être sur les noms spécifiques, qui n'existaient point alors, à moins qu'on ne prenne pour tels ces phrases presque insignifiantes qu'il a remplacées par d'autres bien autrement caractéristiques. Il ne peut pas porter davantage sur les genres : ceux qui existaient à l'époque de la réforme linnéenne, étaient la plupart composés d'espèces qui ne se rapportaient plus aux caractères des nouveaux genres : ces espèces devaient donc en être retranchées, classées dans d'autres genres, recevoir une nouvelle dénomination, et l'ancien nom du genre changé, pour éviter la confusion. Si quelquefois il a porté un peu trop loin, à ce sujet, la sévérité de ses principes, vouloir aujourd'hui rappeler d'anciens noms qu'il aurait pu conserver, ce serait jeter de nouveau le désordre dans la science, surcharger, sans aucun avantage, chaque espèce d'une synonymie déjà beaucoup trop étendue.

Telle est malheureusement l'état de la science depuis qu'une nuée de réformateurs, se jetant avec acharnement sur les ouvrages de Linné, se sont imposé la tâche de soumettre ses genres à leur examen, de supprimer les uns, de lacérer les autres, d'en changer les noms, les caractères, tellement que, si l'on donnait aujourd'hui un *Species plantarum* d'après toutes ces réformes, à peine pourrait-on y reconnaître quelques vestiges de l'ancien travail du botaniste suédois, quoique souvent publié sous son nom. A la vérité, depuis environ un demi-siècle, le nombre des plantes connues a été presque doublé : ces découvertes ont amené l'établissement de beaucoup de nouveaux genres ; des espèces rares, peu connues, ont été mieux observées ; elles ont exigé des réformes, que Linné lui-même eût exécutées. On ne pouvait, sans doute, qu'applaudir à ces utiles travaux ; mais l'abus est venu à leur suite.

Corriger, rectifier les genres de Linné, paraît être devenu un titre à la célébrité ; c'est, en quelque sorte, s'élever jusqu'à lui et même le surpasser, dans l'opinion de ces réformateurs. Ils se sont dès-lors livrés tout entiers à saisir les plus légères différences dans les parties de la fructification des espèces, pour séparer ces dernières du genre auquel Linné les avait réunies : elles sont devenues le type d'autant de nouveaux genres, et l'on en voit tel disparaître presque entièrement, et remplacé par douze ou quinze autres et plus. Ces novateurs, plus jaloux encore les uns des autres, qu'ils ne le sont de Linné, sont loin d'être d'accord entre eux : l'un détruit ce que l'autre édifie ; et souvent, d'un travail établi à peu près sur les mêmes bases, résultent presque les mêmes genres, mais sous des noms différens.

Le changement des noms est la première opération, parce qu'elle est la plus facile, et qu'elle semble donner plus d'importance au travail. Des observations, souvent minutieuses, fixeraient peu l'attention, tandis qu'elles s'annoncent bien autrement lorsqu'elles servent de base à la formation de genres nouveaux : ceux-ci, s'ils ne sont point admis, doivent être du moins cités dans la synonymie des espèces ; c'est toujours une sorte de dédommagement pour l'amour-propre de leurs auteurs. Au reste, quel que soit le motif de ces changemens, il n'en résulte pas moins un désordre dans l'ensemble de la science, qui ne peut guère être réparé que par l'exactitude de la synonymie ; tandis que si ces mêmes auteurs se fussent bornés à nous présenter leurs observations sans chercher à dénaturer les genres, à en supprimer les noms, ils auraient contribué bien plus directement à la perfection de la botanique. Cette nouvelle synonymie, quoique moins rebutante, moins difficile que celle des anciens, n'en est pas moins une superfétation qui fatigue la mémoire ; ce serait bien pire, si une critique juste et sévère ne rejetait la plupart de ces nouveaux genres, établis sur la dilacération de ceux de Linné.

Il est donc essentiel de distinguer deux ordres dans la synonymie : le premier doit comprendre la synonymie des anciens jusqu'à Linné ; le second, celle de tous ceux venus après lui, qui ont parlé, sous d'autres noms, des plantes qu'il avait nommées avant eux. Ce travail, quoique souvent fastidieux, est indispensable pour éviter les doubles emplois. Faudra-t-il également citer tous les auteurs qui ont traité des mêmes plantes sous les mêmes noms qu'elles ont reçus de Linné? Question délicate, surtout si l'on considère le grand nombre d'auteurs qui ont écrit depuis ce célèbre réformateur. Que de flores particulières qui ne nous apprennent rien! Que de monographies incomplètes! Que de figures de plantes répétées sans aucune nécessité! On conçoit que, s'il fallait tout citer, chaque espèce amènerait à sa suite des pages entières de synonymes : il n'y a donc aucun inconvénient à passer sous silence toutes les flores, qui ne sont que de simples catalogues de localités, et qui n'offrent aucune description, aucune observation particulières; en général, ces ouvrages ne doivent être cités que pour les espèces qui sont ou figurées pour la première fois, ou qui ne l'avaient été qu'imparfaitement, et qui sont accompagnées de quelques notes critiques un peu importantes : on ne doit pas non plus oublier les plantes qui naissent dans des contrées très-différentes de celles où elles se rencontrent ordinairement, telles que des plantes d'Europe nées en Amérique, *et vice versâ*, quand toutefois l'auteur mérite notre confiance.

Il arrive aussi qu'on trouve, dans un grand nombre de *Flores*, des plantes rapportées faussement aux espèces de Linné. Quand on découvre de telles erreurs, elles doivent êtres relevées avec soin : elles se reconnaissent, soit d'après les figures ou les descriptions que les auteurs en ont données, soit d'après les exemplaires de ces plantes qu'ils ont communiqués, soit par les recherches faites dans les mêmes localités. On voit, d'après toutes ces considérations, que la synonymie des auteurs modernes exige également une grande attention et beaucoup de recherches quand on veut éviter de réunir, sous une même dénomination, plusieurs espèces différentes, ou de distinguer, comme séparées, des plantes qui doivent être réunies. Ces erreurs sont très-fréquentes et souvent inévitables, surtout lorsqu'on n'a point sous les yeux les plantes mentionnées par les auteurs : il serait de plus à désirer que, dans la citation des synonymes, on fît connaître, au moins par des signes de convention, le degré de certitude que l'on peut avoir de chacun d'eux. On se borne ordinairement à indiquer le doute : ce signe est insuffisant. Que de degrés entre la certitude absolue, la simple probabilité et le doute ! Si la nature de l'ouvrage permet plus d'étendue, comme dans les monographies, on doit alors présenter des observations sur la conformité des descriptions et des figures, avec la plante que l'on veut faire connaître : J. Bauhin, dans son *Histoire des plantes ;* Tournefort, dans ses *Herborisations aux environs de Paris*, nous en ont donné l'exemple. Il est étonnant que le premier soit peu cité, que le second ne le soit point du tout dans les *Flores* que l'on a publiées, des plantes des environs de Paris.

Une synonymie bien ordonnée peut donc, seule, nous offrir l'histoire complète de chaque plante, à partir de celui qui en a parlé le premier jusqu'à l'auteur le plus moderne: elle n'est donc plus une étude de mots, mais un tableau instructif des faits observés avec plus ou moins d'exactitude, celui des erreurs accréditées ou détruites, enfin des progrès successifs de l'esprit humain dans l'observation des sciences naturelles. Chaque synonyme devient, en quelque sorte, le titre d'un chapitre particulier, dont le développement se trouve dans les ouvrages auxquels on renvoie le lecteur et qu'on soumet à son jugement. Jean Bauhin a fait plus : il ne se borne pas à citer, dans son *Histoire des plantes*, les auteurs qui avaient traité de chacune d'elles avant lui ; par de savantes et judicieuses dissertations, il assigne à chacun d'eux le degré de confiance qu'il croit pouvoir lui donner, discute leurs assertions, l'exactitude ou les défauts de leurs descriptions et des figures qui les accompagnent. Malheureusement entraîné par les préjugés de son siècle, il s'est trop apesanti sur les propriétés médicales des plantes.

Ce n'est donc que par un travail semblable à celui dont Jean Bauhin nous a donné le modèle, que nous pourrons avoir une histoire complète des plantes, car on ne doit pas regarder comme telle ces *Species* publiés à différentes époques, bornés, comme ils doivent l'être en effet, à la seule indication des espèces, avec les caractères qui les distinguent, et la synonymie des auteurs les plus renommés, mais sans qu'il soit fait mention du degré de confiance qu'ils méritent. Dans l'état actuel de la science, un travail d'une aussi grande étendue serait difficilement exécuté par un seul homme : il ne pourrait l'être que par la réunion d'une suite de bonnes monographies, qui permettent beaucoup plus de développement que les ouvrages classiques.

<hr>

CHAPITRE VIII.

Voyages, herborisations, herbiers.

1°. *Voyages.*

« La botanique, dit Fontenelle dans l'*Eloge de Tournefort*, n'est pas une science sédentaire et paresseuse, qui se puisse acquérir dans le repos et dans l'ombre d'un cabinet, comme la géométrie et l'histoire, qui, tout au plus comme la chimie, l'anatomie et l'astronomie, ne demandent que des opérations d'assez peu de mouvemens : elle veut que l'on coure les montagnes et les forêts, que l'on gravisse contre des rochers escarpés, que l'on s'expose au bord des précipices. Les seuls livres qui peuvent nous instruire à fond sur cette matière ont été jetés au hasard sur toute la surface de la terre, et il faut se résoudre à la fatigue et au péril de les chercher et de les ramasser : de là vient qu'il est si rare d'exceller dans cette science. Le degré de passion qui suffit pour faire un savant d'une autre espèce, ne suffit pas pour faire un grand botaniste, et, avec cette passion même, il faut encore une santé qui puisse la suivre, une force de corps qui y réponde, etc. »

Il n'y a donc que les courses et les voyages qui puissent nous faire connaître ces brillantes productions de la nature, ces végétaux nombreux qui partout revêtent la surface du globe, et varient selon le climat, l'exposition et la température. Les plantes nées sous le soleil brûlant de l'Afrique ne sont plus les mêmes que celles qu'on rencontre en Europe ; celles des Indes ne ressemblent pas à celles de l'Amérique, et la belle végétation des tropiques disparaît à mesure que l'on s'avance vers la terre glacée des pôles. Quelle jouissance pour le naturaliste transporté loin de sa patrie, et dont les regards sont, pour la première fois, frappés de l'ensemble des productions d'un climat étranger ! Là, rien ne ressemble à ce qu'il a vu, et ce qu'il sait devient un point de comparaison pour mieux juger de ce qu'il voit : ce n'est plus la même terre que celle qu'il a quittée; des fleurs toutes nouvelles embellissent le gazon qu'il foule à ses pieds; la forêt qui le reçoit sous son ombre ne lui offre plus un seul des arbres connus en Europe. Combien, dans le vif transport de son ravissement, il jouit d'avance du plaisir de voir un jour ces belles plantes se ranger parmi celles de son pays ! Quelle douce récompense de ses travaux lorsqu'il verra briller dans nos parterres ces riches fleurs de l'Amérique ou des Indes ! Occupé tout entier de ces pensées, il oublie qu'un soleil brûlant le dévore, que la fatigue épuise ses forces, que cette terre nouvelle est arrosée de ses sueurs; il ne voit, au milieu de ses recherches, que les avantages de sa patrie, la perfection, l'agrandissement de la science. Si nous avons aujourd'hui une connaissance plus étendue des productions de la nature; si la botanique a fait, dans ces dernières années, des progrès si rapides, nous le devons particulièrement aux travaux, à la courageuse intrépidité des voyageurs.

Le naturaliste voyageur est donc un conquérant plein d'une noble ambition, dont le but est d'enrichir son pays des productions naturelles de toutes les parties du globe. Au milieu de l'élévation de ses idées, il ne voit d'autres bornes à ses conquêtes que celles de l'univers : soutenu dans cette vaste entreprise par l'espoir du succès, il méconnaît, il brave les dangers. Quoiqu'il n'ait que des intentions pures, il pourra peut-être exciter les soupçons des peuples barbares, se trouver exposé à leur férocité : rien ne l'arrête; il part pour remplir ses grandes destinées. Il ne marche point à la tête d'une puissante armée, menaçant les peuples et les trônes : c'est un homme simple et paisible, qui n'a d'autre désir que de répandre des bienfaits, d'autre défense que des paroles de paix.

Qui croirait que, sous cet extérieur modeste, il peut, par ses découvertes, enrichir de vastes provinces, peupler des déserts, poser les fondemens d'un commerce vivifiant, préparer de loin l'établissement d'utiles colonies, offrir des ressources à l'industrie, des richesses au travail, de nouvelles jouissances à la société? Ces assertions, tout étonnantes qu'elles peuvent être, n'ont rien d'exagéré, et sont tous les jours confirmées par l'expérience. Quelle activité n'ont point jetée, parmi de grandes nations, la découverte des épices, la culture du mûrier et des vers à soie, celle du tabac, du caféier, de la canne à sucre ; le commerce de l'indigo, celui de la cochenille nourrie par le nopal ; l'introduction du maïs, de la pomme de terre en Europe, celle du sarrasin et de beaucoup d'autres plantes intéressantes?

Un gouvernement sage, dont les regards prévoyans percent dans l'avenir, et se reportent sur le passé, saura calculer combien l'étude de la nature est souvent importante pour la prospérité des états, et quels avantages précieux peuvent résulter de voyages entrepris pour les progrès des sciences. Combien de semblables voyages diffèrent de ceux qui, dans des temps plus anciens, n'avaient pour but que les conquêtes et le pillage! Ils ne sont plus ces siècles d'ignorance et de superstition, où le goût des voyages n'était que l'ambition des conquêtes, où les relations de commmerce dégénéraient en brigandages, les alliances en traites d'esclaves, et la religion en fanatisme ; où la perfection des arts tournait à la perte des nations étrangères ; où les mines d'or devenaient un titre de proscription. N'a-t-on pas vu l'Européen ne pénétrer dans les antiques forêts de l'Amérique que comme la bête féroce altérée de sang? Le feu de la guerre dévorait les peuples avec la rapidité de la flamme qui embrase les moissons. Puissent-ils être à jamais effacés des fastes de l'histoire ces temps d'horreur, de superstition et de barbarie! Puissent du moins ces hommes, éclairés par les principes d'une saine philosophie et d'une religion ramenée à son véritable but, faire oublier ces crimes commis envers l'humanité! Que le voyageur porte également ses vues bienfaisantes et sur la patrie qui l'a vu naître, et sur les nations qu'il visite ; que ses découvertes soient utiles à tous les peuples, et qu'il prouve à l'ignorance que ces recherches ont bien souvent des résultats très-importans pour la société.

Pendant combien de siècles n'a-t-on pas employé dans les arts, dans la matière médicale, dans l'économie, etc., des substances exotiques, des fruits, des racines, des gommes, des laques, etc., sans aucune notion sur les plantes qui les fournissaient? Ce que n'ont pu faire les négocians qui fréquentaient les pays étrangers, le botaniste l'a exécuté en y abordant : il est résulté de ses découvertes que plusieurs substances, recueillies à grands frais dans les pays lointains, pouvaient être également retirées de nos plantes indigènes, qui ont, avec les exotiques, des rapports de genre ou de famille.

C'est ainsi qu'il a été reconnu que notre violette d'Europe contenait, dans ses racines, prises à forte dose, les mêmes propriétés émétiques que l'ipécacuanha, qui appartient au même genre; que la plupart de nos orchis bulbeux pouvaient fournir du salep aussi parfait que celui du Levant, qui provient également d'une espèce d'orchis, etc.

C'est ainsi que se répandent, dans la société, les découvertes du voyageur : le sibarite savoure des fruits plus délicats; des liqueurs, parfumées par les aromates de l'Inde, arrosent son palais; nos meubles sont construits d'un bois plus recherché; nos voitures brillent d'un vernis indélébile. Ce luxe d'ostentation enrichit les arts, développe l'industrie, et répand l'aisance et le bien-être parmi les nombreux ouvriers qu'il occupe; d'un autre côté, l'habitant des campagnes trouve à remplacer les productions, quelquefois très-médiocres, de son terroir par d'autres plus abondantes, souvent plus substantielles. Chacun profite de ces bienfaits, et souvent l'homme qui les a procurés est à peine connu : on ignore combien de sueurs et de fatigues ils ont coûtées à leur auteur; on va même quelquefois jusqu'à regarder avec une sorte d'improbation cette noble passion qui transporte le botaniste loin de son pays pour le livrer à la recherche des végétaux étrangers. Son nom, ses travaux restent dans l'oubli : peut-être en serait-il autrement, si le voyageur pouvait, aussitôt son retour, annoncer l'heureux usage que l'on peut faire des plantes qu'il rapporte; mais ce n'est bien souvent qu'après de longs essais qu'on trouve l'emploi des plantes exotiques, cultivées d'abord par curiosité ou pour l'ornement de nos parterres. Si ce sont des arbres de haute futaie, combien ne faut-il pas d'années, j'oserais dire de siècles, pour les acclimater, les multiplier! Des fruits acerbes, il les faut greffer : cette tentative est quelquefois long-temps sans succès, jusqu'à ce que l'on soit parvenu à reconnaître quels sujets leur conviennent, la culture qu'ils exigent, et les usages auxquels on peut les employer.

Ainsi s'écoulent de longues années pendant lesquelles le naturaliste est oublié : tandis qu'on jouit du fruit de ses travaux, ses jours se passent dans l'obscurité, et quelquefois dans une médiocrité voisine de l'indigence. Il faut cependant rendre justice aux savans de nos jours : ils ont trouvé le moyen de perpétuer, autant qu'il est en eux, la mémoire de tous ceux qui, par leurs voyages et leurs travaux, ont contribué à étendre les limites de la science : leur nom est attaché à des plantes nouvellement découvertes. Heureux si cet hommage n'eût pas été trop souvent flétri par l'adulation, en l'adressant à des êtres plus connus par leurs dignités ou leur naissance, que par leurs travaux ! On l'a vu prodigué même à des courtisanes titrées, comme si les richesses ou le rang pouvaient couvrir la prostitution d'un voile honorable, tandis que les noms de savans estimables, donnés aux nouveaux genres, en signalent les talens et les bienfaits, et deviennent autant de monumens précieux pour l'historique de la science.

Combien de pareils souvenirs viennent ajouter aux douces jouissances de l'homme lorsque, au milieu de ses bosquets, les arbres nouveaux qui les embellissent, lui rappellent les noms de ceux qui en ont fait la découverte, le transportent dans les contrées où ils croissent, et lui peignent les fatigues et les dangers qui en ont souvent accompagné la conquête ! C'est donc un tribut bien mérité que celui d'immortaliser, dans ces annales vivantes de la science, le nom de tous ces voyageurs qui ont enrichi leur pays de végétaux exotiques, tribut que nous devons leur payer avec d'autant plus de sévérité, qu'il est souvent la seule récompense de leurs longs travaux. C'est ainsi que Linné a donné le nom de *robinia* à cet arbre précieux connu vulgairement sous le nom d'*acacia*, de *faux acacia*, introduit en France par Jean Robin, sous le règne de Henri IV, vers l'an 1600.

Après avoir exposé les avantages que les sciences et la société pouvaient retirer des voyages entrepris par des naturalistes éclairés, je dois aussi présenter quelques réflexions sur l'exécution de ces grandes entreprises, afin qu'à son retour le voyageur n'ait point à se reprocher d'avoir négligé des recherches qu'il n'est plus en son pouvoir de réparer. C'est particulièrement dans la jeunesse que la passion des voyages se fait sentir ; c'est à cet âge que l'imagination, exaltée par la grandeur du spectacle de l'univers, est susceptible des plus vives conceptions ; c'est alors qu'une impatiente curiosité tourmente un jeune homme brûlant du désir de la satisfaire. Cette louable émulation, ce dévoûment à un genre de vie aussi pénible, peuvent conduire à de grandes choses le cœur qui en est pénétré ; mais s'il est beau de s'y abandonner, il est encore plus prudent de ne le faire que lorsqu'on est parvenu à ce degré d'instruction propre à en assurer le succès.

Il est donc des dispositions de corps et d'esprit indispensables, et sans lesquelles le voyageur ne pourra rien exécuter de grand, ni prendre une idée juste de tout ce qu'il verra.

L'homme qui est né faible, énervé par les plaisirs, accoutumé à un genre de vie trop délicat, sera bientôt rebuté par les fatigues inséparables d'un long voyage ; il se trouvera hors d'état de se livrer aux recherches qui doivent en être le fruit : il lui faut une santé robuste, un corps exercé à la fatigue, du courage dans les dangers, de la constance au milieu des obstacles ; il lui faut renoncer à ces douces habitudes contractées dès l'enfance, et que le temps convertit en besoins. En Europe, les voyages ne sont que de longues promenades : il n'en est pas de même dans les vastes régions des autres continens, parmi ces peuplades errantes, plus à craindre souvent que les intempéries de leur climat. Le voyageur doit connaître l'usage des armes, surtout celui des armes à feu, tant pour sa propre défense, que pour fournir, dans les cas de besoin, à sa subsistance ; il est essentiel qu'il sache nager, diriger un bateau, soigner et panser un cheval, conduire une voiture, etc.

Les dispositions de l'esprit ne sont pas moins nécessaires que celles du corps : il faut, pour bien observer, apprendre à bien voir, à voir sans préjugés, avec discernement, avec réflexion ; il faut savoir considérer les objets sous leurs différentes faces. On y parvient par l'étude et la méditation, par un jugement sain, par l'habitude d'observer la nature et les hommes ; il faut surtout étouffer tout penchant au libertinage. A la vérité, l'homme n'existe pas sans passions, celle qui doit dominer dans le voyageur est la seule ambition des découvertes et des connaissances utiles ; si quelque autre altérait la sérénité de son âme, elle l'écarterait du but de son voyage. L'expérience nous apprend que quiconque voit les objets, le cœur occupé d'une passion étrangère, les voit presque toujours mal ; qu'il les voit avec légèreté, avec distraction : les profondes affections nous jettent dans un état d'abattement qui conduit à la mélancolie, et nous rend insupportable tout ce qui ne prend pas le caractère de nos pensées.

Une imagination trop exaltée peut encore jeter dans beaucoup d'erreurs : on les évitera toutes les fois que le jugement en réglera les mouvemens. L'imagination doit mettre en activité nos facultés intellectuelles, mais elle ne doit jamais agrandir les objets : il faut les voir tels qu'ils sont, avec le coup d'œil sévère de l'observation. Les préjugés nationaux sont une autre source d'erreurs qui nous font mal juger les peuples que nous visitons : nous taxons trop légèrement de barbares et de malheureuses les nations qui n'ont ni les mêmes mœurs ni les mêmes habitudes que nous ; comme si le bonheur ne pouvait pas pénétrer, même plus facilement, sous la hutte enfumée du sauvage, que dans les palais de l'opulence.

Je n'ai présenté ces réflexions que parce que les recherches des naturalistes se bornent rarement aux seuls objets d'histoire naturelle ; que les mœurs, les usages, le gouvernement des nations, doivent fixer également leur attention ; mais comme les plantes font le principal objet du botaniste, j'ajouterai quelques observations sur la manière d'en faire la recherche, et sur les moyens de conserver et de faire parvenir en Europe les graines récoltées.

2°. *Herborisations.*

On donne le nom d'*herborisations* à ces excursions faites à la campagne dans l'intention d'y recueillir et d'étudier les plantes qui y croissent naturellement : cet exercice est, pour le botaniste, une de ses plus agréables jouissances. En se livrant, au milieu des prés et des bois, à la recherche des plantes, l'homme semble rentrer dans tous ses droits naturels : ce qu'il ambitionne est à tous ; il est au premier occupant. Qui voudrait lui disputer la fleur des champs ? Qui pourrait la lui envier ? Il n'aura à craindre tout au plus que la dent de la brebis ou les mâchoires de l'insecte ; mais la nature est si riche dans ses productions, les désirs du naturaliste, si faciles à satisfaire ! Une simple fleur est pour lui une découverte heureuse. Conquête paisible, que ne vient point troubler le regret d'avoir donné la mort à un être sensible ! jouissance pure, qui ne tend pas à endurcir le cœur contre les convulsions d'un animal frappé d'un plomb meurtrier !

La boîte du botaniste, remplie de fleurs, procure à son possesseur une joie bien plus douce que la carnassière ensanglantée du chasseur ; et quel que soit le plaisir de dévorer les membres d'un animal tombé sous nos coups, je doute qu'il puisse égaler celui que procure l'analyse des plantes recueillies de nos propres mains. L'exercice de la chasse développe les forces, entretient la santé, j'en conviens ; mais ces avantages ne se trouvent-ils pas également dans les herborisations lorsqu'elles nous obligent à parcourir de vastes localités, à gravir contre les rochers, à supporter la fatigue et l'intempérie des saisons ?

Au milieu de ces excursions, que d'idées agréables occupent notre pensée lorsque, franchissant le cercle étroit de notre horizon, loin des habitations humaines, nous allons étudier la nature dans ces lieux solitaires et sauvages que la culture n'a point dénaturés, que l'art n'a point encore embellis ! Comme ils deviennent petits à nos regards ces parcs, ces brillans jardins où le riche promène sa pénible oisiveté ! Qu'ils reçoivent le tribu d'admiration dû au génie industrieux de l'homme ; mais qu'on ne s'attende pas à y trouver ces jouissances du cœur qu'on n'éprouve qu'au milieu des productions de la simple nature, jouissances qui ne sont ni exclusives, ni dépendantes de la volonté des autres hommes.

Dans un des beaux jours de l'été, à l'époque où la nature étale tout le luxe de la végétation, le botaniste, transporté dès l'aurore au milieu des prés jonchés de fleurs, les poumons rafraîchis par l'air pur du matin, voit commencer pour lui une journée destinée à des plaisirs qui ne peuvent lui échapper. La santé circule dans ses veines, et ses idées prennent la teinte riante des fleurs qu'il vient étudier. Seul, il n'est point isolé ; il est dans le sein de la nature, au milieu de ses parterres ; s'il a des compagnons d'herborisation, la gaîté, la confiance, un aimable abandon marchent à leur suite. Combien d'amitiés durables et précieuses se sont formées dans ces circonstances, surtout parmi ceux qui, sans prétention à cette renommée qui procure des places ou des honneurs, ne peuvent éprouver les jalousies qu'elle excite ! La seule émulation consiste à découvrir, le premier, une plante difficile à trouver, à en déterminer le caractère et le nom.

De semblables excursions procurent au botaniste le moyen le plus sûr d'étudier les plantes telles que la nature les produit, dans le lieu même où elle les a placées : il les y voit dans leur véritable port, avec tous les caractères qui leur sont propres, et de plus avec les circonstances de localité, qui leur donnent un charme inexprimable. Ces courses, que l'on fait à la campagne, dans le pays que l'on habite, surtout losrqu'on les fait dans des lieux incultes, abandonnés ou peu fréquentés, au milieu de bois montueux, pierreux, coupés par de grandes ravines, nous donnent en petit une idée des courses botaniques que l'on peut faire, lorsqu'on voyage, dans des pays plus éloignés : ce ne sont pas les mêmes plantes ; mais celles qu'on y observe sont dans des situations à peu près analogues.

Lorsqu'on se dispose à faire une *herborisation*, il est certaines précautions à prendre pour parvenir plus sûrement au but que l'on se propose en herborisant :

1°. Il est bon de se munir d'un ouvrage très-peu volumineux, soit un *prodrome* général des plantes connues, soit celui des plantes naturelles au pays ou au climat que l'on habite, ouvrage qui doit présenter, en peu de mots, les caractères essentiels des genres, et en même temps ceux des espèces, sans synonymie, sans description, à moins que ce ne soit quelque observation très-courte.

2°. Une boîte de fer blanc mince et légère, en demi-cylindre, s'ouvrant dans sa longueur par un couvercle à charnière, dont les dimensions sont depuis huit pouces jusqu'à quinze et plus, sur une profondeur proportionnée. Celles de la première dimension sont destinées pour les simples promenades ; les boîtes de la seconde pour les courses plus longues : elles seront munies, à leurs deux extrémités, d'un anneau libre pour y passer un ruban, afin de porter à volonté la boîte en sautoir.

3°. Une loupe à plusieurs lentilles, de différens foyers, pour les observations délicates que l'on trouvera occasion de faire sur les différentes parties de la fructification des plantes.

4°. Un stylet et une petite lame tranchante, aiguë, comme celle d'un canif, pour faire la dissection des fleurs ; de petites pinces plates et minces pour saisir et tenir avec plus de facilité les parties que l'on veut examiner.

5°. Il faut se pourvoir d'un bon couteau, ou d'une espèce de houlette ou de bêche étroite, pour enlever les racines qu'il importe d'observer, comme celles des orchis ; d'une canne à laquelle on puisse adapter un crochet pour abaisser les branches d'arbre ou pour attirer à soi les plantes aquatiques, et à laquelle on puisse aussi attacher une serpette, pour couper les rameaux en fleurs ou en fruits.

6°. Un crayon et des tablettes, pour noter sur-le-champ des observations qui pourraient échapper à la mémoire.

7°. Ceux qui se livrent en même temps à la recherche des insectes, ce qui n'est pas rare, pourront se munir d'une pelote munie d'épingles de diverse grandeur, et d'une boîte avec un fond de liége pour y piquer les insectes; d'autres emportent encore une sorte de raquette garnie d'une gaze ou d'un filet fin en forme de sac pour attraper les papillons sans les altérer. J'ajouterais volontiers une autre boîte avec du coton pour y renfermer les coquilles fluviatiles ou terrestres, un peu rares et délicates qu'on rencontre chemin faisant.

Comme les mêmes plantes ne croissent pas également partout, le botaniste doit s'attacher à varier le plus possible ses excursions, à ne négliger aucune localité :

1°. Dans les plaines, il visitera les landes, les terres grasses, légères, sablonneuses ou calcaires; les terrains cultivés, les prés, les jardins, les vergers, les potagers, les haies, les fossés, les bois, les forêts, les clairières, leurs bords; les lieux ombragés ou exposés au grand soleil.

2°. Il parcourra les montagnes de différente nature, à diverses élévations, leur sommet, leur pente, selon les différentes expositions; les rochers, les vallons, les ravins, etc.

3°. Il visitera les eaux stagnantes, les marais, les sources, les cataractes, les eaux minérales; il suivra le bord des fleuves, des rivières et des lacs; il observera tant les plantes qui croissent le long des rivages, que celles qui naissent dans le fond des eaux ou à leur surface.

4°. Dans les lieux habités, il fréquentera le bord des chemins, les décombres, les toits, les vieux murs, les puits, les caves, les jardins particuliers, les serres, les pépinières, les couches, les fumiers, les amas de bois pourri, etc.

5°. Dans les contrées maritimes, il suivra les côtes, visitera les grèves, les dunes, les rochers, les grottes formées par l'eau, les îles peu distantes du rivage; il se procurera les plantes marines qui croissent à différentes profondeurs.

6°. Il ne faut pas se borner à visiter une seule fois ces différentes localités; il convient, si l'on habite le pays, de les parcourir au moins deux fois par chaque saison, de noter les plantes qu'on ne trouve qu'en fleurs, afin d'aller, un peu plus tard, en récolter les fruits; prendre date de l'époque de la floraison et de la maturité des fruits de chacune d'elles.

7°. Le printemps et surtout une grande partie de l'été sont les deux saisons les plus favorables pour recueillir beaucoup de plantes : mais les autres saisons ne sont pas à négliger : beaucoup d'espèces ne fleurissent ou ne fructifient que dans l'automne, même un peu avancé; l'hiver lui-même, avec ses glaçons et ses neiges, n'est pas une saison entièrement morte pour le botaniste. S'il sait profiter des jours de dégel, d'humidité ou de pluie, il trouvera un grand nombre de mousses, de lichens et autres cryptogames qui ne présentent de fructification qu'à cette époque. C'est particulièrement dans les grandes forêts des contrées septentrionales que croissent les espèces de mousses les plus belles et les plus nombreuses : elles se trouvent les unes sur les arbres, sur les rochers, dans les lieux humides et ombragés, le long des ruisseaux, sur le bord des fontaines, etc.; d'autres se plaisent dans des prairies, sur le revers des collines, sur les toits, les vieux murs, parmi les décombres, etc. : les lichens et les jongermanes naissent dans les mêmes lieux, et fleurissent à peu près à la même époque. C'est encore dans les temps humides, après les pluies, au commencement du printemps, ainsi que dans l'automne, que paraissent les champignons.

3°. *Herbier.*

Il n'est point, après les herborisations, d'occupation plus agréable pour le botaniste que celle de la formation d'un herbier : là, viennent se placer méthodiquement les brillantes conquêtes de ses excursions botaniques, et, avec elles, les souvenirs les plus doux : c'est le journal de nos promenades champêtres et des circonstances remarquables qui les ont accompagnées. A la vue de telle plante, se présente aussitôt ce rocher contre lequel il nous a fallu gravir pour en faire l'acquisition, ce lac que nous avons contourné, ces coteaux, ces rians paysages que nous avons parcourus : c'est le tableau d'une heureuse et longue existence. Un herbier, formé par les mains de son possesseur, est donc une source d'émotions douces et précieuses.

Sous le rapport de la science, un herbier est d'une nécessité indispensable pour se rappeler les plantes qu'on a observées, pour nous offrir le moyen de les étudier dans tous les temps, dans toutes les saisons, de les avoir constamment à notre disposition, de pouvoir rapprocher toutes celles que l'on veut comparer, d'y établir l'ordre général et les distributions particulières que l'on juge convenables. A la campagne, ainsi que dans les jardins, on ne peut voir qu'un certain nombre de plantes à la fois, dans l'état propre à être observées, à cause des diverses époques de leur développement et de leur floraison, tandis qu'un herbier supplée à ce qui nous manque. Malgré le grand avantage d'examiner les plantes sur le vivant, il n'est pas moins certain qu'un herbier offre de très-grandes ressources pour leur étude : en effet, lorsque les fleurs de ces plantes ne sont pas d'une petitesse extrême, on peut, en les soumettant pendant quelque temps à la vapeur de l'eau bouillante, ramollir leurs parties, les ouvrir ensuite, les écarter avec la pointe d'un stylet ou d'une épingle, et y observer leur véritable structure, le nombre, la forme, la position des organes sexuels : il ne faut, pour cela, qu'un peu d'adresse, de l'habitude, du temps et de la patience.

On voit par là combien est grande l'utilité d'un herbier pour celui qui veut étendre ses connaissances dans l'étude des végétaux, et combien est précieuse, pour un botaniste, une collection de plantes sèches, comprenant, d'une part, tout ce qu'on a pu recueillir dans les jardins et à la campagne ; de l'autre, tout ce qu'on aura pu se procurer des pays étrangers, soit par les voyages, soit par des correspondances avec les personnes livrées aux mêmes recherches ; mais l'avantage le plus évident, dans la formation d'un herbier, consiste à recueillir, préparer et dessécher soi-même, autant qu'il est possible, les plantes qui le composent. Outre le plaisir attaché à cette agréable occupation, et la possession des objets, ce travail forme insensiblement le coup d'œil de celui qui s'y livre, et met en état de reconnaître au premier aspect les plantes qui s'offrent à sa vue, avantage indépendant de celui qui résulte de la connaissance des caractères : cependant, comme on ne peut pas tout recueillir par soi-même, on sent combien il est utile de pouvoir se procurer, par échange ou par correspondance, les espèces qui manquent pour compléter un genre, ou celles qui constituent des genres particuliers.

Pour qu'un herbier présente ce degré d'utilité que je viens d'exposer, il est essentiel de bien choisir les échantillons que l'on se propose de dessécher ; il faut éviter surtout de prendre des individus altérés par certaines circonstances, des morceaux déformés, des monstruosités qui nous tromperaient, si nous déterminions ensuite la forme et la proportion des parties d'après ces individus de mauvais choix. Si, par exemple, l'on prend la pousse vigoureuse d'un jeune arbre, on aura souvent, dans cet exemplaire, des feuilles au moins une fois plus grandes que celles du même arbre, prises sur un individu parvenu à sa grandeur naturelle; si l'on cueille une plante que le hasard peut faire rencontrer dans un lieu sec et montueux, et dont le propre néanmoins soit d'habiter les lieux bas et humides, on aura un individu maigre, languissant, qui s'offrira sous un aspect qui ne lui est pas naturel; la description que l'on pourra faire ensuite d'après cet individu altéré, paraîtra fautive et fort mal faite lorsqu'on la comparera avec les caractères que présentera la même plante prise dans son lieu natal; enfin, dans le même buisson, dans la même touffe, il ne faut pas prendre au hasard le premier échantillon qui se présente sous la main, mais il faut en choisir un ou plusieurs qui aient parfaitement le port et les caractères naturels à la plante; il faut qu'il ne soit ni déformé par des accidens, par une surabondance de sève, ni endommagé par des insectes, ou dévoré en partie par les bestiaux, etc. L'expérience et un peu d'habitude forment en peu de temps le coup d'œil nécessaire pour un choix si important.

Les plantes doivent être, autant qu'il est possible, recueillies pour l'herbier avec toutes leurs parties, fleurs, fruits, feuilles, racines, etc.; quand les plantes sont trop grandes, on les divise en plusieurs portions de la grandeur du papier, qui doit avoir au moins seize pouces de long sur huit de large, ayant soin de numéroter chaque portion que l'on place dans une feuille à part. Lorsque ce moyen ne peut pas avoir lieu, on ne doit pas du moins négliger d'avoir les parties les plus essentielles des plantes, celles qui les caractérisent, telles que les fleurs et les fruits, les feuilles supérieures, inférieures et même les radicales, qui ont assez souvent une forme différente. L'on ne retranchera des échantillons trop volumineux que les rameaux ou les feuilles qui gêneraient trop pour la dessiccation; mais, dans ce cas, il faut qu'on puisse en distinguer la naissance, afin de ne pas détruire le caractère de la foliation et de la ramification. On peut négliger les racines lorsqu'elles ne peuvent entrer dans l'herbier et qu'elles n'offrent rien de particulier; il suffira d'en prendre note, ce qu'on ne doit jamais oublier : quant aux arbres, dont un assez grand nombre fleurissent vers les premiers jours du printemps, avant l'apparition des feuilles, et ne donnent leurs fruits qu'en automne, il faut être attentif à recueillir leurs différentes parties dans les saisons où elles naissent, et les réunir dans l'herbier.

Il est très-avantageux de ne recueillir les plantes que lorsque le temps est bien sec, et que le soleil en a pompé toute l'humidité : les plantes mouillées se dessèchent mal, noircissent ou pourrissent si l'on ne prend, pour leur dessication, des précautions particulières; mais comme il se trouve des circonstances où l'on n'est pas le maître de choisir le temps, et qu'il faut profiter des momens où l'on est à portée de ramasser certaines plantes que l'on n'a pas toujours à sa disposition, il est bon de savoir qu'avec quelques soins de plus on réussit aussi bien à dessécher des plantes, cueillies même pendant la pluie, que celles que l'on ramasse dans les temps secs. Il suffit, dans ce cas, de multiplier les pressions, mettant moins d'intervalle entre chacune d'elles, principalement pour les premières, ayant soin surtout de ne point mettre les plantes en presse, avant d'avoir enlevé leur humidité ou leur eau extérieure, en les plaçant, plusieurs fois de suite, entre des linges ou entre des papiers secs et sans colle, que l'on comprime seulement avec la main, et que l'on change sur-le-champ.

Les plantes aquatiques et marines, qu'on ne peut recueillir qu'au milieu de l'eau, exigent une préparation particulière : il faut, après les avoir tirées de l'eau, les laver avec soin pour enlever le limon dont elles sont souvent couvertes; on laissera les plantes marines quelques heures dans l'eau douce, que l'on changera plusieurs fois, afin de faire dissoudre le sel marin dont elles sont imprégnées : sans cette précaution, la plante, quoique desséchée en apparence, attirerait peu après l'humidité de l'air, se pourrirait et gâterait les autres. Il faut, avant de les mettre en presse, les tenir, pendant quelque temps, dans des linges bien secs, et ne leur faire éprouver qu'une médiocre pression. Celles qui sont molles, divisées en filamens capillaires, comme la plupart des conferves, des ceramium, etc., exigent une préparation particulière. Il faudrait des peines infinies pour les disposer convenablement sur le papier : on y parvient bien plus facilement en mettant dans un vase plein d'eau, à large surface, les individus qu'on veut conserver; ils se développent et s'y étalent dans leur position naturelle : alors on glisse dans le fond du vase la feuille de papier destinée à les recevoir; on la soulève peu à peu jusqu'à ce qu'on soit parvenu à la surface de l'eau; la plante s'applique sur le papier, s'y étend dans l'ordre de ses ramifications et y reste collée. S'il survient quelque léger désordre, on y remédie en rangeant les rameaux avec la

pointe d'un stylet ; on laisse sécher le papier à l'air, et lorsqu'il est à peu près sec, on lui fait subir, entre plusieurs
feuilles de papier, une légère pression, pour éviter qu'il ne
se chiffonne. C'est de cette manière que l'on compose ces jolis
tableaux de plantes marines les plus délicates.

Pour bien dessécher les plantes, il faut se pourvoir d'une
provision de papier gris peu collé : on forme d'abord un lit
de trois ou quatre feuilles de papier bien sec ; on y étend une
plante avec soin, et, le plus qu'il est possible, dans son port
naturel, en développant toutes ses parties de manière qu'elles
ne se recouvrent pas les unes les autres. Pour cela, il faut ou
élaguer quelques rameaux, ou glisser, entre les parties qui
se touchent, un morceau de papier ; précaution nécessaire,
particulièrement pour les pétales et les organes sexuels : on
peut fendre dans leur longueur les tiges trop épaisses ou trop
dures ; il faut même le faire sur quelque portion séparée,
afin qu'on puisse reconnaître le canal médullaire et la disposition de la moelle. Le calice de certaines composées à grosses
fleurs doit être soumis à la même opération, mais de manière
qu'il y reste assez de fleurons et de semences ; on aplatit avec
précaution et à mesure qu'elles se fanent les tiges des plantes
herbacées ; en général, il faut éviter les épaisseurs et les
bosses qui empêcheraient la compression d'agir sur toutes les
parties de la plante. On ne doit pas négliger de joindre aux
échantillons d'arbres ou d'arbrisseaux des fragmens d'écorce
enlevés sur le tronc, les branches et les jeunes rameaux,
avec des numéros qui indiquent à quelle partie de l'arbre ils
appartiennent ; il faut encore avoir soin de dessécher séparément les différentes parties des fleurs, le calice, la corolle
ouverte et fendue, quand elle est monopétale ; les organes
sexuels, etc.

On soumet momentanément, avec des lames de plomb ou
des pièces de monnaie, les parties rebelles des plantes, tandis que l'on arrange les autres : il ne faut retirer les plombs
qu'après avoir recouvert la plante d'une nouvelle feuille de
papier, que l'on maintient d'une main, tandis que, de l'autre,
on enlève les plombs. On forme un second lit de papier semblable au premier, pour y placer une nouvelle plante, jusqu'à
ce qu'on en ait arrangé ainsi douze à quinze ; on recouvre
cette pile d'une planche de la grandeur du papier, et l'on
forme pardessus une pile semblable à la première, et ainsi de
suite jusqu'à ce que l'on ait placé toute sa récolte. Les plan-

ches empêchent la communication de l'humidité d'une pile à l'autre, et rendent la pression plus égale ; on charge le tout de quelque corps pesant, ou l'on se sert d'une presse, dont on ménage la force à volonté.

Le succès de cette opération consiste dans une prompte dessiccation. Pour l'obtenir, il faut changer souvent les plantes de papier jusqu'à ce qu'elles soient parfaitement sèches : on ne les laissera pas plus de douze à quinze heures les premières fois, vingt-quatre et plus à mesure que l'on approchera de la dessiccation. Comme il est des plantes plus ou moins sèches ou charnues, je conseille de composer chaque paquet de plantes à peu près de même consistance, telles que les graminées, les fougères, qui se dessèchent très-rapidement, surtout lorsqu'elles sont seules ; si on les mêle avec d'autres plus grasses, elles participent à leur humidité.

Pour changer les plantes de papier, il faut quelques précautions : il en est beaucoup qui se fripent dès qu'on y touche, ou se collent au papier à un tel point, qu'il est presque impossible de les déplacer sans les gâter. Le moyen de parer à cet inconvénient est d'enlever avec précaution la feuille qui les recouvre, en commençant par le bas, et retenant avec la lame d'un couteau les parties de la plante qui viennent avec la feuille supérieure : cela fait, on recouvre d'un papier sec la plante restée sur son premier papier, que l'on retourne en plaçant la nouvelle feuille en dessous ; on passe la main dessus en appuyant légèrement, et l'on enlève ensuite la feuille mouillée avec les mêmes précautions. Par ce moyen, la plante se trouve sur un nouveau papier sans avoir été dérangée.

La première pression doit être faible : il ne s'agit que de soumettre les plantes ; trop forte, elle ferait extravaser les sucs, écraserait la plante et la noircirait. Les suivantes seront graduellement plus fortes ; on les diminuera à mesure que l'on remarquera que la plante avance vers son desséchement : on peut, avant de les mettre en presse, laisser un peu faner les plantes dont les feuilles sont roides et dures, comme celles des chardons, etc. Elles se soumettent avec plus de facilité ; d'autres au contraire, qui mollissent et se fanent très-rapidement, exigent d'être disposées presque aussitôt qu'elles sont cueillies, telles que les nicotianes, les arroches, etc.

Après avoir changé les plantes de papier, il est bon de les laisser exposées pendant quelques heures à la libre circulation de l'air avant de les comprimer de nouveau. Les mousses, les graminées, les feuilles de beaucoup d'arbres se dessèchent assez promptement; mais les plantes grasses veulent plus de soins. Il est des personnes qui, pour en accélérer la dessication, passent à différentes reprises un fer chaud sur les papiers qui les recouvrent; d'autres les mettent une heure ou deux dans un four dont la chaleur puisse être supportée par la main; mais ces moyens rendent souvent les plantes cassantes. M. de Lamarck emploie un autre moyen, c'est celui de piquer avec un stylet ou une aiguille les parties tendres et succulentes de ces végétaux : leur suc propre s'évapore promptement par ces piqûres; mais, pour ne point commettre d'erreur, il faut tenir note, dans l'herbier, de l'origine des points dont les parties piquées des plantes restent chargées. Il y a telles de ces plantes grasses qui se conservent vivantes, quoiqu'en presse, continuent à végéter, fleurissent malgré les pressions qu'on leur donne. On évite cet inconvénient en les plongeant pendant quelques momens dans l'eau bouillante, avant de procéder à leur dessiccation : on les tue par ce procédé indiqué par **M. de Clairville**, dans le *Botaniste sans maître*.

Une plante bien desséchée doit avoir de la souplesse dans toutes ses parties, et conserver la couleur de ses feuilles et de ses pétales ; mais ces derniers, quand ils sont aqueux, de couleur rouge, violette ou bleue, s'altèrent très-souvent, quelque soin que l'on prenne pour leur dessiccation. Quelques-uns cependant emploient le moyen suivant : après avoir disposé la plante dans le papier de la manière que je viens d'indiquer, ils recouvrent la pile de quelques autres feuilles de papier, sur lesquelles ils étendent du sablon fin, de l'épaisseur d'un pouce : ils l'exposent ainsi, pendant plusieurs jours, à la chaleur du soleil; l'humidité s'échappe à travers les interstices que laissent les grains de sable; la dessiccation étant plus prompte, les couleurs se conservent mieux.

Dans les longues excursions et les voyages, il n'est pas toujours possible de prendre, pour dessécher les plantes, toutes les précautions exposées jusqu'ici : il faut alors se conformer aux circonstances, être moins sévère pour l'arrangement des individus, et suppléer, le mieux possible, aux commodités qui nous manquent. Dans mes voyages, quand mes courses devaient durer plusieurs jours, j'avais coutume d'emporter, outre la boîte de fer blanc, un carton rempli de papier gris; j'y plaçais, à mesure que je les cueillais, les plantes les plus difficiles à conserver : le soir je vidais ma boîte ; je distribuais mes papiers en plusieurs paquets ficelés fortement entre deux cartons ; je les plaçais la nuit entre mes matelas ; le jour, si j'étais dans une voiture, je les glissais sous les coussins des siéges. La chaleur du corps humain dessèche les plantes avec une promptitude étonnante, surtout si l'on a la facilité de les changer de papier : si on ne le peut pas, il faut alors rendre les paquets moins épais.

Quand les plantes sont parfaitement sèches, on les met dans un fort papier, une seule en liberté dans chaque feuille, ou retenues seulement par quelques épingles, mais sans les coller. On ne fixera que les mousses, les jongermannes, quelques lichens, etc., avec un peu de gomme adragante dissoute dans l'eau, en ajoutant de petites touffes libres pour conserver le port de ces plantes : il ne faut pas se hâter de ranger trop tôt les plantes dans l'herbier ; il vaut mieux les tenir à part encore quelque temps, en chargeant les paquets d'un poids léger pour empêcher les crispations. Quelque bien desséchées que les plantes paraissent être, il est rare qu'il ne reste point encore un peu d'humidité dans les tiges et autres parties épaisses. A mesure que les plantes entrent dans l'herbier, il faut répandre dans les paquets du camphre pulvérisé, du poivre ou quelque autre aromate propre à en éloigner les insectes, au moins pendant quelque temps. Ces insectes destructeurs font la désolation du botaniste : on ne s'en débarrasse qu'en visitant l'herbier très-souvent ; mais cette opération ne peut être répétée fréquemment quand les collections sont considérables : le meilleur moyen alors est de passer légèrement sur chaque plante, avec un pinceau, une dissolution de sublimé corrosif dans de l'esprit-de-vin. L'herbier doit être placé dans un lieu sec et à l'ombre autant qu'il est possible : il en est qui le renferment dans des boîtes, d'autres le tiennent à l'air, disposé par ordre sur des tablettes, en paquets d'une médiocre épaisseur. Ce dernier moyen est plus facile pour les recherches, l'autre plus favorable pour la conservation des plantes. Chaque plante doit être accompagnée d'une étiquette, fixée avec une épingle, portant le nom générique et spécifique de la plante, son lieu natal, le jardin d'où elle vient, si c'est une plante cultivée ; le nom de la personne qui nous l'a donnée, surtout si elle nous vient d'un auteur, et si cette plante est mentionnée dans ses ouvrages. Ces sortes d'échantillons sont très-précieux. Il faut ajouter un numéro à celles qui ont été recueillies par nous : ce numéro renvoie à un journal, dans lequel se trouvent mentionnées nos observations particulières.

L'étude des fruits est si importante pour la connaissance parfaite des végétaux, qu'il est difficile, sans elle, de pouvoir déterminer les caractères les plus essentiels d'un grand nombre de genres : on y supplée, il est vrai, par l'examen de l'ovaire, mais presque toujours d'une manière très-imparfaite ; d'un autre côté, il est impossible de pouvoir renfermer dans un herbier les fruits d'un grand nombre de plantes. Il faut donc en faire une collection particulière, collection trop négligée, et cependant non moins précieuse que celle de l'herbier : elle doit être rangée dans le même ordre, et tenue dans des cases, boîtes ou bocaux séparés, selon la nature et la grosseur des fruits, avec une étiquette extérieure portant le nom du fruit que renferme chaque boîte. La plupart de ces fruits n'exigent guère d'autre soin que d'être recueillis à l'époque de leur maturité ; mais il en est d'une conservation très-difficile, tels que les baies, les drupes, les fruits pulpeux, charnus, aqueux, etc. Il faut les faire dessécher le plus possible, en les exposant au soleil, à la chaleur modérée d'un four, dans du sable bien sec, etc. : leur forme extérieure disparaîtra, mais du moins leurs semences seront conservées, ainsi que le nombre et la disposition des loges. Quand on voudra les étudier, il suffira de les mettre, pendant quelque temps, tremper dans de l'eau tiède.

Comme les jardins de botanique et autres ne s'enrichissent que par les graines recueillies dans différentes contrées, je terminerai ce chapitre par quelques observations sur la récolte, la conservation et l'envoi de ces graines. Le moment de les récolter est lorsqu'elles sont bien mûres, ce qui se reconnaît facilement toutes les fois que les fruits se détachent de leurs pédoncules sans effort, ou ceux-ci de la branche à laquelle ils sont attachés ; on peut encore les couper transversalement pour s'assurer si l'amande est solide et le germe bien formé : alors on se munira d'un certain nombre de cornets de papier tout disposés pour les remplir chacun de graines particulières, surtout de celles qui s'échappent de leurs loges ; il faut lier avec un fil les capsules ou siliques qui contiennent des semences fort menues et qui se détachent facilement.

Il est bon de conserver les graines dans leurs capsules, gousses, siliques, cônes, etc., et même dans leurs fruits lorsque leur pulpe est de nature à pouvoir se dessécher ; cependant, s'il en résultait un volume trop considérable, il n'y aurait pas un grand inconvénient à détacher une partie des graines de leur péricarpe. On étendra et on laissera sécher a l'ombre, pendant quelque temps, les semences ou les fruits récemment récoltés, pour faire dissiper l'humidité surabondante qu'ils contiennent, sans quoi, réunis en masse, ils fermenteraient, et le germe périrait.

Les semences dures, osseuses, coriaces et huileuses, comme celles des lauriers, des myrtes, des palmiers, des châtaigniers, des chênes et autres qui perdent leur propriété germinative en moins de six semaines, si elles ne peuvent être semées ou parvenir avant ce temps à leur destination, seront mises, lits par lits, dans des caisses remplies de mousse et d'un peu de terre dont on entretiendra l'humidité : ces caisses auront un couvercle qui s'ouvrira à volonté ; elles seront exposées, autant qu'il sera possible, à l'air libre, dans les temps doux. Les autres graines seront renfermées dans des sacs de fort papier, et envoyées à leur destination le plus tôt possible, ou conservées avec soin dans des lieux secs pour être employées dans le temps convenable.

CHAPITRE IX.

Méthode de Tournefort.

Aucune méthode ne s'est présentée sous une apparence plus séduisante que celle de Tournefort, surtout à l'époque où elle parut. Prendre les différentes formes de la corolle pour la formation des classes, c'était fixer l'attention sur la partie des plantes la plus propre à exciter notre admiration, ainsi que la plus agréable pour l'observation. Aussi cette ingénieuse distribution fut-elle reçue avec un enthousiasme qui a duré presque jusqu'à nos jours, et que nous n'avons abandonnée qu'à regret, à raison de son insuffisance pour la classification d'un très-grand nombre de plantes inconnues du temps de Tournefort. Malgré cela, ce célèbre auteur n'a rien perdu d'une réputation si justement méritée : on ne peut oublier qu'il a, le premier, établi, parmi les végétaux, un ordre qui n'existait pas avant lui; que, le premier, il a fait sentir la nécessité de fixer les limites des genres, de les composer d'espèces mieux déterminées, et, en même temps, d'exposer les principes de la science tels à peu près qu'ils existent encore aujourd'hui; principes développés dans son *Isagoge rei herbariæ*, monument immortel de son génie créateur et de sa profonde érudition.

Pour arriver à la formation de ses classes, Tournefort divise d'abord les plantes en *herbes* et en *arbres* : il réunit aux *herbes* les *sous-arbrisseaux*, plantes ligneuses très-basses et sans boutons; les *arbrisseaux* aux *arbres*.

Reprenant chacune de ces divisions, il distingue les fleurs en *pétalées* ou pourvues d'une corolle; en *apétalées*, privées d'une corolle. Les fleurs *pétalées* sont *simples* lorsqu'il n'y a qu'une seule fleur dans chaque calice; elles sont *composées* lorsqu'il existe plusieurs fleurs dans un calice commun. Les fleurs *simples* sont *monopétalées*, pourvues d'une corolle d'une seule pièce; *polypétalées*, quand la corolle est composée de plusieurs pièces ou pétales.

La corolle *monopétalée* est *régulière* ou *irrégulière* : la première conduit aux deux premières classes, les CAMPANIFORMES, les INFUNDIBULIFORMES; la seconde conduit à la troisième et à la quatrième classes, les PERSONNÉES, les LABIÉES.

La corolle *polypétalée* est aussi *régulière* ou *irrégulière* : la première renferme cinq classes, les CRUCIFORMES, les ROSACÉES, les OMBELLIFÈRES, les CARYOPHYLLÉES, les LILIACÉES; la seconde renferme deux classes, les PAPILIONACÉES, les ANOMALES.

Les fleurs *composées* forment, sans aucune sous-division, les FLOSCULEUSES, les SEMI-FLOSCULEUSES, les RADIÉES[1].

Les *apétalées*, ou les fleurs dépourvues de corolle, constituent les PLANTES A ÉTAMINES, SANS FLEURS, SANS FLEURS NI FRUITS.

Les arbres ou arbrisseaux se divisent en *apétalés* ou *pétalés* : les premiers produisent les APÉTALÉS PROPREMENT DITS, les AMENTACÉS; les seconds sont MONOPÉTALÉS OU PO-

---

[1] Tournefort a réuni aux fleurs composées les *scabieuses*, les *dipsacées*, les *globulaires* dont les fleurs sont *agrégées* et non *composées proprement dites*, n'ayant pas leurs anthères réunies, étant d'ailleurs pourvues d'un calice propre, quelquefois double.

LYPÉTALÉS. Les *monopétales* n'ont aucune sous-division; les *polypétalés* sont *réguliers* ou *irréguliers* : les premiers forment la classe des ROSACÉES, les seconds celle des PAPILIONACÉES, d'où résulte la table ci-jointe.

Les sous-divisions ou sections de chacune de ces classes sont établies sur les modifications de la forme de la corolle, sur la nature, le volume, la structure des fruits, et leur situation relativement au calice; sur la composition et la disposition des feuilles.

TABLEAU DE LA MÉTHODE DE TOURNEFORT.

CLASSES.

				CLASSES
HERBES OU SOUS-ARBRISSEAUX À FLEURS	Pétalées	Simples	Monopétalées — Régulières	1. CAMPANIFORMES.
				2. INFUNDIBULIFORMES.
			Monopétalées — Irrégulières	3. PERSONNÉES.
				4. LABIÉES.
			Polypétalées — Régulières	5. CRUCIFORMES.
				6. ROSACÉES.
				7. OMBELLIFÈRES.
				8. CARYOPHYLLÉES.
				9. LILIACÉES.
			Polypétalées — Irrégulières	10. PAPILIONACÉES.
				11. ANOMALES.
		Composées		12. FLOSCULEUSES.
				13. SEMI-FLOSCULEUSES.
				14. RADIÉES.
	Apétalées			15. A ÉTAMINES.
				16. SANS FLEURS.
				17. SANS FLEURS NI FRUITS
ARBRES ET ARBRISSEAUX À FLEURS	Apétalées			18. APÉTALÉES.
				19. AMENTACÉES.
	Pétalées	Monopétalées		20. MONOPÉTALÉES.
		Polypétalées	Régulières	21. ROSACÉES.
			Irrégulières	22. PAPILIONACÉES.

Malgré tout l'intérêt que dut inspirer la méthode de Tournefort, dans un temps où les plantes connues étaient bien moins nombreuses qu'aujourd'hui, et la botanique presque sans principes, cette méthode, comme toutes celles qui ne seront qu'artificielles, renfermait des défauts essentiels, bien plus apparens aujourd'hui, et ne pouvait être d'une application universelle. Il n'est plus permis de séparer des herbes les arbrisseaux et les arbres, les uns et les autres étant reconnus exister également dans presque toutes les familles et quelquefois dans les mêmes genres : il ne faudrait avoir aucune connaissance des rapports naturels pour conserver une telle division. Il serait impossible d'établir maintenant une ligne de séparation bien tranchée entre les deux premières classes, les *campaniformes* et les *infundibuliformes*, outre que cette séparation détruit des rapports très-naturels : la classe des plantes à fleurs *rosacées*, telle que Tournefort l'a établie, contiendrait seule presque un quart des végétaux connus, tandis que celle des *caryophyllées* en comprendrait à peine la cent cinquantième partie. Les *liliacées* ne sont point toutes polypétalées, ni toutes régulières : il faut y joindre la considération du fruit; ce qui est un grand défaut dans une méthode, et en contradiction même avec les principes de Tournefort.

Les sections ou divisions des classes offrent un plus grand nombre de difficultés, beaucoup d'insuffisance dans les caractères imparfaitement circonscrits. Quoiqu'ils doivent être uniquement fondés sur les fruits, on voit plusieurs fois les feuilles elles-mêmes et autres parties y concourir. Les genres sont trop vaguement déterminés; les espèces et les variétés trop souvent confondues : il n'en résulte pas moins que Tournefort a fait faire un très-grand pas à la science; qu'il y a répandu une grande clarté, et ramené l'ordre dans des principes jusqu'alors vagues et obscurs.

CHAPITRE X.

Système sexuel de Linné.

Après le choix que Tournefort avait fait de la corolle pour base de sa méthode, il devait paraître bien difficile d'en établir une autre sur aucune partie des fleurs plus propre à intéresser ; mais la découverte des sexes dans les végétaux fixa l'attention sur ces organes délicats : ils furent regardés avec raison comme les plus essentiels, et d'une nécessité indispensable pour la fécondation des fruits. Dès-lors la corolle, malgré tout son éclat, ne fut plus considérée que comme une enveloppe brillante, destinée à les protéger. L'importance des étamines et des pistils, dans l'acte de la génération, détermina Linné à les prendre pour base de son *système sexuel*, qu'il signala sous le nom séduisant de *noces des plantes* : les étamines furent considérées comme les maris, et lui servirent à établir ses classes ; les pistils, considérés comme femmes, formèrent les ordres ou sections. Mais comme il existe un ordre de plantes dans lesquelles ces organes sexuels sont nuls ou très-obscurs, Linné forma d'abord deux grandes coupes ; savoir, les plantes dont les parties de la fructification sont très-apparentes, les *phanérogames*[1] : ce sont les noces publiques ; celles dont la fructification est cachée ou très-obscure, les *cryptogames* : ce sont les noces clandestines.

A partir de ces deux grandes divisions, reprenant la première, les plantes *phanérogames*, Linné reconnut que, quoique le plus grand nombre des plantes réunisse les deux sexes dans chaque fleur, savoir, les étamines et les pistils, il

---

[1] Ce terme est moderne : il n'a point été employé par Linné.

s'en trouvait beaucoup d'autres qui n'avaient qu'un sexe; que les étamines existaient seules dans une fleur et les pistils dans une autre; nouvelle division qui amena, 1°. les fleurs hermaphrodites ou *monoclines;* 2°. les fleurs unisexuelles ou *diclines.* Dans la première, les maris habitent avec leurs femmes; dans la seconde, ils en sont séparés.

Considérant ensuite les attributs des étamines, ou l'ordre que la nature a établi entre ces maris, il en résulte, 1°. que, dans certaines fleurs, toutes les étamines sont libres, séparées les unes des autres, sans aucune proportion dans leur longueur respective; 2°. qu'il s'en trouve de plus courtes, c'est-à-dire que quelques-uns des maris dominent les autres par leur longueur; 3°. que, dans d'autres fleurs, les étamines sont réunies, par leurs filamens, en un, deux ou plusieurs paquets, de telle sorte, que les maris, considérés comme frères, ne sont qu'un, deux ou plusieurs frères, selon le nombre des paquets.

Les étamines libres et sans proportion dans leur longueur respective donnent lieu à la formation des treize premières classes établies d'après le nombre des étamines qui se trouvent dans chaque fleur : ce sont des maris tous égaux.

I. MONANDRIE [1]. Une étamine ou un seul mari.

II. DIANDRIE. Deux étamines ou deux maris.

III. TRIANDRIE. Trois étamines ou trois maris.

IV. TÉTRANDRIE. Quatre étamines ou quatre maris.

V. PENTANDRIE. Cinq étamines ou cinq maris.

VI. HEXANDRIE. Six étamines ou six maris.

VII. HEPTANDRIE. Sept étamines ou sept maris.

VIII. OCTANDRIE. Huit étamines ou huit maris.

IX. ENNÉANDRIE. Neuf étamines ou neuf maris.

X. DÉCANDRIE. Dix étamines ou dix maris.

XI. DODÉCANDRIE. Douze étamines ou douze maris.

XII. ICOSANDRIE. Plus de douze étamines attachées sur le réceptacle.

XIII. POLYANDRIE. Plus de douze étamines attachés sur le réceptacle [2].

---

[1] Tous ces noms classiques sont composés de deux mots grecs : le premier est *numérique*, le second signifie *homme.*

[2] On voit que ces deux dernières classes, lorsqu'il y a plus de douze étamines, sont établies sur l'insertion de ces étamines.

Dans les fleurs où il se trouve deux étamines plus courtes, il y a subordination entre les maris; deux ou quatre dominent les deux autres : d'où résultent les deux classes suivantes :

XIV. DIDYNAMIE. Deux étamines plus longues ou deux maris plus puissans.

XV. TÉTRADYNAMIE. Quatre étamines plus longues ou quatre maris plus puissans.

Les étamines réunies entre elles par quelques-unes de leurs parties ou avec le pistil donnent :

XVI. MONADELPHIE. Les étamines réunies par leurs filamens en un seul paquet. Les maris ne forment qu'un seul frère.

XVII. DIADELPHIE. Les étamines réunies par leurs filamens en deux paquets. Les maris forment deux frères, ordinairement neuf réunis en un, un seul séparé.

XVIII. POLYADELPHIE. Les étamines réunies par leurs filamens en plusieurs paquets. Plusieurs groupes de frères.

XIX. SYNGÉNÉSIE ou fécondation simultanée. Les étamines rapprochées en cylindre par leurs anthères.

XX. GYNANDRIE. Etamines insérées sur le pistil. Les maris attachés aux femmes.

Dans les fleurs unisexuelles, les deux sexes étant séparés, se trouvent sur le même individu ou sur des individus distincts; quelquefois aussi des fleurs hermaphrodites se mêlent aux fleurs unisexuelles : d'où,

XXI. MONOECIE. Etamines et pistils dans des fleurs séparées, mais sur le même individu.

XXII. DIOECIE. Etamines et pistils dans des fleurs séparées, sur des individus distincts.

XXIII. POLYGAMIE. Fleurs hermaphrodites parmi des fleurs unisexuelles.

XXIV. CRYPTOGAMIE. Fructification cachée. Noces clandestines.

Après s'être emparé des *étamines* ou des maris pour établir les classes de son système, Linné emploie les *pistils* ou les femmes pour la formation de ses ordres : il les caractérise d'après le nombre des pistils qui existent dans chaque fleur. Il en a fait l'application à ses treize premières classes, sous les noms de *monogynie*, *digynie*, *trigynie*, *tétragynie*, *pentagynie*, *polygynie*, etc.; expressions composées de deux mots grecs. Le premier est numérique, le second appartient à la femme ; mais le nombre des pistils n'ayant pas pu être également employé pour toutes les classes, il a fallu avoir recours à d'autres organes, à la grandeur respective des fruits dans la XIVe et XVe classes, à l'avortement ou à la stérilité du pistil dans la *syngénésie*.

TABLEAU DU SYST UEL DE LINNÉ.

NOCE TES.

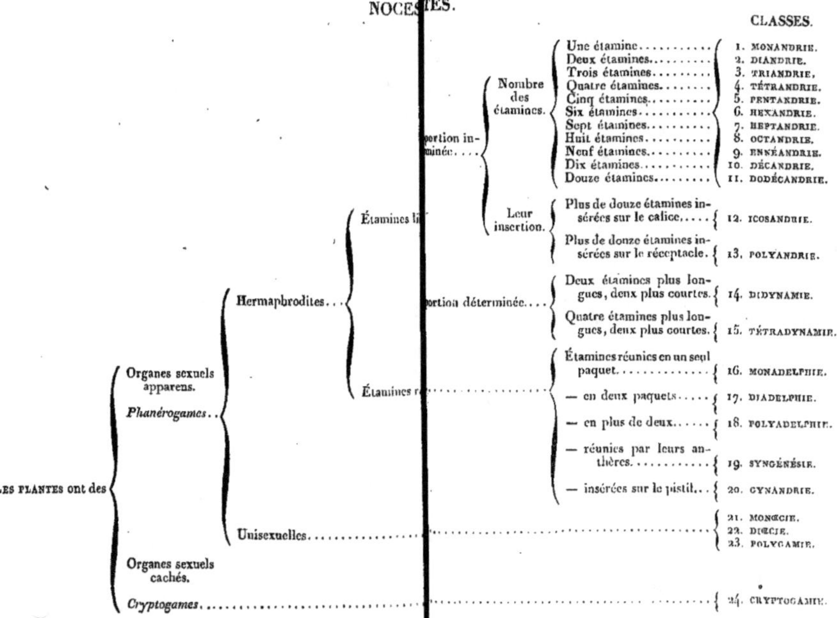

CLASSES.

- LES PLANTES ont des
  - Organes sexuels apparens. *Phanérogames*..
    - Hermaphrodites...
      - Étamines li
        - portion in- minée....
          - Nombre des étamines.
            - Une étamine.......... 1. MONANDRIE.
            - Deux étamines......... 2. DIANDRIE.
            - Trois étamines......... 3. TRIANDRIE.
            - Quatre étamines........ 4. TÉTRANDRIE.
            - Cinq étamines.......... 5. PENTANDRIE.
            - Six étamines........... 6. HEXANDRIE.
            - Sept étamines.......... 7. HEPTANDRIE.
            - Huit étamines.......... 8. OCTANDRIE.
            - Neuf étamines.......... 9. ENNÉANDRIE.
            - Dix étamines........... 10. DÉCANDRIE.
            - Douze étamines......... 11. DODÉCANDRIE.
          - Leur insertion.
            - Plus de douze étamines insérées sur le calice..... 12. ICOSANDRIE.
            - Plus de douze étamines insérées sur le réceptacle. 13. POLYANDRIE.
        - portion déterminée....
          - Deux étamines plus longues, deux plus courtes. 14. DIDYNAMIE.
          - Quatre étamines plus longues, deux plus courtes. 15. TÉTRADYNAMIE.
      - Étamines r.................
        - Étamines réunies en un seul paquet............. 16. MONADELPHIE.
        - — en deux paquets..... 17. DIADELPHIE.
        - — en plus de deux...... 18. POLYADELPHIE.
        - — réunies par leurs anthères........... 19. SYNGÉNÉSIE.
        - — insérées sur le pistil.. 20. GYNANDRIE.
    - Unisexuelles..
      - 21. MONŒCIE.
      - 22. DIŒCIE.
      - 23. POLYGAMIE.
  - Organes sexuels cachés. *Cryptogames*.. 24. CRYPTOGAMIE.

Tel est ce système si célèbre, tant loué par les uns, si amèrement critiqué par d'autres. On y trouve de grands défauts, sans doute; mais la plupart sont inévitables dans toute méthode artificielle, telle que la dispersion de genres, très-rapprochés d'ailleurs dans l'ordre de la nature; des anomalies quand on est forcé de prendre, pour base des classes et des ordres, une ou deux parties seulement dans les fleurs. Ainsi, il arrive que plusieurs espèces du même genre n'ont pas toujours le nombre d'étamines indiquées par le caractère classique, telles que les valérianes, les gentianes, les lauriers, les polygonum, etc.; que d'autres n'offrent que très-faiblement le caractère de leur genre; que, dans d'autres, la distinction entre plusieurs genres est si peu marquée, qu'on ne sait quelquefois auquel rapporter l'espèce que l'on cherche à classer.

Malgré ces inconvéniens, malgré les déclamations injurieuses auxquelles se sont livrés opiniâtrément certains auteurs jaloux de la gloire de Linné, son système sexuel n'a pas moins été généralement adopté : on a reconnu qu'il n'en existait aucun plus propre à faciliter l'étude des végétaux, offrant, pardessus tous les autres, l'avantage de pouvoir y trouver toutes les plantes connues, et d'y placer toutes celles que de nouvelles recherches peuvent faire découvrir.

Si les défauts de ce système, quand on commence à en faire usage, font naître quelques difficultés, elles disparaissent en partie à mesure qu'on avance dans cette étude. Bien certainement celui qui n'aurait jamais vu de valérianes, et qui aurait à déterminer une de ces espèces qui n'ont qu'une ou deux étamines, ou qui sont dioïques, n'ira pas la chercher dans la *triandrie*; mais s'il connaît déjà quelques espèces de ce genre, il s'apercevra aisément que, le nombre des étamines excepté, ces espèces possèdent tous les autres caractères particuliers à ce genre.

« En voulant critiquer Linné avec tant de rigueur, dit l'estimable M. de Clairville, et exiger partout une perfection, une précision, pour ainsi dire mathématique, on bouleverserait bientôt son système : il vaudrait beaucoup mieux que ceux qui trouvent tant de défauts s'occupassent avant tout d'en créer un meilleur; autrement, nous pourrions nous trouver dans le cas de cet homme inconsidéré, qui, pour quelques petits inconvéniens, commencerait par abattre sa maison, sans avoir pensé à un abri, laissant au hasard le soin de l'en pourvoir.... Au reste, quel ouvrage de l'homme est sans défaut? ajoute le même auteur. Au lieu de relever ceux de Linné avec amertume, de s'y appesantir avec humeur, admirons plutôt le beau génie qui a élevé en si peu de temps la botanique au niveau des autres sciences, et qui, en outre, nous a laissé, par ses excellens préceptes, des moyens de le corriger lui-même [1]. »

Il est d'autant plus important de nous familiariser avec le système sexuel, qu'aujourd'hui la plupart des *Species plantarum* et des flores particulières sont disposés d'après cette classification. Il est bon aussi de connaître la méthode de Tournefort : elle nous apprend à bien distinguer les formes variées de la corolle; elle nous offre de beaux fragmens de familles naturelles. Avec Tournefort, nous formons des bouquets, nous tressons des guirlandes : elles nous servent d'introduction pour assister aux noces des plantes célébrées par Linné au milieu des étamines et des pistils. Il est encore avantageux de faire concourir, pour les plantes de France, la méthode analytique de M. de Lamarck avec celle de Linné. C'est ajouter à nos jouissances que de pouvoir arriver, par des routes différentes, à la connaissance de la même plante : il en résulte un plus grand degré de certitude. Il ne faut pas non plus négliger, à mesure que l'on se familiarise avec les familles naturelles, l'étude des rapports trop souvent interrompus dans les méthodes artificielles : cette douce occupation exerce agréablement nos facultés intellectuelles, surtout si, dans les commencemens, nous pouvons être guidés par quelqu'un qui nous aide dans nos premières recherches.

---

[1] Voyez le *Botaniste sans maitre*, pag. 270 et 296 ; ouvrage que j'ai déjà cité avec éloge, et dont je ne peux trop conseiller la lecture à tous ceux qui voudront avoir du système de Linné une connaissance plus parfaite, et en saisir le véritable esprit. Ce sont des lettres qui font suite à celles de J.-J. Rousseau, sur la botanique, et dont M. de Clairville a tellement suivi le plan et le style, qu'on y retrouve les aimables leçons de la plume qui a tracé les premières. Cet ouvrage est peu connu : son modeste auteur, qui ne recherche ni la célébrité, ni les prôneurs, vit heureux au milieu des Alpes, dans le sein de la nature, livré tout entier à l'étude de ses plus belles productions. Ainsi a vécu ce respectable pasteur de Martigny, Murith, que la mort a enlevé, il y a peu d'années, aux sciences et à ses amis. Il a publié le *Guide du Voyageur dans le Valais*, ouvrage écrit, comme le précédent, avec beaucoup de simplicité, sans prétention, par le seul amour de la science, bien différent de la plupart de ceux que l'on publie dans les grandes villes.

CHAPITRE XI.

Familles naturelles de M. de Jussieu.

L'ÉTUDE des familles naturelles est le complément de la science du botaniste; elle en est le véritable but. Il ne suffit pas, pour être initié dans les mystères de la nature, d'étudier les objets isolément; il faut encore connaître les rapports qui existent entre eux, les lois générales qui les dirigent, cette affiliation admirable qui lie tous les êtres par une graduation presque insensible, enfin la véritable place qu'occupe, dans la longue chaîne des êtres, l'individu que nous examinons.

On conçoit que, pour arriver à ce degré de perfection dans l'étude des plantes, il faut un génie observateur, une longue expérience; qu'il faut avoir beaucoup vu, beaucoup comparé. Il n'est plus possible de suivre ici l'ordre établi dans les méthodes artificielles, plus faciles à la vérité, mais qui, appuyées sur la considération de quelques parties exclusives, se bornent à une classification qui trouble, interrompt presque à chaque pas l'ordre des rapports naturels, et forme souvent, dans le rapprochement des genres, une association monstrueuse, telle que, dans Tournefort, le muguet mis à la suite de la belladone; dans Linné, le safran placé dans la même classe que la valériane, etc.

La famille est donc un groupe de genres liés entre eux par des caractères généraux, comme les espèces le sont dans le genre: ces familles, rapprochées et disposées les unes à la suite des autres d'après leurs rapports plus ou moins prochains ou éloignés, doivent former la *méthode naturelle*, dont l'établissement ne peut être complet qu'autant qu'il n'existera entre les familles aucune interruption, c'est-à-dire qu'elles se suivront de manière à ce que l'on puisse passer successivement de l'une à l'autre par des nuances presque insensibles, et que toutes les plantes connues puissent y trouver place. Ces familles sont fondées particulièrement sur ceux des organes de la reproduction qui ont le plus d'importance, qui offrent les formes les plus constantes, et dont l'influence se fait reconnaître dans presque toutes les autres parties de la plante, telles que la structure de l'embryon et l'insertion des étamines. Ces premières considérations servent au rapprochement des familles; quant aux caractères particuliers qui les constituent, ils se tirent de toutes les parties de la fleur, sans en exclure la considération des autres organes.

La famille est, en quelque sorte, d'autant plus naturelle, qu'elle fournit un plus grand nombre de caractères communs aux genres qui la composent, tels que dans les *labiées*, les *crucifères*, etc., dont les organes de la reproduction ne diffèrent, dans chaque genre, que par des modifications souvent très-légères; tandis que, dans d'autres familles, telles que celles des *capparidées*, les genres qu'elles comprennent n'ont qu'un petit nombre de caractères communs.

Il est extrêmement avantageux, pour la facilité de l'étude, de chercher à établir de grandes divisions primaires et d'autres subdivisions pour la distribution des familles qui ne devraient, s'il était possible, jamais être éloignées les unes des autres par aucune méthode artificielle. M. de Jussieu les partage en trois grandes séries, à la vérité fort inégales, d'après la *structure de l'embryon*, dans lequel se trouvent renfermées toutes les formes arrêtées par la nature et indiquées par l'absence présumée, la présence et le nombre des cotylédons : d'où résultent les plantes *acotylédonées*, *monocotylédonées*, *dicotylédonées*. Chacune de ces trois grandes divisions amène, dans les plantes adultes, des différences frappantes, toujours faciles à reconnaître, même sans l'inspection des cotylédons.

Portant ensuite son attention sur l'influence que doivent avoir les organes sexuels dans les formes végétales, M. de Jussieu considère la situation des étamines relativement au pistil : il en résulte des modifications assez constantes, qui contribuent au rapprochement des familles et à leur arrangement méthodique. Elles fournissent trois grandes divisions également applicables aux plantes monocotylédonées et dicotylédonées. Les étamines sont, 1°. *épigynes*, c'est-à-dire insérées sur le pistil; 2°. *hypogynes*, placées sous le pistil ou mieux sur le réceptacle; 3°. *périgynes*, autour du pistil ou insérées sur le calice. En faisant l'application de ces trois divisions aux plantes apétalées, monopétalées, polypétalées, on obtient quinze classes, formant la première avec les plantes *acotylédonées*, et la dernière avec les plantes *diclines*, c'est-à-dire qui ont les étamines séparées des pistils dans des fleurs différentes. Depuis la publication de ses familles naturelles, M. de Jussieu a donné à chacune de ses classes un nom particulier relatif aux caractères qui les constituent. Je vais en présenter le tableau.

TABLEAU DE LA MÉTHODE NATURELLE DE M. DE JUSSIEU.

CLASSES.

				CLASSES
Plantes acotylédonées..........				I. ACOTYLÉDONÉES.
— Monocotylédonées..........		Étamines hypogynes..........		II. MONOHYPOGYNÉES.
		— périgynes..........		III. MONOPÉRIGYNÉES.
		— épigynes..........		IV. MONOÉPIGYNÉES.
— Dicotylédonées....	Apétalées....	Étamines épigynes..........		V. ÉPISTAMINÉES.
		— périgynes..........		VI. PÉRISTAMINÉES.
		— hypogynes..........		VII. HYPOSTAMINÉES.
	Monopétalées.	Corolles hypogynes..........		VIII. HYPOCOROLLÉES.
		— périgynes..........		IX. PÉRICOROLLÉES.
		— épigynes......	Anthères conjointes.	X. ÉPICORCLLÉES SYNANTHÉRÉES.
			Anthères disjointes.	XI. ÉPICOROLLÉES CORISANTHÉRÉES.
	Polypétalées..	Étamines épigynes..........		XII. ÉPIPÉTALÉES.
		— hypogynes..........		XIII. HYPOPÉTALÉES.
		— périgynes..........		XIV. PÉRIPÉTALÉES.
	Diclines irrégulières..........			XV. DICLINES.

Les quinze classes qui viennent d'être exposées renferment
les familles suivantes, que M. de Jussieu avait d'abord bornées à cent, qu'il a augmentées depuis considérablement, et
publiées dans différens mémoires, en attendant la nouvelle
édition qu'il prépare de son *Genera plantarum*. Je les présente ici telles qu'il les a communiquées à M. Mirbel pour ses
Elémens de physiologie végétale.

FAMILLES NATURELLES.

I. PLANTES ACOTYLÉDONÉES.

GENRES.

CLASSE I.
Acotylédonées....
1. Les algues.	....	*Fucus.*
2. Les champignons	......	*Agaricus.*
3. Les hypoxylées	....	*Veruccaria.*
4. Les lichens	....	*Usnea.*
5. Les hépatiques	....	*Marchantia.*
6. Les mousses	....	*Polytrichum.*
7. Les lycopodiacées	.....	*Lycopodium.*
8. Les fougères	....	*Pteris.*
9. Les cycadées	....	*Cycas.*
10. Les équisétacées	......	*Equisetum.*

II. PLANTES MONOCOTYLÉDONÉES.

CLASSE II.
Monohypogynées....
12. Les nymphéacées	......	*Nymphœa.*
13. Les saururées	....	*Saururus.*
14. Les pipéritées	....	*Piper.*
15. Les aroïdes	....	*Arum.*
16. Les typhinées	....	*Typha.*
17. Les cypéracées	....	*Cyperus.*
18. Les graminées	....	*Triticum.*

CLASSE III.
Monopérigynées...
19. Les palmiers	....	*Phœnix.*
20. Les asparaginées	......	*Asparagus.*
21. Les restiacées	....	*Restio.*
22. Les joncées	....	*Juncus.*
23. Les commelinées	......	*Commelina.*
24. Les alismacées	....	*Alisma.*
25. Les colchicées	....	*Colchicum.*
26. Les liliacées	....	*Lilium.*
27. Les bromeliacées	......	*Bromelia.*
28. Les asphodélées	......	*Asphodelus.*
29. Les narcissées	....	*Narcissus.*
30. Les iridées	....	*Iris.*

CLASSE IV.
Monoépigynées....
31. Les musacées	....	*Musa.*
32. Les amomées	....	*Amomum.*
33. Les orchidées	....	*Orchis.*
34. Les hydrocharidées	....	*Hydrocharis.*

III. PLANTES DICOTYLÉDONÉES.

* Apétalées.

CLASSE V.		GENRES.
Épistaminées.....	{ 35. Les aristolochiées......	*Aristolochia.*

CLASSE VI. *Péristaminées*....	36. Les osyridées.........	*Osyris.*
	37. Les myrobolanées.....	*Terminalia.*
	38. Les éléagnées.........	*Elæagnus*
	39. Les thymelées........	*Daphne.*
	40. Les protéacées........	*Protea.*
	41. Les laurinées........	*Laurus.*
	42. Les polygonées.......	*Polygonum*
	43. Les atriplicées........	*Atriplex.*

CLASSE VII. *Hypostaminées*....	44. Les amaranthacées....	*Amaranthus.*
	45. Les plantaginées......	*Plantago.*
	46. Les nictaginées.......	*Mirabilis*
	47. Les plumbaginées.....	*Plumbago.*

** Monopétalées.

CLASSE VIII. *Hypocorollées*....	48. Les primulacées.......	*Primula.*
	49. Les utriculinées.......	*Utricularia.*
	50. Les rhinanthées.......	*Rhinanthus*
	51. Les orobanchées......	*Orobanche.*
	52. Les acanthacées.......	*Acanthus.*
	53. Les jasminées........	*Jasminum.*
	54. Les verbenacées......	*Verbena.*
	55. Les labiées..........	*Betonica.*
	56. Les personnées.......	*Antirrhinum.*
	57. Les solanées.........	*Solanum.*
	58. Les borraginées.......	*Borrago.*
	59. Les convolvulacées....	*Convolvulus.*
	60. Les polémoniacées....	*Polemonium.*
	61. Les bignoniées.......	*Bignonia.*
	62. Les gentianées........	*Gentiana.*
	63. Les apocinées........	*Apocinum.*
	64. Les sapotées.........	*Sapota.*
	65. Les ardisiacées........	*Ardisia.*

CLASSE IX. *Péricorollées*....	66. Les ébénacées........	*Diospyros.*
	67. Les klénacées........	*Sarcolæna.*
	68. Les rhodoracées.......	*Rhododendrum.*
	69. Les épacridées........	*Epacris.*
	70. Les éricinées........	*Erica.*
	71. Les campanulacées....	*Campanula.*
	72. Les lobéliacées.......	*Lobelia.*
	73. Les stylidiées.........	*Stylidium.*

GENRES.

CLASSE X.

*Épicorollées synanthé-
rées*

(anthères conjointes).

74. Les chicoracées...... *Cichorium*
75. Les cinarocéphales.... *Carduus.*
76. Les corymbifères...... *Aster.*

CLASSE XI.

*Épicorollées corysan-
thérées*

(anthères disjointes).

77. Les dipsacées........ *Dipsacus.*
78. Les valérianées....... *Valeriana.*
79. Les rubiacées......... *Rubia.*
80. Les caprifoliées....... *Lonicera.*
81. Les loranthées........ *Loranthus.*

*** *Polypétalées.*

CLASSE XII.

Épipétalées.....

82. Les araliacées........ *Aralia.*
83. Les ombellifères...... *Daucus.*

CLASSE XIII.

Hypopétalées....

84. Les renonculacées..... *Ranunculus.*
85. Les papavéracées...... *Papaver.*
86. Les crucifères........ *Brassica.*
87. Les capparidées....... *Capparis.*
88. Les sapindées........ *Sapindus.*
89. Les acérinées......... *Acer.*
90. Les hippocratées...... *Hippocratea.*
91. Les malpighiacées.... *Malpighia.*
92. Les hypericées........ *Hypericum.*
93. Les guttifères........ *Cambogia.*
94. Les olacinées......... *Olax.*
95. Les aurantiacées...... *Citrus.*
96. Les ternstromiées.... *Ternstromia.*
97. Les théacées......... *Thea.*
98. Les méliacées........ *Melia.*
99. Les vinifères........ *Vitis.*
100. Les géraniacées...... *Geranium.*
101. Les malvacées........ *Malva.*
102. Les magnoliacées.... *Magnolia.*
103. Les dilléniacées....... *Dillenia.*
104. Les ochnacées........ *Ochna.*
105. Les simaroubiées...... *Quassia.*
106. Les anonées.......... *Anona.*
107. Les ménispermées..... *Menispermum.*
108. Les berbéridées....... *Berberis.*
109. Les hermanniées...... *Hermannia.*
110. Les tiliacées......... *Tilia.*
111. Les cistées.......... *Cistus.*
112. Les violées.......... *Viola.*
113. Les polygalées....... *Polygala.*
114. Les diosmées........ *Diosma.*
115. Les rutacées........ *Ruta.*
116. Les caryophyllées..... *Dianthus.*

GENRES.

		GENRES

CLASSE XIV.
Péripétalées . . . . .

- 117. Les paronychiées. . . . . . *Paronychia.*
- 118. Les portulacées. . . . . . . *Portulaca.*
- 119. Les saxifragées. . . . . . . *Saxifraga.*
- 120. Les cunoniacées. . . . . . *Cunonia.*
- 121. Les crassulées. . . . . *Crassula.*
- 122. Les opuntiacées. . . . . . . *Cactus.*
- 123. Les loasées. . . . . *Loasa.*
- 124. Les ficoïdes. . . . . *Mesembryanthe-mum.*
- 125. Les cercodiènes. . . . . . . *Cercodea.*
- 126. Les onagraires. . . . . *OEnothera.*
- 127. Les myrtées. . . . . *Myrthus.*
- 128. Les mélastomées. . . . . . *Melastoma.*
- 129. Les lythraires. . . . . *Lythrum.*
- 130. Les rosacées. . . . . *Rosa.*
- 131. Les légumineuses. . . . . . *Pisum.*
- 132. Les térébinthacées. . . . . *Terebinthus.*
- 133. Les rhamnées. . . . . *Rhamnus.*

**** *Apétalées à étamines idiogynes ou séparées du pistil.*

CLASSE XV.
Diclines . . . . . .

- 134. Les euphorbiacées. . . . . *Euphorbia.*
- 135. Les cucurbitacées. . . . . . *Cucurbita.*
- 136. Les passiflorées . . . . *Passiflora.*
- 137. Les myristicées. . . . . *Myristica.*
- 138. Les urticées. . . . . *Urtica.*
- 139. Les monimiées. . . . . *Monimia.*
- 140. Les amentacées. . . . . . . *Salix.*
- 141. Les conifères. . . . . *Pinus.*

CLASSES DES FAMILLES NATURELLES.

Classe. I. LES ACOTYLÉDONÉES.

Cette classe renferme toutes les plantes que l'on croit privées de cotylédons ; quand même elles en seraient pourvues, comme on le soupçonne dans les fougères, les familles qui la composent ne pourraient être mieux placées : on y voit l'organisation végétale dans sa plus grande simplicité, n'offrant qu'une substance presque homogène, un tissu cellulaire uniforme, sans vaisseaux propres ou lymphatiques ; point d'organes sexuels distincts. Cette organisation se complique peu à peu à mesure que l'on avance dans la série des familles, ainsi qu'on le verra en passant successivement des algues aux champignons, de ceux-ci aux hypoxylées, puis aux hépatiques, aux mousses, etc.

Ces considérations m'ont déterminé à présenter les caractères de la plupart de ces familles, étant forcé de me borner ensuite, pour les autres, à ne citer qu'une seule famille pour chaque classe, afin de ne pas donner à cet ouvrage une trop grande étendue, qui, d'ailleurs, ne dispenserait pas le lecteur d'étudier l'excellent ouvrage de M. de Jussieu, sur les familles naturelles.

Famille des ALGUES. Les genres qui constituent cette famille renferment des plantes dont les unes se présentent sous la forme de filamens simples ou rameaux, ordinairement divisés par cloisons, remplis d'une matière verte, sans tubercules apparens : ces plantes paraissent se reproduire, à peu près comme les polypes, par la séparation de leurs parties : tels sont ces filamens capillaires, souvent entrecroisés, connus sous le nom de *conferves; ces *nostocs*, substance gélatineuse, sans aucune forme déterminée, dont l'enveloppe verdâtre et membraneuse est remplie d'une sorte de gelée traversée par des filamens très-menus, articulés, tels que le *nostoc en vessie;* ces *byssus* semblables à des duvets poudreux, à des flocons cotonneux ; d'autres portent des tubercules qui ne sont quelquefois visibles qu'à l'aide du microscope ou d'une forte loupe. Ces tubercules sont remplis de très-petits globules qu'on a comparés à des capsules, et auxquels on a donné le nom moderne de *gongyles*. Ces plantes, les unes terrestres, les autres aquatiques, sont, en quelque sorte, les premiers linéamens de la végétation : leur mode de reproduction est encore très-peu connu.

LES PLANTES MARINES OU VARECS forment, dans cette famille, une très-longue série, ou plutôt une grande famille particulière que M. Lamouroux a nommée THALASSIOPHYTES dans l'excellent ouvrage qu'il a publié sous le titre d'*Essai sur les genres de la famille des thalassiophytes.* Ces plantes, comparées aux terrestres, offrent dans leur constitution, dans leurs fonctions, dans leur mode de reproduction, des différences très-remarquables, relatives aux lieux de leur naissance et aux circonstances dans lesquelles elles se trouvent: n'ayant point à puiser les principes de leur nourriture dans deux milieux différens, mais plongées constamment dans le même, leur organisation doit être beaucoup plus simple, différemment modifiée. On n'a pu y reconnaître de sève ascendante et descendante : il paraît très-probable qu'elles absorbent leur nourriture par toute leur surface. La plupart des botanistes ne les avaient considérées que comme une simple

membrane coriace, comprimée, ramifiée, ou divisée en lanières ou en lobes très-variés ; homogène dans toutes ses parties ; sans racine, sans tige, sans feuilles ou n'en offrant que
l'apparence. M. Lamouroux n'est point de cet avis : l'observation lui a prouvé que leurs tiges, leurs feuilles avaient une
organisation particulière. Leur fructification est peu connue ;
leurs semences, d'après ce même auteur, sont renfermées
dans des capsules qui sont elles-mêmes enveloppées dans des
membranes particulières ; elles forment, par leur réunion,
des tubercules plus ou moins nombreux, qu'il ne faut point
confondre avec ces vésicules aériennes, que M. Lamouroux
considère comme des organes respiratoires (*fucus plocamium*,
Lin.)

Les LICHENS sont, parmi les plantes terrestres, celles qui
se rapprochent le plus des plantes marines : retranchés des
algues, où ils avaient d'abord été placés, ils constituent
aujourd'hui une famille particulière ; ils se montrent sous des
formes extrêmement diversifiées, tantôt comme des croûtes
lépreuses, tuberculées ou farineuses ; tantôt comme des expansions coriaces, membraneuses, foliacées, déchiquetées ou
lobées. Les uns affectent la forme de petits arbustes à tige
simple ou ramifiée ; d'autres se présentent sous l'aspect de
filets, de cornes, d'entonnoir, etc. ; la plupart couvrent les
rochers, tapissent les vieux murs, se glissent entre les mousses
et le gazon ; d'autres croissent sur le tronc des arbres ou pendent en longues barbes de leurs rameaux, etc. *lichen flori-
dus*, Lin.

L'étude plus détaillée que l'on a faite depuis plusieurs
années de ces singuliers végétaux, a occasioné, pour leurs
différentes parties, une nomenclature, qui, quoique moderne, a déjà éprouvé beaucoup de changemens. Leur feuillage se nomme *thalle* ; on donne le nom de *bacilla* ou *podétion* aux supports simples ou rameux qui, dans un grand
nombre d'espèces, s'élèvent de la thalle, et portent les réceptacles.

Le nom de *réceptacle* ou de *conceptacle*, selon d'autres,
a été donné à ces tubercules, à ces écussons, etc., de formes
très-variées, qui se montrent à la face supérieure de la thalle
ou à ses bords. Ces réceptacles sont sessiles ou soutenus par
un podétion ; ils renferment, dans l'intérieur de leur substance ou à leur surface interne, une poussière très-fine qu'on
regarde comme les semences.

La famille des HYPOXYLÉES, confondue d'abord avec celle des *algues*, est composée de genres retirés, la plupart, des *lichens* et des *champignons* : c'est annoncer évidemment les rapports des hypoxylées avec ces deux familles. Les hypoxylées renferment des végétaux, parmi lesquels se trouvent les plus petits que l'on connaisse, épars ou plus ordinairement réunis en paquets sur les troncs, les branches et les feuilles de plantes mortes ou vivantes, quelquefois sur les pierres ou sur la terre ; de consistance coriace, tubéreuse ; un grand nombre à peine de la grosseur d'une tête d'épingle, tantôt enchassés dans une thalle pulvérulente, filamenteuse ou solide ; tantôt composés du seul réceptacle presque toujours de couleur noirâtre. Ces réceptacles sont ou arrondis, et portent le nom de *sphérules*, ou *oblongs*, ils prennent celui de *livelles* : ils s'ouvrent au sommet par un pore ou une fente ; il en sort, à l'époque de la maturité, une pulpe mucilagineuse, qui se réduit, par la sécheresse, en une poussière très-fine, que l'on suppose contenir les semences.

La famille des CHAMPIGNONS, telle qu'on la présente aujourd'hui, n'a point encore de limites bien déterminées : je ne crois pas qu'on puisse y rapporter, comme on l'a fait, les *puccinies*, les *uredo*, etc., très-petites plantes parasites, qui naissent dans le tissu cellulaire des autres plantes, se développent sous leur épiderme, le percent pour répandre leurs semences en dehors. On prend pour telles de petites capsules ou vessies qui, seules, constituent toute la plante, comme dans les *uredo*, où les semences sont renfermées dans un réceptacle commun, nommé *peridium*, comme dans les *puccinies*.

Les champignons, proprement dits, sont, les uns, d'une consistance tendre, poreuse, charnue ; d'autres, fermes, solides, presque ligneux, de formes très-variées : ils se développent par des expansions lamelleuses en dessous, ou garnies de pointes, de rides, de tuyaux plus ou moins serrés ou réunis en masse, tantôt portés sur un pédicule simple, ou ramifié, d'autres fois sessiles, sans tiges ni racines apparentes ; ils prennent la forme de houpes, de crinières, de branches de corail, de coupes, de globes, de massues, de calottes, de mitres ou d'un disque plane. On donne assez généralement à cette partie du champignon, soit sessile ou pédiculé, le nom de *chapeau* : elle est considérée comme un péridium ou réceptacle des semences. Avant le développement entier du champignon, une membrane l'enveloppe en totalité ; elle se détache du pédicule, se crève, et ses lambeaux subsistent sur les bords et à la surface du chapeau, ou bien elle quitte entièrement le chapeau, reste fixée au pédicule, autour duquel elle forme un anneau. Les semences ou *gongyles* sont placées entre les lames, les tubes, etc., sous la forme de corpuscules arrondis, à peine perceptibles ; en général, ces plantes croissent très-vite et durent peu : il en est cependant, telles que les bolets, qui subsistent pendant plusieurs années (*mucor mucedo*, Lin.).

Ces végétaux, dénués de tout agrément extérieur, la plupart d'une odeur désagréable, fuient l'éclat de nos parterres la lumière du soleil leur est nuisible ; ils cherchent l'obscurité et les ténèbres. Relégués dans les lieux humides, sur les vieux bois, sur les corps à demi-pourris, dont ils paraissent hâter la décomposition, ils ne se nourrissent qu'au milieu des immondices et de la corruption ; quoique leur existence ne soit pas brillante, elle offre cependant des phénomènes assez singuliers, pour que l'observateur aille les visiter sur leur fumier.

La famille des HÉPATIQUES se rapproche des *lichens*, dans beaucoup de ses genres, par des expansions membraneuses et foliacées ; mais elle a, avec les mousses, des rapports bien plus nombreux : les sexes commencent à s'y montrer ; les organes qui les constituent sont séparés, soit sur le même individu, soit sur des individus distincts. On regarde comme organe mâle des globules remplis d'une liqueur fécondante, ordinairement agglomérés dans un calice sessile : les organes femelles sont nus ou entourés d'une gaîne calicinale, surmontée d'une coiffe membraneuse, s'ouvrant au sommet et non transversalement comme celle des mousses ; on y distingue, comme dans le *marchantia polymorpha*, un ovaire arrondi, terminé par un style grêle et un stigmate à peine visible ; l'ovaire se convertit en une petite capsule qui se déchire irrégulièrement, ou se divise, du haut en bas, en plusieurs valves : elle renferme un très-grand nombre de semences pulvérulentes.

A mesure que nous avançons dans l'ordre naturel des familles, les plantes qui les composent présentent plus de perfection : nous commençons, dans la famille des MOUSSES, par distinguer des racines, des tiges, de véritables feuilles, des organes de fructification bien plus apparens, des sexes distincts, mais sur lesquels l'on n'est pas généralement d'accord.

On remarque, dans la plupart, des *étoiles en rosettes*, composées d'un ou de plusieurs rangs de petites écailles imbriquées, ordinairement sessiles, réunies sur le même individu, ou placées sur des individus différens, apparentes dans beaucoup d'espèces, à peine visibles dans d'autres. Cet organe est composé de très-petits utricules pédicellés, entremêlés de filamens articulés, le tout réuni sous la forme d'un bouton, euvironné, en dehors, de petites écailles qui tiennent lieu de calice, et forment, par leur épanouissement, ces rosettes en étoiles dont j'ai parlé plus haut. Hedwig pense que toutes les espèces de mousses ont de semblables étoiles, quoiqu'elles ne soient pas toujours visibles ; il regarde comme *organes mâles* ces utricules qu'il dit être pleins d'une liqueur fécondante qui sort par une ouverture située à leur sommet ; la fécondation est facilitée par les filets articulés.

Sur le même ou sur des individus séparés, existent des fleurs femelles, qui se montrent d'abord, sous une forme très-petite, comme autant de corpuscules cylindriques avec des filamens articulés : on croit que ces corpuscules sont autant de pistils. Un seul est ordinairement fécondé : alors le pédicelle imperceptible qui soulevait l'ovaire, s'allonge, pousse le jeune fruit hors d'un involucre composé de plusieurs folioles très-petites, imbriquées, qui ont reçu le nom de *périchet ;* l'ovaire est oblong, le style grêle, le stigmate évasé. A mesure que le fruit grossit, après la fécondation, le pédicule s'allonge, laisse le périchet à sa base, se termine par une espèce d'*urne* ou de *capsule* à une loge, traversée, de la base au sommet, par un axe nommé *columelle ;* cette capsule est recouverte par une *coiffe* membraneuse, caduque, qui a la forme d'un bonnet pointu ou d'un éteignoir. Son orifice se nomme *péristome ;* il est souvent entouré d'un anneau élastique, toujours recouvert d'un opercule caduc : ce péristome est tantôt nu, tantôt bordé d'une ou de deux rangées de dents de formes variées. Cette urne est quelquefois posée sur un *apophyse*, sorte de renflement charnu : l'intérieur de l'urne est rempli de grains nombreux, pulvérulens, qui sont de véritables semences répandues sur la terre, elles y germent. Hedwig, qui a suivi leur développement, y a observé une radicule et une plumule avec la plupart des autres phénomènes qui accompagnent la germination. Telle est l'opinion d'Hedwig sur les organes sexuels des mousses, opinion aujourd'hui la plus généralement adoptée, quoiqu'elle contredise celle de Linné, et qu'elle soit elle-même rejetée par quelques auteurs modernes (*sphagnum capillifolium*, Hedw.).

La famille des LYCOPODIACÉES ne tient que faiblement à celle des mousses : elle s'en éloigne par les organes de la reproduction; mais elle s'en rapproche par le port, par la forme, la distribution des feuilles, par le lieu natal. Les lycopodiacées aiment l'ombre des forêts, l'humidité et les pays froids; elles portent des réceptacles axillaires, à une, deux ou trois loges remplies de séminules, groupées trois à trois, quatre à quatre : une multitude de très-petits corpuscules sphériques s'en échappent en abondance sous la forme d'une poussière extrêmement fine, qui, dans quelques espèces, s'embrase, et répand une lumière éclatante si on la jette sur un corps enflammé.

Parvenus à la famille des FOUGÈRES, nous sommes déjà loin de ces premières plantes qui ne sont, en quelque sorte, que de simples ébauches de la végétation. Si elles n'ont pas encore tous les organes qui constituent ces végétaux que nous regardons comme les plus parfaits; si elles sont privées de véritables fleurs, elles s'en rapprochent par leur port, l'élégance et la grandeur de leur feuillage; par leur élévation qui les assimile souvent à des palmiers d'un ordre inférieur.

Les unes ont une racine chevelue, d'où sortent des feuilles en touffes; d'autres sont pourvues d'une souche rampante ou sarmenteuse, qui, dans plusieurs espèces des régions équinoxiales, s'élève quelquefois en une sorte de tige arborescente, marquée de larges cicatrices produites par la chute des feuilles inférieures. Lorsque ces feuilles sortent de terre, elles sont roulées en crosse sur elles-mêmes, recouvertes d'écailles membraneuses, qui remplissent, à leur égard, les mêmes fonctions que les stipules dans les bourgeons.

Les organes de la reproduction sont très-remarquables dans les fougères : ils naissent sur la face inférieure de la feuille, le long des nervures ou à leur extrémité; ils y forment, par leur réunion, des globules, des taches, des lignes de différentes formes, variables dans leur nombre, leur grandeur, leur composition. On donne à ces taches le nom moderne de *sores* (sori) : ils se développent sous l'épiderme et quelquefois en soulèvent de petites portions qui tiennent lieu d'involucre, et auxquelles on donne le nom d'*indusies*, (*indusiæ*). Ces sores ou taches sont nus, ou recouverts d'un opercule, ou entourés d'un anneau élastique; ils renferment de très-petites capsules groupées ensemble, qui se déchirent à leur sommet ou s'ouvrent en une ou deux valves, et laissent échapper des semences extrêmement fines : semées sur une terre humide, elles lèvent, d'après les observations de quelques modernes, avec un cotylédon latéral. Ce cotylédon se développe en une petite foliole verte, appliquée sur la terre, et s'y attache par un chevelu très-délié, qui part d'un des points de son contour, et d'où, en même temps, s'élève la plumule (*polypodium vulgare*).

La famille des SALVINIÉES, celle des ÉQUISÉTACÉES, n'ont pas encore de place bien déterminée. A la vérité, la première a quelques rapports avec les *fougères ;* mais la seconde n'est essentiellement liée avec aucune autre de cette classe, que par des caractères très-généraux dans sa fructification : elle semble se rapprocher davantage, par son port et son organisation, des dicotylédonées, et s'éloigner très-peu des *casuarina ;* mais ses fruits s'opposent à cette réunion.

Classe II. MONOCOTYLÉDONÉES.

Monohypogynées.

Dans cette seconde classe, commence la série des plantes monocotylédonées : elles offrent un système d'organes plus étendu que dans les acotylédonées [1]. Les sexes, si difficiles à distinguer dans la première classe, même dans les plantes qu'on en croit pourvues, se reconnaissent ici très-distinctement dans les étamines et les pistils, ou réunis dans les mêmes fleurs (les hermaphrodites), ou, plus rarement, placés dans des fleurs ou sur des individus séparés (les monoïques et dioïques). La semence, confiée à la terre, développe, au moment de la germination, dans la plantule attachée latéralement au cotylédon, une radicule et une plumule : celle-ci s'annonce par une seule feuille; celles qui se montrent ensuite avec la tige, sont toujours alternes, ainsi

---

[1] Quand même il se trouverait, dans quelques-unes de ces familles, des plantes à deux cotylédons, ainsi qu'on croit l'avoir observé, elles n'appartiendraient pas moins à cette division par l'ensemble de leurs caractères. C'est par la même raison que les fougères, quoique pourvues d'un cotylédon, doivent rester parmi les acotylédonées.

que toutes les autres parties de la plante, sans en excepter les pièces des enveloppes florales, quoique, en apparence, opposées. Cette enveloppe est toujours unique.

Les MONOHYPOGYNÉES ont les étamines ordinairement en nombre déterminé, insérécs sur le même réceptacle que le pistil; l'enveloppe florale est assez généralement composée d'écailles ou de paillettes; dans d'autres, elle est remplacée par une spathe; l'ovaire est supérieur, surmonté d'un ou de plusieurs styles, quelquefois de stigmates sessiles; le fruit est uniloculaire, à une ou plusieurs semences, ou bien il consiste en une seule semence nue en apparence (*caryopse* de Richard, les *graminées*), ou recouverte d'une enveloppe coriace, indéhiscente (*akène* de Richard, les *cypéracées* [1]).

Classe III. MONOCOTYLÉDONÉES.

Monopérigynées.

Dans les MONOPÉRIGYNÉES, les étamines sont placées autour du pistil, insérées sur l'enveloppe florale, à la base ou vers les bords, opposées à ses divisions. Cette enveloppe porte le nom de calice dans Jussieu, celui de corolle dans d'autres auteurs; elle est ou d'une seule pièce, tubulée, ou profondément partagée en plusieurs découpures, supérieure ou inférieure à l'ovaire, quelquefois accompagnée d'une spathe partielle pour chaque fleur, ou d'une universelle, enveloppant les fleurs avant leur épanouissement. Ces fleurs renferment un ou plusieurs ovaires surmontés d'autant de styles, de stigmates et de capsules : celles-ci sont uniloculaires, monospermes ou polyspermes, s'ouvrant intérieurement en deux valves; les semences sont attachées au bord de ces valves.

---

[1] Des auteurs modernes croient qu'il existe deux cotylédons dans plusieurs graminées, peut-être dans toutes; que l'un des deux avorte constamment, et que l'on en découvre le rudiment dans un grain de froment. Il paraît que cette observation avait été faite par Linné : on trouve dans ses *Aménités académiques*, vol. v, *Panis diœteticus*, le passage suivant : *Quando crescere incipit granum, unicum protrudit folium, inde gramina et cerealia inter monocotyledones numerant botanici. Horum enim graminum cotyledon alter non explicatur, sed complicatus manet, aquam exsorbet, quæ solvitur in emulsionem seu lac, quo velut fœtus tenellus nutritur, usque dum in terrá sese explicuerit radix, ut herbæ nutriendæ sufficiat.* Lin.

Dans les fleurs à un seul ovaire (ce sont les plus nombreuses), le style est simple ou triple, quelquefois nul ; le
stigmate simple ou divisé. Le fruit consiste en une baie ou
une capsule à trois loges, une ou plusieurs semences dans
chaque loge ; quelquefois il ne reste qu'une seule semence
par l'avortement des deux autres. Dans les baies, les semences
sont attachées à l'angle interne des loges ; dans les capsules,
ordinairement à trois valves, elles sont insérées sur les bords
d'un réceptacle saillant, qui constitue une cloison dans chaque valve qu'il sépare en deux ; l'embryon est fort petit, muni
d'un périsperme corné, assez grand (*narcissus jonquilla,
gladiolus communis*).

Classe IV. Monocotylédonées.

Monoépigynées.

Cette classe, très-rapprochée de la précédente, s'en distingue par la position des étamines placées sur l'ovaire ou
sur le style, et toujours en nombre défini. L'ovaire est solitaire, inférieur, muni très-ordinairement d'un seul style et
d'un stigmate simple ou divisé ; le fruit consiste en une baie
ou une capsule à une ou à plusieurs loges (*ophrys arani-
fera*).

Classe V. Dicotylédonées apétalées.

Epistaminées.

J'ai exposé ailleurs la différence qui existait entre les
plantes monocotylédonées et les dicotylédonées ; je ferai remarquer ici, et je prouverai plus bas que cette troisième et
dernière division renferme les plantes douées du système
organique le plus complet : c'est là seulement que nous trouvons ces grands végétaux ligneux chargés de branches et de
rameaux, produisant annuellement des boutons nombreux,
qui réparent les pertes de l'année précédente, et donnent au
végétal toute la plénitude de grandeur qu'il doit avoir. Cette
grande division contient au moins les quatre cinquièmes de
tous les végétaux connus. M. de Jussieu a senti la nécessité
d'y établir de nouvelles coupes, fondées sur la présence,
l'absence et la forme de la corolle, d'où sont résultées les

apétalées, les *monopétalées* et les *polypétalées*. A chacune de ces sous-divisions, s'applique la triple insertion des étamines, comme dans les *monocotylédonées*.

Dans les ÉPISTAMINÉES, le calice (la corolle, selon d'autres) est d'une seule pièce ; les étamines, en nombre défini, sont insérées sur le pistil ; l'ovaire est inférieur ; le style presque nul ; le stigmate simple ou divisé ; le fruit consiste en une baie ou une capsule à une ou à plusieurs loges (*aristolochia clematitis.*)

Classe VI. Dicotylédonées apétalées.

Péristaminées.

Cette classe des PÉRISTAMINÉES est caractérisée par les étamines attachées à l'orifice du calice, en nombre défini ou indéfini. Le calice est d'une seule pièce, entier ou à plusieurs divisions ; quelquefois des écailles presque pétaliformes sont attachées à son bord ; l'ovaire est supérieur ou inférieur, ou seulement recouvert par le calice, avec un ou plusieurs styles en un stigmate simple ou divisé, quelquefois sessile ; le fruit est monosperme, rarement polysperme, ou bien c'est une semence nue, supérieure (*daphne cneorum*).

Classe VII. Dicotylédonées apétalées.

Hypostaminées.

Les HYPOSTAMINÉES ont un calice entier ou composé de plusieurs pièces ; très-ordinairemement elles n'ont point de corolle ; quelquefois celle-ci est remplacée par des écailles hypogynes, portant les étamines, ou alternes avec elles ; quelquefois aussi on y distingue un tube corollaire, chargé ou non chargé des étamines. Celles-ci sont insérées sur le réceptacle, au-dessous du pistil ; elles ont leurs filamens libres ou monadelphes. L'ovaire est simple, supérieur, surmonté d'un ou de plusieurs styles, et d'un stigmate simple ou divisé, quelquefois sessile ; le fruit consiste en une seule semence ou en une capsule à une ou deux loges, monosperme ou polysperme (*amaranthus sanguineus, et plantago media*)

Classe VIII. Dicotylédonées monopétalées.

Hypocorollées.

Nous voici arrivés aux plantes à fleurs complètes, c'est à dire composées d'un calice, d'une corolle, d'étamines et de pistils. Les fleurs monopétalées se divisent en trois classes établies d'après l'insertion de la corolle comparée à celle du pistil.

Dans les HYPOCOROLLÉES, le calice est monophylle ; la corolle monopétalée, régulière ou irrégulière, placée sur le réceptacle, au-dessous du pistil ; les étamines sont en nombre défini, insérées sur la corolle, alternes avec ses divisions quand celles-ci sont en même nombre que les étamines ; l'ovaire est simple, supérieur, quelquefois double (dans les apocinées) ; le style simple ; le stigmate simple ou divisé ; le fruit est supérieur, consistant en semences nues au fond du calice, ou bien renfermées, dans un péricarpe capsulaire ou en baie, à une ou à plusieurs loges (*convolvulus arvensis*).

Classe IX. Dicotylédonées monopétalées.

Péricorollées.

Les PÉRICOROLLÉES ont un calice monophylle, quelquefois profondément découpé : une corolle monopétalée ; quelquefois à divisions très-profondes, régulière, rarement irrégulière, insérée sur le calice ; les étamines attachées à la corolle ou au calice, en nombre défini, rarement indéfini ; l'ovaire est simple, supérieur ou inférieur, muni d'un seul style et d'un stigmate simple ou divisé ; le fruit est une baie ou une capsule à une seule ou à plusieurs loges (*erica cinerea*).

Classe X. Dicotylédonées monopétalées.

Epicorollées synanthérées (anthères conjointes).

Cette classe renferme les fleurs *composées proprement dites*, nommées *syngénèses* par Linné, *synanthérées* par un auteur moderne : ces fleurs sont tubuleuses, réunies plusieurs ensemble dans un involucre ou un calice commun, placées sur le même réceptacle nu ou bien chargé de paillettes ou de poils. On considère, comme calice partiel, l'aigrette qui couronne la semence, en y comprenant la partie inférieure qui lui sert de tégument. La corolle est épigyne, placée sur le pistil; elle est ou *flosculeuse*, pourvue d'un tube dont le limbe se divise en cinq segmens assez réguliers, ou *semi-flosculeuse* quand le tube, ordinairement très-court, se prolonge d'un seul côté en une lanière entière ou dentée à son sommet; les étamines sont au nombre de cinq, réunies en tube par leurs anthères; les filamens libres, insérés sur la corolle; un seul ovaire placé sur le réceptacle commun; un style qui traverse le tube des étamines, et se termine par deux (rarement un) stigmates saillans, divergens; une semence nue ou couronnée par une aigrette; l'embryon est dépourvu de périsperme; la radicule inférieure; le même involucre renferme tantôt des fleurs toutes flosculeuses ou toutes semi-flosculeuses, tantôt des fleurs flosculeuses dans le centre, des semi-flosculeuses à la circonférence, ce qui constitue les fleurs *radiées* (*chrysanthemum præaltum*).

Classe XI. Dicotylédonées monopétalées.

Epicorollées corysanthérées (anthères disjointes).

Parmi les familles qui entrent dans la composition de cette classe, il en est, telles que les *scabieuses*, dont les fleurs sont *agrégées*, réunies plusieurs ensemble dans un involucre commun : on les nomme encore *fausses composées*, chaque fleur ayant un calice propre et les étamines libres : elles renferment aussi la belle et nombreuse famille des *rubiacées*.

Le calice propre est monophylle; la corolle monopétalée, quelquefois presque polypétalée, ses pièces n'étant réunies que par leur base; très-souvent régulière, attachée sur le pistil; les étamines sont en nombre défini; les filamens insérés sur la corolle, les anthères distinctes; l'ovaire simple, inférieur, surmonté d'un, quelquefois de plusieurs styles et d'autant de stigmates; la semence, ou plus ordinairement le fruit est inférieur capsulaire ou en baie, à une ou plusieurs loges; une ou plusieurs semences (*asperula arvensis*).

Classe XII. Dicotylédonées polypétalées.

Epipétalées.

Cette classe, la première des fleurs polypétalées, renferme presque uniquement la famille si naturelle des *ombellifères*. Le calice est monophylle ; la corolle composée de plusieurs pétales, très-ordinairement au nombre de cinq, attachés sur un limbe glanduleux qui entoure l'ovaire ; même insertion, même nombre pour les étamines alternes avec les pétales ; un ovaire simple, inférieur, surmonté de deux styles, quelquefois plus ; autant de stigmates et de semences nues, ou quelquefois renfermées dans un péricarpe partagé en autant de loges qu'il y a de semences ; l'embryon est fort petit, situé au sommet d'un périsperme ligneux (*tordylium maximum*).

Classe XIII. Dicotylédonées polypétalées.

Hypopétalées.

De grandes et nombreuses familles sont renfermées dans cette classe. Le calice, rarement nul, est d'une seule pièce ou composé de plusieurs pièces ; les pétales sont en nombre défini, rarement indéfini, insérés sous le pistil ou sur le réceptacle, quelquefois rapprochés, par leur base, de manière à représenter une corolle monopétalée ; les étamines en nombre défini ou indéfini, placées sur le réceptacle ; les filamens libres, quelquefois réunis en tube, plus rarement en plusieurs paquets ; l'ovaire supérieur ; plusieurs réunis en un seul ou quelquefois séparés ; un seul ou plusieurs styles, quelquefois nul ; autant de stigmates ; le fruit supérieur, simple, à une ou à plusieurs loges ; ou plusieurs fruits sur le même réceptacle, renfermés chacun dans un péricarpe uniloculaire (*ranunculus flammula*).

Classe XIV. Dicotylédonées polypétalées.

Péripétalées.

Le calice est monophylle, divisé seulement à son sommet, partagé en découpures profondes ; la corolle située au fond on à l'orifice du calice, quelquefois nulle, plus rarement monopétalée par l'adhésion des pétales entre eux ; les étamines en nombre défini ou indéfini, quelquefois réunies par leurs filamens ; l'ovaire est supérieur, simple, rarement inférieur, ou plusieurs ovaires supérieurs, munis chacun d'un ou de plusieurs styles, ou bien surmontés d'un stigmate sessile, entier ou divisé ; le fruit est tantôt unique, supérieur ou inférieur, à une ou à plusieurs loges ; tantôt, mais rarement, plusieurs fruits supérieurs, munis chacun d'un péricarpe uniloculaire ; les sexes sont quelquefois distincts par avortement (*lathyrus odoratus*).

Classe XV. Cotylédonées apétalées.

Diclines.

Les classes précédentes renferment des fleurs toutes hermaphrodites ; s'il s'en trouve quelques-unes d'unisexuelles, la plupart ne le sont que par avortement, et très-souvent on y trouve le rudiment du sexe avorté ; s'il s'y rencontre quelques véritables *diclines* ou à sexes séparés, elles n'y ont été placées que d'après les rapports nombreux qu'elles présentent avec les caractères de la famille dans laquelle elles se trouvent.

On conçoit que, dans les fleurs à sexes séparés, il n'est plus possible d'employer, comme on l'a fait pour les classes précédentes, la situation des étamines par rapport au pistil : il ne restait donc d'autre moyen, pour placer convenablement les diclines, que de les réunir dans une classe particulières, ainsi que l'a fait M. de Jussieu.

Dans cette classe, les fleurs sont ou *monoïques*, les fleurs mâles séparées des femelles sur le même individu, ou *dioïques*, les fleurs mâles séparées des femelles sur des individus distincts, ou quelquefois *polygames*, lorsqu'il se trouve des fleurs hermaphrodites parmi des fleurs unisexuelles. Dans toutes ces plantes, le calice est monophylle ou remplacé par une écaille : il n'y a point de corolle ; mais elle est assez souvent représentée par des écailles ou par les divisions intérieures et pétaliformes du calice ; les étamines sont placées ou au fond du calice ou à son orifice ; elles sont en nombre défini, plus souvent indéfini ; les filamens libres ou quelquefois réunis en forme de pivot central ; les fleurs femelles renferment plusieurs ovaires supérieurs, quelquefois inférieurs, avec un ou plusieurs styles et autant de stigmates quelquefois sessiles ; le fruit est très-variable dans ses formes et le nombre de ses loges (*broussonetia papyrifera* et *passiflora alata*).

<hr>

CHAPITRE XII.

Observations sur la méthode et les familles naturelles.

JE viens d'exposer , dans le Tableau des familles naturelles, le degré de perfection le plus élevé auquel la science soit parvenue pour la classification des végétaux ; mais cette classification n'est encore qu'un essai qui semble nous tracer la marche que nous avons à suivre pour parvenir, s'il est possible, à l'établissement d'une méthode naturelle, ou plutôt à la détermination de la place que chaque plante, d'après ses caractères et ses rapports , doit occuper au milieu des nombreuses espèces qui couvrent la surface du globe. Si nous étions arrivés à ce point; si chacune des plantes que nous connaissons avait sa place tellement déterminée, qu'il fût impossible de la transporter ailleurs, nous aurions atteint le but ; mais deux grands obstacles s'y opposent : 1°. Il est des plantes qui, par leurs caractères, militent entre plusieurs groupes, et nous laissent incertains sur celui auquel elles appartiennent. Notre choix, dans ce cas, dépend de l'importance que nous attachons aux divers attributs qui les rapprochent de l'un plutôt que de l'autre. 2°. Un grand nombre de plantes nous étant encore inconnues, nous supposons que celles que nous ne pouvons placer avec certitude, le seraient par les rapports que pourraient nous offrir celles qu'on parviendrait à découvrir. C'est ainsi que nous nous sommes livrés à l'idée séduisante de pouvoir un jour remplir les vides qui existent entre plusieurs genres et familles, que jusqu'à présent nous n'avons pu coordonner que d'après un ordre artificiel.

Ce but est louable, sans contredit ; mais je doute qu'on puisse jamais former, parmi les familles, un ordre gradué et en même temps naturel, excepté peut-être entre quelques coupes très-étendues ; mais quand ensuite on pénètre dans les nombreuses familles qui les composent, la ligne droite est interrompue ; elle se divise en une foule de ramifications qui, elles-mêmes, se subdivisent presque à l'infini, et se terminent brusquement, sans pouvoir se rattacher à cette série continue dans laquelle on voudrait, à ce qu'il paraît, faire consister la méthode naturelle : en supposant même qu'elle puisse avoir lieu dans ce sens, dès-lors toutes nos divisions disparaîtraient ; des passages presque insensibles ne nous permettraient aucune coupe tranchée ; il nous faudrait toujours, pour les établir, avoir recours à des points de repos, à des coupes nombreuses et arbitraires ; autrement, il nous serait impossible de nous reconnaître au milieu de cette suite non interrompue de végétaux.

Il n'est cependant pas moins vrai que, dans les productions naturelles, tout est lié, et qu'on a dit, avec raison, que la nature n'avait point de passages brusques : *Natura non facit saltus ;* mais ce principe doit s'appliquer aux grandes masses, et non aux familles, aux genres, aux espèces, qui ne sont, la plupart, que des coupes de convention. La série dont nous parlons doit être telle, qu'en plaçant, au degré le plus bas de la chaîne des végétaux, ceux dont l'organisation est la plus simple, nous puissions la prolonger sans interruption, en mettant à la suite les végétaux dont l'organisation est graduellement plus composée, de manière à ce que cette chaîne soit terminée par les plantes les plus parfaites.

Or, cette graduation ne peut exister que dans le nombre ou la perfection des organes essentiels : il faut qu'un groupe, une famille, un genre, etc., quel que soit le nom imposé à nos divisions, il faut, dis-je, qu'un de ces groupes, qui succède à un autre, possède une perfection de plus que celui qui le précède, une de moins que celui qui lui succède, d'où il arriverait que, si le règne végétal était, par exemple, distribué en cent familles, la dernière devrait l'emporter de cent degrés de perfection sur la première.

Il serait superflu de m'arrêter à prouver l'impossibilité de cet arrangement pour les objets de détails ; mais nous le reconnaissons dans les grandes masses. C'est ainsi que les *conferves*, les *nostocs*, les *byssus*, placés au degré le plus bas, ne sont, pour ainsi dire, par la simplicité de leurs organes, qu'une ébauche de la végétation : ils ne s'offrent à nos regards que comme des filamens simples ou articulés, nus dans les uns (les *conferves*), pourvus, dans d'autres, d'une enveloppe gélatineuse (les *nostocs*), et se reproduisant, à ce qu'il paraît, par la séparation de leurs parties, ainsi qu'il arrive pour les polypes parmi les animaux.

Les plantes marines (*les thalassiophytes*), un peu plus parfaites, nous offrent, dans une substance membraneuse et comme foliacée, des espèces de tubercules internes ou externes, d'où s'échappent de petits grains (des *gongyles*) qui paraissent destinés à perpétuer les espèces.

Il est à remarquer que ces plantes, ainsi que les animaux du dernier ordre, croissent toutes dans l'eau, ou entourées d'une atmosphère très-humide, leur extrême délicatesse ne leur permettant pas de vivre dans un air trop sec, et de supporter l'action immédiate des rayons du soleil : d'ailleurs il est reconnu que tous les êtres organiques existent d'abord dans un fluide aqueux, et qu'ils sont, dans leur premier état, d'une consistance muqueuse ou gélatineuse. Ainsi, le bois le plus dur est produit par cette matière mucilagineuse (le *cambium*) qui suinte à travers les membranes des végétaux, et renferme les premiers linéamens de leurs organes, comme le sang, dans les animaux, renferme les principes de leur chair : point de chairs sans le sang, point de parties végétales sans mucilage.

A la suite des plantes marines, se montre la famille nombreuse des *champignons*, d'une consistance plus solide, subéreuse ou charnue, dans lesquels on a découvert, à l'aide du microscope, des globules qu'on soupçonne être des semences ou des capsules qui les renferment. La plupart vivent hors des eaux, mais dans des lieux humides et obscurs.

Il en est à peu près de même de la famille des *lichens*, parmi lesquels commence à paraître une foliation membraneuse et des réceptacles particuliers, en forme d'écussons ou de tubercules qui contiennent des semences d'une finesse extrême [1].

L'organisation est plus étendue dans la famille des *hépatiques;* leurs expansions foliacées, assez semblables à celles des lichens, approchent davantage des feuilles proprement dites; deux sortes d'organes, ou séparés, ou réunis sur le même pied, offrent les premiers indices de deux sexes : d'une

[1] Quand j'emploie le mot de *semence* ou *séminules*, on doit croire que je n'y attache pas le sens rigoureux qui convient à cette expression ; ce n'est que par supposition, jusqu'à ce que l'on soit parvenu à déterminer avec certitude la nature de ces organes reproducteurs.

part, des globules remplis d'une liqueur fécondante, de l'autre, des capsules renfermant des semences souvent attachées à des filamens élastiques roulés en spirale. Ces plantes naissent aussi dans les lieux humides et ombragés.

De véritables feuilles, des tiges simples ou rameuses se présentent dans les *mousses*, parmi lesquelles on distingue les deux organes sexuels, l'organe mâle en forme d'utricule rempli d'une poussière très-fine, entouré de petites folioles qui s'ouvrent en rosette; l'organe femelle qui consiste, lorsqu'il est parvenu à son entier développement, en une urne composée elle-même de plusieurs pièces remarquables (voyez, plus haut, pag. 148).

La végétation est bien plus développée, plus vigoureuse dans les *fougères* : celles-ci semblent former l'anneau qui unit les plantes acotylédonées avec les monocotylédonées; elles tiennent aux premières par leur fructification, aux secondes par la structure de leur embryon. Les *lycopodes* les suivent, mais en se montrant avec une fructification plus apparente, ainsi que les *prêles* qui, au milieu des organes apparens de leur reproduction, nous laissent encore des doutes sur le mode de leur fécondation.

Telle est, en grande partie, la série naturelle de ces familles que Linné a comprises sous le nom de *cryptogames*, et que M. de Jussieu a renfermées dans les plantes acotylédonées. Si nous pouvions suivre le même ordre pour les autres plantes, la méthode naturelle serait presque trouvée, et nous approcherions de cette série qui doit en faire le caractère; mais nous en sommes encore bien éloignés! Cependant les monocotylédonées nous feront encore faire quelques pas sur cette même ligne.

Les plantes monocotylédonées présentent, dans leurs parties sexuelles, une organisation plus complète que les acotylédonées : c'est dans le fond de leur calice ou dans leur corolle que s'exécutent, sous nos yeux, ces merveilles, si long-temps méconnues, de la fécondation des germes. Un nuage pulvérulent s'échappe des anthères et se précipite sur le stigmate; mais ces fleurs n'ont ordinairement qu'une seule enveloppe florale, à laquelle les uns donnent le nom de calice, d'autres celui de corolle : ces derniers regardent, comme un calice particulier à ces fleurs, la spathe qui souvent les enveloppe. Les tiges, la disposition de la moelle, celle des feuilles, le développement toujours alterne de leurs parties, ainsi que la structure de leur embryon, les distinguent des dicotylédonées, et les tiennent au-dessous, mais en même temps les placent au-dessus des acotylédonées.

Les *palmiers* ouvrent la série des monocotylédonées : d'une part, ils se lient, par leur port, avec les fougères en arbre ; de l'autre, avec les grandes graminées, telles que les bambous. Quoique leurs fleurs aient une modification différente, peut-être plus parfaite que celle des graminées, il existe, entre ces deux familles, de si grands rapports, qu'il est difficile de les tenir éloignées l'une de l'autre.

Dans les graminées, les enveloppes florales sont constituées par des écailles qui protégent les parties sexuelles, et quelquefois même persistent sur les semences ; celles-ci sont dépourvues de péricarpe ; elles n'ont d'autre enveloppe que la mince pellicule qui les recouvre et y adhère. Deux valves calicinales, en quelque sorte *spathacées* et persistantes, renferment, avant l'épanouissement, les fleurs du même épillet.

Les *cypéracées* s'éloignent peu des graminées ; mais leurs fleurs sont accompagnées chacune d'une seule écaille, et leurs semences ont une enveloppe coriace, crustacée ou membraneuse ; la gaîne de leurs feuilles est toujours entière et non fendue dans sa longueur comme celle des graminées.

Vient ensuite la famille des joncs, les *joncées*, les *restiacées*, intermédiaire entre les graminées et les liliacées : elles se rapprochent des premières par leur port, par leur enveloppe florale ; mais leur péricarpe ou leurs fruits capsulaires nous conduisent aux *liliacées*.

Sous le nom général de *liliacées*, employé par Tournefort et plusieurs autres dans un sens très-étendu, sont comprises plusieurs familles qu'on ne peut éloigner les unes des autres, mais dont il serait plus difficile d'assigner la graduation. Quoiqu'elles renferment des plantes ornées de fleurs, la plupart brillantes de beauté, et les plus propres à fixer nos regards par l'élégance de leurs formes et l'éclat de leurs couleurs, elles n'ont encore qu'une enveloppe florale, et manquent de plusieurs organes dont sont douées la plupart des plantes dicotylédonées.

C'est dans ces dernières seules que se trouvent les végétaux les plus parfaits, les plus composés. Cette division renferme le plus grand nombre de plantes, les familles les plus nombreuses ; mais c'est aussi à cette même division, à ce vaste groupe que se termine cette série graduée dont il est ici question. Quelques efforts que l'on fasse, on ne parviendra jamais à l'établir telle que nous l'avons observée dans les familles précédentes.

Si l'on avait pour but de rechercher cet ordre de graduation que la nature semble avoir établi dans toutes ses productions, il faudrait partager ces premiers groupes que je viens d'indiquer, en ramifications considérées sous différens rapports, dont les principaux consistent, 1°. dans la consistance des plantes; 2°. dans leur durée; 3°. dans leur composition; 4°. dans leurs moyens de multiplication, etc. C'est en suivant ces différentes ramifications qu'on trouverait l'application de ce principe, que la nature n'a point de passage brusque. En effet, si nous considérons les plantes relativement à leur consistance, nous passerons graduellement de la plante muqueuse, gélatineuse, herbacée, sous-ligneuse, jusqu'à celle qui produit le bois le plus dur; nous obtiendrons le même ordre dans la durée depuis la plante qui n'existe que quelques jours, jusqu'à celle qui prolonge son existence pendant une longue suite de siècles. Que de degrés dans la grandeur, à partir de la plante d'environ une ligne de diamètre jusqu'aux arbres les plus élevés de nos forêts! La considération la plus importante est, sans contredit, celle de leur composition; mais même dans ce cas il faudrait réformer ou supprimer la plupart de nos genres, de nos familles. Une plante herbacée qui périt tous les ans, et qui n'a de moyens de reproduction que ses seules semences, peut-elle être placée sur la même ligne, dans le même genre qu'une plante ligneuse, qu'un arbre qui, sans parler de ses autres attributs, jouit de la faculté de se multiplier non-seulement par ses semences, mais encore par les nombreux boutons qu'il produit tous les ans, par les drageons de ses racines, par la greffe, les marcottes, les boutures, etc.? Voilà bien, selon moi, toutes choses égales d'ailleurs, les végétaux les plus parfaits, et l'on conçoit qu'avant l'établissement si nécessaire de nos méthodes modernes, ce n'était pas sans raison que les anciens botanistes s'étaient tous accordés à séparer les arbres des herbes; mais l'on conçoit en même temps que suivre cette marche pour la distribution méthodique des plantes, ce serait faire rentrer la botanique dans son premier chaos [1]. Il nous faut des méthodes; et tel nom qu'on veuille leur im-

---

[1] *Cavendum ne imitando naturam, filum ariadneum amittamus*, Lin.: *Phil. bot.*, n° 160.

poser, il ne peut y en avoir que d'artificielles : j'en dis autant pour la plupart des genres et un grand nombre de familles.

Ce que nous pouvons faire de mieux est de nous rapprocher le plus possible, dans nos distributions méthodiques, de l'ordre de la nature : c'est dans cette vue que les genres ont été réunis en familles, et qu'on a cherché ensuite, dans le rapprochemement de ces familles entre elles, à former des coupes faciles à saisir et les plus proches de cet ordre gradué observé dans les productions du règne végétal. De toutes les distributions imaginées jusqu'à ce jour pour la coordonnance des familles, aucune ne me paraît se rapprocher davantage de ce but, que celle dont M. de Lamarck a présenté le tableau. Long-temps méconnue, il paraît qu'enfin on en a senti l'importance : nous la voyons aujourd'hui employée, avec quelques modifications, par plusieurs auteurs modernes, mais sans qu'il soit fait aucune mention de celui qui en a posé les bases [1].

---

[1] L'amitié ne m'abuse pas, et jamais l'adulation n'a trouvé place dans mes écrits. M. de Lamarck me paraît être l'auteur qui a le plus contribué, parmi les modernes, à tracer la meilleure route à suivre dans l'étude de la nature : s'il n'a pas pu, au milieu de ses grands travaux, donner à ses principes tout le développement qu'il eût désiré, il y a jeté de ces idées fécondes en développemens. Les conséquences lumineuses que l'on en tire lui appartiennent en quelque sorte ; la reconnaissance et l'équité lui en doivent l'hommage. Quoique ses principes soient peu cités dans beaucoup d'écrits modernes, il est facile d'y reconnaître l'heureuse application que l'on a faite de ses ingénieuses découvertes, masquées sous des noms différens. Cette subtilité de l'amour-propre ne peut échapper à ceux pour qui les ouvrages de M. de Lamarck sont familiers : c'est ainsi qu'on a adopté, avec quelques changemens, sa distribution dans l'ordre des familles naturelles, sans qu'il y soit fait la moindre mention de celui qui l'a établie. Son tableau de la distribution des animaux et des végétaux sur deux lignes, avec des coupes graduées et correspondantes pour les uns et les autres, vient d'être répété par un auteur qui déclare, dans un avertissement, ne *pouvoir s'astreindre à suivre aveuglément les idées des autres*. Quand il les adopte, du moins devrait-il ne point se les attribuer. Les productions de la nature étaient distribuées en trois règnes ; M. de Lamarck, d'après des vues plus philosophiques, les a divisées en deux ordres, les *êtres organiques* et *inorganiques* ; division aujourd'hui généralement adoptée, mais sans citer celui qui en a fourni l'idée. Cependant un jeune auteur, dont les travaux seraient plus utiles s'ils étaient mieux raisonnés, a décidé, du haut de sa chaire, *qu'il trouvait au moins autant de distance entre les animaux et les plantes, qu'entre celles-ci et les minéraux* (voyez *Journ. de botan.*, vol. IV, p. 217). Jeunes gens, avant de prononcer d'un ton aussi absolu, attendez que vous ayez trente ans d'expérience : alors si l'étude vous a profité, vous aurez appris non à décider, mais à douter ; et quand vous voudrez savoir comment on doute, lisez le *Genera plantarum* de M. de Jussieu.

CONCLUSION.

Pour conserver à l'étude de la nature cette simplicité qui la caractérise, ce charme secret qui nous attire, j'ai cru devoir éloigner, des élémens de la science, tout ce qui pouvait la rendre pénible et difficultueuse; j'ai cru que, pour étudier les plantes, il suffisait de les bien voir, de les voir telles qu'elles se présentent à nos regards, et non d'après ces hypothèses, débitées avec le ton tranchant de l'ignorance, qui égarent l'imagination, la promènent dans le pays des chimères, et substituent l'œuvre de l'homme à l'œuvre de la création. La science doit venir à notre secours, sans doute, mais sans cette sécheresse qui repousse, sans cette nomenclature qui masque les attraits de l'étude. Que la science se présente telle qu'elle doit être, simple, modeste, complaisante et aimable; qu'elle instruise sans pédanterie; qu'elle éclaire sans verbiages; qu'elle dirige nos idées, mais qu'elle ne les bouleverse pas; qu'elle se montre à nous comme ce pur rayon du soleil qui dissipe les nuages au lieu de les amonceler.

Tel est le but que je me suis proposé en publiant cet ouvrage. S'il n'eût été question que de présenter les élémens de la science, je me serais tu : assez d'autres les ont fait connaître avant moi, et peut-être beaucoup mieux; mais j'ai senti que s'arrêter, dans l'étude de la nature, à la seule connaissance des formes, à la distinction des organes, aux noms qu'ils ont reçus, et parvenir, par ce moyen, à la classification de chaque objet, ce n'était là qu'une préparation qui devait nous aider à pénétrer dans les grands mystères de la végétation; autrement, nous ne saurions que des noms, nous n'aurions vu que des formes; nous serions portés à croire que la nature ne les a tant variées que pour exercer, en quelque sorte, sa puissance créatrice, dans la vue de récréer nos yeux et d'étonner notre esprit.

Je l'ai déjà dit, c'est sans doute un grand bienfait du Créateur, de nous avoir constitués de manière à éprouver, par la seule contemplation de ses œuvres, un sentiment d'admiration et de plaisir; mais ce même sentiment, quand l'intelligence s'en empare, quand elle cherche à saisir les causes de cette belle harmonie établie partout, nous ouvre une nouvelle source de jouissances; nous reconnaissons avec étonnement que ces formes si variées, ces vives couleurs, ses parfums, ces mouvemens presque spontanés; que la position, la modification de chaque organe concourent tous aux grands phénomènes de la végétation; qu'ils ont tous un but particulier relatif à l'individu qui les produit, un but général dans leurs rapports avec les autres êtres de la nature. Tel doit être le principal objet de nos recherches dans l'étude des plantes, ainsi que je l'ai fait voir dans le courant de cet ouvrage.

Les fonctions d'un organe, ses rapports avec les autres une fois connus, nous feront trouver le but de la variété de ses formes; elles nous apprendront, par exemple, pourquoi les étamines sont si bien abritées dans les labiées, si bien renfermées dans la carène des papilionacées, tandis qu'elles sont exposées à l'air libre dans le lis, l'impériale, etc.: d'où vient qu'elles sont privées d'enveloppes protectrices dans la plupart de nos arbres à fleurs unisexuelles, etc.

J'ai essayé de rendre raison de ces différences; mais je n'ai pu citer qu'un petit nombre d'exemples, suffisant néanmoins pour mettre le lecteur sur la voie de l'observation, et fixer son attention sur des faits que la plupart se contentent d'admirer, sans rechercher les causes qui les produisent. Ainsi, pendant des siècles, on a vu une pierre, lancée dans l'atmosphère, retomber sur la terre sans qu'on se soit demandé pourquoi elle tombait. Newton, le premier, s'est fait cette question, et la loi de l'attraction a été découverte. Il en est à peu près de même des phénomènes de la végétation: observons-les avec soin sous tous leurs rapports, ils nous conduiront à la découverte de quelques-unes des lois de la nature; mais ne nous tourmentons pas d'abord pour connaître les noms qu'il a plu aux hommes de donner à chaque plante, les systèmes qu'ils ont imaginés pour leur classification: c'est commencer par où il faut finir. Tout cela est bon à connaître, sans doute; mais, en attendant, qui peut nous arrêter dans nos observations? Sous ce rapport, la plante la plus commune sera pour nous aussi précieuse que la plus belle fleur des Indes: prenons la peine de l'étudier, et nous rougirons de l'avoir dédaignée. J'en ai cité un exemple pour le *pissenlit* (p. 200).

On conçoit combien de jouissances habituelles nous prépare cette manière d'observer : elle est, pour le botaniste, une source féconde de découvertes ; pour l'homme du monde, une agréable distraction de ses travaux. Ce n'est point ici une étude de cabinet, une étude faite dans les livres : mon livre est ce gazon sur lequel je me repose ; ses feuillets sont toutes les fleurs qui m'entourent : j'en étudie avec soin toutes les parties ; je suis le développement, le jeu, le mouvement de leurs organes ; je les examine le matin, je les visite vers le milieu du jour, je les revois à son couchant, et je les trouve, avec étonnement, dans des situations différentes. Elles dorment le soir, s'épanouissent le matin, et souvent prennent, aux différentes heures du jour, des situations différentes : les unes, comme si elles appréhendaient le trop grand éclat du soleil, se ferment à son lever, et ne s'ouvrent qu'à son coucher ; d'autres, au contraire, cherchent à s'abreuver tellement de ses rayons, qu'elles en suivent le cours sur leurs mobiles pédoncules. Ces faits, considérés ensuite dans leurs rapports avec la forme et la position des organes, nous mettent sur la voie des plus curieuses découvertes (pag. 205).

Que celui qui s'est exercé à ce genre de recherches me dise s'il en connaît de plus agréables et de plus variées : je serais bien trompé s'il pouvait ensuite supporter la lecture de ces prétendues découvertes physiologiques, qui sont plutôt le roman de la nature que le tableau de ses œuvres, et qui tendent à jeter une obscurité métaphysique sur des organes bien distincts, réduits, par eux, presque à un seul. Il y a, j'en conviens, quelques bonnes observations dans ces sortes d'ouvrages ; mais elles y sont placées comme les anecdotes dans les *romans historiques*, genre aussi monstrueux dans la littérature, que les écrits dont je parle le sont dans les sciences.

Je crois qu'on me pardonnera volontiers d'avoir, pour ma part, épargné, autant que je l'ai pu, ces dégoûts au lecteur, et j'ai presque la vanité de croire qu'en le plaçant au milieu des beaux phénomènes de la végétation, et le mettant sur la voie des observations, j'aurai plus fait pour la science que de l'avoir entretenu d'idées de réformes, de systèmes, ou de lui avoir présenté, comme l'objet le plus important de ses études, l'établissement et souvent la dilacération de genres, de familles, etc., dans lesquels l'arbitraire joue un si grand rôle. A la vérité, j'ai exposé quelques opinions qui me sont particulières, mais je l'ai fait avec cette réserve qu'on doit avoir pour toute opinion qui n'est point rigoureusement démontrée. Comme elles m'ont paru être de quelque intérêt pour la science, j'ai cru devoir rappeler ici les plus essentielles, les soumettant non aux spéculations, mais à des observations constantes.

1°. J'ai dit (pag. 65) que je ne regardais les sucs propres que comme une combinaison de la sève avec les fluides de l'atmosphère, absorbés par les feuilles : d'où vient peut-être que la sève proprement dite, si abondante au printemps, avant la naissance des feuilles, l'est beaucoup moins, en apparence, après le développement de ces mêmes feuilles, qui la convertissent en sucs propres.

2°. J'ai cherché (pag. 103) quelle pouvait être la cause de la chute des feuilles en automne ou de leur persistance; j'ai cru l'entrevoir dans la nécessité de la présence des feuilles pour la maturité des fruits. Ceux-ci, dans les *arbres verts* de l'Europe, ne parviennent la plupart à leur parfaite maturité qu'environ un an et plus après la floraison. En serait-il de même pour les arbres verts des autres contrées du globe?

3°. Il serait intéressant, pour la détermination exacte des organes, de vérifier, par de bonnes et nombreuses observations, tout ce que j'ai dit sur les limites à établir entre le réceptacle et le calice (pag. 127), ainsi que la distinction qui m'a paru exister entre le calice et la corolle (chap. xvii et xviii).

4°. J'ai présenté sur les mouvemens des plantes, particulièrement sur ceux de direction, une théorie qui mérite d'être examinée (chap. xxvii).

5°. J'ai cherché à déterminer (chap. xxv) en quoi consistait la vie dans les plantes, et jusqu'à quel point elles jouissaient de ce grand bienfait. En la comparant à la vie des autres êtres organisés, j'ai fait connaître pourquoi les plantes n'étaient pas, comme eux, douées de la conscience de leur existence : je crois que ce grand sujet est digne des réflexions d'un philosophe observateur.

Après avoir suivi les plantes dans tous les phénomènes de la végétation, dans les rapports des organes entre eux, dans leurs fonctions; après avoir reconnu que tout cet appareil d'organes était destiné, d'une part, au développement et à l'entretien de la vie du végétal; d'une autre part, à en assurer la reproduction au moyen des semences; si nous considérons ensuite ces mêmes plantes en rapport avec les autres êtres de la nature ; si nous recherchons quel peut avoir été le but de leur création, nous reconnaîtrons que, par leurs produits, elles ont été, en grande partie, destinées au soutien de la vie des animaux, et, par leur décomposition, à l'accroissement de ce globe, dont les couches extérieures, même à des profondeurs très-considérables, ne doivent leur formation qu'aux *détritus* des végétaux, tels que ces couches immenses de tourbes, de houilles, ces lits de bois fossiles, etc., dont l'origine ne peut être méconnue. C'est ainsi que l'étude des végétaux nous conduit à celle de la *géologie*, et semble nous en ouvrir la porte [1].

Arrivés à ce degré de connaissances, que d'idées vives et lumineuses s'emparent de notre imagination! quel caractère de grandeur imprimé sur tous les objets qui nous entourent! quel tableau que celui de l'univers considéré dans l'harmonie de tous les êtres qui le composent, dans ces mutations de fluides en substances végétales, de celles-ci converties, soit en une terre qui devient le berceau d'une végétation plus abondante, soit en tourbes qui élèvent les marais, comblent les lacs et les étangs jusqu'à ce qu'ils soient parvenus à offrir leur surface au soc de la charrue (*Vues générales*, pag. 15).

Frappés de la profondeur de ces méditations, nous sommes nous-mêmes étonnés de la hardiesse de nos conceptions, et de l'immense carrière que nous avons parcourue en nous reportant à notre point de départ ; nous pensions d'abord n'étudier qu'une simple plante : elle nous a conduits à la contemplation de l'univers, presque sans nous en douter, par une suite d'observations simples et faciles, par la succession d'idées qu'elles ont occasionées sans autre secours que nos propres réflexions, sans avoir besoin des livres de l'homme, encore moins de ses systèmes : la nature et son sublime auteur ont seuls occupé notre pensée.

Nous avons vu les plantes orner la surface du globe, nous les avons admirées dans leur éclat; mais lorsque nous retrouvons, dans le sein de la terre, leur squelette conservé depuis des siècles entre des couches de schistes, dans des lits de tourbes, etc. ; lorsque nous nous reportons à l'époque de leur existence, bien antérieure à celle de l'histoire écrite, quand

[1] *Voyez* ma *Dissertation sur l'étude de la géologie*, journal de physique, messidor an XIII, et mon *Mémoire sur les causes de la diminution des eaux de la mer*, même journal, ventose an XIII.

nous retrouvons, dans notre Europe, des fougères d'Amérique ; dans nos provinces septentrionales, les palmiers du désert, que de réflexions viennent alimenter notre pensée ! Avec quel intérêt nous contemplons ces antiques momies, conservées par le temps, amenées ou produites dans des localités qui aujourd'hui leur sont étrangères ! Mais je m'arrête.... : il me suffit d'avoir fait entrevoir la liaison qui existe entre toutes les productions de la nature, et combien leur étude est digne d'occuper tout esprit qui veut jouir de ses prérogatives, et s'élancer hors des ténèbres de l'ignorance.

. J'ai conduit le lecteur jusqu'aux livres classiques ; je lui en ai fait voir l'usage par l'exposition des méthodes et systèmes les plus généralement adoptés : le choix qu'il doit en faire dépendra de l'étendue qu'il se propose de donner à ses recherches. S'il les borne aux plantes de France, à celles du pays qu'il habite (par où il faut toujours commencer), la *Flore française* de MM. de Lamark et Decandolle lui sera suffisante, et même la *Flore des environs de Paris*, de M. Thuiller ou Mérat , s'il ne s'étend pas beaucoup au-delà de cette localité. Ces ouvrages, écrits en français, seront très-utiles à ceux qui sont peu familiers avec la langue latine. Au reste, il est aujourd'hui peu de localités qui n'aient leur flore particulière ; mais il n'est point question, dans ces ouvrages, des plantes exotiques cultivées dans les jardins : il faut alors, pour celles-ci, consulter des traités particuliers, ou avoir recours aux ouvrages généraux, tels que le *Species plantarum* de Linné, surtout la dernière édition publiée par Willdenow ; mais ce savant botaniste, enlevé trop tôt aux sciences , n'a traité, dans la *cryptogamie*, que les fougères. On peut y suppléer par des ouvrages partiels, tels que, pour les champignons, le *Synopsis fungorum* de Persoon ; Acharius , pour les *lichens ;* Hedwig et Bridel, pour les *mousses ;* Lamouroux , pour les *plantes marines,* sur lesquelles nous n'avons encore rien de complet.

Je ne puis m'empêcher de conseiller le *Dictionaire de botanique de l'Encyclopédie méthodique,* non parce que j'en ai publié la partie la plus étendue, mais comme le seul ouvrage dans lequel on trouve la description de toutes les espèces connues, les autres livres classiques se bornant assez généralement à une seule phrase spécifique pour chaque plante, à quelques synonymes et au lieu natal. Il faut ajouter à ce dictionaire les *Illustrations des genres* ', disposées d'après le système sexuel de Linné, ouvrage le plus utile que je connaisse pour la distinction des genres, qui offre, pour chacun d'eux, l'exemple d'une ou de plusieurs espèces figurées, avec les détails qui en constituent le caractère.

Ici se termine la tâche du botaniste : parvenus au nom de chaque plante, nous n'avons plus rien à lui demander ; mais l'esprit humain, tel satisfait qu'il soit de ces recherches et de cette marche méthodique, ne peut, sans regret, la voir terminée par une simple nomenclature : il la regarde, au contraire, comme le point de départ qui doit le mettre en relation avec tout ce qui a été observé sur l'historique, l'emploi, les propriétés et les vertus des plantes. A quoi servent-elles ? *cui bono ?* est la question que chacun adresse au botaniste ; question à laquelle on ne répond ordinairement qu'en renvoyant aux chimistes, aux médecins, aux agriculteurs, aux artistes, etc. Sans doute le botaniste, renfermé dans la sphère de sa science, ne peut, sans en sortir, se livrer à la recherche des propriétés des plantes, de leur emploi dans l'agriculture, la médecine et les arts ; mais il pourrait du moins nous apprendre les observations les plus importantes qui ont été faites par l'application de ces différentes sciences aux plantes, ainsi que l'histoire et l'époque de leur découverte, celle de leur nomenclature, plus importante qu'on ne l'imagine, etc. (*De la nomenclature*, pag. 282). A la vérité, une synonymie judicieuse peut nous mettre sur la voie, en nous renvoyant aux auteurs, tant anciens que modernes qui en ont traité spécialement ; mais que de volumes nombreux nous sommes forcés de parcourir ! Quelle fatigante érudition n'avons-nous pas à supporter avant de rencontrer quelques faits dignes de notre attention !

Il est étonnant, je l'ai déjà dit ailleurs, que, pour rendre cette jouissance plus facile au lecteur, aucun auteur n'ait encore entrepris de présenter, dans un ouvrage indépendant

---

' Les *neuf premières centuries* de figures ont été publiées par M. de Lamarck, avec le texte pour la première centurie : je l'ai continué pour les autres, et j'y ai ajouté une *dixième centurie* pour les genres nouvellement découverts. Pour la facilité des recherches, j'ai placé à la tête de chaque classe le tableau des genres qu'elle renferme. Cette marche méthodique conduit au nom de chaque genre dont les détails se trouvent dans le dictionaire ; elle fait disparaître l'inconvénient de l'ordre alphabétique.

des classiques, un historique pour la plupart des plantes de l'Europe connues depuis très-long-temps, ainsi que pour quelques autres exotiques acclimatées ou cultivées dans nos jardins. Cet ouvrage, pour lequel j'ai déjà recueilli beaucoup de notes, j'oserai peut-être l'entreprendre, si mes forces et le temps me le permettent [1].

[1] Ce que j'ai promis, je l'ai tenu. Depuis la publication de la première édition de cet ouvrage, je n'ai cessé de m'occuper du travail que j'ai annoncé : j'en ai senti l'importance de plus en plus, et malgré l'infériorité de mes forces, j'ai osé l'entreprendre. Le premier volume peut être livré à l'impression : il sera suivi de deux autres, sous le titre d'*Histoire philosophique, littéraire, économique des plantes indigènes de l'Europe ou cultivées dans les jardins*, etc.

FIN DU VOLUME.

TABLE DES CHAPITRES.

Pages.

LIVRE DEUXIÈME.

FIN DE LA TABLE.

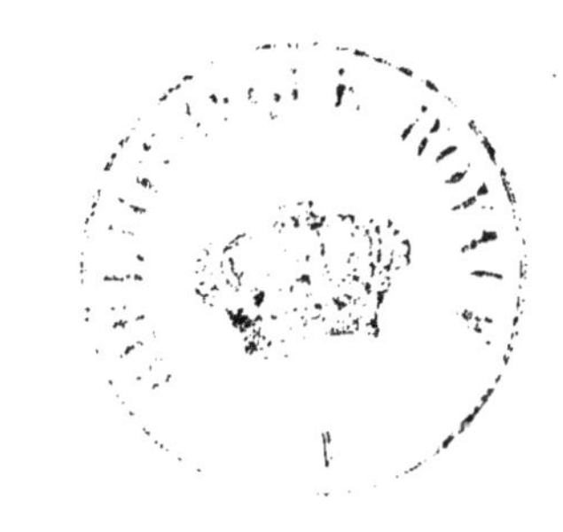